高效毁伤系统丛书·智能弹药理论与应用

破片毁伤效应与防护技术

Damaging Effect of Ballistic Fragments and Protection Technics

徐豫新 赵晓旭 任杰 著

内 容 简 介

本书以破片毁伤效应以及典型防护结构设计方法为主题，以不同材料、结构破片对不同结构靶体毁伤效应研究为主线，针对钨合金破片对低碳钢极限穿深，超高强度合金钢破片对高强度低合金钢、钢/纤维复合结构、钢/纤维/钢复合结构的贯穿效应，以及柱面薄壳装药引燃/引爆等问题开展研究。

本书对破片毁伤效应的经典内容进行了充实和深化，并补充了高速破片防护复合结构的设计方法，概念明确、条理清晰、重点突出、内容翔实，可供从事弹药及毁伤评估研究的科研人员和技术人员学习参考，也可供高等院校弹药学等相关专业学生作为教材或参考书使用。

版权专有　侵权必究

图书在版编目（CIP）数据

破片毁伤效应与防护技术 / 徐豫新，赵晓旭，任杰著. —北京：北京理工大学出版社，2020.10（2024.9 重印）

（高效毁伤系统丛书. 智能弹药理论与应用）

国家出版基金项目　"十三五"国家重点出版物出版规划项目　国之重器出版工程

ISBN 978-7-5682-9204-7

Ⅰ.①破… Ⅱ.①徐… ②赵… ③任… Ⅲ.①炮弹-击毁概率-研究 Ⅳ.①TJ413

中国版本图书馆 CIP 数据核字（2020）第 209838 号

出　　版 /	北京理工大学出版社有限责任公司
社　　址 /	北京市海淀区中关村南大街 5 号
邮　　编 /	100081
电　　话 /	（010）68914775（总编室）
	（010）82562903（教材售后服务热线）
	（010）68948351（其他图书服务热线）
网　　址 /	http://www.bitpress.com.cn
经　　销 /	全国各地新华书店
印　　刷 /	北京虎彩文化传播有限公司
开　　本 /	710 毫米 × 1000 毫米　1/16
印　　张 /	29.5
字　　数 /	505 千字
版　　次 /	2020 年 10 月第 1 版　2024 年 9 月第 2 次印刷
定　　价 /	149.00 元

责任编辑 /	王玲玲
文案编辑 /	王玲玲
责任校对 /	周瑞红
责任印制 /	李志强

图书出现印装质量问题，请拨打售后服务热线，本社负责调换

《国之重器出版工程》编辑委员会

编辑委员会主任：苗 圩

编辑委员会副主任：刘利华 辛国斌

编辑委员会委员：

冯长辉	梁志峰	高东升	姜子琨	许科敏
陈 因	郑立新	马向晖	高云虎	金 鑫
李 巍	高延敏	何 琼	刁石京	谢少锋
闻 库	韩 夏	赵志国	谢远生	赵永红
韩占武	刘 多	尹丽波	赵 波	卢 山
徐惠彬	赵长禄	周 玉	姚 郁	张 炜
聂 宏	付梦印	季仲华		

专家委员会委员（按姓氏笔画排列）：

于　全	中国工程院院士
王　越	中国科学院院士、中国工程院院士
王小谟	中国工程院院士
王少萍	"长江学者奖励计划"特聘教授
王建民	清华大学软件学院院长
王哲荣	中国工程院院士
尤肖虎	"长江学者奖励计划"特聘教授
邓玉林	国际宇航科学院院士
邓宗全	中国工程院院士
甘晓华	中国工程院院士
叶培建	人民科学家、中国科学院院士
朱英富	中国工程院院士
朵英贤	中国工程院院士
邬贺铨	中国工程院院士
刘大响	中国工程院院士
刘辛军	"长江学者奖励计划"特聘教授
刘怡昕	中国工程院院士
刘韵洁	中国工程院院士
孙逢春	中国工程院院士
苏东林	中国工程院院士
苏彦庆	"长江学者奖励计划"特聘教授
苏哲子	中国工程院院士
李寿平	国际宇航科学院院士

李伯虎	中国工程院院士
李应红	中国科学院院士
李春明	中国兵器工业集团首席专家
李莹辉	国际宇航科学院院士
李得天	国际宇航科学院院士
李新亚	国家制造强国建设战略咨询委员会委员、中国机械工业联合会副会长
杨绍卿	中国工程院院士
杨德森	中国工程院院士
吴伟仁	中国工程院院士
宋爱国	国家杰出青年科学基金获得者
张　彦	电气电子工程师学会会士、英国工程技术学会会士
张宏科	北京交通大学下一代互联网互联设备国家工程实验室主任
陆　军	中国工程院院士
陆建勋	中国工程院院士
陆燕荪	国家制造强国建设战略咨询委员会委员、原机械工业部副部长
陈　谋	国家杰出青年科学基金获得者
陈一坚	中国工程院院士
陈懋章	中国工程院院士
金东寒	中国工程院院士
周立伟	中国工程院院士

郑纬民	中国工程院院士
郑建华	中国科学院院士
屈贤明	国家制造强国建设战略咨询委员会委员、工业和信息化部智能制造专家咨询委员会副主任
项昌乐	中国工程院院士
赵沁平	中国工程院院士
郝 跃	中国科学院院士
柳百成	中国工程院院士
段海滨	"长江学者奖励计划"特聘教授
侯增广	国家杰出青年科学基金获得者
闻雪友	中国工程院院士
姜会林	中国工程院院士
徐德民	中国工程院院士
唐长红	中国工程院院士
黄 维	中国科学院院士
黄卫东	"长江学者奖励计划"特聘教授
黄先祥	中国工程院院士
康 锐	"长江学者奖励计划"特聘教授
董景辰	工业和信息化部智能制造专家咨询委员会委员
焦宗夏	"长江学者奖励计划"特聘教授
谭春林	航天系统开发总师

《高效毁伤系统丛书·智能弹药理论与应用》
编写委员会

名誉主编：杨绍卿　朵英贤

主　　编：张　合　何　勇　徐豫新　高　敏

编　　委：（按姓氏笔画排序）

丁立波　马　虎　王传婷　王晓鸣　方　中

方　丹　任　杰　许进升　李长生　李文彬

李伟兵　李超旺　李豪杰　何　源　陈　雄

欧　渊　周晓东　郑　宇　赵晓旭　赵鹏铎

查冰婷　姚文进　夏　静　钱建平　郭　磊

焦俊杰　蔡文祥　潘绪超　薛海峰

丛书序

智能弹药被称为"有大脑的武器",其以弹体为运载平台,采用精确制导系统精准毁伤目标,在武器装备进入信息发展时代的过程中发挥着最隐秘、最重要的作用,具有模块结构、远程作战、智能控制、精确打击、高效毁伤等突出特点,是武器装备现代化的直接体现。

智能弹药中的探测与目标方位识别、武器系统信息交联、多功能含能材料等内容作为武器终端毁伤的共性核心技术,起着引领尖端武器研发、推动装备升级换代的关键作用。近年来,我国逐步加快传统弹药向智能化、信息化、精确制导、高能毁伤等低成本智能化弹药领域的转型升级,从事武器装备和弹药战斗部研发的高等院校、科研院所迫切需要一系列兼具科学性、先进性,全面阐述智能弹药领域核心技术和最新前沿动态的学术著作。基于智能弹药技术前沿理论总结和发展、国防科研队伍与高层次高素质人才培养、高质量图书引领出版等方面的需求,《高效毁伤系统丛书·智能弹药理论与应用》应运而生。

北京理工大学出版社联合北京理工大学、南京理工大学和陆军工程大学等单位一线的科研和工程领域专家及其团队,依托爆炸科学与技术国家重点实验室、智能弹药国防重点学科实验室、机电动态控制国家级重点实验室、近程高速目标探测技术国防重点实验室以及高维信息智能感知与系统教育部重点实验室等多家单位,策划出版了本套反映我国智能弹药技术综合发展水平的高端学术著作。本套丛书以智能弹药的探测、毁伤、效能评估为主线,涵盖智能弹药目标近程智能探测技术、智能毁伤战斗部技术和智能弹药试验与效能评估等内容,凝聚了我国在这一前沿国防科技领域取得的原创性、引领性和颠覆性研究成果，这些成果拥有高度自主知识产权，具有国际领先水平，充分践行了国家创新驱动发展战略。

经出版社与我国智能弹药研究领域领军科学家、教授学者们的多次研讨，《高效毁伤系统丛书·智能弹药理论与应用》最终确定为12册，具体分册名称如下：《智能弹药系统工程与相关技术》《灵巧引信设计基础理论与应用》《引信与武器系统信息交联理论与技术》《现代引信系统分析理论与方法》《现代引信地磁探测理论与应用》《新型破甲战斗部技术》《含能破片战斗部理论与应用》《智能弹药动力装置设计》《智能弹药动力装置实验系统设计与测试技术》《常规弹药智能化改造》《破片毁伤效应与防护技术》《毁伤效能精确评估技术》。

《高效毁伤系统丛书·智能弹药理论与应用》的内容依托多个国家重大专项，汇聚我国在弹药工程领域取得的卓越成果，入选"国家出版基金"项目、"'十三五'国家重点出版物出版规划"项目和工业和信息化部"国之重器出版工程"项目。这套丛书承载着众多兵器科学技术工作者孜孜探索的累累硕果，相信本套丛书的出版，必定可以帮助读者更加系统、全面地了解我国智能弹药的发展现状和研究前沿，为推动我国国防和军队现代化、武器装备现代化做出贡献。

《高效毁伤系统丛书·智能弹药理论与应用》
编写委员会

前 言

破片毁伤效应与防护技术是兵器科学与技术领域一个覆盖面十分广泛的经典问题,但时至今日仍受需求牵引及相关科技进步的影响,不断衍生出许多热点和前沿性问题,其中一些问题与国防科技、国计民生领域的重点发展方向密切相关。

破片由于其运动速度高、飞行距离远、杀伤范围大等特点,目前仍是战场上最为常见、最为普通和最为重要的毁伤元;当弹药无法直接命中目标时,通常采用冲击波和破片对目标进行间接杀伤;相对于冲击波,破片因作用距离远,在许多时候成了首选,尤其是在防空反导弹药和大面积轻型装甲毁伤弹药上更为突出。另外,危险品爆炸、恐怖袭击均会产生破片,增加了爆炸装置的杀伤范围,因此,爆炸产生高速破片的防护技术是公共安全领域的重点关注对象,如何有效提升防护结构对这种小质量、小长径比、高速运动金属破片的防护效能是目前反恐防爆所关注的热点问题。所以,从最根本的物理、化学原理来揭开破片毁伤过程的因果关系,掌握破片毁伤效应,是破片毁伤与防护共同关注的基础问题,其研究成果支撑了杀伤爆破战斗部威力及毁伤效应分析,更重要的是,支撑了防护结构有的放矢的设计,是重要的研究方向。

破片毁伤效应近百年来不断向机理认识、效应掌握这一目标努力,已经前进了一大步,以至于本书能站在已有研究的基础上,针对钨合金破片对有限厚度金属靶的贯穿极限、韧性钢破片高速侵彻高强度低合金钢、钢/纤维复合结构抗破片侵彻性能分析及结构优化方法、韧性钢破片对钢/纤维/钢复合结构的侵彻与贯穿效应、超高强度弹体钢的动态力学行为、对低碳合金钢的侵彻效应、破片对柱面薄壳装药引燃/引爆等问题得到一些或许并不完整的结论，并且有些结论可能还有待商榷。破片毁伤效应的研究涉及面很广，并且在飞速发展，本书很多论述也许会在不久的将来被证实是牵强的、支离破碎的，甚至是谬误的，仅望它能引起众多从事毁伤理论与技术科学研究的同行们的兴趣与关注。

本书主要归纳了徐豫新（2008—2012）、赵晓旭（2011—2015）博士论文的部分成果，以及任杰（2015—2018）硕士论文的部分成果，系统阐述了多年来破片毁伤效应与防护技术的研究成果。本书可用于兵器科学与技术学科本科生、研究生的专业课教材及相关研究人员的专业参考。本书第1、2、3、6、9章由徐豫新著，第4、5章由赵晓旭著，第7、8章由任杰著。

在书稿完成之际，特别感谢我攻读博士学位的导师王树山教授，他引领我开始了破片毁伤效应与防护技术方面的研究。从我2008年博士入学开始破片的相关研究，至今已有12年，博士期间从事的相关课题研究的研究成果对本书有巨大支持。另外，由衷感谢赵晓旭博士、任杰硕士及胡赛硕士等的努力工作。赵晓旭博士在本书的编排上付出了辛勤的工作，同时，还做了很多数据处理工作；任杰硕士是我目前为止带的最为勤奋的一位硕士，她做的很多工作对研究的支撑作用巨大，如果没有她，就没有书中很多的研究成果；胡赛硕士和我一起完成了多轮热处理工艺的比较，最终确定了 35CrMnSiA 稳定的热处理工艺。同时，感谢我攻读硕士学位的导师王志军教授，他对我的支持和帮助是无私的，是父爱般的关怀，书中的很多试验都是在中北大学完成的，再一次表示感谢。同时，感谢中北大学的吴国东教授、尹建平教授、徐永杰博士、伊建亚博士、李硕硕士、崔斌硕士、张雁思硕士、张鹏博士生在试验中给予的帮助；感谢我的研究生王潇硕士、陈爱明硕士在破片热处理方面的工作。最后，感谢北京理工大学刘金旭副教授、冯新娅实验师在材料动态力学性能测试和微观组织分析过程中给予的帮助；感谢中国兵器第53研究所彭刚研究员、冯家臣高工、王绪财高工在弹道冲击试验中的支持与帮助，与我们一并攻克了大质量高速破片发射稳定性的难题；感谢西南交通大学高压物理研究所刘福生教授、张明建高级实验师在飞片平板撞击试验中给予的指导与帮助；感谢中国兵器工业集团5103厂张学军高工、张道平高工、伯雪飞高工、梁勇高工在破片冲击起爆试验方面给予的大力支持和帮助。很多在研究、试验中提供有益帮助的学者和试验人员在此不再一一列出，一并表示感谢。

感谢国家自然科学基金委、北京市科学技术委员会和教育委员会、92942部队、中国船舶重工集团有限公司701所和725所、中国兵器科学研究院等单位为研究提供的国家自然基金（11402027）、北京市科技计划

（Z181100004118003）、北京市教育委员会科技计划（KM201910028018）等资助。

  谨以此书献给培育我们的母校，向母校建校 80 周年献礼，愿母校永远年轻，永远充满生机。

徐豫新

目　录

第1章　绪论 ……………………………………………………………………… 001
　1.1　研究意义 …………………………………………………………………… 002
　1.2　破片效应研究简史 ………………………………………………………… 004
　1.3　问题的提出与分析 ………………………………………………………… 005
　1.4　前人工作综述 ……………………………………………………………… 008
　　　1.4.1　破片的侵彻与贯彻 ………………………………………………… 008
　　　1.4.2　破片对炸药装药的撞击起爆 ……………………………………… 011

第2章　钨合金破片对有限厚度金属靶的贯穿极限 ………………………… 015
　2.1　引言 ………………………………………………………………………… 016
　2.2　着靶速度及分类 …………………………………………………………… 017
　2.3　有限厚金属靶的破片穿甲试验 …………………………………………… 018
　　　2.3.1　弹靶撞击响应现象及分类 ………………………………………… 018
　　　2.3.2　试验系统 …………………………………………………………… 019
　　　2.3.3　试验结果及分析 …………………………………………………… 023
　　　2.3.4　讨论 ………………………………………………………………… 032
　2.4　破片破坏机理及判据 ……………………………………………………… 033
　　　2.4.1　破片破坏响应现象及机理 ………………………………………… 033
　　　2.4.2　破片侵蚀/破碎判据 ………………………………………………… 042

  2.4.3 讨论 ……………………………………………………… 047

2.5 钢靶靶孔孔径计算 ……………………………………………… 049

  2.5.1 靶孔入口处微观表面观察 ………………………………… 049

  2.5.2 靶孔孔径计算模型 ………………………………………… 051

2.6 有限厚金属靶的破片穿甲数值模拟 …………………………… 056

  2.6.1 计算应用程序 ……………………………………………… 056

  2.6.2 应用程序理论 ……………………………………………… 058

  2.6.3 几何模型及离散化 ………………………………………… 058

  2.6.4 材料描述 …………………………………………………… 059

  2.6.5 计算结果及分析 …………………………………………… 061

2.7 钨合金破片穿甲极限能力计算 ………………………………… 064

  2.7.1 破片侵彻中的能量转换 …………………………………… 064

  2.7.2 极限贯穿厚度计算 ………………………………………… 066

2.8 小结 ……………………………………………………………… 067

第3章 韧性钢破片高速侵彻高强度低合金钢 ………………………… 069

3.1 引言 ……………………………………………………………… 070

3.2 试验研究用靶体钢力学性能测试与分析 ……………………… 071

  3.2.1 高强度低合金（HSLA）钢简介 ………………………… 071

  3.2.2 试验研究用钢及静力学性能测试 ………………………… 072

  3.2.3 试验研究用靶体钢动态力学性能测试 …………………… 074

  3.2.4 试验研究用靶体钢的 Johnson–Cook 模型参数拟合 …… 075

3.3 试验研究用破片及靶体结构 …………………………………… 078

3.4 试验目的、原理与方法 ………………………………………… 080

  3.4.1 试验目的 …………………………………………………… 080

  3.4.2 试验原理与方法 …………………………………………… 080

3.5 试验内容 ………………………………………………………… 081

3.6 试验结果 ………………………………………………………… 081

3.7 弹道极限 v_{50} 的分析计算模型 ………………………………… 083

  3.7.1 破片侵彻量纲分析 ………………………………………… 083

  3.7.2 弹道极限分析计算模型 …………………………………… 084

  3.7.3 模型检验与修正 …………………………………………… 088

3.8 数值仿真模型 …………………………………………………… 100

3.9 材料描述 ………………………………………………………… 102

3.9.1　材料本构方程 …………………………………………… 102
        3.9.2　材料状态方程 …………………………………………… 103
        3.9.3　失效模型 ………………………………………………… 104
    3.10　数值仿真结果及分析 …………………………………………… 104
        3.10.1　仿真模型检验 …………………………………………… 104
        3.10.2　破片对6～8 mm厚合金钢靶板的侵彻仿真 …………… 106
        3.10.3　弹道极限分析计算模型修正与形式转换 ……………… 109
        3.10.4　破片贯穿合金钢靶板后剩余速度数值仿真 …………… 118
        3.10.5　破片贯穿合金钢靶板后剩余速度工程计算模型 ……… 124
    3.11　小结 ……………………………………………………………… 126

第4章　韧性钢破片对钢/纤维复合结构侵彻性能分析方法 ……… 129

    4.1　引言 ……………………………………………………………… 130
    4.2　钢、纤维复合（装甲）结构特征 ……………………………… 131
        4.2.1　复合（装甲）结构 ……………………………………… 131
        4.2.2　纤维增强复合材料 ……………………………………… 132
    4.3　纤维材料性能相关性分析与选择 ……………………………… 132
        4.3.1　增强体种类及影响 ……………………………………… 134
        4.3.2　基体种类及影响 ………………………………………… 136
        4.3.3　基体含量及影响 ………………………………………… 137
        4.3.4　纤维增强复合材料的应变率效应 ……………………… 139
    4.4　复合材料选型与力学性能测试 ………………………………… 141
        4.4.1　选型试验 ………………………………………………… 141
        4.4.2　力学性能测试 …………………………………………… 142
    4.5　破片对复合结构侵彻试验研究 ………………………………… 144
        4.5.1　试验目的 ………………………………………………… 144
        4.5.2　试验内容 ………………………………………………… 145
        4.5.3　试验结果及分析 ………………………………………… 146
        4.5.4　分析讨论 ………………………………………………… 154
    4.6　破片侵彻钢/纤维复合结构理论分析模型 …………………… 156
        4.6.1　无间隔复合结构 ………………………………………… 156
        4.6.2　有间隔复合结构 ………………………………………… 161
    4.7　破片对钢/纤维复合结构侵彻数值仿真研究 ………………… 162
        4.7.1　数值仿真及接触算法 …………………………………… 162

4.7.2 复合材料仿真模型及参数 …… 163
4.8 破片对无间隔复合结构侵彻效应的数值仿真 …… 164
  4.8.1 仿真计算模型检验 …… 164
  4.8.2 纤维材料板厚度对破片侵彻效应的影响规律 …… 165
4.9 破片对有间隔复合结构侵彻效应的数值仿真 …… 181
  4.9.1 仿真计算结果检验 …… 181
  4.9.2 纤维材料板厚度对破片穿甲效应的影响规律 …… 184
4.10 有无间隔条件下复合结构比吸收能对比 …… 195
4.11 小结 …… 198

第5章 钢/纤维复合结构抗破片侵彻优化设计方法及应用 …… 201

5.1 引言 …… 202
5.2 复合结构防护性能优化设计所关心问题 …… 203
5.3 钢/纤维复合结构抗破片侵彻优化设计方法 …… 204
  5.3.1 合金钢板与纤维板无间隔层合复合结构 …… 204
  5.3.2 合金钢板与纤维材料板有间隔层合复合结构 …… 205
5.4 钢/纤维复合结构抗破片侵彻优化设计实例与结果验证 …… 207
  5.4.1 设计实例的防御目标 …… 207
  5.4.2 钢/纤维复合结构尺寸设计 …… 207
  5.4.3 钢/纤维复合结构抗破片侵彻性能验证 …… 214
5.5 小结 …… 216

第6章 韧性钢破片对钢/纤维/钢复合结构的侵彻与贯穿效应 …… 217

6.1 引言 …… 218
6.2 韧性钢破片对不同夹层材料复合结构侵彻试验 …… 219
  6.2.1 试验系统及方法 …… 219
  6.2.2 试验及结果 …… 222
  6.2.3 讨论 …… 224
6.3 韧性钢破片对不同特征复合结构的侵彻与贯穿 …… 226
  6.3.1 不同结构特征复合结构的破片穿甲试验 …… 227
  6.3.2 不同特征复合结构的破片穿甲数值模拟 …… 234
  6.3.3 临界贯穿条件下的能量转换 …… 237
6.4 韧性钢破片剩余速度、动能消耗与着速的相关性 …… 245
  6.4.1 破片剩余速度与着速的相关性 …… 245

6.4.2 破片动能消耗与着速的相关性 …………………………………… 248
6.5 小结 ……………………………………………………………………… 255

第7章 超高强度弹体钢的动力学行为 ……………………………………… 257

7.1 引言 ……………………………………………………………………… 258
7.2 试验用材料简介 ………………………………………………………… 259
7.3 35CrMnSiA 钢准静态力学性能 ……………………………………… 260
    7.3.1 准静态拉伸测试 ……………………………………………… 260
    7.3.2 准静态压缩测试 ……………………………………………… 261
    7.3.3 准静态加载下 35CrMnSiA 钢断口组织分析 ……………… 263
7.4 35CrMnSiA 钢 SHPB 动态压缩测试 ………………………………… 264
    7.4.1 试验原理与装置 ……………………………………………… 264
    7.4.2 试验结果与分析 ……………………………………………… 265
    7.4.3 中应变率下 35CrMnSiA 钢失效行为分析 ………………… 269
    7.4.4 一维应力状态下 35CrMnSiA 钢失效判据 ………………… 269
7.5 35CrMnSiA 钢平板撞击试验研究 …………………………………… 272
    7.5.1 试验原理与装置 ……………………………………………… 272
    7.5.2 试验结果与分析 ……………………………………………… 280
    7.5.3 高压高应变率下 35CrMnSiA 钢可逆 $\alpha \rightarrow \varepsilon$ 相变 ………… 294
7.6 小结 ……………………………………………………………………… 298

第8章 大质量超高强度弹体钢破片对低碳合金钢的侵彻效应 ………… 301

8.1 引言 ……………………………………………………………………… 302
8.2 3种低碳合金钢的化学组分及静、动态力学性能 …………………… 303
    8.2.1 化学组成及热处理工艺 ……………………………………… 303
    8.2.2 准静态力学性能 ……………………………………………… 304
    8.2.3 动态压缩性能 ………………………………………………… 306
8.3 35CrMnSiA 钢对低碳合金钢侵彻试验结果及分析 ………………… 309
    8.3.1 试验原理与装置 ……………………………………………… 309
    8.3.2 试验结果与分析 ……………………………………………… 309
8.4 3种低碳合金钢失效行为与判据 ……………………………………… 312
    8.4.1 3种低碳合金钢金相组织分析 ……………………………… 312
    8.4.2 35CrMnSiA 钢弹体高速撞击下3种低碳合金钢的
          失效判据 ……………………………………………………… 315

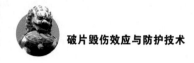

8.5 高速撞击下超高强度合金钢平头圆柱弹体损伤演化规律 ……… 317
  8.5.1 回收35CrMnSiA钢弹体剩余质量变化规律 …………… 317
  8.5.2 超高强度合金钢弹体损伤演化规律 ……………………… 322
8.6 小结 ………………………………………………………………… 326

第9章 破片对柱面薄壳装药的引爆/引燃 …………………………… 329

9.1 引言 ………………………………………………………………… 330
9.2 柱面薄壳装药的破片撞击试验 …………………………………… 331
  9.2.1 试验系统及方法 …………………………………………… 332
  9.2.2 试验及结果 ………………………………………………… 335
  9.2.3 靶标内受损炸药的微观观察 ……………………………… 337
  9.2.4 讨论 ………………………………………………………… 339
9.3 柱面薄壳装药破片撞击引爆/引燃机制 ………………………… 341
  9.3.1 壳体屏蔽装药的撞击引爆/引燃机制 …………………… 341
  9.3.2 柱面薄壳装药破片撞击引爆数值模拟 …………………… 343
  9.3.3 柱面薄壳装药破片撞击后冲击波效应引爆阈值 ………… 377
  9.3.4 讨论 ………………………………………………………… 382
9.4 薄壳装药破片撞击后机械效应引爆/引燃相关性 ……………… 383
  9.4.1 壳体材料对装药引爆/引燃响应特征的影响 …………… 383
  9.4.2 破片材料对装药引爆/引燃响应特征的影响 …………… 387
  9.4.3 小结 ………………………………………………………… 390
9.5 薄壳装药破片撞击引爆/引燃判据 ……………………………… 390
  9.5.1 薄壳装药破片撞击引爆/引燃判据表征 ………………… 390
  9.5.2 薄壳装药破片冲击引爆/引燃判据验证 ………………… 393
9.6 小结 ………………………………………………………………… 395

参考文献 ………………………………………………………………………… 397

索引 ……………………………………………………………………………… 426

第 1 章

绪　论

1.1 研究意义

破片毁伤效应与防护技术是一个历史悠久的研究课题,但迄今为止,仍有许多经典问题尚未彻底解决,另外,不断产生的新鲜问题更加引人注目。

按终点效应学的定义[1]:破片是指金属壳体在内部炸药装药爆炸作用下猝然解体而产生的高速碎片型毁伤元素,破片最常见的毁伤作用模式表现为高速撞击目标,并在目标内强行开辟一条通道,造成目标结构损伤并最终导致其功能丧失或降低,用破片命中目标时的着靶速度、动能或比动能来衡量其威力大小是常用的方法。对于绝大多数常规战斗部,炸药装药通常由金属壳体承载,因此破片现象普遍存在,另外,由于破片具有比爆炸冲击波更远的毁伤作用距离和更大的毁伤作用范围,因此,以破片为主要毁伤元素的杀伤型战斗部可以有效地弥补武器系统命中精度的不足,破片的应用也十分广泛。随着装甲车辆、作战飞机、舰船等目标防护结构的改进,作战需求多样性带来的打击目标类型的扩展,如导弹战斗部装药、飞行器燃油箱、地面储油设施等,以及破片类型(离散杆、连续杆等)的拓展和性能属性(含能破片、反应破片或活性破片等)的变化,使仅考虑破片的侵彻、贯穿性能,通过着靶速度、动能或比动能来表征并据此分析破片的毁伤能力存在很大的局限性,已不能满足相关武器系统和战斗部的设计、毁伤效能分析与评估及威力试验考核等方面研究的需要,也无法支撑新型防护结构设计的要求。因此,从新型防护结构、新功能破片和新的毁伤效果要求等不同的角度研究破片穿甲效应，具有重要的军事意义和十分普遍的应用价值。

破片撞击目标，传递能量，目标结构损伤直至功能毁伤的发展过程称为破片毁伤效应，这一过程无法脱离武器系统的终点状态而独立存在。弹药/战斗部爆炸形成破片，一般以恰当的形状、尺寸/质量为宜，这种设计上的安排可以获得更大数量的有效破片。破片穿甲效应，不能只关注破片接触到目标后的相互作用问题，因为破片向目标的能量传递，其靶内运动特征和能量转换规律除与弹、靶结构及材料性能相关外，还受控于破片的着靶状态。如何获得破片贯穿目标所需的最佳着靶状态，不仅是破片毁伤和杀伤战斗部设计所关注的问题，同时也构成相应武器系统总体设计、终点弹道控制及引战匹配设计的依据和先决条件；从另一角度来看，也是新型防护结构设计所需了解的。

武器系统研制和使用的初衷是有效毁伤目标，从而实现作战目的。所谓高效毁伤，是相对的，不断提高毁伤效能是研究者和工程师不懈追求的目标。细致了解和掌握破片穿甲效应，才能适度选择破片速度，从而实现有效破片数量的最大化，才能获得末端弹道控制决策及实现炸点选择合理化等，这对于实现武器系统总体设计上的科学合理及促进毁伤理论与技术的发展来说，既是积极的，也是重要的。

第二次世界大战至今的数十年间，兵器科学与技术长足、快速的发展动力并不完全来自人们对自然规律和科学问题的兴趣和探究，其中很大程度上得益于新材料、新技术的推动，武器装备"攻-防"对抗的促进及新的作战需求牵引。其中，钨基合金材料的不断发展与应用、纤维夹层复合装甲材料与结构的出现，以及空间攻防与海上对抗、高效打击油料保障设施和防空反导作战、远距离彻底摧毁目标等新的作战需求，为破片穿甲效应研究这一古老命题注入了新的活力因素，产生了许多新的课题并不断激发着研究工作者的热情和兴趣。此外，非线性数值计算理论和方法的发展、计算机性能的不断提升、高分辨率观测及高精度瞬态测量技术的进步[2,3]等，也使得对破片穿甲效应有关问题的研究能够更主动、更深入，并极大地推动了破片毁伤技术的发展。新的材料、新的目标及新的作战需求必然带来新的问题，先进技术和手段的应用必然揭示出新的科学规律、产生更高层面的科学认识，这势必引导研究者和产品设计者将其应用于工程实际当中，从而对武器装备技术的发展产生积极的推动作用。

21世纪以来，破片毁伤效应受需求牵引及相关科技进步的影响，不断衍生出许多热点和前沿性问题。如钨合金、超高强度合金钢破片对各类金属靶的高速侵彻，是高温、高压、高应变率极端状态下的大变形。侵蚀与破碎、结构微观损伤与宏观破坏等相互耦合的物理过程，在破片穿甲效应研究领域是一值

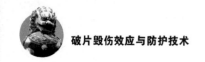
破片毁伤效应与防护技术

得深化的基础问题;多组元、多层次材料复合而成的装甲结构对破片侵彻的响应特征及吸能规律是破片穿甲效应中的前沿性基础问题,对此开展研究具有理论和应用两方面的重要意义。

本著作着眼于破片穿甲效应中值得深化的经典问题、需求迫切的热点问题及前沿性的新问题开展应用基础研究,主要体现在:钨合金破片对有限厚度金属靶的贯穿极限、超高强度合金钢破片对金属靶的高速侵彻动力学行为、破片对纤维夹层复合装甲的侵彻与贯穿,希望能对相关理论研究和工程应用有所贡献;促进兵器科学与技术发展的同时,牵引冲击动力学等相关领域的发展。

1.2 破片效应研究简史

破片效应、穿甲效应、聚能效应和爆破效应是终点效应学研究的四大基本问题[1],也是武器常规毁伤最基本的实现形式,与数学、物理学、力学、化学、材料学及创伤医学等基础学科紧密联系,是毁伤理论与技术的重要研究内容,是兵器科学与技术中最活跃、最积极的研究领域之一。

破片效应,又称杀伤效应[1],是指弹药/战斗部金属壳体在内部装填的炸药爆炸作用下解体形成高速碎片,并以此对目标进行毁伤的一种终点效应。破片效应十分普遍地存在于多种类型的弹药/战斗部中,这是因为:一方面,武器的远射程和高发射初速需求使弹药/战斗部的受力环境非常恶劣,对其强度和发射安全性的要求十分苛刻,因此,用于承载炸药装药的高强度金属壳体几乎必不可少;另一方面,弹药/战斗部命中精度的局限性和扩大对目标杀伤范围的客观要求,使破片被合理地利用为毁伤元素,并成为一种自然而又有效的技术手段。

有目的地利用弹药/战斗部金属壳体产生碎片来实现对目标毁伤的杀伤技术,可追溯到20世纪初高能炸药(以TNT为代表)的广泛应用。1915年[4],英国的米尔斯爵士提出了菠萝形半预制破片手榴弹的设计方案,采用在壳体外部刻槽的方式来控制破片的形状和质量,达到了大幅度提高综合杀伤威力的目的。自此,壳体破裂与质量分布控制、破片速度及飞散规律和破片毁伤效应等相关问题陆续受到关注。1943年,N. F. Mott和E. H. Linfoot[5-7]提出了爆炸条件下破片质量分布的分析方法,即Mott公式。同年,Gurney[8]从能量守恒的角度出发,基于瞬时爆轰假设并通过虚拟一个反映装药爆炸驱动做功能力的Gurney比能,提出了形式简单的一维装药结构(无限长圆柱、无限大平板和球）破片初速的计算方法，诞生了著名的 Gurney 公式；BRL 研究所[9]（1943）以试验数据为依据获得了一定速度钢球对软钢贯穿厚度的计算式。次年，Gurney 和 Sarmousakis[10]（1944）给出了适用于薄壳装药破片质量分布的另一表达式。Shapiro[11]（1951）将 Taylor 的思想予以具体应用，提出了至今仍在使用的 Shapiro 公式。Johns Hopkins 大学[12]（1958）对钢制破片侵彻软钢、杜拉铝、防弹玻璃和胶质玻璃四种材料进行了试验研究，收集了剩余速度数据，并依此推导出钢制破片弹道极限速度公式。Taylor[13]（1963）提出了自然破片战斗部壳体断裂的拉伸应力准则。Held[14]（1967）发表了有关破片弹道的论文，将破片弹道分为加速、飞行和侵彻三个阶段（也称为爆炸驱动的内、外和终点弹道），其中详细介绍了加速阶段的有关试验结果，推导出了计算预制钢珠和自然破片初速的一些经验公式。

20 世纪 70 年代后的 30 年内，自然破片因壳体内有相当大一部分易于破裂成速度衰减快、贯穿能力弱的微小破片（或粉末）问题难以有效解决，其逐渐成了历史。预制/预控破片技术的快速发展和广为应用推动了连续杆、离散杆、聚焦、定向等基于不同结构和原理的杀伤弹药/战斗部形式开始出现[15,16]，壳体破裂与质量分布控制的问题已不再成为关注的焦点，破片速度及飞散规律的精准预测和对目标作用效应的深入研究成为破片效应研究的主体。其中，破片毁伤效应研究因目标种类的不断扩展而最为活跃。BRL 实验室[17-19]（1961、1963）根据试验数据拟合建立了 THOR 方程，可用于估算圆柱体或立方体的钢制破片（长径比小于 3）在不变形、不破碎条件下，对多种均质金属靶和非金属靶的弹道极限、剩余速度和剩余质量。高修柱和蒋浩征（1985）[20]给出了 10 种均质金属靶材和 7 种非金属靶材的 THOR 方程参数。其间，基于有限元或有限差分的数值模拟与仿真技术日趋成熟，Ls – Dyna（1976）[21]、Autodyn（1986）[22]和 Msc – Dytran（1990）[23]等冲击动力学数值模拟软件的出现为破片毁伤效应的研究提供了新的手段。

进入 21 世纪后的 10 年中，战场目标的多样化发展致使破片毁伤效应问题的研究已不限于均质靶体的侵彻与贯穿等经典问题，带壳装药引爆等热点问题、复合结构穿甲等前沿问题也开始引起研究者的关注。

1.3 问题的提出与分析

破片穿甲效应作为毁伤技术领域中的一个重要研究方面，有着上百年的研究历史，随着军事作战需求和武器装备技术的不断发展，以及新材料、新技术等的推动，在 21 世纪的今天，存在着以下值得热切关注的、背景需求明确和亟待解决的主要问题。

1. 高着速（1 300 ~ 2 500 m/s）条件下钨合金破片的侵彻

钨合金破片由于密度高而具有良好的速度保持能力和对目标的侵彻能力，被日益广泛地选用为高性能弹药的毁伤元。随着弹药/战斗部终点速度和命中精度的提高、目标防护性能的增强及满足打击高速目标引战配合的需要等，破片的实际着靶速度经常达到 1 300 m/s 以上。国际上广泛认为[24]，钨合金破片对钢靶的高着速（1 300 ~ 2 500 m/s）侵彻过程中，高温、高压、高应变率等极端状态下，弹体的大塑性变形、激波侵蚀和破裂响应相互耦合[25]带来了严重的结构改变和质量损耗，对穿甲效果影响显著。但是，有关机理研究还不够系统、深入。主要问题在于：①缺乏对破片高速侵彻作用过程中界面压力、温度等物理参数的测试方法，限制了对破片侵蚀、破裂、相变影响规律和制约因素的认识；②问题的研究难以采用 500 m/s 以下着速时小变形、低侵蚀侵彻理论模型和分析方法进行，也不能像 3 000 m/s 以上着速那样采用流体力学的理论进行[26]。其中值得研究的主要问题有：

①高密度及高着速撞击产生的激波侵蚀、弹体破碎等物理效应随着靶速度的提高而不断加剧，高温、高压极端状态下微、宏观物质结构与破坏规律是怎样的？

②高温、高压极端状态下，因侵蚀、破碎产生的质量损失对（质量有限的）破片侵彻行为的影响也逐渐增加，贯穿有限厚钢靶的着速是否存在最佳值？若存在，如何定量描述？

③高着速（1 300 ~ 3 000 m/s）斜侵彻是破片最为常见的作用模式，阻力和弹体惯性力组成的力偶沿轴向非对称产生偏转效应，致使侵彻弹道发生偏转或偏移，变形、侵蚀甚至破碎导致弹体轴线与弹靶接触面法线角时刻变化，若不断增大，则发生跳弹；即使不发生跳弹，贯穿厚度与夹角余弦值也非线性关系。那么，极限跳弹角的定量描述和斜侵彻条件下弹道极限的数学表征是何种形式？

2. 破片对纤维、钢复合装甲的侵彻

纤维、钢复合装甲，作为一种新型防护结构，由多种不同材质、不同力学性能的材料叠合而成。该类装甲不同于均质装甲，它的一个显著特点是整体具有非连续各向异性的力学性能，依靠各层次之间物理性能的差异来干扰来袭弹丸/射流的穿透，消耗其能量，在同面密度下可产生较强的防护力，在装甲车

辆、舰船等机动性、防护性共同要求的武器装备中有重要的应用前景。但是，该类装甲在破片侵彻作用下的响应特征不同于均质靶体，其中尚存在许多机理问题、理论问题及工程应用方法问题亟待解决：

①纤维复合材料因纤维丝（束）排列交叉和织物的铺层叠合，在宏观上呈现各向异性特征，对于低速冲击的防护具有良好效果并得到广泛应用[27]。高速侵彻的作用和破坏机理是否有所不同？防护效果如何？

②对于复合材料或复合结构，从材料局部的变形到整体结构破坏这一基本的力学响应中，蕴含了何种联系？何种规律？

③破片撞击下，纤维、钢耦合构成的复合装甲各层板之间相互影响，互相耦合，不同的复合方式是否必然存在"1+1>2"的现象？防护结构如何优化？

3. 高强度弹体钢对钢板的高速侵彻断裂行为

在装甲防护结构优化设计过程中，始终无法回避弹体与防护结构材料的动力学行为及物理效应对侵彻/防护效果的影响，而材料力学性能参数及侵彻试验数据的获取是基础，可为弹体材料选择和防护结构优化设计提供数据参考及理论依据。需要深化研究的主要问题有：

①国内外研究涵盖了 $10^{-3} \sim 10^{6}\ \mathrm{s}^{-1}$ 应变率范围内不同种类高强度合金钢的动力学行为和失效特性，低压中应变率（SHPB 试验）与高压高应变率（飞片平板撞击试验）下材料力学行为之间的联系如何？不同应力状态、不同应变率下材料本构和失效行为的主控参量及其联系如何分析？

②对马氏体超高强度合金钢高压高应变率下固态相变的研究尚无公开报道，特别是相变对材料力学性能的影响如何？

③超高强度合金钢弹体高速（500~1 300 m/s）撞击下，低碳合金钢防弹板强度和塑性对其抗弹性能的影响规律及微观机制如何分析？

④超高强度合金钢弹体动态断裂的相关研究主要围绕弹体断裂模式和断裂机理展开，且主要集中在泰勒杆撞击试验所覆盖的低速撞击范围，高速撞击下超高强度合金钢弹体的损伤演化规律如何分析？

4. 破片对带壳装药的引爆/引燃

反导技术及武器装备建设是国防科技重点发展方向之一[28,29]，导弹战斗部的破片撞击引爆/引燃机理与判据是反导武器装备研究的核心环节。但是，现有撞击起爆判据难用于实际，主要原因之一是导弹战斗部的柱面结构不同于炸药起爆临界能量获取的试验条件，装药结构的差异影响了破片撞击起爆过程，基于飞片撞击裸装药和隔板试验所获得装药引爆/引燃的判据难以支撑相应的

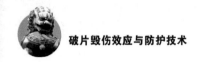

毁伤与防御方面的工程应用研究，由此需要深化研究的主要问题有：

①基于飞片撞击裸装药或隔板试验获得的临界起爆压力判据[30]和临界起爆能量判据[31]，主要针对矩形压力脉冲，很大程度上对应于一维冲击起爆情况。实际情况下，破片更多的是撞击圆柱形战斗部装药的侧面，是一个三维结构的起爆问题，Held 的射流起爆判据[32]也难以对破片推广应用，那么破片侧面撞击条件下装药内压力脉冲结构是何种形式？引爆判据如何表征？

②对于薄壳装药，破片高速撞击下壳体破碎，冲击波和剪切、摩擦等机械作用同时存在，破片、壳体材料物性都对起爆过程产生影响，壳内装药起爆的主控机制是什么？具有工程应用价值的起爆判据如何得到？

1.4 前人工作综述

1.4.1 破片的侵彻与贯彻

破片对有（金属、非金属或复合）靶体的侵彻与贯穿一直是破片毁伤效应研究中的重要内容。战场目标概念内涵不断丰富，新军事目标不断涌现，以及目标防御和生存能力的不断提升，均对破片的侵彻与贯穿提出了严峻的挑战，同时，也引出了许多新的课题。低速、不规则破片对铝板、软钢等侵彻研究已成为历史，高速、重金属、规则破片对厚装甲的贯穿及贯穿后的二次效应成为当今重要的研究课题和任务[33]。复合材料、复合结构装甲的出现为破片的侵彻与贯穿带来新问题的同时，也为破片与目标相互作用弹道科学的研究注入了新的内容与活力[34]。但无论何种形态破片、何种介质靶体，破片侵彻与贯穿的恰到好处是永恒不变的主题，也是研究者的兴趣所在，这里既蕴含了对物理规律的追求，又来自武器系统高效毁伤的强烈愿望，是破片毁伤与防护技术相互促进的推动力量。

破片对（金属、非金属或复合）靶体的侵彻与贯穿的研究具有学科交叉的特点，既属于毁伤技术领域的研究范畴，也是穿甲力学研究中的一个重要分支。同时，穿甲力学的研究方法和手段也为研究提供了有效的工具。

穿甲效应的试验研究早在冷兵器时代就开始出现，"箭-甲""矛-盾"之间的对抗是人们关注的对象。直到 19 世纪初，其科学基础穿甲力学的最初理论才开始形成。1829 年，Poncelet[35]（1788—1867）发表了关于弹体侵彻土石方面的研究结果，标志着定量研究终点弹道学的开始，其中著名的 Poncelet 公式成为最早的穿甲力学理论模型，该公式一直沿用至今，也是此后众多理论分析计算模型的雏形。19 世纪下半叶，由于理论基础薄弱，试验测试手段落后，因此基本的研究方法是通过实弹射击试验[36]获得预测冲击侵彻结果的经验公式，供弹丸设计或解决防护问题参考。进入 20 世纪以来，这一方面的研究方兴未艾，尤其是相关学科的发展，为更精确地量化研究穿甲效应问题创造了良好的理论与试验条件。Bethe[37]于 1941 年首先对穿甲效应的侵彻过程进行了静态理论分析，随后英国力学家 Taylor[38]在其基础上推导出了基于准静态考虑的靶板扩孔所需能量与弹丸半径关系的理论模型。此后，Taylor[39]（1948）还提出了刚塑性弹体撞击半无限刚性靶体变形量的数值解法，后来的研究者又在 Taylor 的基础上考虑了惯性效应，对有关模型进行了进一步的推广，其中最重要的发展是 Freiberger[40]（1952）的塑性动力学理论。20 世纪 60 年代以后，新的实际问题出现、试验技术的进步和计算机的应用，为穿甲效应的研究提供了新的契机，该研究领域取得了长足进步与发展。1963 年，Recht 和 Ipson[41]在 Spells[42]理论的基础上，建立了基于能量守恒的刚性钝头弹体对薄靶板挤凿破坏的简单力学理论，给出了弹道极限、着速和剩余速度的关系式，开创了基于能量守恒定律分析此类问题的先河。Florence[43]（1969）提出了一种针对刚体弹丸侵彻两层复合装甲的分析模型，可预估侵彻弹体的弹道极限，此后众多分析模型均是在此模型的基础上发展而来的。另外，自 20 世纪 50 年代中期开始兴起的超高速碰撞研究，进入 60 年代后逐步取得了重要的研究成果。美国的 Herrmann 和 Jones[44]及 Bjork[45]分别于 1961 年和 1963 年对相关研究成果进行了总结。1970 年，Kinslow[46]编著出版了 *High Velocity Impact Phenomena* 一书。值得一提的是，70 年代关于穿甲效应研究的数值模拟程序开始出现并得到应用，其中具有代表性的有 HEMP[47]和 DEPROSS[48]等。Marvin E. Backman[49]（1978）对侵彻机理的研究成果进行了总结，并发表了 *The Mechanics of Penetration of Projectiles into Targets* 一文。钱伟长[50]（1982）提出了刚塑性弹体撞击半无限刚性靶体变形量的解析算法，并于 1984 年[26]在 Marvin E. Backman 所著文章的基础上编著出版了《穿甲力学》一书。Silsby[51,52]（1984）和 Hohler&Stilp[53]（1991）通过试验研究了弹体的高速侵彻问题，得到了侵彻深度与杆长之比（P/L）随着靶速度的提高而呈 S 形曲线增加，最终趋近于某个稍大于流体动力学极限（$(\rho_P/\rho_T)^{1/2}$）值的规律。同时，穿甲效应研究的领域不断扩大，与工程需求结合更加紧密，弹靶系统更为复杂，材料类型呈多样化，陶瓷与钢板叠合的复合装甲结构的侵彻与贯穿研究开始出现。如 Wilkins[54]（1978）、Rosenberg[55,56]（1987）等对陶瓷复合装甲结构的抗弹机理进行了研究，并提出用 DOP（Depth of Penetration）表征陶瓷复合装甲的抗侵彻性能。Jonas A. Zukas[57]（1990）在 *Impact Dynamic*[58]（1982）一书基础上，对高速冲击动力学研究成果进行了总结，编著出版了 *High Velocity Impact Dynamics*（1990）一书。在同一时期，国内开始了破片穿甲效应的研究。如马玉媛[59]（1981）进行了不同形状小型预制破片对松木板的侵彻试验，通过试验发现，侵彻深度用比动能来表征更为合理。沈志刚[60]（1988）进行了球形破片（钢制和钨合金）碰撞金属靶板试验，观察和分析了试验现象，总结了靶板的破坏规律，建立了刚性球形破片贯穿金属靶板的弹道极限公式。黄长强[61]（1993）通过量纲分析建立了刚性球形破片对靶板极限穿透速度的计算模型。陈志斌[62,63]（1994）进行了钨球对导弹等效靶、中厚度钢板靶的侵彻试验，建立了钨合金预制破片侵彻参量计算的解析模型，可用来计算弹道极限速度、极限破碎速度、穿孔孔径、冲塞质量及剩余速度。张国伟[64]（1996）进行了钨球对装甲板的侵彻试验，并根据能量守恒获得了钨球对装甲钢弹道极限速度的计算式。张庆明[65]（1996）用能量法建立了破片贯穿目标等效靶极限速度的计算式。朱文和[66]（1997）忽略侵彻体、变形、质量损失和热效应，建立了球形破片垂直侵彻有限厚靶板的计算模型。贾光辉[67-69]（1997、1998）进行了钨球对装甲钢板极限贯穿、钨块对软钢板侵彻的理论及试验研究。午新民[1-29]（1999）对钨合金球侵彻有限厚装甲钢进行了试验、理论和数值计算，从理论上对靶板材料在冲击载荷下出现绝热剪切破坏的机理和临界条件进行了分析，建立了着靶速度小于 1 500 m/s 的情况下，可变形钨合金球极限贯穿靶板三个阶段的侵彻模型，并推导出了球形钨合金破片垂直和倾斜侵彻装甲钢板的极限贯穿速度计算式，将破片穿甲效应的研究推到了一个高峰。

21 世纪以来，因弹靶碰撞速度的不断提高，破片高速/超高速碰撞过程中的各种效应成为研究者探索的对象。Karl Weber[70]（2002）对高速破片对薄板的撞击开展了大量试验，研究了破片的破碎行为及二次碎片的空中分布特征。K. Frank[71]（2006）建立了高速球形破片冲击薄金属靶的工程计算模型。同时，复合材料和夹层复合结构开始大范围推广和应用，破片对夹层复合结构侵彻过程中的物理效应成为近 10 年来的热点问题。Hassan Mahfuz[72]（2000）对破片模拟弹丸（FSP）高速侵彻整体式复合装甲进行了试验和数值模拟研究。Bazle A. Gama[73]（2001）通过试验和数值模拟研究了 FSP 对多层整体复合结构侵彻时靶体的响应特征。William Gooch[74]（2002）对 BULGARIAN 双面钢板的抗破片侵彻性能进行了试验及理论分析。W. Riedel 等[75]（2004）通过试验和数值仿真研究了分层式装甲背板对破片效应的弱化效果。A. Francesconi[76]（2008）就卫星用铝蜂窝夹层复合结构板在超高速冲击下瞬间振动行为进行了研究。J. B. Jordan[77]（2009）对 Celotex® 材料的破片模拟弹丸（FSP）侵彻进行了试验与分析，拟合了侵彻深度（DOP）的计算公式。William Schonberg[78]（2011）研究了超高速碰撞下蜂窝夹层复合结构板的碎片云特征。

1.4.2 破片对炸药装药的撞击起爆

1.4.2.1 凝聚炸药的冲击起爆研究

针对非均质凝聚炸药的冲击引爆研究，开始于20世纪50年代，出于各自不同的研究目的，半个多世纪来一直未曾停止过，但尚有许多问题并未彻底解决，对炸药的起爆过程仍了解得不够。

早期比较经典的研究成果主要有：英国学者Bowden和Yaffe[79]（1952）首先提出和阐述了非均质炸药冲击起爆中"热点"的概念，认为某些炸药以（撞击、冲击波等）各种形式受到冲击后，冲击波到达密度间断处就可以突然形成局部高温区域，这个区域被称为热点。A. W. Campbell等[80]（1961）提出，当冲击波进入非均质炸药后，在初始波阵面后面，炸药首先受冲击而整体加热，然后出现化学反应，并通过著名的平面冲击波起爆的试验观察，阐述了非均质炸药冲击起爆的理论，奠定了非均质炸药起爆的理论根据。德列明[81]（1963）用电磁方法测定了起爆区中的质点速度，证明了Campbell等关于非均质炸药的起爆理论。J. B. Ramsay[30]和A. Popolate[82]（1965）引进了临界压力的概念，提出了适用于大面积、厚飞片的一维持续脉冲的冲击起爆判据。Gettings[83]（1965）研究了薄铝飞片撞击下PBX-9404炸药的起爆行为，通过试验说明炸药是否起爆与入射冲击波压力及持续时间两个因素有关，这也成为以后众多冲击引爆判据的理论基础。Karo等[84]（1978）研究了各种二维晶格中冲击波传播动力学，冲击波对结合键的破坏被证明。M. Kroh[85]（1985）通过改进的隔板试验获得了典型的SDDT曲线，如图1.1所示。

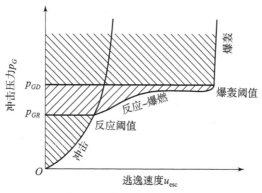

图1.1 典型的SDDT曲线

在图 1.1 中的曲线上存在两个明显的阈值点，当 $p_G = p_{GR}$ 时，随着 p_G 的上升，自由端面上粒子的逃逸速度急剧增大；当 $p_G = p_{GD}$ 时，随着 p_G 的增大，逃逸速度几乎不变，并且和爆轰的传播速度有相同的量级。图 1.4 中 p_{GR} 是点火阈值，当加载在被发药界面的初始冲击压力幅值小于 p_{GR} 时，无论被发药的长度为多少，冲击都转不了爆轰。p_{GR} 到 p_{GD} 段是反应－爆燃段，对于给定的被发药尺寸，燃烧还没有来得及发展成爆轰，如果被发药加长，就有可能发展成爆轰。对于给定的装药尺寸，p_{GD} 是转爆临界冲击压力，即当 $p_G > p_{GD}$ 时，对于给定的被发药尺寸，爆燃就有可能转变成爆轰。和 p_{GD} 不同，p_{GR} 由装药的物理和化学性质唯一确定，与被发药的尺寸无关。

浣石[86]（1988）改进了一维拉氏分析计算方法，能在试验精度范围内求解起爆流场，并求出一些重要的反应特征变量的流场分布，提出了用拉氏分析方法对炸药的本构方程进行整体标定的方案，研制了二维锰铜－康铜环形组合拉氏量计，能同时测得二维轴对称起爆流场中不同质点的压力和径向位移变化史，该试验方法即使在多年后的今天，仍被大量使用。

时至 90 年代，非均质凝聚炸药的冲击波起爆过程已是基本共识：当冲击波进入炸药后，会在一些力学－物理性质间断处产生局部小灼热源（即热点）。炸药首先在这些热点内点燃，并快速反应，在前导冲击波波阵面后出现一个压力峰，其幅度迅速增大，并逐渐向前导冲击波波阵面靠拢，如图 1.2[87] 所示。但热点形成的物理机制尚存在争论，空洞和气泡的绝热压缩机制、空洞和颗粒间的剪切摩擦机制、流体力学机制、黏塑性流动机制、空泡和气泡的表面能转化机制、晶体变形的位错能释放机制和自由基模型的冲击波断键机制等多种说法并存。关于热点成长的机制，也存在两种意见分歧：一种是美国弹道研究所 Home[88]（1976）提出的热爆炸机制；另一种则是美国洛斯－阿拉莫斯实验室 Madar[89]（1976）提出的高速燃烧机制。另外，章冠人[90]（1991）对

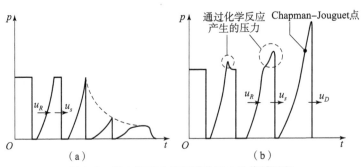

图 1.2　冲击波压力在不同物质中的传播过程
(a) 惰性物质；(b) 炸药

相关研究成果进行了总结，编著出版了《凝聚炸药起爆动力学》一书。此后，因炸药冲击起爆过程的复杂性和其作用过程的瞬时性，冲击波起爆机制的继续深入有待于试验及其分析技术的进一步发展。

值得一提的是，20 世纪 80 年代后，在人们研究炸药的 SDT（Shock to Detonation Transition，激波向爆震转变）过程中发现，在某些特定条件下，炸药在受到强度比 SDT 阈值低得多的冲击作用时，也会发生爆炸，且其起爆时间比 SDT 有显著延长。这种低强度冲击下引发炸药延迟爆轰现象，与通常炸药的 SDT 过程有显著不同。目前把这种低强度冲击引发炸药延迟爆轰现象称为炸药的 XDT（Unknown Mechanism to Detonation Transition，未被识别的爆轰转变）现象或延迟爆轰（Delayed Detonation）现象。R. L. Keefe[91]（1981）在推进剂隔板试验中，最早发现了 XDT 现象。此后，因炸药/推进剂在生产、加工、运输、储存和使用等过程中的安全性问题的突出性，炸药/推进剂的冲击损伤及起爆特性研究成为十分重要的研究课题，并成为 90 年代后炸药冲击起爆的主要研究内容。Richter[92]（1989）等对受压缩损伤的 PBXW – 108 的冲击感度的研究表明，当孔隙率为 3% 时，冲击感度只提高约 8%。黄风雷[93]（1992）系统研究了改性双基、丁羟复合推进剂的动态损伤和冲击起爆特性，并将固体推进剂的机械损伤与冲击起爆的热点形成机制联系起来。Born 等[94]（2002）对炸药晶体内部损伤对冲击起爆的影响进行了研究，晶体间的空穴和晶体内空穴对起爆的影响程度不同，冲击感度与晶粒尺寸大小和晶体间空穴关系不大。陈朗[95]（2003）采用 X 光透视摄影方法观察到了 JO – 9515 炸药延迟起爆现象。梁增友[96]（2006）对 PBX 炸药的损伤特征及损伤对炸药起爆性能的影响进行了研究，综合周栋[97]（2007）、姚惠生[98]（2007）等的研究成果编写了《炸药冲击损伤与起爆特性》[99]（2009）一书。已有研究表明，损伤使含能材料热点源增加，比表面积增大，含能材料敏感化，从而影响含能材料感度、燃烧及爆轰性质，对于爆轰的建立过程也有很大的影响。但时至今日，损伤对含能材料起爆/起燃过程影响的认识有限，相关机理和预测方法的研究需进一步深入。

1.4.2.2 带壳装药的撞击起爆研究

出于反导武器装备研究的军事需求，带壳装药的撞击起爆研究起源于 20 世纪 60 年代，如：皮克汀尼兵工厂（Picatinny Arsenal）[100]（1965）根据收集的试验结果建立了预测带壳装药破片撞击起爆阈值的计算方法。20 世纪 70 年代至 90 年代之间，带壳装药的撞击起爆研究十分活跃。Rosland（1975）[101]、Jacobs（1979）[102]、Frey（1979）[103]、Howe（1985）[104]、Cook（1989）[105]、

Chou[106-108]（1990，1991）及方青（1997）[109]等相继进行了理论分析、试验研究和数值模拟。带壳装药的冲击波、剪切起爆机制被揭示，但对于具体情况，何种起爆机制起了主控作用却一直难有合理的判别方法，带壳装药的撞击起爆速度阈值的获取也基本停留在试验阶段。21世纪以来，计算技术的发展使有限元或有限差分等数值模拟[110]成为该问题分析的一个有效手段，但深层次理论缺失带来的计算误差是难以避免的。通过试验获得带壳装药冲击引爆速度的准确阈值还是工程设计人员最先想到的，也是最容易实现的，但这种简单的可操作性方法只能就具体问题进行，所获得的结果并不具有普适性。

综上所述，破片穿甲效应的研究是在军事需求牵引下不断演变和发展的，是以穿甲力学为理论依托发现和揭示小长径比/小质量弹体对靶体的侵彻破坏行为与规律。研究中获得的科学认识对技术上产生巨大促进的同时，也带来了巨大的效益，即可提升现有武器装备的毁伤能力，也可从另一面促进装甲防护技术的发展。

第 2 章

钨合金破片对有限厚度金属靶的贯穿极限

2.1 引言

钨/W-Ni-Fe 合金密度大,是常用破片/穿甲弹材料之一。20 世纪 90 年代的研究已公认:大长径比钨合金杆式穿甲弹对钢靶的侵彻过程中,随着着速的提高,侵彻深度与弹体长度之比(P/L)趋于某一极限值(流体动力学极限,$\sqrt{\rho_P/\rho_t}$),如图 2.1[57]所示。

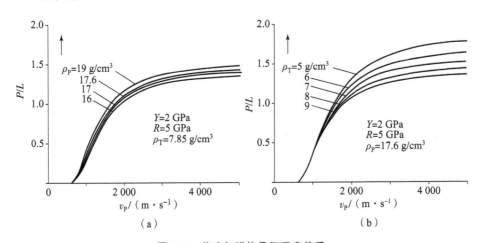

图 2.1 着速与弹体侵彻深度关系
(a)弹体为变量;(b)靶体为变量

第 2 章　钨合金破片对有限厚度金属靶的贯穿极限

小长径比钨合金破片高着速（1 300～2 500 m/s）侵彻高韧性有限厚低碳钢靶时，随着着靶速度的提高，钨合金材料发生塑性流动、局部破裂，热和激波耦合产生的侵蚀效应对破片侵彻行为的影响不断增大。当着靶速度提高到某一值后，破片的质量因侵蚀、破碎而严重损耗，着靶速度的提高对贯穿厚度的增加影响甚微，即破片完全贯穿靶板厚度随着靶速度的提高也存在极值。但因为破片侵彻与贯穿的过程短暂、弹靶力学响应复杂，且均发生于靶内，难以直接观测，钨合金破片对低碳钢靶侵彻时极限能力的定量预测却始终没能很好地解决。

在此，通过试验研究了钨合金破片对不同金属靶侵彻过程中的宏观响应特征，通过扫描电镜（SEM）表面观察分析了钨合金破片对低碳钢靶高速侵彻中的微观响应特征和断裂机制，通过数值模拟获得了钨合金破片对钢靶侵彻中的能量转换规律，通过理论分析建立了钨合金破片对有限厚钢靶极限贯穿厚度的计算方法[111]。

2.2　着靶速度及分类

着靶速度作为穿甲效应研究中一重要初始状态值，其分类根据不同的方法也往往有所不同。E. Backman 和 GoldSmith[49]（1978）根据发射装置将着靶速度分为：最低速度（0～25 m/s，通过落锤或其他试验装置获得）；亚弹速（25～500 m/s，通过气枪或其他实验室装置获得），弹速（500～1 300 m/s，通过常规枪、炮获得），高弹速度（1 300～3 000 m/s，通过特种枪、炮获得）和超高速（＞3 000 m/s，通过氢气炮获得），该分类方法至今仍被许多研究者使用；钱伟长[26]（1984）根据常规枪、炮的发射速度，将着靶速度分为低速（0～500 m/s）、中常速（500～2 000 m/s）和超高速（＞2 000 m/s）；赵国志[112]（1992）在火炮发射速度范围（500～2 000 m/s）内，将着靶速度进一步分为低速（＜800 m/s）、高速（800～1 300 m/s）和超高速（1 300～2 000 m/s），并将杆式穿甲弹对靶体的侵彻与贯穿归类于超高速穿甲研究范畴。

本书以常规弹药/战斗部（包括普通弹丸、破片和聚能侵彻体）穿甲效应为研究对象，在 E. Backman 和 GoldSmith 分类方法基础上，将着靶速度分为低速（0～500 m/s）、高速（500～3 000 m/s）和超高速（＞3 000 m/s），破片对目标的撞击应属于高速范畴。

2.3 有限厚金属靶的破片穿甲试验

2.3.1 弹靶撞击响应现象及分类

穿甲效应的试验研究中,因弹靶碰撞而产生的材料响应现象可为弹靶作用机理分析提供依据,一直以来都是试验中的重要测定内容被研究人员所重视。长期以来,撞击响应现象按不同的方法也有着不同的分类,如几何特征、材料属性、着靶速度或应变率等。钱伟长[26](1984)根据不同着靶速度和应变率对撞击响应现象进行了分类,将着靶速度、应变率的大小和物质材料的运动特点联系了起来。

事实上,弹靶撞击过程材料响应与弹靶界面的动载荷强度、材料自身力学性能及温升等具有关联性,仅仅用 1~2 个参量难以将弹靶撞击响应现象予以准确反映。Jonson W[113](1972)提出选取量纲为 1 的参数 $\rho v^2/\sigma_y$ 反映金属材料在碰撞过程中的响应现象,并将此数称为 Jonson 损伤数[113](damage number)。式中,v 为弹体相对靶体的垂直着靶速度;σ_y 为材料动态屈服强度;ρ 为材料密度。损伤数可以理解为材料惯性与强度的比值。表 2.1 列出了材料对撞击的响应特性与损伤数的关联。

表 2.1 材料对撞击的响应特性

着靶速度/(m·s^{-1})	损伤数	范围
1	10^{-5}	准静态,弹性
10	10^{-3}	塑性变形出现
100	10^{-1}	低弹速
1 000	10^{1}	严重塑性变形,高弹速
10 000	10^{3}	超高速碰撞,激光,电子束

通过损伤数进行弹靶撞击响应的分类虽然存在以下不足:
①未考虑弹丸的初始特征参数,如头部形状等;
②当损伤数较大时,对应的界面压力及应变率极高,热效应突出,σ_y 的意义和取值大小难以明确。

但是针对特定结构的钨合金破片对金属靶的高速穿甲,界面压力及温升幅度远未达到超高速撞击的量级。因此，采用损伤数表征钨合金破片对金属靶穿甲中的响应现象仍为恰当的选择。

2.3.2 试验系统

球形破片作为最简单的几何形体和典型的杀伤元素，已广泛应用于预制破片战斗部[114,115]。因此，试验中破片结构选取球形及常见尺寸，材料选取 93W（W243NE、93W－Ni－Fe）、95W（W232NE、95W－Ni－Fe）两种合金；结合已具备的试验条件，在战场装甲目标防护特性分析基础上，选取靶材，设计试验系统。

2.3.2.1 破片着靶速度

破片对目标的着靶速度取决于破片初速、弹体速度、目标运动速度、破片飞行距离及速度衰减系数等。预制破片战斗部因结构特点，其衬套破裂和爆炸产物气体泄漏早于自然破片战斗部，破片初速通常低于 Gurney 公式的计算值。以黑索金（RDX）或奥克托今（HMX）为主体装药的导弹战斗部的破片初速可达 1 800～2 500 m/s[116]，对于大多数炮射弹药午新民[25]通过修正的 Gurney 公式获得破片初速在 600～2 000 m/s 范围。此外，因弹体速度存在，破片的动态初速范围远大于静态。根据弹药/战斗部的有效杀伤半径指标、破片飞行中的速度衰减计算，试验中破片着靶速度范围选取在 500～2 500 m/s，属 2.2 节所述的高速撞击范畴。

2.3.2.2 破片加载方式及试验系统

本书试验中破片运动通过身管加载、抛射方式予以实现，考虑破片飞行过程中的速度衰减，破片抛射速度大于着靶速度。针对着靶速度在 500～1 800 m/s 范围内的破片穿甲试验，选取 12.7 mm 滑膛弹道枪加载，如图 2.2 所示；针对着靶速度在 1 800～2 500 m/s 范围的破片穿甲试验，选取 57.5 mm/14.5 mm 二级轻气炮加载，如图 2.3 所示。

图 2.2　12.7 mm 弹道枪及枪架

图 2.3　57.5 mm/14.5 mm 二级轻气炮

针对不同的加载装置,设计对应的试验方案、加载弹托及测试系统如下:

1. 12.7 mm 滑膛弹道枪加载试验系统

采用 12.7 mm 滑膛弹道枪加载,可以通过改变发射药(2/1 樟枪药 + 黑火药)质量来调整破片的抛射速度在 500~1 800 m/s。破片装载于扣合的四瓣尼龙弹托锥形孔中,示于图 2.4 中。在膛内,弹托载运破片一同运动,出枪口后,由于空气阻力的作用,破片与弹托分离,破片基本沿直线飞行,通过靶板前方的(激光或通靶)速度测试系统获取破片的着靶速度,如图 2.5 所示;通过靶后的通靶测试系统获取破片穿靶后的速度。逐发试验,观察破片对靶板穿甲后的响应现象,记录破片穿甲初始和终结状态。具体布置如图 2.6 所示。

图 2.4 尼龙弹托

图 2.5 速度测试系统

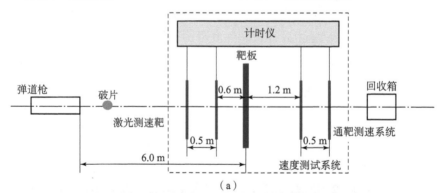

(a)

(b)

图 2.6 弹道枪加载试验布置示意及现场

(a)试验布置示意;(b)试验布置现场

2. 57.5 mm/14.5 mm 二级轻气炮加载试验系统

采用 57.5 mm/14.5 mm 二级轻气炮加载,可以通过改变高压气室内的压强（11.0～13.0 MPa）来调整破片的抛射速度在 1 800～2 500 m/s。破片装载于塑料弹托中,如图 2.7 所示。在 14.5 mm 身管末端通过褪托装置分离弹托,如图 2.8 所示。褪托装置后的磁测速靶启动示波器记录,破片撞靶速度由靶板前方的铝铂测速靶获得,如图 2.9 所示。铝铂测速靶后的靶室内放置固定靶架,如图 2.10 所示,靶板安置于靶架上。逐发试验,观察破片对靶板穿甲后的响应现象,记录破片穿甲的初始和终结状态。试验布置示意如图 2.11 所示。

图 2.7 塑料弹托

图 2.8 褪托装置及磁测速靶

图 2.9 铝铂测速靶

图 2.10 靶架

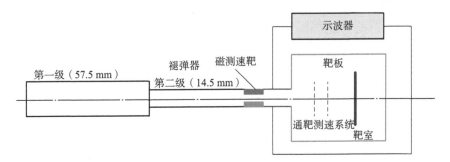

图 2.11 轻气炮加载试验布置示意

2.3.2.3 破片材质、尺寸与力学性能

钨（W-Ni-Fe）合金是一种由近似于球形的钨颗粒和由镍、铁组成的黏结相通过液相烧结而成的双相合金[117]，在武器装备中主要作为穿甲弹芯及预制破片材料。根据"哈姆"等典型导弹战斗部[116,118]调研结果，选取93W（W243NE）和95W（W243NE）两种类型的4种破片进行试验。试验中的破片均由黑龙江北方工具有限公司提供。不同类型钨合金材料组分及力学性能列于表2.2中，破片实测质量列于表2.3中。

表2.2 钨合金组分及力学性能

材料牌号	化学成分/%				密度/(g·cm^{-3})	延伸率/%	硬度		屈服强度/MPa	拉伸强度/MPa
	W	Ni	Fe	其他			HRC	HV10		
93W	92.8	4.2	2.6	0.4	17.6±0.15	18~26	29	270~340	600~800	910~1 000
95W	94.6	3.4	1.6	0.4	18.1±0.15	14~24	30	275~350	600~800	900~1 000

表2.3 破片种类及实测质量（选取30个样本进行测量）

材料	尺寸/mm	材料牌号	实测质量均值*/g	方差*
钨合金（W-Ni-Fe）	6.0	93W	2.008	0.003
	7.0	93W	3.091	0.045
	6.0	95W	2.049	0.008
	7.5	95W	3.973	0.008

2.3.2.4 靶体材质、尺寸与力学性能

1. 战场目标及防护特性分析

海湾战争、科索沃战争及阿富汗、伊拉克等局部战争表明，战场上暴露的有生力量大幅减少，地面履带、轮式步兵战车，装甲指挥、通信车，武器发射车，武装直升机等具备良好防护性能的各种轻、重型装甲类目标逐渐增多。这些目标的防护结构材料均为钢，等效厚度为10~20 mm[119,120]。此外，若干军用飞机的驾驶舱装有均为10 mm厚的防护钢板；新型武装直升机装甲防护厚度均

不小于 5 mm[121,122]；电力枢纽目标中变压器片的厚度通常为 18~20 mm[123]。

2. 靶体结构等效

依据上述目标防护特性分析，选取低碳钢 Q235A 和硬铝 2A12-T4 共两类金属为靶体材料进行试验。其中，Q235A 钢板由武汉钢铁股份有限公司提供，2A12-T4 铝板由中南铝业有限公司提供。实测各靶体厚度及力学性能列于表 2.4 中。

表2.4 金属靶板的实测厚度和力学性能

材料	密度 /(kg·m⁻³)	实测力学性能		
		预期厚度/mm	屈服强度/MPa	拉伸强度/MPa	延伸率(A)/%
钢 (Q235A)	7 850	10	325.0	455.0	39.0
		12	300.0	430.0	35.5
		14	345.0	455.0	30.5
		16	335.0	480.0	31.5
		18	350.0	425.0	33.0
		20	305.0	465.0	32.5
铝 (2A12-T4)	2 785	10	305.0	470.0	21.0
		20	300.0	460.0	20.5

2.3.3 试验结果及分析

2.3.3.1 试验内容

采用 2.3.2 节中设计的试验系统，针对 4 种破片：φ6 mm（93W）、φ6 mm（95W）、φ7 mm（93W）、φ7.5 mm（95W），示于图 2.12 中；两类材料 8 种靶体：Q235A 钢（10 mm 厚、12 mm 厚、14 mm 厚、16 mm 厚、18 mm 厚、20 mm 厚）和 2A12-T4 铝（10 mm 厚、20 mm 厚），进行破片穿甲试验。

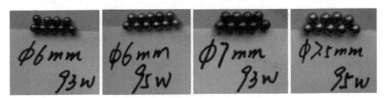

图 2.12 试验所用的 4 种破片

2.3.3.2 试验结果

弹道枪、轻气炮加载钨合金破片对有限厚金属靶的穿甲试验分别在中国兵器5103厂和北京理工大学西山实验室完成,采用六射弹弹道极限试验法获得4种破片对8种靶体的弹道极限。试验中,任一有效弹道的极限速度的获得均需进行9~14发试验,通过436发试验(弹道枪:401发、轻气炮:25发)获得了4种破片对8种靶板的弹道极限速度,列于表2.5中。

表2.5 弹道极限试验结果

靶板类型	弹道极限（m·s⁻¹）/实测靶厚（mm）			
	ϕ6.0 mm (93W)	ϕ7.0 mm (93W)	ϕ6.0 mm (95W)	ϕ7.5 mm (95W)
钢（Q235A）	962.27/9.68	776.23/9.64	924.20/9.68	725.41/9.67
	1 259.97/11.72	1 095.61/11.78	1 216.56/11.62	967.53/11.62
	1 803.63/14.80	1 421.89/14.81	1 765.06/14.81	1 272.78/14.85
	未贯穿/15.82	1 548.80/15.89	未贯穿/15.82	1 468.59/15.90
	—	1 774.60/17.90	—	1 610.87/17.90
	—	未贯穿/19.96	—	1 775.41/19.96
铝（2A12-T4）	597.54/10.13	524.39/10.16	571.32/10.19	475.31/10.16
	997.321/20.14	853.36/20.04	967.4/20.08	782.63/20.12

2.3.3.3 现象及数据分析

1. 试验现象分析

（1）对有限厚钢靶的穿甲

钨合金破片对有限厚Q235A钢靶的穿甲试验中,93W、95W两种材料破片均出现了明显的塑性变形。随着着靶速度的提高,其破坏形式一致表现为:小变形→半球状变形→铁饼状变形→球壳状变形→薄片,破片的断裂从球弹周边开始,最终发展到芯部,如图2.13所示。

靶板成孔口扩展型破坏,靶孔入口直径随着靶速度的提高而增大,当着靶速度低于2 000 m/s时,靶孔基本上为一圆柱形孔,靶孔内表面大部分为白色光滑侵彻穿孔,靠近出口一小部分为冲塞形成的灰色粗糙圆柱孔,靶孔前靶面产生翻边,背面产生突沿;当着靶速度大于2 000 m/s时,未被穿透的弹坑呈不规则钟形,靶孔内表面大部分为白色粗糙侵彻穿孔,如图 2.14 所示。当着靶速度提高至 1 500 m/s 以上时,入口直径略大于出口直径。

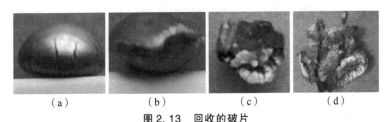

图 2.13　回收的破片

(a) 781.3 m/s；(b) 1 019.4 m/s；(c) 1 492.7 m/s；(d) 1 625.2 m/s

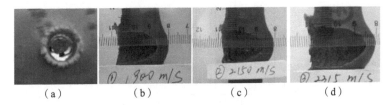

图 2.14　不同着速下的靶孔

(a) 1 475 m/s；(b) 1 900 m/s；(c) 2 150 m/s；(d) 2 315 m/s

(2) 对有限厚铝靶的穿甲

钨合金破片对有限厚 2A12 - T4 铝靶的穿甲试验中,即使着靶速度达到 1 500 m/s,93W、95W 两种材料破片基本无塑性变形,如图 2.15 所示,穿甲过程中呈刚性特征,破片贯穿铝靶后,表面挂铝；靶板呈脆性挤凿型破坏,靶孔前靶面无翻边,若破片未贯穿靶板,靶板背面产生凸起的裂纹,裂纹从中心开始；若破片贯穿靶板,靶板背面无突沿；靶孔入口与出口直径一致,略小于球弹直径,推测略有弹性回弹。

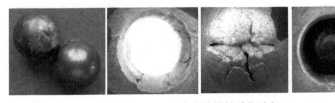

图 2.15　回收破片及铝板破坏特征

综上所述,钨合金破片对(钢、铝)两种金属靶体穿甲过程中,弹、靶响应现象不尽相同,对于低密度、低延伸率的铝靶,破片无塑性变形和横向扩孔；对于高密度、高延伸率的钢靶,破片塑性变形和横向扩孔效应随着着靶速度的提高而不断增加。

2. 试验数据分析

（1）破片临界贯穿动能、比动能的影响因素

根据表 2.5 中的试验结果，进行 4 种破片贯穿同厚度 Q235A 钢、2A12 铝两种金属靶（均为 10 mm 厚）所需临界动能、比动能的对比，如图 2.16 和图 2.17 所示。

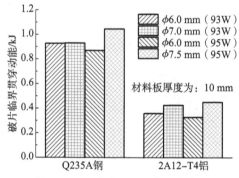

图 2.16　4 种破片的临界贯穿动能

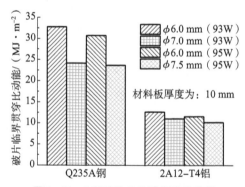

图 2.17　4 种破片的临界贯穿比动能

分析图 2.16 和图 2.17 可知，2A12-T4 铝的屈服、拉伸强度虽不低于 Q235 钢，但破片临界贯穿动能、比动能远远小于 Q235A 钢板。可见，破片高速撞击条件下，靶体材料强度已非影响破片穿甲能力的主要因素，因靶体密度、着靶速度等性能致使破片的变形、侵蚀及破裂是影响其穿甲能力的主要原因。

另外，由图 2.17 可见，破片贯穿 10 mm 钢靶的临界贯穿比动能随着破片直径的增大而减小。进一步分析破片临界贯穿动能与弹靶相对厚度的关系，以及破片临界贯穿比动能与靶体厚度的关系，如图 2.18 和图 2.19 所示。

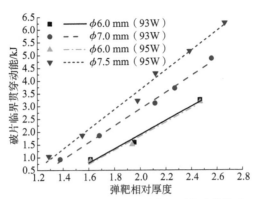

图 2.18 临界贯穿动能与弹靶相对厚度的关系

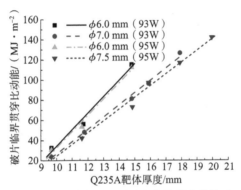

图 2.19 临界贯穿比动能与靶体厚度的关系

由图 2.18 和图 2.19 可知：

①破片临界贯穿动能、临界贯穿比动能随破片直径与靶厚之比（简称弹靶相对厚度）、靶体厚度增加均呈线性关系递增。对于不同尺寸破片，递增规律有所不同。

②破片、靶体结构尺寸对临界贯穿动能、比动能的影响远大于 93W、95W 两种材料的差异。

分析单位靶体厚度临界贯穿比动能（$E_s = 0.5mv_{50}^2/(AT)$，A 为弹体横截面积，T 为靶厚）与弹道极限的关系，如图 2.20 所示。

由图 2.20 可知，单位靶体厚度临界贯穿比动能随着弹道极限的增加而呈线性函数关系增长，则可得：

$$T = 0.5 \cdot \frac{v_{50}^2}{av_{50} + b} \cdot \frac{m}{A} \quad (2.1)$$

式中，T 为靶体厚度，mm；m 为破片质量，kg；v_{50} 为弹道极限速度，m/s；a、b 为拟合系数，分别为 4.772×10^6 (J·s)m^4、$-1\,149.2 \times 10^6$ J/m^3（$R^2 =$

0.996）；A 为破片的横截面积，m^2。由式（2.1）可知，破片对钢靶的贯穿厚度与其面密度（m/A）及着靶速度相关，对于 93W、95W 破片，面密度几乎一致，穿甲能力也基本相当，这与表 2.5 中的试验结果相一致。而对于特定厚度 Q235A 钢靶的弹道极限，可以通过式（2.1）的变换式（2.2）计算得出。

$$v_{50} = \frac{ATa}{m} + 2\sqrt{\frac{A^2T^2a^2}{m^2} + \frac{2ATb}{m}} \qquad (2.2)$$

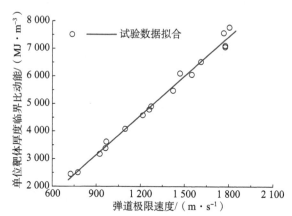

图 2.20　单位靶体厚度临界贯穿比动能与弹道极限速度的关系

（2）靶体临界贯穿的相关性

由冲击相似律分析可见[124]，破片对有限厚度金属靶板的弹道极限速度一般方程可以写成：

$$\frac{\rho v_{50}^2}{\sigma_y} = f\left(\chi_0, \frac{h}{d}, \frac{\rho_T}{\rho_P}, \frac{\sigma_{ST}}{\sigma_{SP}}, \frac{E_T}{E_P}\right) \qquad (2.3)$$

式中，ρ_P、ρ_T 为破片和靶板材料的密度；σ_{SP}、σ_{ST} 为破片和靶板材料强度极限；v_{50} 为弹道极限速度；χ_0 为破片形状系数；h 为靶板厚度；d 为破片特征尺寸；E_P、E_T 为破片和靶板材料的弹性模量。具体问题中，可以根据弹靶碰撞产生的冲击压力（p_S）与弹体材料动态强度极限（σ_{SP}^D）的大小关系，将式（2.3）写成以下三种形式：

① $p_S < \sigma_{SP}^D$：

弹靶碰撞产生的冲击压力低于弹体材料强度极限（如钨弹侵彻铝靶），弹体无破损，忽略 σ_{SP} 的影响，式（2.3）可以简化为：

$$\frac{\rho v_L^2}{\sigma_{ST}} = f_1\left(\chi_0, \frac{h}{d}, \frac{\rho_T}{\rho_P}, \frac{E_T}{E_P}\right) \qquad (2.4)$$

② $p_S \gg \sigma_{SP}^D$：

弹靶碰撞产生的冲击压力远大于弹体材料强度极限（如射流侵彻钢靶），材料强度对穿甲效果影响微弱，材料可视为流体处理，则式（2.3）可简化为：

$$\frac{\rho v_L^2}{\sigma_{ST}} = f_2\left(\frac{h}{d}, \frac{\rho_T}{\rho_P}\right) \quad (2.5)$$

③ $p_S > \sigma_{SP}^D$：

弹靶碰撞产生的冲击压力大于弹体材料强度极限，但程度有限（如钨弹侵彻钢靶），弹体的侵蚀、破损对穿甲效果影响显著，材料强度不可忽视，式（2.3）可简化为：

$$\frac{\rho v_L^2}{\sigma_{ST}} = f_1\left(\frac{h}{d}, \frac{\rho_T}{\rho_P}, \frac{\sigma_{ST}}{\sigma_{SP}}\right) \quad (2.6)$$

钨合金破片对有限厚钢靶穿甲中弹体发生严重的塑性变形、侵蚀及破裂对穿甲效果影响显著，属上述第③种情况。

对于 $\rho_P v_P^2/\sigma_T$，该量纲为 1 的数表征弹的惯性与靶的强度比值。午新民[25]（1999）通过试验获得了 $\rho_P v_{50}^2/\sigma_T$ 与相对厚度 T/d 的非线性函数关系。钱伟长[50]（1982）就塑性柱状弹的碰撞变形提出了 $\rho_P v^2/\sigma_{YP}^D$ 与弹体变形后截面积的解析表达式：

$$\frac{\rho_P v_0^2}{\sigma_{YP}^D} = \frac{(A - A_0)^2}{A A_0} \quad (2.7)$$

式中，ρ_P 为弹体密度；v_0 为弹体着靶速度；σ_{YP}^D 为弹体动态屈服强度；A 为弹体变形后的截面积；A_0 为弹体初始截面积。由式（2.7）可得：

$$\frac{A - A_0}{A} = \sqrt{A_0 \frac{\rho_P}{\sigma_{YP}^D}} \cdot v_0 \quad (2.8)$$

由式（2.8）可见，弹体撞击后，截面积改变量与着靶速度呈线性关系。对于球弹，弹体截面积与弹体直径成二次函数关系，则弹体直径改变量与着靶速度成二次函数关系。

弹体侵彻中，弹靶密度的高低是相对的，对于特定的弹靶系统，量纲为 1 的数 $\rho v^2/\sigma_y$ 中，密度量的选择可针对弹体，也可针对靶体。对于不同材料的靶体，本书采用靶体临界贯穿损伤数（$\rho_T v_{50}^2/\sigma_{YT}^D$，即临界贯穿条件下，靶体的惯性阻力与动态屈服强度之比）作为因变量来研究其与弹靶厚度的关系。根据霍-柯氏[125]（1960）提出的靶体发生塑性变形所需着靶速度表达式 $v_P = \sqrt{(\sigma_{YT}^D/\rho_T)}$ 可见，靶体发生塑性变形破坏时，必有 $\rho_T v_P^2 > \sigma_{YT}^D$。因此，靶体临界贯穿损伤数必大于 1。

对于中厚靶体，破片高速穿甲中所受的惯性阻力远远大于材料的变形阻力，在此，忽略材料应变率效应对动态屈服强度的影响，依据表 2.4 中实测的

Q235A 钢和 2A12 – T4 铝静态屈服强度,通过 A. C. Whiffin[126](1948)的经验公式(2.9)和式(2.10)计算获得表 2.6 中的材料动态屈服强度。

低碳钢:
$$\frac{\sigma_{YT}^D}{\sigma_{YT}^S} = 5.98 - 2.42\lg\sigma_{YT}^S \tag{2.9}$$

铝合金:
$$\frac{\sigma_{YT}^D}{\sigma_{YT}^S} = 4.09 - 1.89\lg\sigma_{YT}^S \tag{2.10}$$

式中,σ_{YT}^D、σ_{YT}^S 为材料的动态、静态屈服强度,t/in²①。

表 2.6 Q235A 钢、2A12 – T4 铝动态屈服强度

材料		Q235A 钢					2A12 – T4 铝		
厚度/mm		10	12	14	16	18	20	10	20
屈服强度/MPa	静态	325.0	300.0	345.0	335.0	350.0	305.0	305.0	300.0
	动态	897.2	853.4	930.8	914.1	939.0	862.3	496.5	492.4

依据表 2.5 中的弹道极限值,通过计算获得同厚度(10 mm)Q235A 钢、2A12 铝两种金属靶在 4 种破片冲击下的靶体临界贯穿损伤数,如图 2.21 所示。

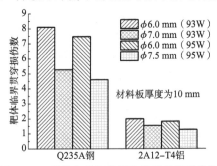

图 2.21 两种金属靶的靶体临界贯穿损伤数

分析图 2.21 和图 2.17 可知,4 种破片贯穿两种金属靶的临界比动能与两种金属靶在 4 种破片撞击下的靶体临界贯穿损伤数的对比关系具有一致性,均为 $\phi6$ mm(93W)最高,$\phi7.5$ mm(95W)最低。可见,密度及力学性能几乎一样的破片贯穿同厚度金属靶,体积越小,所需的比动能越高,也对靶体产生更为严重的破坏,破片的撞击比动能决定了靶体的穿孔破坏程度。

分析获得靶体临界贯穿损伤数与靶体厚度的关系,如图 2.22 所示。由图 2.22 可见,靶体临界贯穿损伤数随着靶体厚度的增加而呈线性函数关系递增,对于不同尺寸破片,函数规律却有所不同。

---

① 1 in ≈ 2.54 cm。

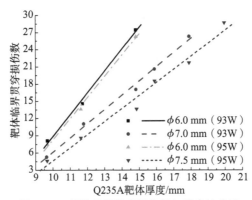

图 2.22　靶体临界贯穿损伤数与厚度的关系

分析获得不同厚度 Q235A 钢靶在 4 种破片撞击下，靶体临界贯穿损伤数与相对厚度的关系，如图 2.23（a）所示。由图 2.23（a）可见，靶体临界贯穿损伤数随靶体相对厚度的增加而呈线性函数关系递增，且不同尺寸破片函数关系基本相似。

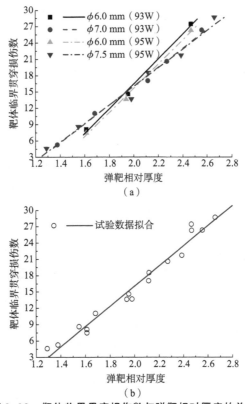

图 2.23　靶体临界贯穿损伤数与弹靶相对厚度的关系

(a) 按破片类型区分显示；(b) 整体显示

综合分析不同厚度 Q235A 钢靶在 4 种破片撞击下,靶体临界贯穿损伤数与相对厚度的关系,如图 2.23(b)所示。分析图 2.23(b)可见,在破片着靶速度段,靶体临界贯穿损伤数随弹靶相对厚度的增加而呈线性函数关系递增,即

$$\frac{\rho_T v_{50}^2}{\sigma_{YT}^D} = A\frac{T}{D} + B, \quad 1.2 < T/D < 2.8 \tag{2.11}$$

式中,A、B 为拟合系数,分别为 18.54、-21.03($R^2 = 0.987$)。

2.3.4 讨论

现阶段,弹体/破片对有限厚度靶体的贯穿能力通常用弹道极限速度来表征,弹道极限速度简称为弹道极限,是衡量弹体/破片对靶板作用效果的重要指标,也是评价靶板防护特性的主要参量。所谓弹道极限,是指弹体以给定夹角贯穿一定厚度指定靶板的最小着速,表现为 50% 穿透概率条件下的特征着速,以符号 v_{50} 表示[1]。弹道极限从本质上反映的是弹体/破片贯穿靶板关于速度的临界性,即当弹体/破片着靶速度大于弹道极限时,弹体可以贯穿靶板;小于时,则不能贯穿。如果从试验和数理统计的角度分析,则表现为 50% 穿透概率的特征着速。

按以上弹道极限定义去理解和推论,意味着提高弹体/破片着靶速度,其贯穿靶板的厚度一定增加,而钨合金破片对有限厚铝靶的高速穿甲试验结果也恰恰验证了此推论。但钨合金破片对有限厚钢靶的高速穿甲试验结果表明,随着着靶速度的提高,钨合金破片的穿甲效果受弹体破损程度的影响不断增加,贯穿厚度逐渐增加至某一值后,靶体未穿透厚度随着着靶速度的提高虽不断减少,但破片始终难以完全贯穿靶体,如表 2.7 中所列,即,随着靶速度的提高,钨合金弹体/破片贯穿钢靶厚度将存在极值,但极值究竟是极大值还是极限值(即趋近于某一个值),尚难以确定。

表 2.7 ϕ7 mm(93W)破片对 20 mm 厚钢靶的穿甲试验结果

破片材料	破片尺寸/mm	钢靶厚度/mm	着靶速度/(m·s^{-1})	是否贯穿	未穿透厚度/mm
93W	ϕ7	19.96	1 900	否	6.2
			2 150	否	5.8
			2 315	否	4.4
			2 465	否	4.1

综上所述,在 500~2 500 m/s 的着靶速度范围内,钨合金破片对有限厚(低密度、低延伸率的)铝靶穿甲中,因靶材密度低,着靶速度对靶材的惯性

效应影响不大。钨合金破片对有限厚（高密度、高延伸率的）钢靶穿甲中，因靶材料密度大，着靶速度对靶材的惯性效应影响大，弹靶界面的高温、高压导致破片侵蚀、破裂等现象的出现减弱了侵彻弹体的有效质量，穿甲能力随着靶速度的提高而存在极值。此时，再采用弹道极限速度表征破片对有限厚度靶体的贯穿能力是不合理的。因此，在高速穿甲范围内，通过弹道极限速度来表征弹体/破片对有限厚度靶体的贯穿能力是有适用范围的，当靶体的惯性效应对穿甲效果影响较大时，如钨合金破片对有限厚钢靶的高速穿甲，弹道极限速度的表征方法不再适用，可通过弹体/破片贯穿靶体厚度的临界值来表征其穿甲能力。

2.4 破片破坏机理及判据

上述试验及分析已表明，钨合金破片对有限厚钢靶的高速贯穿中，弹体破坏、质量损耗是影响其侵彻能力的主要因素。本节针对侵彻靶体后的残存破片，进行宏观、微观观察，研究破片侵蚀、破碎等破坏形式的判据分析方法。

2.4.1 破片破坏响应现象及机理

2.4.1.1 宏观观察

由 2.2.3.3 节中的试验结果分析可见，500～2 500 m/s 着靶速度范围内，随着靶速度提高，破片轴向压缩塑性变形不断增大的同时，沿径向发生膨胀，但其因受到孔壁强约束作用，破片侵彻中后期横向运动终止，轴向运动继续，并呈现出中轴运动速度快，周边运动速度慢的特征，这也决定了破片侵彻后的最终形貌，如图 2.24 所示。

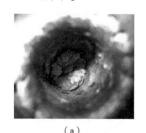
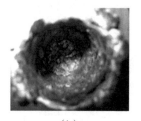

(a)　　　　　　　　(b)

图 2.24　嵌入靶孔内破损破片的特征

(a) ϕ7.0 mm（93W）破片（着靶速度：1 531 m/s）；
(b) ϕ7.5 mm（95W）破片（着靶速度：1 815 m/s）

由图 2.24 可见，破片在靶体阻力作用下发生塑性变形或出现宏观裂纹，不同材料破片的破坏形貌特征不尽相同，但在靶孔内破片仍保持为一个完整体。在破片贯穿靶板瞬间，拉伸卸载波传入破片，失去靶孔约束的破片瞬间破碎成若干块，与空气动力耦合散开飞出，如图 2.25 所示。

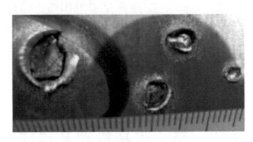

图 2.25 （φ7.5 mm）破片贯穿（10 mm）Q235A 板后的破碎块（着速：1 776 m/s）

2.4.1.2 微观表面观察

借助扫描电镜（SEM）对贯穿靶体的残存弹体进行微观观察是穿甲效应研究中常用的方法与手段。午新民[25]（1999）针对以 500～1 300 m/s 着靶速度侵彻靶体后的残存破片进行了 SEM 观察后，得出 93W 合金在动态剪切和挤压条件下的破坏（工程）应变为 150%～200%，且为韧性断裂，初始状态存在缺陷处易于发生解理型脆性断裂；黄晨光[127]（2003）综述了钨合金的冲击动力学性质及细微观结构的影响；杨超[128]（2003）通过试验发现 93W 钨合金模拟穿甲弹以 1 400 m/s 的速度侵彻经 200 ℃ 回火处理的 603 钢靶后，弹体内部分区域的黏结相和钨颗粒发生了熔化；王迎春[129]（2006）基于 Hopkinson 压杆对钨合金动态剪切试验发现，随着钨含量的增加，其动态剪切强度增加，断裂应变降低，应变率极大时，钨合金断口为钨颗粒的劈裂和黏结相的撕裂。

1. 破片初态表面观察

常用钨合金均由尺寸大小不等、形状基本规则的钨颗粒和镍铁等黏结相构成，黏结相包围着钨颗粒，在合金中起着黏结钨颗粒、阻止裂纹扩展、提高合金韧性及在承载情况下调整合金应力分布等作用[130]。本书所用 95W 材料中黏结相含量低于 93W 26.5%，合金韧性理论上应低于 93W。图 2.26 中给出了两种破片表面初始状态的 SEM 观察。由图 2.26 可见，未有任何加载下，95W 较 93W 存在大量微孔洞缺陷。

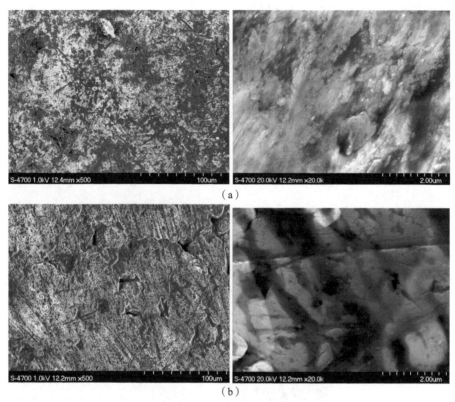

图 2.26 93W 和 95W 破片初始状态表面的 SEM 观察

(a) 93W 材料破片；(b) 95W 材料破片

2. 侵彻靶体后的残存破片表面观察

丛美华[131]（2002）、李金泉[132]（2005）等对 1 200 m/s 着靶速度穿甲后回收的穿甲弹弹体撞击面进行了 SEM 观察，在弹体头部发现了熔化现象，并认为弹体的熔化、变形和断裂是其质量损耗的主要原因。

图 2.13（c）中以 1 500 m/s 着靶速度侵彻后，破片的弹靶界面粗糙，摩擦、烧蚀痕迹明显，回收破片质量较原破片减小 21.7%，而以高于 1 500 m/s 速度穿甲后，回收的破片发生严重破损，如图 2.13（d）所示，回收破片质量较原破片减小 58.3%，说明钨合金破片对钢靶的高速侵彻中，质量损失严重。

在此，就着靶速度大于 1 500 m/s 的侵彻靶体后的残存破片进行 SEM 观察，结果示于表 2.8 中。由表 2.8 中的图片可见，两种材质破片残体的形状基本一致，但体貌不尽相同：

①93W 破片残体背表面出现了多条由中心向四周的放射状裂纹，且随着着

靶速度的增大,裂纹不断延伸并增多。

②95W 破片残体背表面未有明显裂纹,但仍可观察到若干微小裂缝。

表2.8 穿甲后破片终态及 SEM 观察

破片材料	着靶速度 /(m·s⁻¹)	残存破片形态特征（圈内为微观观察区域）	SEM 微观观察
93W 合金	1 534.33		

续表

破片材料	着靶速度/(m·s^{-1})	残存破片形态特征（圈内为微观观察区域）	SEM 微观观察
93W合金	1 790.27		

续表

破片材料	着靶速度 /(m·s^{-1})	残存破片形态特征（圈内为微观观察区域）	SEM 微观观察
95W 合金	1 502.85		
	1 597.76		

通过对表 2.8 中两种破片残体破损形貌的 SEM 表面观察，进行具体分析如下：

（1）93W 合金破片

$\phi 6.0$ mm（93W）、$\phi 7.0$ mm（93W）破片高速侵彻钢靶后，均呈现灰黑色。当着靶速度达到 1 800 m/s 时，可在回收破片周边观察到局部熔化迹象。93W 合金破片高速侵彻钢靶后，对残存体背面的 SEM 表面观察所获结果分析如下：

①对以 1 534.33 m/s 速度侵彻钢靶后残存破片的背面局部放大 500 倍观察，可观察到明亮白色粗糙表面上有若干微空洞、裂纹及不规则熔融状颗粒非均匀分布；局部放大 10 000 倍，可观察到大量亚微米球状或拉长形颗粒紧密排列，且具有流向特征，其中线状白色凸起或黑色内凹中断界面（长 2 ~ 4 μm）将区域分成了若干部分，每一部分内亚微米颗粒的流向不尽相同；局部放大 20 000 倍，可观察到微米、亚微米尺度颗粒紧密排列。根据从美华[131]（2002）试验观察到的熔化快凝再结晶形成的细小等轴晶构成的细晶层及流线特征分析可见，破片高速侵彻中产生高温、高压，使破片内钨颗粒发生了熔化，熔化冷凝后生成了微米、亚微米尺度颗粒，在高强动态载荷作用下，新生成的颗粒发生拉长变形，并沿载荷方向产生流动，宏观上表现为破片的塑性形变。

②对以 1 790.27 m/s 速度侵彻钢靶后残存破片的背面局部放大 500 倍观察，可在观察面发现大量大小不等的 2 ~ 20 μm 尺寸熔融态小颗粒及微小裂纹；局部放大 1 500 倍，若干微小裂纹、孔洞及 3 ~ 7 μm 熔融形貌颗粒无规则分布于粗糙的表面；局部放大 5 000 倍，韧窝型穿晶断裂形貌特征显现；局部放大 15 000 倍，可观察到亚微米空穴及小刻面的存在。

综上所述，93W 合金破片在以 1 500 m/s 及以上速度侵彻钢靶时，弹靶界面产生高温、高压，致使破片材料熔化，并生成微米、亚微米尺度球形颗粒紧密排列；以 1 800 m/s 及以上速度侵彻钢靶时，强动态载荷作用下熔化再生成钨颗粒，发生了韧窝型穿晶断裂，宏观上表现为破片的韧性断裂。

（2）95W 合金破片

$\phi 6.0$ m（95W）、$\phi 7.5$ mm（95W）破片高速侵彻钢靶后，残存破片背面周边均呈现一平整的光滑薄层，当着靶速度达到 1 500 m/s 时，中间大部分呈蓝黑色多孔形貌；当着靶速度达到 1 600 m/s 时，中间部分几乎均为青蓝色多孔形貌，虽然不同于 93W 的灰黑色形貌特征，但是局部熔化特征仍十分明显。95W 合金破片侵彻钢靶后，残存体背面的 SEM 表面观察所获结果分析如下：

①对以 1 502.85 m/s 速度侵彻钢靶后残存破片周边局部放大 500 倍，可观

察到有冲刷痕迹的凹凸不平表面；局部放大 10 000 倍，可观察到明亮、水平的表面上分布了若干明亮的颗粒。

②对以 1 597.76 m/s 速度侵彻钢靶后残存破片多孔形貌处局部放大 500 倍，可观察到若干准解理断裂形态的微小裂纹；局部放大 15 000 倍，可观察到钨颗粒的穿晶断裂，表现为劈裂特征，即钨颗粒穿晶断裂面平整，断裂晶粒排列类似于河流花样，与王迎春[129]（2006）基于 Hopkinson 压杆的钨合金动态剪切断口小刻面形貌一致，但本书所观察到的小刻面为亚微米尺度，要小于王迎春观察到（50 μm 左右）的刻面尺寸及钨颗粒初始状态尺寸。可见，高速撞击产生的高温、高压致使材料发生熔化的同时，高应变率钨颗粒发生了准解理型穿晶断裂。

③对以 1 597.76 m/s 速度侵彻钢靶后残存破片残体背面裂缝处局部放大 2 000 倍进行观察，如图 2.27 所示。可发现大面积熔融薄层下方分布着若干微米、亚微米尺度球形和拉长形颗粒，远远小于初始状态的钨颗粒。

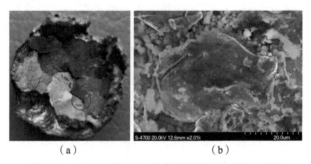

图 2.27　95W 破片残存体背面裂缝处的 SEM 观察
（a）观察位置；（b）放大 2 000 倍观察结果

综上所述，95W 合金材料，在高速侵彻钢靶过程中钨颗粒也发生熔化冷凝，形成微米、亚微米尺度的新颗粒，但钨颗粒断裂速度阈值要低于 93W，且为脆性断裂。

（3）小结

钨合金构成组分及微观组织结构对力学行为的影响早已被人们所关注。黄继华[133]（1998）研究了钨含量对合金性能的影响，发现在高钨含量（>90%）合金中，钨颗粒和黏结相中的最大应力基本相当，在相同的平均拉伸应力下，随钨含量增大，黏结相中的应力增大，宏观表现为随钨含量的提高，合金的弹性变形量和延伸率均单调下降。焦彤[134]（2001）针对 90W 和 93W 钨合金进行了动加载下微观响应分析，研究表明，在低速撞击范围内，两种合金的断裂机理及侵彻性能基本一样；吴爱华[135]（2004）通过对静态拉

第 2 章 钨合金破片对有限厚度金属靶的贯穿极限

伸断口形貌的分析得出：随着 W 含量的增加，W—W 沿晶断裂比例明显增加，而钨颗粒解理断裂比例减小，对于 97W 几乎全是沿晶断裂。

另外，钨合金弹体高速侵彻中，弹靶界面温升及熔化现象也是研究者关注的焦点，E. H. Lee、S. L. Tupper[136]（1954）认为，高速碰撞时，弹靶界面后形成一激波驻波，在激波后方压力很高，材料急剧变热温，是引起材料的粉碎和熔化的根本原因；Gerlach U[137]（1986）通过研究发现，钨合金在高速侵彻产生高压情况下，与弹靶接触区域的熔点可由正常的 3 400 ℃ 降低到 1 650 ℃；午新民[25]（1999）在钨球侵彻有限厚装甲钢靶试验研究中，着靶速度已达 1 300 m/s，但仍未观察到钨颗粒的熔化现象；从美华[131]（2002）的试验表明，钨合金弹体以 1 200 m/s 着速侵彻 45#钢靶体后，弹体表面熔化再凝形成亚微米球状颗粒，但认为该现象只有 93W 合金才能出现；杨超[128]（2003）的试验表明，钨合金穿甲弹以 1 400 m/s 的速度侵彻钢靶过程中，弹体内局部温度高达 1 500 ℃，部分钨颗粒出现了熔化，推测该现象不是由冲击压缩引起的，而是由高应变率剪切变形引起的；针对高应变率剪切，王迎春[129]（2006）通过 Hopkinson 杆试验观察到了断裂试件断口处的钨颗粒劈裂现象，并未提及钨颗粒的熔化现象，且从 SEM 观察到了颗粒尺度上也无法证实钨颗粒发生了熔化。因此，仅仅高应变率剪切无法引起钨颗粒的熔化。

钨合金破片对有限厚钢靶的高速侵彻过程中，弹靶界面的高压、高温和高应变率共同耦合决定了弹体的物态转换和破坏模式。已有报道所观察的材料要么来自低于 1 500 m/s 着靶速度的残存弹体，要么来自无热效应产生的 Hopkinson 杆试验，与小尺寸破片侵彻钢靶后的响应现象均不相同。针对 93W、95W 两种材料破片初始及贯穿靶体的残存破片 SEM 表面观察结果分析，可获得如下结论：

①93W、95W 破片表面初始微缺陷程度与材料构成相关，黏结相含量少，微缺陷多且明显。

②着靶速度达到 1 500 m/s 及以上，93W、95W 两种材质破片均发生了熔化，熔化冷凝后生成微米、亚微米尺度球形颗粒紧密排列，熔化现象的出现应为高压、高温共同耦合作用结果。

③在同样着靶速度下，95W 破片高温熔化冷凝的特征更为显著，发生熔化所需的着靶速度低于 93W。

④着靶速度达到 1 500 m/s 及以上，93W、95W 两种合金破片均发生了破裂，但两者破裂形貌不同，根据扫描电镜分析后推断：95W 合金破片内的钨颗粒为准解理型穿晶断裂，93W 合金破片内的钨颗粒为韧窝型穿晶断裂。

⑤93W、95W 两种合金破片对钢靶的高速侵彻中虽发生了破裂,但在侵彻过程中仍表现为一整体的侵彻,对其穿甲能力影响有限。

根据上述分析可推断,在对低碳钢靶的高速侵彻中,95W 合金破片比 93W 合金破片更容易发生脆性断裂。但出现局部熔化特征所需的着靶速度却低于 93W 合金破片。

综上所述,钨合金中钨的含量虽影响了破片对钢靶高速侵彻中的断裂模式,但由于破片在侵彻过程中基本仍为一整体,破片密度差别不大时,惯性效应影响并不显著,破片的侵彻能力基本相当。表 2.5 中同尺寸、不同材料的破片对相同厚度钢靶穿甲的弹道极限基本一致也验证了上述结论。

2.4.2 破片侵蚀/破碎判据

2.4.2.1 破片侵蚀判据

弹体侵蚀源于高速侵彻中塑性变形边界相对于运动靶体表面的速度(v_L)高于塑性波速(c_P),即材料变形速度已经超过了材料本身传播这种变形的能力,则塑性波无法离开弹靶界面在其后形成激波驻波,激波后弹体内材料急剧变热,并以 v_L 的速度跨过激波波阵面向四周飞散,造成弹体质量损耗。午新民[25](1999)和从美华(2002)的试验研究均表明,当着靶速度提高到 1 200 m/s 时,钨合金侵蚀现象十分明显。表 2.9 中列出了 2.2.3 节试验后破片残存体质量。经分析可知,无论何种材质破片,当着靶速度大于 1 000 m/s 时,破片质量开始减小;当着靶速度大于 1 200 m/s 时,破片质量有略微减小;当着靶速度大于 1 400 m/s 时,破片质量减小量大幅度增加。

根据 E. H. Lee、S. J. Tupper[136](1954)理论,在撞击初始阶段,塑性变形边界相对于运动靶体表面的速度 v_L 可写成:

$$v_L = \frac{v_P}{Z^*} \tag{2.12}$$

式中,v_P 为撞击体速度;Z^* 为阻抗匹配因子(Impedance Matching Factor),可通过式(2.13)计算获得:

$$Z^* = 1 + \frac{\rho_P c_P}{\rho_T c_H} \tag{2.13}$$

式中,ρ_P、ρ_T 分别为撞击体和靶体的密度;c_P、c_H 分别为撞击体和靶体的塑性波传播速度,可通过式(2.14)、式(2.15)计算获得:

$$c_P = \sqrt{\frac{1}{\rho_P}\left(\frac{d\sigma}{d\varepsilon}\right)_P} \tag{2.14}$$

表2.9 破片对钢靶穿甲后残存体质量

靶体材料	靶厚/mm	弹体材料	弹径/mm	弹体平均质量/g	着靶速度/(m·s^{-1})	残存体质量/g
Q235A 钢	9.64	93W	6.0	2.01	959.62	1.95
			7.0	3.09	781.23	3.08
		95W	6.0	2.05	892.55	2.03
			7.5	3.97	735.14	3.96
	11.78	93W	6.0	2.01	1 237.30	1.92
			7.0	3.09	1 099.92	3.03
		95W	6.0	2.05	1 208.07	2.00
			7.5	3.97	948.71	3.92
	14.81	93W	6.0	2.01	1 806.40	0.74
			7.0	3.09	1 452.72	2.42
		95W	6.0	2.05	1 784.24	0.99
			7.5	3.97	1 294.86	3.16
	15.89	93W	7.0	3.09	1 533.80	2.67
		95W	7.5	3.97	1 495.07	2.63
	17.90	93W	7.0	3.09	1 762.28	1.52
		95W	7.5	3.97	1 625.17	1.29
	19.96	93W	7.0	3.09	2 315.00	0.00
		95W	7.5	3.97	1 784.60	0.34（仅回收一块）

$$c_H = \sqrt{K_t/\rho_t} \quad (2.15)$$

式中，$\left(\dfrac{\mathrm{d}\sigma}{\mathrm{d}\varepsilon}\right)_P$ 在金属材料塑性阶段为一常数，即切线模量（Tangent Modulus），通常取材料弹性模量的 1/10~1/100。对于钨合金材料，通过对由宋卫东[138]（2010）试验获得的应力-应变曲线进行分析，可得其切线模量为 1.0 GPa。

对于金属弹体的高速侵彻，当塑性变形边界相对于运动靶体表面的速度 v_L 大于弹体塑性波速 c_P，即

$$v_P > c_P Z^* \quad (2.16)$$

时，弹体材料发生侵蚀。对于 93W、95W 两种材质破片，切线模量均取

1.0 GPa。采用上述方法获得破片对钢、铝金属靶侵彻中发生侵蚀的着速阈值,列于表 2.10 中。

表 2.10 钨合金破片侵蚀速度阈值

靶体材料	钨合金材料	发生侵蚀的速度阈值/（m·s^{-1}）
Q235 钢	93W	1 030
	95W	1 017
2A12 - T4 铝	93W	1 522
	95W	1 510

由表 2.10 可见,对于 Q235A 钢板,93W、95W 两种合金破片发生侵彻侵蚀现象的速度阈值均高于 1 000 m/s,与表 2.11 中所获得的破片质量开始损失速度阈值具有一致性;对于 2A12 - T4 铝板,因靶体材料密度较小,弹靶系统的阻抗匹配因子大,惯性效应并不突出,当钨合金破片着靶速度大于 1 500 m/s 时,弹体材料才将有侵蚀现象发生。因此,虽然铝靶厚度达到 20 mm,但因 1 000 m/s 左右的着靶速度远未达到其侵蚀速度阈值,试验后的回收破片质量与试验前的基本一致,如表 2.11 所列。此外,经黄长强[139]（1993）的计算公式反推可发现,ϕ7.0 mm（93W）钨合金破片欲贯穿厚度大于 38 mm 的 2A12 - T4 铝板,着靶速度大于 1 500 m/s,将有侵蚀现象出现。

综上所述,弹体高速穿甲过程中,侵蚀速度阈值只与弹、靶密度及塑性波传播速度相关。

表 2.11 破片对铝板穿甲后残存体质量

靶体材料	靶厚/mm	弹体材料	弹径/mm	弹体平均质量/g	着靶速度/（m·s^{-1}）	残存体质量/g
Q235A 钢	10.16	93W	6.0	2.01	608.47	2.02
			7.0	3.09	533.34	3.10
		95W	6.0	2.05	599.34	2.06
			7.5	3.97	487.98	3.96
	20.04	93W	6.0	2.01	978.32	2.01
			7.0	3.09	841.58	3.10
		95W	6.0	2.05	1 019.47	2.04
			7.5	3.97	799.63	3.96

2.4.2.2 破片破碎判据

长期以来,钨合金破片对有限厚钢靶高速穿甲过程中的贯穿破碎临界速度的报道不断,且具有一致性,均在 1 400 m/s 左右,上述试验也进一步验证了该速度范围。此外,午新民[25](1999)、陈志斌[63](2005)均通过试验数据分析了钨合金破片侵彻有限厚钢靶时的破碎临界速度影响因素,并根据试验数据拟合了破碎临界速度的解析计算式。其中,陈志斌[63](2005)的研究表明,破片破碎临界速度除与弹靶材料力学性能相关外,还随弹靶相对厚度(T/D)的增加呈非线性增加,但该问题针对性的理论分析至今未见相关报道。

2.3.1 节中的分析已表明,破片高速撞击、侵彻有限厚钢靶过程中虽已断裂,但由于破片在靶内运动过程仍基本为一整体,破片贯穿靶板后,拉伸卸载波传入破片,破片沿已有裂纹处破碎成若干块,如图 2.25 所示。因此,只有当破片在高速侵入钢靶过程中所承受的靶体阻力使其发生断裂,才会在贯穿靶体后发生破碎。

破片对有限厚钢靶侵彻过程中,所承受最大的压力值出现在撞击初期,根据霍普金斯 - 柯尔斯基(H. G. Hopkins - H. Kolsky,1960)[125]方法计算获得的着靶速度在 500 ~ 2 500 m/s 范围内的撞击初始瞬间弹靶界面压力列于表 2.12 中。由表可见,在 500 m/s 的着靶速度下,对于铝合金靶,弹靶界面压力仍高达 6.84 GPa,虽远远超出弹体材料的极限强度,但同弹靶作用条件的试验中却难以发现破片的破裂。据此可见,破片侵入靶体中的破裂并非弹靶界面瞬间压力的直接作用结果。在此推测,破片断裂是破片整体在靶体阻力持续作用下的结果。

表 2.12 撞击初始瞬间弹靶界面压力

着靶速度/(m·s^{-1})	弹体材料	弹靶界面压力/GPa	
		铝合金	低碳钢
500 ~ 2 500	钨合金	6.84 ~ 34.2	14.6 ~ 73.2

根据 Poncelet[35](1829)阻力定律,弹体穿甲过程中所受阻力由靶体变形阻力、惯性阻力、摩擦阻力三部分构成。对于中厚靶,破片以 500 ~ 2 500 m/s 的速度着靶碰撞时,靶体抗力由变形阻力和惯性阻力两部分组成[140],则靶体抗力可表示为:

$$F_D = (a_0 + a_1)A \qquad (2.17)$$

式中,A 为弹体的横截面积;a_0 为材料的强度,与着靶速度无关,与环境温度、应变率 $\dot{\varepsilon}$ 及材料性能和组织状态等相关,在破片侵入初期,靶体可近似认定为常温,则 a_0 为材料的动态屈服强度 σ_{YP}^D,即

$$a_0 = \sigma_{YT}^D \qquad (2.18)$$

式中,a_1 为目标材料的惯量,是由接触弹体的靶板材料与弹体一起做加速运动而产生的,通常正比于 $\rho_T v_P^2$,可表示成:

$$a_1 = \frac{c\rho_T v_P^2}{2} \qquad (2.19)$$

式中,c 为常数,与弹形有关,对于球形,取 2/3。

钨合金破片对钢靶临界贯穿时,由 2.3.3.3 节中靶体临界贯穿损伤数与弹靶相对厚度的相关性(式(2.11))可得:

$$\rho_T v_{50}^2 = \sigma_{YT}^D \left(18.54 \frac{T}{D} - 21.03\right), \quad 1.2 < T/D < 2.8 \qquad (2.20)$$

把式(2.18)、式(2.19)、式(2.20)代入式(2.17)中,可得破片临界贯穿条件下,破片侵彻所受的靶体阻力计算式:

$$F_D = \sigma_{YT}^D \left[1 + \frac{1}{3}\left(18.54 \frac{T}{D} - 21.03\right)\right] A, \quad 1.2 < T/D < 2.8 \qquad (2.21)$$

假定破片侵彻初期体积恒定,弹靶接触面积为初始表面积的 1/2,则破片侵彻初期所受压力的最大值可通过式(2.22)获得:

$$P_D = \frac{F_D}{S_{pti}} = 0.5 \sigma_{YT}^D \left[1 + \frac{1}{3}\left(18.54 \frac{T}{D} - 21.03\right)\right], \quad 1.2 < T/D < 2.8 \qquad (2.22)$$

式中,σ_{YT}^D 为靶体的动态屈服强度;S_{pti} 为弹靶接触面积。由式(2.22)计算获得试验中 4 种破片临界贯穿条件下所受压力的最大值,列于表 2.13 中。

表 2.13 破片穿甲过程中所受压力最大值

破片材料	破片直径/mm	靶体厚度/mm	弹道极限/(m·s⁻¹)	最大压力/GPa
93W	6.0	9.68	962	1.113
		11.72	1 260	1.507
		14.80	1 803	2.381
	7.0	9.64	776	0.785
		11.78	1 096	1.150
		14.81	1 422	1.876
		15.89	1 549	2.061
		17.90	1 775	2.533

续表

破片材料	破片直径/mm	靶体厚度/mm	弹道极限/(m·s^{-1})	最大压力/GPa
95W	6.0	9.68	924	1.113
		11.62	1 217	1.485
		14.81	1 765	2.384
	7.5	9.67	725	0.663
		11.62	968	0.973
		14.85	1 273	1.681
		15.90	1 468	1.849
		17.90	1 610	2.286
		19.96	1 775	2.466

由表 2.13 可见，ϕ7.0 mm（93W）以 776 m/s 速度侵彻 9.68 mm Q235A 钢靶时，破片所受最大压力为 785 MPa，已基本达到钨合金材料（800 MPa）的静态极限强度。继续提高着靶速度，破片表面将出现裂纹，如图 2.13（a）所示。根据午新民[25]（1999）及本书试验结果，当着靶速度提高到 1 400 m/s 左右时，钨合金破片贯穿钢靶后发生破碎。由表 2.13 可见，破片若发生出靶破碎，侵彻中所受最大压力达到 1.8 GPa。由式（2.22）反解可获得不同钨合金破片出靶破碎的临界靶体厚度，列于表 2.14 中。

表 2.14 钨合金破片出靶破碎的钢靶厚度阈值　　　　　　　　　　mm

破片类型	ϕ6.0 mm（93W）	ϕ7.0 mm（93W）	ϕ6.0 mm（95W）	ϕ7.5 mm（95W）
靶体厚度阈值	12.66	14.44	12.66	15.64

此外，由式（2.22）可见，钨合金破片高速侵彻钢靶中，破片所受最大压力与靶材力学性能、弹靶相对厚度相关。因弹靶相对厚度正比于弹道极限的平方。所以，对于特定的弹靶材料，破片出靶破碎临界速度只与弹靶材料的力学性能相关，与弹靶相对厚度无关。对于钨合金破片和低碳钢靶体，破片出靶破碎速度临界值为 1 400 m/s。

2.4.3　讨论

钨合金破片对低碳钢靶的侵彻中，着速达到 800 m/s 左右时，破片所受最大压力大于材料的强度极限，破片表面有裂纹出现；随着着速提高，破片表面开裂程度不断加剧；继续提高着速至 1 000 m/s 时，侵蚀出现，破片质量开始减小；当着速提高至 1 200 m/s 时，破片质量明显减小；当着速提高至 1 400 m/s 时，破片所受的最大压力达到 1.8 GPa，破片贯穿靶体后出现破碎，残存弹体的质量大幅度减小；当着速提高至 1 500 m/s 时，高压与高温作用下，钨颗粒部分发生熔化；当着速提高至 1 800 m/s 时，破片整体所受最大压力达到 2.5 GPa，破片侵彻后破裂程度加剧，如图 2.24 所示，但弹靶界面形成熔融冷凝薄层，将破裂破片有机地连成一整体，贯穿能力的提高开始变缓；继续提高着速至 2 000 m/s，破片整体所受最大压力达到 3.0 GPa 以上，弹体侵蚀、熔化及破裂加剧，破片侵彻贯穿钢靶后，难以发现残余破片，在靶后铝箔纸上分布大量麻点，如图 2.28 所示。可见，速度的继续提高对贯穿能力的提升影响已不大，即使破片可完全贯穿靶体，后效也甚微。若继续提高着靶速度，破片的塑性流动特征更加明显，贯穿靶体厚度的增加不再明显。即对于特定尺寸破片和低碳钢靶，弹道极限难以达到 2 000 m/s 以上，即使达到，因靶后破碎严重，也难以构成对装备和人员的毁伤。

图 2.28　1 910 m/s 着速下的靶后铝箔纸

综上所述，对于低碳钢靶，将不同着速下钨合金破片的破坏响应现象列于表 2.15 中。由表 2.15 可见，当着速提高至 2 000 m/s 时，贯穿厚度已趋近于极值。

表 2.15　不同着速下破片响应现象

着靶速度/($m \cdot s^{-1}$)	弹体所受压力/GPa	破片残体形貌	破片破坏响应现象
800	0.8	半球状	周边出现破裂
1 000	1.1	铁饼状	出现侵蚀
1 200	1.5	铁饼状	侵蚀加剧，质量减少明显

续表

着靶速度/(m·s⁻¹)	弹体所受压力/GPa	破片残体形貌	破片破坏响应现象
1 400	1.8	球壳状	穿靶后出现破碎
1 500	2.0	球壳状	95W 出现熔化
1 800	2.5	薄片	93W 出现熔化
2 000	3.0	无残体	靶后破碎成许多毫米级残渣

2.5 钢靶靶孔孔径计算

靶孔孔径作为评判弹体穿甲破坏程度的几何特征量之一，也是获得靶孔容积、直接作用区域面积等穿甲效应表征参量的计算输入条件之一。钨合金破片高速侵彻低碳钢靶，在弹靶界面将产生一个与变形破片表面部分形状近似一致的弹坑，靶体在变形破坏的同时，产生阻力，使破片产生横向变形，导致靶孔孔径不断扩大。对靶孔入口部位进行 SEM 表面观察，基于靶体动态屈服及塑性流动建立钨合金破片高速垂直侵彻有限厚钢靶的靶孔孔径计算模型[141]。

2.5.1 靶孔入口处微观表面观察

长期以来，对于靶孔的 SEM 观察是掌握和揭示弹体侵彻过程中绝热剪切产生条件和穿甲侵彻机理的有效手段，被广为应用。午新民[25]（1999）对 93W 破片高速侵彻后的装甲钢靶孔底部进行了金相观察，提出靶板的破坏为非均匀性剪切破坏；李金泉[132]（2005）对 93W 穿甲弹高速贯穿 45#钢、30CrMnMo 钢和 25SiMnMo 钢靶后的靶孔表面微观组织进行了金相和扫描电镜观察，发现硬度低、塑性好的 45#钢不存在绝热剪切带，且在弹体压力作用下更易产生塑性流动，入口翻边最大。

本书试验所用的 Q235A 钢属于一种低碳钢，屈服、极限强度均低于装甲钢和 45#钢，但延伸率要优于装甲钢和 45#钢，表现出良好的塑性力学行为。因此，钨合金破片高速侵彻时应为延性扩孔破坏，靶孔周围存在十分明显的翻边。图 2.14（c）和图 2.14（d）中给出了着靶速度大于 2 000 m/s 的靶孔形貌；图 2.29 中给出了着靶速度小于 2 000 m/s 的靶孔特征。正如上文所述，无论何种着速，前靶面靶孔入口处均有翻边形态，翻边的程度随着靶速度的提高而增加。

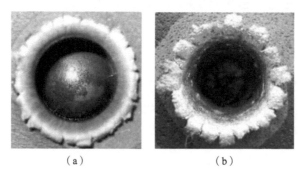

图 2.29　着速小于 2 000 m/s 的靶孔

(a) 784.9 m/s；(b) 1 579.5 m/s

在此，通过扫描电镜（SEM）对不同着靶速度下靶孔周围的翻边处进行表面观察，结果示于表 2.16 中。

表 2.16　靶孔周围翻边处 SEM 表面观察

破片类型 /mm	着速 /(m·s^{-1})	靶孔形貌（圈内为微观观察区域）	SEM 微观观察
ϕ7.0（93W）	1 078		

续表

破片类型 /mm	着速 /(m·s^{-1})	靶孔形貌（圈内为微观观察区域）	SEM 微观观察
φ7.0（93W）	1 497		

由表 2.16 可见，破片以 1 078 m/s 的速度撞靶时，观察处外表面出现大量表面起皮现象，且在局部出现几十微米大小的局部熔融孔，靶体内介质的熔融、流动存在但不剧烈，靶体破坏以动态断裂为主；破片以 1 497 m/s 的速度撞靶时，弹靶界面压力、温度迅速增加和提升，动态断裂裂纹难以再现，大面积熔融状韧窝形貌出现，靶体内介质的破坏以塑性流动为主。因此，在 500~2 500 m/s 的着靶速度范围内，靶体的动态屈服和塑性流动应同时考虑。

2.5.2 靶孔孔径计算模型

2.5.2.1 入口孔径计算模型

长期以来，靶孔孔径计算研究大多集中于超高速碰撞条件下厚靶成坑的试验观察和数值仿真分析，获得了若干坑深和孔径的计算公式，如 Summers 和 Charters[142]（1958）、P. S. Westine 和 S. A. Mullin[143]（1987）、孙庚辰[144]（1994）等各自提出了不同的计算模型，为空间防护结构设计提供了依据。另外,就射流超高速侵彻过程中的径向扩孔,Szendrei[145](1983)基于修正的伯努利方程提出了分析模型,M. Held[146,147](1995,1999)修正了Szendrei的方法,完善了高速流体撞击径向扩孔理论,此后的若干计算方法都是以此为基础获得的。相对超高速碰撞,高速侵彻时,液化效应存在,但不显著,材料高应变率下动态屈服中伴随塑性流动,整个过程动态响应现象复杂、历时短,靶孔几何特征量长期以试验归纳获取为主,如 R. F. Recht[148](1977—1978)在试验观察的基础上认为,靶孔孔径为初始弹径的1.25倍;午新民[25](1999)通过研究认为,若着靶速度大于1.0 km/s,靶孔孔径是原弹径的1.34倍;陈志斌[63](2007)以大量试验分析为基础,拟合获得了含着靶速度、弹、靶密度等相关参量的计算模型。在此,简化弹靶初始作用过程,将破片刚性侵入与靶体塑性变形看作两个相互独立的过程进行分析,则复杂的破片侵入过程可分为三个独立阶段:

①初始加载阶段:破片撞击瞬间,在弹靶碰撞点形成强动载荷;

②破片挤入阶段:在强动载荷作用下,破片瞬间挤入,其最大横截面共面于靶体表面;

③横向扩孔阶段:破片前向运动受阻,发生塑性变形,驱动靶孔沿弹靶界面不断横向扩孔。

上述三个阶段如图2.30所示。

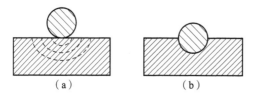

图2.30 破片挤入横向扩孔的三个阶段

(a)初始加载阶段;(b)破片挤入阶段;(c)横向扩孔阶段

在初始加载阶段。根据弹靶碰撞冲击波理论,求得靶体内质点运动的速度u_t,则弹靶界面运动速度为:

$$u_p = v_p - u_t \quad (2.23)$$

式中,v_p为破片的着靶速度。

在破片挤入阶段,因球形破片尺寸较小,且挤入速度较高,假定:弹靶界面的运动速度近似相等,即球面上各个方向的运动速度近似相等。

在横向扩孔阶段,靶孔径向扩张源于弹靶界面的径向驱动,假定:径向扩孔界面速度随着孔径的增大而减小,成线性分布。根据牛顿第二定律,扩孔过程可描述成:

$$m_{td}a_{td} = -F_{td} \tag{2.24}$$

式中，m_{td} 为靶体变形质量；a_{td} 为靶体变形加速度；F_{td} 为靶体的变形阻力。对靶孔以近球形进行变形运动，式（2.24）可写成：

$$\frac{\frac{4}{3}\pi r_{rd}^3}{4\pi r_{rd}^2} \cdot \rho_t \cdot \frac{\mathrm{d}u_p}{\mathrm{d}t} = \frac{1}{3}\rho_t r_{td}\frac{\mathrm{d}u_p}{\mathrm{d}t} = -\left[\sigma_{YT}^D + \frac{1}{2}\rho_t\left(\frac{u_p}{2}\right)^2\right] \tag{2.25}$$

式中，r_{td} 为侵彻过程中某一时刻的靶孔直径，与破片瞬时横向直径 r_{pd} 相等，根据假设，靶孔孔径关于时间求导则为弹靶界面的运动速度，即

$$\frac{\mathrm{d}r_{td}}{\mathrm{d}t} = u_p \tag{2.26}$$

σ_{YT}^D 为材料的动态屈服强度，与材料的应变率相关，因靶材的变形阻力远远小于因惯性效应产生的惯性阻力，因此，采用常用的 Cowper – Symonds[149]（1957）本构关系式（2.27），由材料静态屈服强度 σ_{YT}^S 获得材料的动态屈服强度：

$$\frac{\sigma_{YT}^D}{\sigma_{YT}^S} = 1 + \left(\frac{\dot{\varepsilon}}{\varepsilon_0}\right)^{\frac{1}{r}} \tag{2.27}$$

式中，$\dot{\varepsilon}$ 为应变率；ε_0 和 r 为材料常数，对于低碳钢，分别为 40.4 和 5[150]。定义 r_{ed} 为靶孔入口处的终态孔径，则 $\dot{\varepsilon}$ 可由下式计算得出。

$$\dot{\varepsilon} = \frac{\Delta r/r_d}{t_{\mathrm{action}}} = \frac{(r_{ed}-r_d)/r_d}{t_{\mathrm{action}}} \tag{2.28}$$

式中，t_{action} 为破片横向扩孔所用时间；r_{ed} 为破片终态半径，即靶孔入口处孔径；r_d 为球形破片初始半径。破片塑性变形停止，即靶孔入口孔径达到最大时，破片整体通常已完全进入靶体。因此，破片横向扩孔所用时间可通过下式近似求得：

$$t_{\mathrm{action}} = \frac{d_d}{v_p} = \frac{2r_d}{v_p} \tag{2.29}$$

把式（2.29）代入式（2.28），可得：

$$\dot{\varepsilon} = \frac{(r_{ed}-r_d)v_p}{r_d^2} \tag{2.30}$$

把式（2.26）代入式（2.25），消去 $\mathrm{d}t$，同时将式（2.30）代入式（2.27）后，代入式（2.25）中，经变换整理，可得：

$$\frac{1}{3}\rho_t u_p \mathrm{d}u_p = -\frac{\mathrm{d}r_{td}}{r_{td}}\left\{\sigma_{SD}\left[1+\frac{(r_{ed}-r_d)\times 2\times v_p/r_d^2}{\varepsilon_0}\right]^{\frac{1}{r}} + \frac{1}{2}\rho_t\left(\frac{u_p}{2}\right)^2\right\} \tag{2.31}$$

对式（2.31）两边进行积分，整理后可得：

$$\frac{\frac{1}{2}\rho_t(v_p-u_t)^2}{3\left\{\sigma_{SD}\left[1+\frac{(r_{ed}-r_d)\times 2\times V_p/r_d^2}{\varepsilon_0}\right]^{\frac{1}{r}}+\frac{1}{2}\rho_t\left(\frac{V_p-u_t}{2}\right)^2\right\}}-\ln\left(\frac{r_{ed}}{r_d}\right)=0 \quad (2.32)$$

式（2.32）难以直接求解，可采用对分法编写解算程序进行求解。对于93W，采用张江跃[151]（1997）提供的 Hugoniot 参数进行计算，获得的结果与午新民[25]（1999）、陈志斌[63]（2005）的经验公式计算结果的对比示于图 2.31 中。

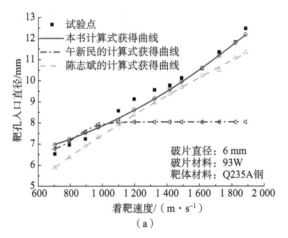

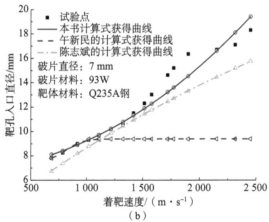

图 2.31 靶孔入口处孔径计算与试验结果对比

（a）φ6 mm（93W）钨球；（b）φ7 mm（93W）钨球

由图 2.31 可见：

①基于上述分析模型解算获得的计算结果与试验吻合良好，误差在 10% 以内，表明该分析模型可正确描述刚塑性球弹高速侵彻塑性靶体的扩孔过程，分析模型计算结果具有可靠性。

② 靶孔入口孔径随着着速的提高而呈非线性函数递增关系。

进行量纲化1分析，获得靶孔入口孔径相对破片原直径增加量 ϕ，即

$$\phi = \frac{D_{eid} - D_p}{D_p} \times 100\% \quad (2.33)$$

式中，D_{eid} 为靶孔的入口孔径；D_p 为破片直径。ϕ 随着着靶速度提高的关系示于图2.32中。由图2.32可见，靶孔入口孔径相对于破片原直径增加量随着着靶速度的提高呈二次函数增长，即弹体孔径增加量与着靶速度成二次函数关系，与由式（2.8）得出的结论一致。此外，由图2.32可拟合获得靶孔入口的计算关系式（2.34）。

$$\phi = \frac{D_{eid} - D_p}{D_p} \times 100\% = 0.0000312 v_p^2 \quad (2.34)$$

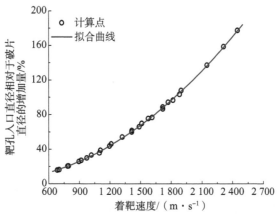

图2.32 靶孔入口处孔径相对于破片原直径增加量随着着速的变化

2.5.2.2 出口孔径计算模型

靶孔出口孔径与破片着靶速度及靶体厚度相关。随靶体厚度不断增加，破片的弹道极限不断提高，破片横向效应增强的同时，周边侵蚀破坏越发剧烈，着靶速度增加到某一值后，靶孔出口孔径不再增加，反而减少。由2.2.3节的试验结果可发现，对于1500 m/s以下的着靶速度，靶孔基本上是一个等直径圆柱形，当着靶速度大于1500 m/s后，入口孔径略大于出口孔径。对试验后靶孔出口孔径进行测量，拟合获得临界贯穿条件下，破片出口孔径计算式如下：

$$D_{eod} = (1 + \lambda) D_{eid} \quad (2.35)$$

式中，D_{eod} 为临界贯穿条件下的靶孔出口孔径；λ 为试验系数，可由式（2.36）计算获得。

$$\lambda = \begin{cases} 0, & v_p < 1\,500 \text{ m/s} \\ 0.757\,04 - 0.000\,526\,836 v_p, & v_p \geqslant 1\,500 \text{ m/s} \end{cases} \quad (2.36)$$

2.6 有限厚金属靶的破片穿甲数值模拟

穿甲效应研究中，试验总是因测试手段等方面的限制，存在一定的局限性，难以穷尽描述弹体贯穿靶板的每一个细节。弹体和靶体在碰撞过程中的变形与运动的细节分析，通常可采用五组性质不同的方程或关系式（质量守恒方程、动能守恒方程、能量守恒方程、材料本构方程、协调方程）予以描述。对于弹靶高速碰撞，弹靶界面高强度冲击载荷产生，弹靶材料物态随之改变，材料的状态方程也是计算中不可或缺的。这些方程或方程组在特定的几何条件、边界条件及初始条件下的求解，是一个艰巨的任务，现今可借助大型计算机进行数值求解予以实现。

为了细致分析钨合金破片侵彻过程中的能量转化规律，更深入地研究破片侵彻问题，采用常用非线性动力学分析程序对钨合金破片高速贯穿有限厚金属靶的过程进行了数值模拟研究。

2.6.1 计算应用程序

关于钨合金弹体穿甲效应的数值模拟，国内外已有一些报道。Rosenberg[152,153]（1996、1998）采用 PISCES 2DELK 程序对钨合金长杆弹侵彻半无限装甲钢靶进行了模拟，研究了不同着靶速度下弹体强度等物理量对侵彻深度的影响。国内许瑞淮[154]（2002）、龚若来[155]（2003）、荣吉利[156]（2004）等采用 MSC. Dytran 程序对钨合金穿甲弹侵彻钢板进行了数值模拟，兰彬[157]（2008）、楼建锋[158,159]（2009）、许瑞淮[160]（2010）、郎林[161]（2011）、董平[162]（2011）等采用 Ls – Dyna 程序对（钢、铝）金属靶的钨合金长杆弹穿甲进行了模拟研究，李树涛[163]（2012）采用 AutoDyn 进行了钨合金穿甲模拟弹对不同厚度钛合金靶板的数值模拟，午新民[25]（1999）和董永香[164]（2002）分别采用 AutoDyn – 2D 和 Ls – Dyna3D 程序对钨球侵彻钢板进行了数值模拟分析。综上所述，已有数值模拟研究多针对钨合金穿甲弹进行，而钨球穿甲过程的计算分析则多偏重于着靶速度小于 1 000 m/s 的条件进行，系统和全面的数值模拟并未见报道。

数值模拟根据描述方法可分为拉格朗日和欧拉两种。Johnsons[165]（1987）和 Zukas[166]（1990）曾全面、系统地评述了用于高速碰撞的各种数值模拟方法,介绍了一些二维或三维冲击动力学程序,如 Ls – Dyna、Adina、Epic、Msc – Dytran 等。采用 Ls – Dyna3D 程序,选取适合的材料本构模型及失效参数,采用 Langrange 算法进行了钨球对钢板的穿甲数值模拟,在特定弹靶作用条件下,可获得较为理想的计算结果,示于图 2.33[167]中。但该程序对高速撞击情况下材料侵蚀现象的描述不够精确,材料失效及侵蚀参数适应的着靶速度范围较窄,难以满足破片着靶速度在 500～2 500 m/s 如此大范围内的数值模拟需要。

图 2.33 Ls – Dyna3D 数值模拟结果与试验对比
(a) Ls – Dyna3D 数值模拟结果;(b) Ls – Dyna3D 数值模拟结果试验结果

近年来,在冲击、爆炸方面广泛应用的 AutoDyn 程序是世纪动力公司(Century Dynamics)的 Cowler M. S 等人于 1986 年[22]开发的大型有限差分计算程序,用来解决固体、流体、气体及相互作用的高度非线性动力学问题。午新民[25](1999)通过 AutoDyn – 2D 程序对 2 g、4 g 钨球分别以 800 m/s、1 000 m/s 的着靶速度对 6.75 mm、10.4 mm 厚装甲钢的穿甲进行了数值模拟,通过设置最大剪应力失效准则,在不加任何预制滑移线和人为约束条件下,获得了弹靶作用过程的剪切冲塞现象。对于钨合金破片的高速穿甲,球弹与靶体分别采用 0.1 mm 和 0.2 mm 的网格尺寸,通过设置等效应变失效准则也同样可以在计算机上再现弹靶作用过程的剪切冲塞现象,如图 2.34 所示[168]。

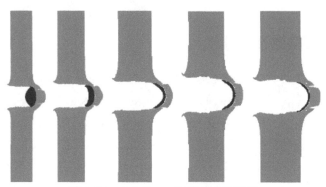

图 2.34 AutoDyn – 2D 数值模拟结果

(破片:φ7.0 mm(93W);靶体厚度:从左往右依次为 9.64 mm、11.78 mm、14.81 mm、15.89 mm 和 17.90 mm)

显而易见，AutoDyn-2D 程序已能满足破片着靶速度在 500~2 500 m/s 如此大范围内的数值模拟需要，通过计算获得的物理量的变化规律具有准确性，但 2D 计算程序因自身缺陷，难以准确地模拟出破片高速穿甲过程中因侵蚀破坏造成的质量损失。因此，本书采用 AutoDyn-3D 程序对试验中各种弹靶作用情况进行数值模拟。

2.6.2 应用程序理论

AutoDyn-3D 程序也是世纪动力公司的产品，早期因计算机运算能力有限，计算耗时长，应用并不广泛。近年来，随着并行计算和集群计算技术的快速发展，AutoDyn-3D 程序在国内外相关领域已开始推广应用[169]。AutoDyn-3D 程序同样是以质量守恒、动量守恒、能量守恒为根本进行计算，数值模拟遵循的控制方程[22]如下：

（1）质量守恒

$$\frac{\partial \rho}{\partial t} + \frac{\partial}{\partial x_i}(\rho u_i) = 0 \tag{2.37}$$

（2）动量守恒

$$\frac{\partial u_i}{\partial t} + u_i \frac{\partial u_i}{\partial x_j} = f_i + \frac{1}{\rho} \frac{\partial}{\partial x_j}(\sigma_{ji}) \tag{2.38}$$

（3）能量守恒

$$\frac{\partial e}{\partial t} + u_i \frac{\partial e}{\partial x_i} = f_i u_i + \frac{1}{\rho} \frac{\partial}{\partial x_j}(\sigma_{ij} u_i) \tag{2.39}$$

式中，ρ 为材料密度；u_i 为速度；f_i 为单位质量的外力；σ_{ij} 为应力张量；e 为总和比能，等于比动能和比内能 E 之和：

$$e = \frac{1}{2} u_i u_i + E \tag{2.40}$$

2.6.3 几何模型及离散化

根据上面试验中的弹靶系统实际结构，选用"cm-μs-g-Mbar①"单位制建立 1/2 几何模型，节省计算时间。钨合金破片结构尺寸为 ϕ6.0 mm、ϕ7.0 mm 和 ϕ7.5 mm 3 种；靶体的长和宽分别选择 100 mm 和 100 mm（大于破片直径 10 倍以上），厚度视具体弹靶条件而定。据此，将所建立的几何模型进行离散化。模型离散化过程中，综合考虑 AutoDyn-2D 程序计算结果和现有计算机的

---

① 1 bar = 10^5 Pa。

运算能力，球弹与靶体分别采用 0.5 mm 和 0.8 mm 的网格尺寸，如图 2.35 所示。以此网格尺寸进行模拟，靶板剪切冲塞现象虽难以达到稠密网格的模拟效果，但足以精确模拟出弹靶作用过程中的能量转换规律。

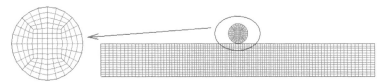

图 2.35　破片和靶体网格

2.6.4　材料描述

采用 AutoDyn-3D 程序的数值模拟中，材料描述包括材料本构方程、材料状态方程、失效准则和侵蚀条件四部分。以上四部分均有丰富的模型可供选用，针对不同的问题，需选择适合的模型。

2.6.4.1　材料本构方程、材料状态方程

迄今为止，人们建立了各种各样的本构模型，以描述不同材料在不同加载条件下的弹性、弹塑性或者黏弹性力学行为。就本书研究的强动载荷作用下金属材料的本构模型，通常采用 Johnson-Cook[170]（1983）和 Steinberg[171]（1980）模型。彭建祥博士[172]（2006）针对两种本构模型进行了比较研究。研究结果表明，Johnson-Cook 模型在较低压力下模拟与试验结果比较吻合，这一压力的上限因材料的波阻抗不同而异，铝在 10 GPa 以内，铜在 20 GPa 以内，钨在 40 GPa 以内，此时压力对剪切模量和屈服强度的影响尚不明显；Steinberg 模型全面考虑了动态屈服强度及压力、温度、剪切模量和屈服强度的影响，甚至高压对熔化温度的影响，数值模拟结果与试验趋于一致。基于上述分析，高阻抗的钨合金（93W、95W）、钢（Q235A）采用 Johnson-Cook 模型，低阻抗的 2A12-T4 铝采用 Steinberg 模型进行计算。根据材料的力学性能实测值，在 L. Westerling[173]（2001）、胡建波[174]（2005）、陈刚[175]（2007）的基础上获得数值模拟材料模型参数，列于表 2.17 和表 2.18 中。

数值模拟中，压力、比容和温度（或是内能）的相互关系是由物体的状态方程（又称为物态方程）规定的，描述固体在冲击波高压作用下的状态方程最常用的是 Mie-Grüneisen[176]（1912）模型。本书对（93W、95W）钨合金、（Q235A）钢、2A12-T4 铝 4 种金属材料均采用该模型进行计算，在文献[173-175]的基础上获得数值模拟中材料方程模型参数，列于表 2.19 中。

表2.17 数值模拟中（93W、95W）钨合金、Q235A钢本构模型参数

材料	剪切模量/Mbar	屈服强度*/Mbar	硬化常数/Mbar	硬化指数
钨合金（93W、95W）	1.6	0.008	0.001 77	0.12
Q235A钢	0.773	0.003 25	0.002 2	0.16
材料	应变率常数	热软化指数	融化温度/K	参考应变率
钨合金（93W、95W）	0.1	1.5	1 723	1.0
Q235A钢	0.015	1.03	1 793	1.16

屈服强度*：钨合金取表2.2中的最大值，Q235A钢取实测的均值。

表2.18 数值模拟中2A12-T4铝本构模型参数

材料	剪切模量/Mbar	屈服强度*/Mbar	最大屈服强度/Mbar	硬化常数	硬化指数
2A12铝	0.276	0.003 03	0.004 7	125	0.12
材料	dG/dp	(dG/dT)/Mbar	dY/dp	融化温度/K	
2A12铝	1.864 7	-1.762×10^{-4}	0.016 95	1 220	

屈服强度*：2A12-T4铝取实测的均值。

表2.19 数值模拟中金属材料状态方程模型参数

材料	Grüneisen系数	C_1/(cm·μs^{-1})	S_1	S_2	C_2	S_2	参考温度/K	比热/[Terg·(g·K)$^{-1}$]
钨合金（93W、95W）	1.58	0.385	1.44	0.0	0.0	0.0	273.0	1.35×10^{-6}
Q235A钢	2.17	0.519	1.33	0.0	0.0	0.0	273.0	4.77×10^{-6}
2A12铝	2.00	0.533	1.338	0.0	0.0	0.0	300.0	8.63×10^{-6}

2.6.4.2 失效准则和侵蚀条件

由上面的试验可发现，无论是钢板的孔口扩展型剪切冲塞，还是铝板的

脆性挤凿型破坏，靶体损伤主要来源于弹体高速穿甲过程中的压缩，都属于强度失效。午新民[25]（1999）采用最大剪应变作为失效准则描述靶板材料的破坏，就二维模拟获得了精准的计算结果。S. Yadav[177]（2001）研究了等效塑性应变失效准则在弹靶材料的破坏与侵蚀仿真中的应用。董永香[164]（2002）在Wu Y.[178]（1995）、S. Yadav[177]（2001）的研究基础上，针对钨球低速穿甲的三维计算，给出适用于Ls-Dyna程序的等效塑性应变失效准则值。

本书针对钨合金球弹穿甲的数值模拟，采用三维模型进行，同网格尺寸条件下，计算网格数量大，为实现计算的可操作性，弹靶单个网格尺寸均在毫米量级，难以实现破片高速侵彻过程中绝热剪切带详细描述的模拟需求，即使采用了剪切应力、应变等失效准则，也难以获得弹靶作用过程中裂纹的扩展现象。因此，采用等效塑性应变失效准则描述弹靶碰撞过程中的失效破坏，具体参数设置列于表2.20中。对于接触面上材料出现的大变形和侵蚀现象，可通过程序中的侵蚀算法予以描述，即当单元网格的累积应变超过给定的侵蚀应变值时，网格消失，质量减小。AutoDyn程序中共有瞬间几何应变（instantaneous geometric strain）、增加几何应变（incremental geometric strain）、等效塑性应变（effective plastic strain）3种侵蚀算法[22]，本书采用与失效准则相同的等效塑性应变侵蚀条件进行模拟，具体参数设置列于表2.20中。

表2.20 数值模拟中失效侵蚀模型与参数设置

材料	钨合金（93W、95W）	Q235A钢	2A12-T4铝
失效准则	1.60	1.36	0.95
侵蚀条件	1.60	1.36	0.95

2.6.5 计算结果及分析

进行4种破片（ϕ6 mm（93W）、ϕ6 mm（95W）、ϕ7 mm（93W）、ϕ7.5 mm（95W））对Q235A钢、2A12-T4铝穿甲过程的模拟计算，采用两射弹弹道极限法[1]，获得不同类型球弹贯穿相同试验靶板厚度的弹道极限，结果列于表2.21中。

数值模拟与试验结果的对比如图2.36所示，可以看出数值模拟结果与试验误差均在10%之内，表明采用上述数值模拟方法及材料模型参数模拟获得的结果具有可靠性，为进一步细致分析奠定了基础。

表 2.21　弹道极限数值模拟结果

靶板材料	计算获得弹道极限（m·s⁻¹）/靶厚（mm）			
	ϕ6.0 mm（93W）	ϕ7.0 mm（93W）	ϕ6.0 mm（95W）	ϕ7.5 mm（95W）
Q235A 钢	1 022.5/9.68	812.5/9.64	977.5/9.68	742.5/9.67
	1 152.5/11.00	1 022.5/11.78	1 112.5/11.00	907.5/11.62
	1 227.5/11.72	1 395.5/14.81	1 197.5/11.62	1 217.5/14.85
	1 392.5/13.00	1 512.5/15.89	1 332.5/13.00	1 352.5/15.90
	1 707.5/14.80	1 797.5/17.90	1 632.5/14.81	1 592.5/17.90
	未贯穿/18.0	未贯穿/19.96	未贯穿/18.0	1 877.5/19.96
2A12-T4 铝	592.5/10.13	517.5/10.19	587.5/10.16	477.5/10.16
	978.5/20.4	845.5/20.04	995.5/20.04	805.5/20.04

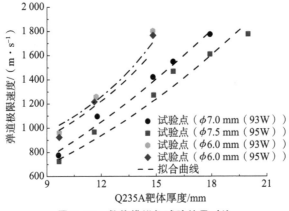

图 2.36　数值模拟与试验结果对比

由上面的试验研究可知，破片以 1 800 m/s 以上的着靶速度侵彻低碳钢靶过程中，回收破片残体局部发生熔化的特征明显。在弹靶材料及网格尺寸恒定的情况下，通过数值模拟获得 1 800 m/s 着靶速度下的弹靶温度分布，如图 2.37 所示，可以看出，对于 ϕ6.0 mm（93W）、ϕ7.0 mm（93W）、ϕ6.0 mm（95W）、ϕ7.5 mm（95W） 4 种破片，最高温度出现在弹靶界面的局部区域内，温度均高于 1 880 K（或 1 600 ℃），超过了黏结相的熔点，但未达到钨颗粒常态下的熔点（3 400 ℃左右）。但（93W、95W）破片穿甲后回收体的微观表面观察表明，在此着靶速度下，局部钨颗粒发生了熔化。在此着靶速度下，弹靶界面瞬间压力高于 50 GPa。因此，推断在（50 GPa 以上的）强动载荷作用下，钨颗粒熔点大幅度降低，在 1 600 ℃以上的高温下即可发生熔化。

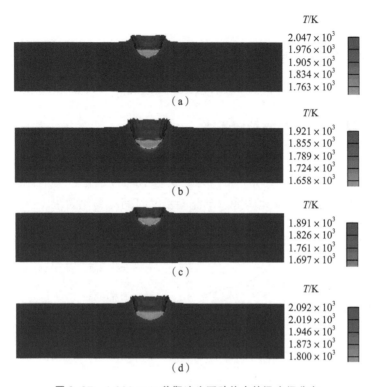

图 2.37 1 800 m/s 着靶速度下破片内的温度场分布
(a) ϕ6.0 mm（93W）钨球；(b) ϕ7.0 mm（93W）破片；
(c) ϕ6.0 mm（95W）破片；(d) ϕ7.5 mm（95W）破片

此外，针对 2 500 m/s 的着靶速度对破片垂直撞击 Q235A 钢板进行数值模拟，如果靶体被贯穿，按 1 mm 的增幅增加靶体厚度，直至破片无法贯穿靶体，通过模拟获得（ϕ6 mm（93W）、ϕ7 mm（93W）、ϕ6 mm（95W）和 ϕ7.5 mm（95W））4 种破片对 Q235A 钢的极限贯穿厚度，其结果及与试验对比列于表 2.22 中。可以看出，模拟获得的结果与试验误差在 10% 之内，进一步验证了数值模拟方法及材料模型参数对该问题的适用性。

表 2.22 数值模拟获得钨合金破片对 Q235A 钢靶的极限贯穿厚度

破片类型		ϕ6 mm（93W）	ϕ7 mm（93W）	ϕ6 mm（95W）	ϕ7.5 mm（95W）
极限贯穿厚度/mm	数值计算值	16.00~17.00	18.00~19.00	17.00~18.00	21.00~22.00
	试验值	14.80~15.82	17.90~19.96	14.81~15.82	>20

2.7 钨合金破片穿甲极限能力计算

2.7.1 破片侵彻中的能量转换

钨合金破片对有限厚金属靶的侵彻过程是一个能量转换、重新分配的过程。图 2.38 为 ϕ7 mm（93W）破片恰好贯穿 10 mm 钢靶过程中弹靶系统总能量、内能，靶体内能，弹体内能、动能随侵彻时间的变化曲线。

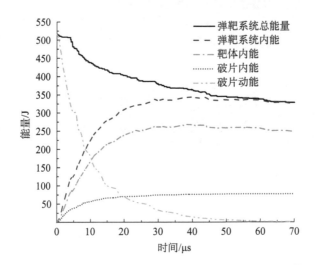

图 2.38　ϕ7 mm（93W）破片贯穿 10 mm 厚钢板的临界能量转换

由图 2.38 可见，初始状态，弹体动能即为弹靶系统总能量，弹、靶内能均为 0，随着侵彻的进行，破片动能呈指数衰减，而弹、靶内能不断增加；终结状态，破片动能趋于 0，弹体、靶体内能增量之和即为弹靶系统总能量，因侵彻中温升耗能，终结状态系统总能量小于初始状态。

内能也称为势能，是一种随着变形或破坏作为内部应力或内部应力与再结晶的组合形式而存在的能量。这种能量不会以热的形式表现在外部，而是表现在弹、靶的应变区域部分。不同的弹靶作用系统，弹靶塑性变形不同，内能增量占总能量的比例不同，如钢弹以 3 000 m/s 的速度撞击铝靶，内能增量占总能量的 8%～12%。对于 ϕ7 mm（93W）破片和（20 mm 厚）钢靶，不同着靶速度下，弹、靶内能随侵彻进程的变化示于图 2.39 和图 2.40 中。

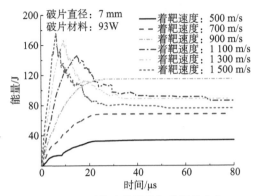

图 2.39　破片内能随侵彻进程的变化

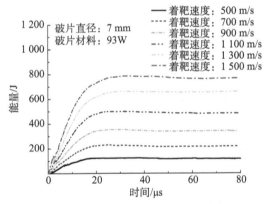

图 2.40　靶体内能随侵彻进程的变化

由图 2.39 和图 2.40 可见：

①不同着靶速度下，破片、靶体内能在其侵彻 30 μs 后均基本趋于稳定，不再继续增加，即破片、靶体的变形或破坏在侵彻 30 μs 后基本结束；

②随着着靶速度的提高，破片内能最终增加量先增加后减少，最大值出现在 900 m/s 的着靶速度时，靶体内能最终增加量随着着靶速度的提高而逐渐增加。

显而易见，破片的变形或破坏到达一定程度时，伴有质量损失，质量损失出现在着靶速度为 900~1 000 m/s 范围之内，与前面提到的破片侵蚀的着靶速度阈值相一致。

通过仿真计算获得 $\phi 6$ mm（93W）、$\phi 7$ mm（93W）、$\phi 6$ mm（95W）、$\phi 7.5$ mm（95W）4 种破片以不同着靶速度侵彻 Q235A 钢靶直至终止后，靶体内能最终增加量与总能量之比随着着靶速度变化曲线，如图 2.41 所示。

由图 2.41 可见，靶体内能最终增加量与总能量之比随着着靶速度的增加而线性减少,与破片尺寸基本无关,将数据进行线性回归可获得式(2.41)。

$$\Lambda = \frac{\Delta E_{\sigma T}(v_p)}{E_{\text{all}}} \times 100\% = 68.26591 - 0.01552 v_p \quad (2.41)$$

式中,Λ 为靶体内能最终增加量与弹靶系统初始总能量之比;$\Delta E_{\sigma T}(v_p)$ 为靶体内能最终增加量;E_{all} 为弹靶系统初始总能量。

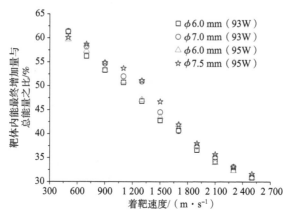

图 2.41　靶体内能最终增加量与总能量之比随破片着速的变化

2.7.2　极限贯穿厚度计算

钨合金破片对钢靶穿甲过程中,其动能部分转换为靶体的成孔破坏在靶体内形成的内能,则靶孔的(破坏)体积为:

$$V_{TH} = \int_V d\varepsilon = \frac{\Delta E_{\sigma T}(v_p)}{\sigma_{DY}} \quad (2.42)$$

式中,V_{TH} 为靶孔体积;$\Delta E_{\sigma T}(v_p)$ 为靶体内能最终增加量;σ_{DY} 为靶体动态屈服强度。根据表 2.6 取期望值,Q235A 的动态屈服强度为 899.47 MPa。此外,对于破片贯穿后形成的靶孔体积,也可通过式(2.43)由其几何特征量计算获得[179]。

$$V_{TH} = \frac{1}{12}\pi(D_{eid}^2 + D_{eid}D_{eod} + D_{eod}^2)T_t \quad (2.43)$$

式中,T_t 为靶体厚度。由于

$$T_t = \frac{12 \times \Delta E_{\sigma T}(v_p)}{\sigma_{DY}\pi(D_{eid}^2 + D_{eid}D_{eod} + D_{eod}^2)} \quad (2.44)$$

将式(2.34)、式(2.35)和式(2.36)带入式(2.44)中可得:

$$T_t = \frac{6 \times \left(\dfrac{68.26591 - 0.01552 v_p}{100}\right) m_p v_p^2}{D_p^2 \sigma_{DY}\pi(3 + 3\lambda + \lambda^2)\left(1 + \dfrac{0.0000312 v_p^2}{100}\right)^2} \quad (2.45)$$

式中，D_p 为破片直径；m_p 为破片质量；v_p 为破片着靶速度；σ_{DY} 为靶体动态屈服强度；λ 为试验系数，可由式（2.36）计算获得。

由式（2.40）计算获得 ϕ6 mm（93W）、ϕ7 mm（93W）、ϕ6 mm（95W）和 ϕ7.5 mm（95W）4 种破片对 Q235A 钢靶贯彻厚度随着着靶速度的变化曲线，示于图 2.42 中。由图 2.42 可见，随着着靶速度的提高，破片贯穿 Q235A 钢靶厚度先增大后减小，存在极大值。极大值列于表 2.23 中。可以看出，由式（2.40）计算获得的结果与数值模拟及试验获得的极限贯穿厚度范围基本吻合，误差小于 10%，表明通过上述计算方法获得的极限贯彻厚度具有可靠性。

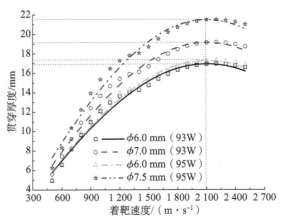

图 2.42　钨合金破片对 Q235A 钢靶贯彻厚度随破片着速的变化

表 2.23　理论计算获得钨合金破片对 Q235A 钢靶的极限贯穿厚度

破片类型		ϕ6 mm（93W）	ϕ7 mm（93W）	ϕ6 mm（95W）	ϕ7.5 mm（95W）
极限贯穿厚度/mm	数值模拟值	16.00~17.00	18.00~19.00	17.00~18.00	21.00~22.00
	试验值	14.80~15.82	17.90~19.96	14.81~15.82	>20
	理论计算值	16.95	19.17	17.30	21.50

2.8　小结

研究了钨合金破片对有限厚金属靶高速侵彻中的弹、靶响应特征和极限贯穿厚度的计算方法，获得的主要研究结果如下：

①通过试验揭示出钨合金破片高速侵彻铝靶、低碳钢靶过程中的响应特征。对于铝靶，钨合金破片着速低于 1 500 m/s 时，侵彻过程中基本无塑性变形，无横向扩孔和破碎现象，近似于刚体；对于低碳钢靶，钨合金破片着速高于 800 m/s 时，侵彻过程中出现裂纹，但在靶孔内仍保持为一完整体，在贯穿靶板后发生破碎。

②通过扫描电镜表面观察发现，钨合金破片以高于 1 800 m/s 速度侵彻低碳钢靶时，93W、95W 两种材质破片局部均发生了熔化，几十微米钨颗粒熔化冷凝后生成微米、亚微米尺度球形颗粒紧密排列。

③通过扫描电镜表面观察发现，93W、95W 两种材质破片高速侵彻钢靶过程中的破裂机制不同，93W 是钨颗粒的韧窝型穿晶断裂，95W 是钨颗粒的准解理型穿晶断裂，不同于低压、低温和低应变率下的断裂模式。

④破片对金属靶的侵彻中，着速的提高带来破片侵蚀与破碎响应程度的加剧，破片质量的损耗速率不断提高，当侵彻过程中破片质量损耗较大时，贯彻厚度随着着靶速度的提高而出现极大值，难以再通过弹道极限表征破片的贯彻能力；通过理论分析与数值模拟研究，建立了钨合金破片对有限厚低碳钢靶极限贯穿厚度的计算模型。

第 3 章
韧性钢破片高速侵彻高强度低合金钢

3.1 引言

钢/纤维复合结构[180,181]由前置金属面板和后置非金属纤维板组成。恐怖袭击中,有金属壳体爆炸物在爆炸载荷下产生的非规则结构破片高速撞击钢/纤维复合结构,经历对金属面板的贯穿后发生速度衰减,侵入后置非金属纤维板的运动参数会因初始运动参数和前置钢板厚度的变化而变化;同时,非规则结构破片对前置钢板的贯穿过程中,伴随弹体结构变化和非均匀受力耦合所引起的弹道偏转等现象,会对弹体出板后的运动轨迹产生很大的影响。恐怖袭击中,恐怖分子所用的钢并非都为军用的超高强度合金钢,这种韧性钢破片对前置钢板的高速侵彻是破片对钢/纤维复合结构侵彻与贯穿研究中的基本问题,也是研究的起点。对于韧性钢破片高速侵彻前置钢板这一过程,由于历时短、力学环境复杂,理论分析十分困难;数值仿真缺少可靠参数支撑和结果检验;因此,首先进行破片对前置钢板的高速侵彻试验,为后续数值仿真和理论分析提供数据支撑。

高强度低合金[182](HSLA)钢是通过加入少量合金元素来获得所需强度水平的一类特定的钢,其机械强度较高、抗腐蚀能力较强、价格相对较低,且韧性优于一般的装甲钢,在弹体的高速侵彻过程中不容易崩落产生大量的"二次碎片",作为钢/纤维复合结构的前置钢板是较为合适的。该类钢因可焊接性强,主要用于结构。国内对其的抗弹性能研究较少,缺少可靠的试验数据,因此,选择典型高强度低合金钢作为前置钢板,对其进行力学性能分析和破片侵彻试验,从而获得典型高强度低合金钢抗破片侵彻性能影响规律,为后续数值仿真提供数据支撑。

在此,针对一种含 Ni、Cr、Mo、V 等元素的典型高强度低合金钢进行静态和动态力学性能测试,通过测试结果拟合获得该合金钢的 Johnson – Cook 本构模型参数,为后续数值仿真建模提供参数;进行弹道枪射击试验,测试 3.0 g、4.5 g、6.0 g、7.5 g、9.0 g 和 10.0 g 共 6 种质量的未经热处理 35CrMnSiA 钢的 FSP 破片对 4 mm 和 5 mm 两种厚度合金钢靶板的弹道极限速度;通过对韧性钢破片侵彻的量纲分析,建立小质量韧性钢破片侵彻合金钢靶板的量纲为 1 的函数;然后对试验数据进行拟合,获得该类钢破片对合金钢靶板侵彻的弹道极限分析计算模型;并采用不同的数据处理方法,检验分析计算模型的可靠性,为后续数值仿真建模及理论分析提供依据。

3.2　试验研究用靶体钢力学性能测试与分析

3.2.1　高强度低合金(HSLA)钢简介

高强度低合金(High Strength Low Alloy,HSLA)钢,又名低合金高强度结构钢,是在含碳量 $w(C) \leqslant 0.20\%$ 的碳素结构钢的基础上,加入少量的合金元素发展而来的含碳量和合金元素都较低的钢。该类钢中除了含有一定量的硅或锰基本元素外,还含有其他类元素,如钒(V)、铌(Nb)、钛(Ti)、铝(Al)、钼(Mo)、氮(N)和稀土(RE)等微量元素,致使其韧性高于碳素结构钢,同时具有良好的焊接性能、冷热压力加工性能和耐腐蚀性,部分钢种还具有较低的脆性转变温度[183]。因此,高强度低合金钢被广泛应用于汽车、起重机、海洋工程、建筑机构和船舶等大型结构中[182],尤其对焊接性能和耐腐蚀性要求较高的船体上,如国内用于军警船的 Q235 钢,用于舰艇的 907、921、945 等钢[184-187]。美国已应用了包括 550 MPa 级 HSLA80 钢和 690 MPa 级 HSLA100 钢[188]。目前,出于降低全寿命维护成本和减重等方面的考虑,美国海军开始寻求一种低成本、焊接性良好的 440 MPa 级新型船体钢——HSLA65 钢[189],以取代 HTS 钢用于航母、巡洋舰等大型水面舰艇主船体结构的建造。据报道,该钢种已完成了主要的研发流程和严格的试验考核，被选定用于建造最新的 DD（X）型导弹驱逐舰（1.2万吨级）、LPD17 型多用途船坞登陆舰（2.5 万吨级）、LHA（R）型大甲板两栖攻击舰及下一代 CVN21 型航空母舰（12 万吨级）。

针对这类新型钢材料，国内的结构设计单位对其静力学性能研究较多，但对该合金钢在高速撞击下的动力学及抗侵彻能力的相关研究较少，尚难以支撑钢、纤维材料构成的复合结构抗高速破片侵彻能力分析与优化设计，是目前亟待解决的科学技术问题。

3.2.2 试验研究用钢及静力学性能测试

试验研究用钢为典型高强度低合金钢，是一种含 Ni、Cr、Mo、V 等合金的低合金钢，该钢的化学组分列于表 3.1 中。

表 3.1 试验研究用典型高强度低合金钢的化学组分   %

成分	C	Si	Mn	P	S	Cr	Ni	Mo	V
质量分数	0.1	0.53	1.03	0.16	0.004	0.53	1.18	0.12	0.035

破片对合金钢靶板侵彻试验前，首先对被侵彻合金钢靶板进行静态力学性能测试。因为材料为板状，根据 GB/T 228.1—2010《金属材料——拉伸试验》规范，进行 4 mm 和 5 mm 两种厚度合金钢靶板的静态拉伸试验测试。按国标要求加工测试试样，如图 3.1 所示。测试前后试件尺寸分别列于表 3.2 和表 3.3 中，拉伸测试后，试件如图 3.2 所示，拉伸曲线如图 3.3 所示。对测试结果进行处理，获得该合金钢的静态力学性能参数列于表 3.4 中。由表 3.4 可见，试验研究用钢延伸率高达 30% 以上，具有良好的韧性。

图 3.1 试验研究用高强度低合金钢拉伸试件

表 3.2　试验前试件尺寸

编号	原始标距 L_0/mm	截面一		截面二		截面三		平均横截面积 S_0/mm²
		厚度/mm	宽度/mm	厚度/mm	宽度/mm	厚度/mm	宽度/mm	
5 mm 试件 1	50.00	5.30	25.10	5.24	25.12	5.26	25.14	132.63
		5.32	25.10	5.28	25.14	5.28	25.12	
5 mm 试件 2	50.00	5.10	25.30	5.14	25.28	5.12	25.34	129.18
		5.08	25.34	5.08	25.30	5.10	25.32	
4 mm 试件 3	50.00	4.32	25.16	4.30	25.22	4.28	25.18	108.46
		4.28	25.20	4.32	25.18	4.34	25.16	
4 mm 试件 4	50.00	4.20	25.10	4.18	25.14	4.18	25.12	105.20
		4.16	25.08	4.22	25.12	4.20	25.08	

表 3.3　试验后试件尺寸

编号	断裂标距/mm	断口厚度/mm	断口宽度/mm	断裂处平均横截面积/mm²	断后伸长率/%	断面收缩率/%
5 mm 试件 1	66.24	2.90	19.62	54.85	32.48	58.64
		2.68	19.70			
5 mm 试件 2	65.50	2.76	19.04	52.88	31.00	59.07
		2.80	19.00			
4 mm 试件 3	68.44	2.60	18.98	50.19	36.88	53.72
		2.68	19.04			
4 mm 试件 4	65.70	2.36	19.90	50.87	31.40	51.65
		2.76	19.84			
平均值	66.47	19.39	19.39	52.20	32.94	55.77

图 3.2 试验研究用合金钢拉伸后的断裂试件

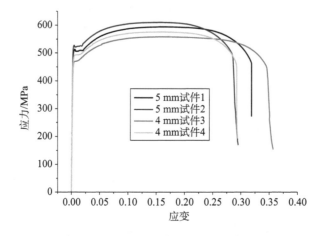

图 3.3 试验研究用合金钢静态拉伸曲线

表 3.4 试验研究用合金钢的静态力学性能

样品编号	弹性模量/GPa	屈服强度/MPa	抗拉强度/MPa	延伸率/%
5 mm 试件 1	199.56	508	594	32.48
5 mm 试件 2	209.33	524	610	31.00
4 mm 试件 3	173.5	470	558	36.88
4 mm 试件 4	190.90	493	578	31.40
平均值	193.32	498.75	585	32.94

3.2.3 试验研究用靶体钢动态力学性能测试

SHPB 试验技术是分离式 Hopkinson 压杆(Split Hopkinson Pressure Bar)试验技术的简称,也称为 Kolsky 杆试验技术,由 Kolsky 于 1949 年提出[190],目前 SHPB 试验技术已经被广泛使用于高应变率下压缩动态力学性能的测试中[191-193]。本章采用 SHPB 测试系统对试验研究用合金钢进行压缩动态力学性能测试[194]，获得该合金钢在不同应变率下的应力–应变关系，如图3.4所示，测试结果列于表3.5中。

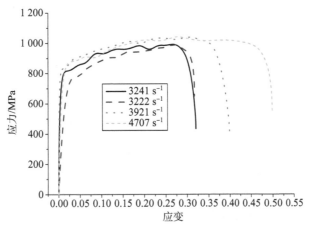

图3.4 试验研究用合金钢动态力学性能测试曲线

表3.5 试验研究用合金钢在不同应变率下的动态力学性能测试结果

测试编号	试验温度/℃	应变率/s^{-1}	规定总压缩应力（Rtc5）/MPa	规定总压缩应力（Rtc25）/MPa	备注
1	25	3 222	786	973	样品均匀变形，未裂
2	25	3 241	863	987	样品均匀变形，未裂
3	25	3 921	910	1 036	样品均匀变形，未裂
4	25	4 707	895	1 023	样品均匀变形，未裂

表3.5中规定总压缩应力 Rtc5、Rtc25 为真实应变5%、25%时的真实应力值，其中可以采用 Rtc5 的值表示动态屈服强度。由图3.4可知，当应变率达到4 000 s^{-1}后，继续提高应变率，试验研究用合金钢的屈服强度变化不大。

3.2.4 试验研究用靶体钢的 Johnson–Cook 模型参数拟合

选择合适的本构模型来描述材料的力学性能，是工程应用普遍采用的一种方法[195]。Johnson–Cook 模型[170]是一种经验性的黏塑性本构模型，由 G. R. Johnson 和 W. H. Cook 在1983年第7届国际弹道会议上提出。该模型是描述金属变形中与应变硬化、温度、应变率相关的计算模型。由于它的计算结果与试验数据比较吻合，因此在计算中被广泛应用[196,197]。根据 3.2.2 节和

3.2.3节获得的试验数据,对试验研究用合金钢进行J-C本构模型参数拟合如下。

J-C材料模型表达式见式(3.1):

$$\sigma = (A + B\varepsilon^n)\left(1 + C\ln\frac{\dot{\varepsilon}}{\dot{\varepsilon}_0}\right)\left[1 - \left(\frac{T - T_r}{T_m - T_r}\right)^m\right] \quad (3.1)$$

式中,A、B、C、m、n为材料参数,需要通过不同应变率和不同温度条件下的应力-应变试验曲线进行拟合来获取;一般取$\dot{\varepsilon}_0 = 10^{-3}\ \mathrm{s}^{-1}$;$T_m$为熔化温度;$T_r$为室温(290~300 K);$A$为应变率$10^{-3}\ \mathrm{s}^{-1}$条件下的屈服强度;$B$、$n$为应变硬化系数;$C$为应变率效应系数;$m$为温度效应系数。

J-C材料模型表达式分为三项,各项之间相互独立,意义明确。第一项表示应变硬化效应,第二项表示应变率效应,第三项表示温度效应。

若不考虑J-C材料模型中的温度软化效应,即温度始终保持在室温[198],$T = T_r$,$m = 1$,则J-C模型可简化为:

$$\sigma = (A + B\varepsilon^n)\left(1 + C\ln\frac{\dot{\varepsilon}}{\dot{\varepsilon}_0}\right) \quad (3.2)$$

根据试验得到的数据,采用最小二乘法(LSM)对本构方程中的参数A、B、C、n进行拟合,具体参数拟合步骤如下:

(1)确定A

式(3.1)右边第一个括号表示$T = T_r$及$\dot{\varepsilon} = \dot{\varepsilon}_0$时的应力-应变关系。在室温条件下,$T = T_r$,根据文献[199],拟合动态本构模型中采用合金钢的静态力学性能试验测量所得的应力-应变曲线可以确定参数A的值。此时,式(3.2)可表示为

$$\sigma = A + B\varepsilon^n \quad (3.3)$$

当$\varepsilon = 0$时,A即为材料的屈服应力。

(2)确定参数B和n

将式(3.3)移项后,两端取对数,可得

$$\ln(\sigma - A) = \ln B + n\ln\varepsilon \quad (3.4)$$

采用最小二乘法对参数B和n进行拟合,可以求得B与n。

(3)确定参数C

参数C是材料应变率敏感系数,当$T = T_r$及$\varepsilon = 0$时,式(3.2)可变为

$$\sigma = A\left(1 + C\ln\frac{\dot{\varepsilon}}{\dot{\varepsilon}_0}\right) \quad (3.5)$$

将式(3.5)变形,可得

$$\frac{\sigma}{A} - 1 = C\ln\frac{\dot{\varepsilon}}{\dot{\varepsilon}_0} \tag{3.6}$$

式（3.6）中，横坐标为 $\ln\dfrac{\dot{\varepsilon}}{\dot{\varepsilon}_0}$，纵坐标为 $\dfrac{\sigma}{A} - 1$，可得 C 为斜率。利用动态力学性能测试中材料的屈服应力与应变率的关系，采用最小二乘法进行拟合，可得参数 C。

按照上述步骤拟合获得试验研究用合金钢的 J – C 模型参数，列于表 3.6 中。

表 3.6　试验研究用合金钢的 J – C 模型参数

A	B	n	C
498.75	643.78	1.16	0.044 83

将拟合获得的参数带入式（3.2）中，可得试验研究用合金钢的本构方程为：

$$\sigma = (498.75 + 643.78\varepsilon^{1.16})\left(1 + 0.044\,83\ln\frac{\dot{\varepsilon}}{\dot{\varepsilon}_0}\right) \tag{3.7}$$

将式（3.7）的计算结果与试验结果进行对比，如图 3.5 所示（图中直线为公式拟合曲线，曲线为试验结果），可以得出公式拟合结果与试验结果较为

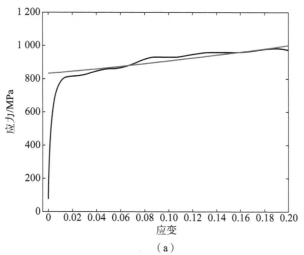

图 3.5　J – C 模型拟合的应力 – 应变曲线与试验曲线的比较

(a) 应变率为 3 241

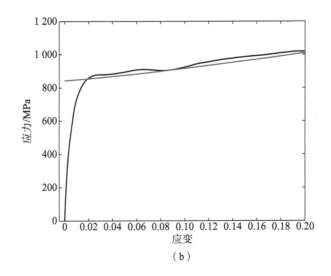

图 3.5　J-C 模型拟合的应力-应变曲线与试验曲线的比较（续）

(b) 应变率为 4 707

吻合，说明 J-C 模型可以描述试验研究用合金钢的本构关系，该参数可用于后续的破片侵彻合金钢靶板数值仿真计算。

3.3　试验研究用破片及靶体结构

试验选取 3.0 g、4.5 g、6.0 g、7.5 g、9.0 g 和 10.0 g 共 6 种质量的破片（材质为高强度合金钢 35CrMnSiA，未进行热处理），对 4 mm 和 5 mm 两种厚度合金钢靶板进行侵彻试验。破片采用国际上通用的破片模拟弹丸（Fragment Simulation Projectile，FSP）结构，借鉴国内外关于 FSP 的结构设计方法[200]，又考虑 12.7 mm 弹道枪口径的限制，设计 3.0 g、4.5 g、6.0 g、7.5 g、9.0 g 破片的长径比为常见的 1.5∶1.0[26]，10.0 g 破片的长径比为 1.68∶1。结构尺寸如图 3.6 所示。

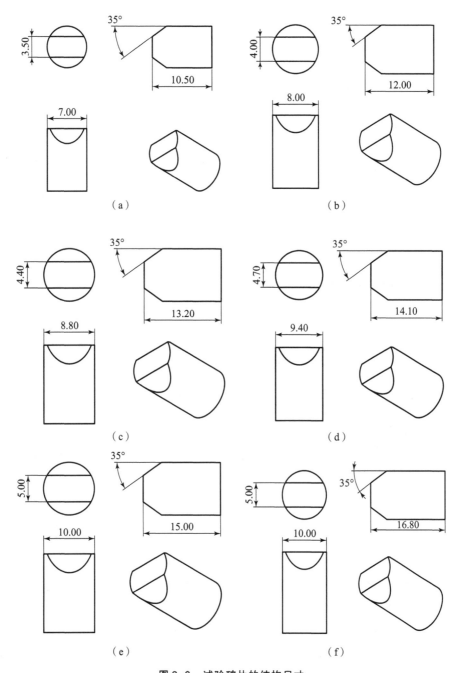

图 3.6 试验破片的结构尺寸

(a) 3.0 g; (b) 4.5 g; (c) 6.0 g; (d) 7.5 g; (e) 9.0 g; (f) 10.0 g

3.4 试验目的、原理与方法

3.4.1 试验目的

为了为韧性钢破片侵彻典型高强度低合金钢数值仿真计算结果验证提供支撑，并结合数值仿真获得合金钢弹道极限速度的分析计算模型，进行该合金钢靶板的抗破片侵彻试验。通过试验，获得 3.0 g、4.5 g、6.0 g、7.5 g、9.0 g 和 10.0 g 共 6 种质量的 FSP 型破片对不同厚度合金钢靶板的弹道极限速度。

3.4.2 试验原理与方法

弹道极限是指弹体以给定着角 50% 概率贯穿一定厚度指定靶板的撞击速度，具体方法如下：对靶板以不同的速度梯度值（速度由低到高）进行多次射击试验，会出现以下结果：在低于某个入射速度时，靶板不会被贯穿，即 0% 贯穿速度；而高于某个入射速度时，则靶板会全部被贯穿，即 100% 贯穿速度；在 100% 贯穿速度和 0% 贯穿速度间存在一个被贯穿和未被贯穿交叉混杂出现的混合结果速度区域，而混杂区的速度中值即为弹道极限速度，即通过十几甚至几十发试验，拟合 S 曲线得到 100% 贯穿速度和 0% 贯穿速度后，取中值获得弹体对靶体的弹道极限速度[201]。弹道极限实质表现为 50% 穿透概率下的特征撞击速度，以 v_{50} 表示。工程实践中，可以减少试验数量的典型试验方法为六射弹弹道极限法[202]。

在此，采用 12.7 mm 弹道枪加载方式，抛射不同质量破片。通过改变发射药量来调整破片的抛射速度，抛射速度范围为 500~1 000 m/s。破片装载于扣合弹托的锥形孔中，在膛内，弹托运载破片一同运动，出枪口后，由于空气迎面阻力，使弹托与破片分离，破片几乎沿直线向前运动。破片撞击速度由靶板前方通断测速靶系统获得，穿靶后，破片由回收箱进行回收。逐发试验、观察、检查破片对不同靶板的侵彻破坏情况，记录破片撞击速度、贯穿与否等数据，试验布置原理示意如图 3.7 所示。

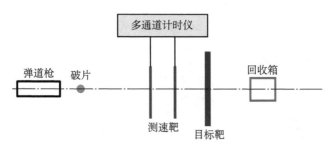

图 3.7　试验布置示意图

|3.5　试验内容|

根据试验目的，靶板采用规格为 500 mm×500 mm×4 mm（长×宽×厚）和 500 mm×500 mm×5 mm（长×宽×厚）的合金钢板，选用 3.0 g、4.5 g、6.0 g、7.5 g、9.0 g 和 10.0 g 共 6 种质量的破片，进行 0°着角条件下对合金钢靶板的侵彻试验，每发试验测定破片的撞击速度，并尽可能回收破片和塞块，记录破片是否贯穿靶体。

试验共分 12 组，每组预计 13 发，实际试验数量共 168 发，具体每组试验数量列于表 3.7 中。根据六射弹法要求，每组试验获得有效数据 6 个。

表 3.7　试验数量

靶板	破片质量/g						合计	总计
	3.0	4.5	6.0	7.5	9.0	10.0		
4 mm 厚靶板	14	15	17	14	14	13	87	168
5 mm 厚靶板	13	14	12	16	13	13	81	

|3.6　试验结果|

试验于 2012 年 7 月在中北大学室外 50 m 靶道试验场进行，试验的现场布置如图 3.8 所示，试验中的破片和全装弹如图 3.9 所示，通过试验获得的靶板破坏现象如图 3.10 所示，破片的破损情况如图 3.11 所示，靶试试验结果列于

表 3.8 中。由试验结果可见，未进行热处理的高强度合金钢 35CrMnSiA 在侵彻过程中呈现为韧性，未发送断裂，但有侵蚀现象发生。

图 3.8　试验现场布置

图 3.9　试验用破片和全装弹

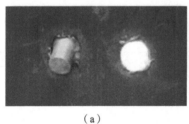 

（a）　　　　　　　　　　（b）

图 3.10　试验中靶体的破坏情况
（a）正面；（b）背面

图 3.11　试验后回收的破片和塞块

表 3.8　试验结果

破片质量 /g	靶板厚度 /mm	3 发贯穿最低速度 /(m·s⁻¹)			3 发嵌入最高速度 /(m·s⁻¹)			平均速度/ (m·s⁻¹)	标准差/ (m·s⁻¹)
		速度 1	速度 2	速度 3	速度 4	速度 5	速度 6		
3.0	4	757.3	733.5	775.5	727.6	735.5	730.4	743.3	19.0
	5	826.0	820.2	815.1	780.9	792.3	783.6	803.0	19.8
4.5	4	672.7	637.0	665.3	631.4	629.1	625.8	643.6	20.2
	5	723.5	716.4	732.0	702.5	710.3	691.8	712.8	14.5
6.0	4	582.3	592.6	586.9	554.9	550.6	558.5	571.0	18.3
	5	706.8	709.0	699.2	675.8	679.7	689.6	693.4	13.9
7.5	4	561.6	557.5	553.7	522.8	520.2	534.5	541.8	18.3
	5	671.6	666.7	653.1	654.3	628.5	637.5	651.8	16.8
9.0	4	520.1	516.5	513.0	481.1	485.0	480.2	499.3	19.0
	5	637.3	638.5	640.0	630.0	612.2	603.6	626.6	15.2
10.0	4	494.6	486.6	473.8	461.8	456.4	452.5	471.0	17.0
	5	617.6	591.5	578.3	586.8	585.4	596.5	592.7	13.6

3.7　弹道极限 v_{50} 的分析计算模型

3.7.1　破片侵彻量纲分析

做高速相对运动的破片与靶体之间的相互冲击是一种形式的机械能（动能）向另一种形式的机械能（如变形势能）和热能的转化现象，伴随产生的冲击波及高压和高温，导致物体严重变形、破坏，甚至熔化和汽化。

当破片冲击到合金钢靶板的瞬间，由于突然减速，在冲击点附近形成高压，并产生冲击波，在合金钢靶板和破片的材料内扩展开来；同时，在冲击点附近开始形成弹坑。在冲击波的波阵面遇到弹和板的自由面的部分，即被卸载，并向材料内部反射稀疏波，稀疏波会赶上冲击波，使之衰变。所以，在冲击早期，受到冲击波的强烈压缩和加速部分的体积比较有限，大致相当于几倍弹径的范围。此后，弹、板内部的压力、速度等状态变量演变为连续分布,弹坑演变为细长孔洞。孔底附近的部分弹体材料则因经受高压的作用而变形、破碎成碎渣并贴附于孔壁,直至弹体的动能消耗尽而结束侵彻过程[203,204]。

假设破片的直径为 d_p,长度为 L_p,初始弹速为 v_p,靶体运动速度为 v_t,上述符号的下标 p 是弹的标志,符号的下标 t 是靶体的标志。假设靶体的倾角为 φ,并假设破片和靶体材料的惯性与强度特性由密度、弹性常数及屈服极限代表,分别为 ρ_p、E_p、Y_p 和 ρ_t、E_t、Y_t。因为破片的速度与材料的声速相比不算太高,可以认为材料的可压缩性并不重要。

根据已有研究基础,破片贯穿厚度 H_s 是上述参数的函数[26],故有:

$$v_p = f(d_p, L_p; \varphi; \rho_p, E_p, Y_p; \rho_t, E_t, H_s, v_t, Y_t) \tag{3.8}$$

可取 L_p、ρ_p 和 Y_t 作为基本量,将式(3.8)的量纲化为 1[124],得到式(3.9)所示的量纲为 1 的函数关系式:

$$\frac{v_p}{\sqrt{\dfrac{Y_t}{\rho_p}}} = f\left(\frac{d_p}{L_p}; \varphi; \frac{E_p}{Y_t}, \frac{Y_p}{Y_t}; \frac{\rho_t}{\rho_p}, \frac{E_t}{Y_t}, \frac{H_s}{L_p}, \frac{v_t}{\sqrt{\dfrac{Y_t}{\rho_p}}}\right) \tag{3.9}$$

如果试验中弹、靶材料确定,靶体速度为 0,倾角为 0°,则式(3.8)可以简化为:

$$v_p = f\left(\frac{d_p}{L_p}; \frac{H_s}{L_p}\right) \tag{3.10}$$

3.7.2　弹道极限分析计算模型

在式(3.10)中,除了几何相似参数外,并无相关物理参数,特定靶体厚度 H_s 的弹道极限速度 v_{50} 可写成:

$$v_{50} = f\left(\frac{d_p}{L_p}; \frac{L_p}{H_s}\right) \tag{3.11}$$

式中,v_{50} 为弹道极限速度,m/s;d_p 为破片的直径,mm;L_p 为破片长度,mm;H_s 为靶体厚度,mm。

由式(3.11)可知,弹道极限速度为破片长径比和弹靶相对厚度的函数。由破片尺寸可知,除 10.0 g 破片外,其他质量破片的长径比均为固定值($d_p/L_p = 1/1.5$),10.0 g 破片因弹道枪口径限制,直径无法再增加($d_p/L_p = 1/1.68$)。因此,长径比可认为是常数,根据试验结果可以获得弹道极限速度随弹靶相对厚度的变化关系。

严格的数据处理方式是将得到的所有试验数据做曲线拟合,获得待定参数,从而获得分析计算模型。在此,分别对全部试验数据进行拟合和对试验数据先取平均值，得到弹道极限后，再拟合两种方式进行数据分析，并对比两种拟合方法对计算结果的影响。

3.7.2.1 基于多组数据直接拟合

根据破片对合金钢靶板的试验结果，将表 3.8 中所列的速度 1~速度 6 作为多组数据，采用最小二乘法进行拟合，获得弹道极限速度与弹靶相对厚度的变化关系曲线，如图 3.12 所示。

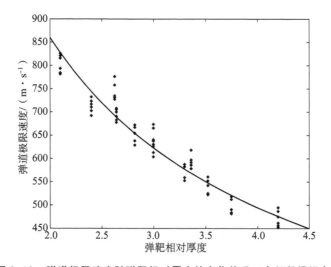

图 3.12　弹道极限速度随弹靶相对厚度的变化关系（多组数据拟合）

拟合得到弹道极限公式为：

$$v_{50} = 1\,508.3 \left(\frac{L_p}{H_s}\right)^{-0.808\,3}, 2 < \frac{L_p}{H_s} < 4.2 \tag{3.12}$$

式中，L_p 为弹体长度，mm；H_s 为靶体厚度，mm。根据文献［26］中给出的靶厚判据及试验中的物理现象分析可知，式（3.12）基本可以进一步外推用于中厚靶（弹靶相对厚度大于 1 并小于 5）的情况。将试验值、式（3.12）所得计算值及相对统计误差（一个量的计算结果与真值之差为绝对统计误差，绝对统计误差和真值的百分比即为相对统计误差）列于表 3.9 中。

对于采用不同几何相似参数的 10.0 g 破片（$d_p/L_p = 1/1.68$），采用式（3.12）计算可得，4 mm 和 5 mm 厚合金钢靶板的弹道极限速度分别为 472.8 m/s 和 566.3 m/s，与试验值 471.0 m/s 和 592.7 m/s 的相对统计误差分别为 0.39% 和 -4.45%，表明式（3.12）对于长径比相差不大的破片都适用。

表3.9 式（3.12）计算值与相对统计误差

序号	破片质量 /g	破片长度 /mm	靶体厚度 /mm	试验值 /(m·s^{-1})	计算值 /(m·s^{-1})	相对统计误差 /%
1	3.0	10.5	4	743.3	691.4	-6.99
2	3.0	10.5	5	803.0	828.0	3.11
3	4.5	12	4	643.6	620.6	-3.56
4	4.5	12	5	712.8	743.3	4.29
5	6.0	13.2	4	571.0	574.6	0.64
6	6.0	13.2	5	693.4	688.2	-0.74
7	7.5	14.1	4	541.8	544.8	0.56
8	7.5	14.1	5	651.8	652.5	0.10
9	9.0	15	4	499.3	518.2	3.77
10	9.0	15	5	626.9	620.6	-1.00
11	10.0	16.8	4	471.0	472.8	0.39
12	10.0	16.8	5	592.7	566.3	-4.45

3.7.2.2 基于多组数据求平均值后拟合

进一步讨论采用将多个数据取平均值后拟合获得分析计算模型，即根据试验结果先对弹道极限速度取平均值，再采用最小二乘法对平均值进行拟合，获得弹道极限速度与弹靶相对厚度的变化关系曲线，如图3.13所示。

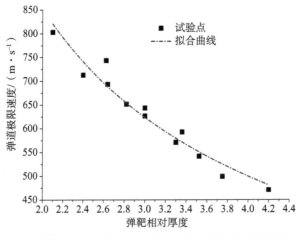

图3.13 弹道极限速度随弹靶相对厚度的变化关系（平均值拟合）

拟合得到的弹道极限速度公式为：

$$v_{50} = 1\,507.2 \left(\frac{L_p}{H_s}\right)^{-0.8069}, 2 < \frac{L_p}{H_s} < 4.2 \quad (3.13)$$

将试验值、式（3.13）计算所得的弹道极限速度及相对统计误差列于表 3.10 中。

表 3.10 式（3.13）计算值与相对统计误差

序号	破片质量 /g	破片长度 /mm	靶体厚度 /mm	试验值 /(m·s^{-1})	计算值 /(m·s^{-1})	相对统计 误差/%
1	3.0	10.5	4	743.3	691.8	-6.93
2	3.0	10.5	5	803.0	828.3	3.14
3	4.5	12	4	643.6	621.1	-3.48
4	4.5	12	5	712.8	743.7	4.34
5	6.0	13.2	4	571.0	575.2	0.74
6	6.0	13.2	5	693.4	688.6	-0.68
7	7.5	14.1	4	541.8	545.3	0.66
8	7.5	14.1	5	651.8	652.9	0.18
9	9.0	15	4	499.3	518.8	3.89
10	9.0	15	5	626.9	621.1	-0.92
11	10.0	16.8	4	471.0	473.4	0.52
12	10.0	16.8	5	592.7	566.8	-4.36

对于采用不同几何相似参数的 10.0 g 破片（$d_p/L_p = 1/1.68$），采用式（3.13）计算可得，4 mm 和 5 mm 厚合金钢靶板的弹道极限速度分别为 473.4 m/s 和 566.8 m/s，与试验值 471.0 m/s 和 592.7 m/s 的相对统计误差分别为 0.52% 和 -4.36%，表明式（3.13）对于长径比相差不大的破片都适用。

3.7.2.3 分析讨论

从相对统计误差来看，表 3.9 和表 3.10 的对比说明，基于多组数据直接拟合和基于多组数据求平均值后拟合对于长径比相差不大的破片影响不大，均可以用于计算。

由表 3.9 可知，式（3.12）计算结果与试验结果相对统计误差最大为 4.29%，最小为 -6.99%，相对统计误差的极差（极差又称全距，是用来表示统计资料中的变异量数，即最大值减最小值后所得的数据）为 11.28%；由

表 3.10 可知，式（3.13）计算结果与试验结果的相对统计误差最大 4.34%，最小 -6.93%，相对统计误差的极差为 11.27%；由此可知，对于式（3.12）和式（3.13）的计算结果，相对统计误差没有大于一般指标要求的 15%，表明公式具有一定的可靠性。但直接采用相对统计误差检验公式的可靠性和计算准确性时，存在两个问题：

①同一相对统计误差条件下，随着撞击速度（或弹道极限）的提高，允许区间越来越大。例如，若判定 15% 的相对统计误差是合格的，则 1 000 m/s 撞击速度的允许区域即为 150 m/s，而 100 m/s 撞击速度的允许区域仅为 15 m/s，那么采用单点相对统计误差的合格判定显然是不合理的，在撞击速度较大时，会放大允许范围；在撞击速度较小时，会过于严格。

②试验结果的可靠性如何表征？在实际的试验中，由于试验数量有限，以及装药量、破片着角等客观因素的影响，试验结果存在随机性，并且弹道极限本身就是 50% 穿透概率下的特征撞击速度，六射弹试验法获取的值并非一定是真实的弹道极限值，且试验研究用合金钢板本身存在随机性，因此相对统计误差是否是基于真实值获取的，这是很难判定的。如果不是真实值，则距真实值之间有多大差距也没有估量。

因此，为了分析问题和后续对数值仿真模型进行检验的需要，要求采用一种科学的方法检验分析计算模型和数值仿真模型的可靠性。

3.7.3　模型检验与修正

在此，结合数理统计的思想，探讨：①特定置信水平下，模型计算结果在弹道极限置信区间落入度；②特定置信水平下，标准化残差值在标准正态分布的置信区间落入度，以及两种分析计算模型可靠性的检验方法。

3.7.3.1　基于弹道极限置信区间的检验方法

置信区间（Confidence Interval）是指由样本统计量所构造的总体参数的估计区间。在统计学中，一个样本的置信区间是对这个样本的某个总体参数的区间估计。置信区间表示这个参数的真实值有一定概率落在真值附近的一个区间，给出的是此区间包含被测参数真实值的可信程度，此概率被称为置信水平。置信水平不同，置信区间的长度将会随之变化。在此，先根据试验结果计算获取不同置信水平的弹道极限置信区间，然后分析由计算模型得到的计算值在特定置信水平的置信区间落入度，并根据落入度来判定分析计算模型的可靠性。

1. 弹道极限的置信区间

根据试验结果，按照 90%、95%、99% 和 99.9% 置信水平，分别求出 3.0 g、4.5 g、6.0 g、7.5 g、9.0 g 和 10.0 g 破片对 4 mm 和 5 mm 两种厚度合金钢靶板弹道极限的置信区间与置信区间长度，具体如下：

（1）90% 置信水平

按照 90% 的置信水平，计算结果列于表 3.11 中。由表 3.11 可见，置信区间长度最大为 33.2 m/s，最小为 22.5 m/s，均值为 28.2 m/s。

表 3.11　弹道极限的置信区间（90% 置信水平）

破片质量 /g	靶板厚度 /mm	弹靶相对厚度	平均速度 /(m·s^{-1})	标准差 /(m·s^{-1})	置信下限 /(m·s^{-1})	置信上限 /(m·s^{-1})	置信区间长度 /(m·s^{-1})
3.0	4	2.63	743.3	19.0	727.7	758.9	31.2
	5	2.10	803.0	19.8	786.8	819.3	32.5
4.5	4	3.00	643.6	20.2	626.9	660.2	33.2
	5	2.40	712.8	14.5	700.8	724.7	23.8
6.0	4	3.30	571.0	18.3	555.9	586.0	30.2
	5	2.64	693.4	13.9	681.9	704.8	22.9
7.5	4	3.53	541.8	18.3	526.7	556.8	30.1
	5	2.82	651.8	16.6	638.0	665.6	27.6
9.0	4	3.75	499.3	19.0	483.6	514.9	31.3
	5	3.00	626.9	15.2	614.3	639.4	25.1
10.0	4	4.20	471.0	17.0	457.0	484.5	28.0
	5	3.36	592.7	13.6	581.5	603.9	22.5

（2）95% 置信水平

按照 95% 的置信水平，计算结果列于表 3.12 中。由表 3.12 可见，置信区间长度最大为 42.4 m/s，最小为 28.6 m/s，均值为 36.0 m/s。

（3）99% 置信水平

按照 99% 的置信水平，计算结果列于表 3.13 中。由表 3.13 可见，置信区间长度最大为 66.5 m/s，最小为 44.9 m/s，均值为 56.4 m/s。

表3.12 弹道极限的置信区间（95%置信水平）

破片质量/g	靶板厚度/mm	弹靶相对厚度	平均速度/(m·s⁻¹)	标准差/(m·s⁻¹)	置信下限/(m·s⁻¹)	置信上限/(m·s⁻¹)	置信区间长度/(m·s⁻¹)
3.0	4	2.63	743.3	19.0	723.4	763.2	39.9
	5	2.10	803.0	19.8	782.3	823.7	41.5
4.5	4	3.00	643.6	20.2	622.4	664.7	42.4
	5	2.40	712.8	14.5	697.5	728.0	30.4
6.0	4	3.30	571.0	18.3	551.7	590.2	38.5
	5	2.64	693.4	13.9	678.7	708.0	29.2
7.5	4	3.53	541.8	18.3	522.6	560.9	38.4
	5	2.82	651.8	16.8	634.2	669.4	35.2
9.0	4	3.75	499.3	19.0	479.3	519.2	39.9
	5	3.00	626.9	15.2	610.9	642.9	32.0
10.0	4	4.20	471.0	17.0	453.1	488.8	35.7
	5	3.36	592.7	13.6	578.4	607.0	28.6

表3.13 弹道极限的置信区间（99%置信水平）

破片质量/g	靶板厚度/mm	弹靶相对厚度	平均速度/(m·s⁻¹)	标准差/(m·s⁻¹)	置信下限/(m·s⁻¹)	置信上限/(m·s⁻¹)	置信区间长度/(m·s⁻¹)
3.0	4	2.63	743.3	19.0	712.0	774.6	62.5
	5	2.10	803.0	19.8	770.5	835.5	65.0
4.5	4	3.00	643.6	20.2	610.3	676.8	66.5
	5	2.40	712.8	14.5	688.9	736.6	47.7
6.0	4	3.30	571.0	18.3	540.8	601.1	60.4
	5	2.64	693.4	13.9	670.4	716.3	45.8
7.5	4	3.53	541.8	18.3	511.7	571.9	60.2
	5	2.82	651.8	16.8	624.2	679.4	55.2
9.0	4	3.75	499.3	19.0	468.0	530.6	62.6
	5	3.00	626.9	15.2	601.8	652.0	50.2
10.0	4	4.20	471.0	17.0	442.9	499.0	56.0
	5	3.36	592.7	13.6	570.2	615.1	44.9

(4) 99.9%置信水平

按照99.9%的置信水平，计算结果列于表3.14中。由表3.14可见，置信区间长度最大为113.2 m/s，最小为76.5 m/s，均值为96.1 m/s。

表3.14 弹道极限速度的置信区间（99.9%置信水平）

破片质量/g	靶板厚度/mm	弹靶相对厚度	平均速度/(m·s⁻¹)	标准差/(m·s⁻¹)	置信下限/(m·s⁻¹)	置信上限/(m·s⁻¹)	置信区间长度/(m·s⁻¹)
3.0	4	2.63	743.3	19.0	690.1	796.5	106.5
	5	2.10	803.0	19.8	747.6	858.4	110.8
4.5	4	3.00	643.6	20.2	586.9	700.2	113.2
	5	2.40	712.8	14.5	672.1	753.4	81.3
6.0	4	3.30	571.0	18.3	519.5	622.4	102.8
	5	2.64	693.4	13.9	654.3	732.4	78.1
7.5	4	3.53	541.8	18.3	490.5	593.0	102.5
	5	2.82	651.8	16.8	604.7	698.8	94.1
9.0	4	3.75	499.3	19.0	445.9	552.6	106.7
	5	3.00	626.9	15.2	584.1	669.6	85.5
10.0	4	4.20	471.0	17.0	423.2	518.7	95.5
	5	3.36	592.7	13.6	554.4	631.0	76.5

2. 分析讨论

根据表3.11～表3.14获得不同置信水平下置信区间长度与弹道极限关系，如图3.14所示；获得不同置信水平下置信区间长度与标准差的关系，如图3.15所示。由图3.14和图3.15可见，置信区间长度与弹道极限无关，随着试验数据的标准差的增大而不断增加。在统计学中，标准差是反映一个数据集的离散程度的量化形式，也就是说，试验样本值离散度越大，所获得的置信区间的长度就越大。对于本书试验采用六射弹试验法而言，有效试验数据要求最大值和最小值之差不超过45 m/s，所以每个弹道极限的标准差不会超过22.5 m/s，但由于材料的均质、非均质、各向异性，以及缺陷的存在，每种材料的100%贯穿速度和0%贯穿速度之间存在一个被贯穿和未被贯穿交叉混杂出现的混合结果速度区域并不相同。若试验量足够大，即以不同的速度梯度值进行多次射击，通过十几甚至几十发试验数据的标准差分析就可获得这个混合区域大小。本书试验量虽不大，但根据试验结果仍可以看出获取弹道极限数据的标准差最大为 20.2 m/s；那么对于试验研究用典型高强度低合金钢的混合区，在试验速度段不会超过 40.4 m/s，但这个混合区大小是否与撞击速度有关，从已有的试验数据中尚难以推断。

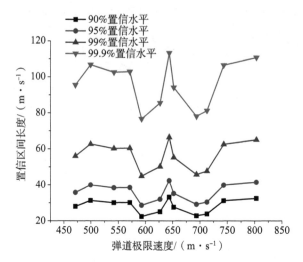

图 3.14　置信区间长度与弹道极限速度的关系

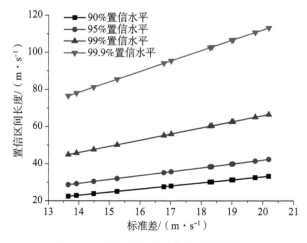

图 3.15　置信区间长度与标准差的关系

3. 分析计算模型的检验

将由式（3.12）和式（3.13）计算获得的试验点的弹道极限速度及表 3.11～表 3.14 给出的置信区间列于表 3.15 中。由表 3.15 可见，对于式（3.12）和式（3.13）计算得到的弹道极限速度结果在 90% 置信水平的置信区间落入

第3章 韧性钢破片高速侵彻高强度低合金钢

表3.15 式(3.12)和式(3.13)计算结果及不同置信水平的弹道极限速度置信区间

弹靶相对厚度	破片长度 /mm	靶板厚度 /mm	公式计算弹道极限速度/(m·s^{-1})		(试验)弹道极限速度置信区间/(m·s^{-1})			
			式(3.12)	式(3.13)	90%置信水平	95%置信水平	99%置信水平	99.9%置信水平
2.10	10.5	5	828.0	828.3	[786.8, 819.3]	[782.3, 823.7]	[770.5, 835.5]*	[747.6, 858.4]*
2.40	12.0	5	743.3	743.7	[700.8, 724.7]	[697.5, 728.0]	[688.9, 736.6]	[672.1, 753.4]*
2.63	10.5	4	691.4	691.8	[727.7, 758.9]	[723.4, 763.2]	[712.0, 774.6]	[690.0, 796.5]*
2.64	13.2	5	688.2	688.6	[681.9, 704.8]*	[678.7, 708.0]*	[670.4, 716.3]*	[654.3, 732.4]*
2.82	14.1	5	652.5	652.9	[638.0, 665.6]*	[634.2, 669.4]	[624.2, 679.4]*	[604.7, 698.8]*
3.00	12.0	4	620.6	621.1	[626.9, 660.2]	[622.4, 664.7]	[610.3, 676.8]	[586.9, 700.2]*
3.00	15.0	5	620.6	621.1	[614.3, 639.4]*	[610.9, 642.9]*	[601.8, 652.0]*	[584.1, 669.6]*
3.30	13.2	4	574.6	575.2	[555.9, 586.0]*	[551.7, 590.2]*	[540.8, 601.1]*	[519.5, 622.4]*
3.36	16.8	5	566.3	566.8	[581.5, 603.9]	[578.4, 607.0]	[570.2, 615.1]	[554.4, 631.0]*
3.53	14.1	4	544.8	545.3	[526.7, 556.8]*	[522.6, 560.9]*	[511.7, 571.9]*	[490.5, 593.0]*
3.75	15.0	4	518.2	518.8	[483.6, 514.9]	[479.3, 519.2]*	[468.0, 530.6]*	[445.9, 552.6]*
4.20	16.8	4	472.8	473.4	[457.0, 484.9]*	[453.1, 488.8]*	[442.9, 499.0]*	[423.2, 518.7]*

*：计算值在此置信区间内。

度为 50%(6/12),在 95% 置信水平的置信区间落入度为 58.3%(7/12),在 99% 置信水平的置信区间落入度为 75%(9/12),在 99.9% 置信水平的置信区间落入度为 100%(12/12)。由上述分析可见,随着置信水平的提升,弹道极限速度结果的落入度在提高,这与随着置信水平提高,置信区间的长度增加是相关的,并且式(3.12)和式(3.13)计算得到的结果不在置信区间的点主要集中在弹靶相对厚度较小的情况。

观察图 3.13 的拟合曲线,可以得出弹靶相对厚度为 2.63 时,弹道极限点较其余点偏离拟合曲线较多,因此,将此点去掉后重新拟合,如图 3.16 所示,获得计算模型式(3.14)。

$$v_{50} = 1\,447.9 \left(\frac{L_p}{H_s}\right)^{-0.7737}, 2 < \frac{L_p}{H_s} < 4.2 \qquad (3.14)$$

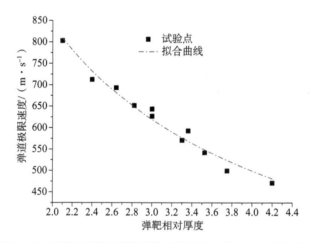

图 3.16　弹道极限速度随弹靶相对厚度的变化(11 个试验点)

将式(3.14)的计算结果与试验值进行对比,列于表 3.16 中。

表 3.16　式(3.14)计算值与相对统计误差

序号	弹靶相对厚度	试验值 /(m·s^{-1})	计算值 /(m·s^{-1})	相对统计误差 /%
1	2.10	743.3	815.5	1.56
2	2.40	803.0	735.5	3.19
3	2.63	643.6	686.2	-7.68
4	2.64	712.8	683.2	-1.46

续表

序号	弹靶相对厚度	试验值 /(m·s^{-1})	计算值 /(m·s^{-1})	相对统计误差 /%
5	2.82	571.0	649.2	-0.40
6	3.00	693.4	618.9	-3.84
7	3.00	541.8	618.9	-1.28
8	3.30	651.8	574.9	0.69
9	3.36	499.3	566.9	-4.35
10	3.53	626.9	546.3	0.83
11	3.75	471.0	520.7	4.28
12	4.20	592.7	477.0	1.28

由表3.16可见，式（3.14）计算结果与试验值相对统计误差最大为4.28%，最小为-7.68%，相对统计误差的极差为11.96%，与式（3.13）的极差11.27%相差不大。根据式（3.14）计算获得的弹道极限速度及表3.11~表3.14给出的置信区间列于表3.17中。

由表3.17可见，对于式（3.14）计算得到的弹道极限速度在90%置信水平的置信区间落入度为58.3%（7/12），在95%置信水平的置信区间落入度为58.3%（7/12），在99%置信水平的置信区间落入度为83.3%（10/12），在99.9%置信水平的置信区间落入度为91.7%（11/12）。根据表3.15和表3.17，可得式（3.13）和式（3.14）的计算结果在置信区间落入度随置信水平的变化规律，如图3.17所示。

由表3.15、表3.17和图3.17可见，由于将弹靶相对厚度为2.63的点去除，在低置信水平时，式（3.14）较式（3.13）具有较高的落入度，即可靠性更高；但当置信水平达到99.9%时，因式（3.14）并未考虑弹靶相对厚度为2.63时的点，所以式（3.14）的落入度要低于式（3.13）；而置信水平达到99.9%时，置信区间非常宽，置信区间长度均值为96.1 m/s，为试验限定速度差45 m/s的2.136倍，说明较大的置信区间将扩大容差范围。

表3.17 式(3.14)计算结果及不同置信水平的弹道极限速度置信区间

序号	弹靶相对厚度	式(3.14)计算的弹道极限速度 /(m·s^{-1})	(试验)弹道极限速度置信区间/(m·s^{-1})			
			90%置信水平	95%置信水平	99%置信水平	99.9%置信水平
1	2.10	815.5	[786.8, 819.3]*	[782.3, 823.7]*	[770.5, 835.5]*	[747.6, 858.4]*
2	2.40	735.5	[700.8, 724.7]	[697.5, 728.0]	[688.9, 736.6]*	[672.1, 753.4]*
3	2.63	686.2	[727.7, 758.9]	[723.4, 763.2]	[712.0, 774.6]	[690.1, 796.5]
4	2.64	683.2	[681.9, 704.8]*	[678.7, 708.0]*	[670.4, 716.3]*	[654.3, 732.4]*
5	2.82	649.2	[638.0, 665.6]*	[634.2, 669.4]*	[624.2, 679.4]*	[604.7, 698.8]*
6	3.00	618.9	[626.9, 660.2]	[622.4, 664.7]	[610.3, 676.8]	[586.9, 700.2]
7	3.00	618.9	[614.3, 639.4]*	[610.9, 642.9]*	[601.8, 652.0]*	[584.1, 669.6]*
8	3.30	574.9	[555.9, 586.0]*	[551.7, 590.2]*	[540.8, 601.1]*	[519.5, 622.4]*
9	3.36	566.9	[581.5, 603.9]	[578.4, 607.0]	[570.2, 615.1]	[554.4, 631.0]
10	3.53	546.3	[526.7, 556.8]*	[522.6, 560.9]*	[511.7, 571.9]*	[490.5, 593.0]*
11	3.75	520.7	[483.6, 514.9]	[479.3, 519.2]	[468.0, 530.6]*	[445.9, 552.6]*
12	4.20	477.0	[457.0, 484.9]*	[453.1, 488.8]*	[442.9, 499.0]*	[423.2, 518.7]*

*：计算值在此置信区间内。

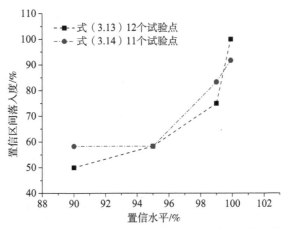

图 3.17　计算结果在置信区间落入度随置信水平的变化

3.7.3.2　基于标准化残差值的检验方法

1. 残差及残差的标准化

在数理统计中，残差是指实际观察值与估计值（拟合值）之间的差值。在回归分析中，测定值与按回归方程预测的值之差，即为残差，残差遵从正态分布。显然，有多少对数据，就有多少个残差，便可根据多个残差获取残差的数字特征。定义标准化残差为残差和残差均值之差与残差的标准差的比值，即式（3.15）：

$$\delta_i^* = \frac{\delta_i - \hat{\delta}}{\delta_s} \quad (3.15)$$

式中，δ_i^* 为第 i 个标准化残差值；δ_i 为第 i 个残差；$\hat{\delta}$ 为 N 个残差的平均值；δ_s 为 N 个残差的标准差。

"残差"蕴含了有关模型基本假设的重要信息，对于通过回归分析获得的数学模型，实质是用连续曲线近似地刻画或比拟平面上的离散点组，以表示坐标之间函数关系的一种数据处理方法。残差分析就是利用残差表征数据点与它在回归直线上相应位置的差异信息，来考察模型假设的合理性及数据的可靠性。在此，本书采用基于残差分析的方法对计算模型进行检验[205,206]。

2. 分析计算模型的检验

首先，根据试验数据，将式（3.12）和式（3.13）的计算结果与试验值相比较，获得残差和标准化残差值，列于表 3.18 和表 3.19 中。

表 3.18　式（3.12）计算结果的残差和标准化残差值

序号	弹靶相对厚度	试验值 /(m·s⁻¹)	计算值 /(m·s⁻¹)	残差值 /(m·s⁻¹)	标准化残差值
1	2.10	803.0	828.0	25.0	1.190
2	2.40	712.8	743.3	30.5	1.428
3	2.63	743.3	691.4	-51.9	-2.145
4	2.64	693.4	688.2	-5.2	-0.120
5	2.82	651.8	652.5	0.7	0.134
6	3.00	643.6	620.6	-23.0	-0.890
7	3.00	626.9	620.6	-6.3	-0.166
8	3.30	571.0	574.6	3.6	0.262
9	3.36	592.7	566.3	-26.4	-1.038
10	3.53	541.8	544.8	3.0	0.235
11	3.75	499.3	518.2	18.9	0.925
12	4.20	471.0	472.8	1.8	0.186

表 3.19　式（3.13）计算结果的残差和标准化残差值

序号	弹靶相对厚度	试验值 /(m·s⁻¹)	计算值 /(m·s⁻¹)	残差值 /(m·s⁻¹)	标准化残差值
1	2.10	803.0	828.3	25.3	1.181
2	2.40	712.8	743.7	30.9	1.424
3	2.63	743.3	691.8	-51.5	-2.150
4	2.64	693.4	688.6	-4.8	-0.122
5	2.82	651.8	652.9	1.1	0.134
6	3.00	643.6	621.1	-22.5	-0.890
7	3.00	626.9	621.1	-5.8	-0.165
8	3.30	571.0	575.2	4.2	0.265
9	3.36	592.7	566.8	-25.9	-1.037
10	3.53	541.8	545.3	3.5	0.239
11	3.75	499.3	518.8	19.5	0.930
12	4.20	471.0	473.4	2.4	0.191

因残差服从正态分布,因此标准化残差值服从标准正态分布,可知标准化残差值落在(-2,2)区间以外的概率$p \leq 0.05$。根据统计学原理,若某一变量的标准化残差值落在(-2,2)区间以外,则可在95%置信水平将其判为异常试验点,不参与回归直线拟合。由表3.18和表3.19可知,当弹靶相对厚度为2.63时,标准化残差值分别为-2.145和-2.150,均落在(-2,2)区间以外,如图3.18所示。此外,由图3.18可见,式(3.12)和式(3.13)的标准化残差值极度吻合,再一次表明,基于多组数据直接拟合和基于多组数据求平均值后,拟合的结果具有一致性。

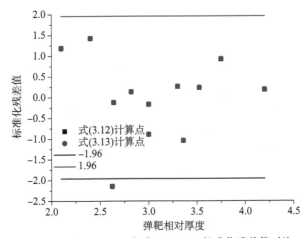

图3.18 式(3.12)和式(3.13)标准化残差值对比

因此,可将弹靶相对厚度为2.63的点判为异常试验点,重新拟合即获得式(3.14),根据式(3.14)获得相应的弹道极限速度计算值,并获得残差及标准化残差值列于表3.20中。

表3.20 式(3.14)计算结果的残差和标准化残差值

序号	弹靶相对厚度	试验值 /(m·s⁻¹)	计算值 /(m·s⁻¹)	残差值 /(m·s⁻¹)	标准化残差值
1	2.10	803.0	815.5	12.5	0.771
2	2.40	712.8	735.5	22.7	1.394
3	2.64	693.4	683.2	-10.2	-0.624
4	2.82	651.8	649.2	-2.6	-0.157
5	3.00	643.6	618.9	-24.7	-1.516
6	3.00	626.9	618.9	-8.0	-0.491

续表

序号	弹靶相对厚度	试验值 /(m·s^{-1})	计算值 /(m·s^{-1})	残差值 /(m·s^{-1})	标准化残差值
7	3.30	571.0	574.9	3.9	0.239
8	3.36	592.7	566.9	-25.8	-1.581
9	3.53	541.8	546.3	4.5	0.276
10	3.75	499.3	520.7	21.4	1.317
11	4.20	471.0	477.0	6.0	0.371

由表 3.20 可见，所有点均落在了（-2，2）区间以内；由 3.7.3.1 小节可知，对于 90%、95% 和 99% 的置信水平，式（3.14）计算结果在置信区间落入度均不低于式（3.13），则式（3.14）应较式（3.13）具有可靠性。但弹靶相对厚度为 2.63 时的试验异常点是试验本身的原因还是由于计算模型函数不够合理，覆盖面有限，尚不能从已有的试验数据确定，需要进一步的试验研究；在此，并无后续的试验数据支持，不再做深入讨论。

此外，通过上述分析可见，即使相同弹靶材料的高速侵彻试验，因存在多种随机因素，在单个弹道极限点上具有试验点离散性的同时，在多个弹道极限点上也具有离散性，且弹道极限点越多，离散性可能就越大，涵盖多种情况的分析计算模型就需大量试验获得。例如，本书试验中弹靶相对厚度为 2.63 的点为异常点，既有本身事实就是如此，所推导的模型函数不能有效反映这一事实的可能；又有试验中靶体、弹体随机因素及测速异常等可能。因此，要获得精确的分析计算模型，需要不断地进行试验，并对所获得的试验数据进行统计分析。

3.8 数值仿真模型

韧性钢破片对高强度低合金钢侵彻的试验研究受到周期和测试手段等方面的限制，难以穷尽到每个细节，且大量试验也是经费和精力难以承受的；理论研究往往需要进行理想化的假设才能完成，因此具有一定的局限性。为了从不同的角度更全面、深入地研究破片对典型高强度低合金钢的高速侵彻[207]问题，并获得破片对合金钢靶板侵彻后的剩余速度及适用于更大范围的弹道极限计算模型,为后续破片对钢、纤维构成的复合结构侵彻效应分析提供支撑,可以利用非线性动力学分析软件通过数值仿真进行细致研究。

基于 3.2 节拟合获得的典型高强度低合金钢 Johnson – Cook 模型参数,使用 AutoDyn 仿真软件建立破片对合金钢高速侵彻的数值仿真模型。选用"cm – μs – g – Mbar"单位制,采用 1/2 结构形式,破片与靶体破坏区域分别采用 0.5 mm 和 1.0 mm 的网格尺寸,通过 TRUEGRID 建立数值仿真所需的几何模型并离散化后导入 AutoDyn 程序中,靶体的长×宽为 120 mm×120 mm,结构各层厚度视具体工况确定,靶体四周施加固定约束,弹靶系统的典型数值仿真模型如图 3.19 和图 3.20 所示。

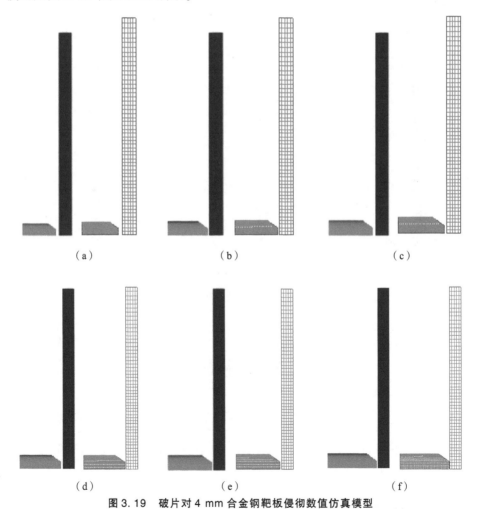

图 3.19 破片对 4 mm 合金钢靶板侵彻数值仿真模型
(a) 3.0 g;(b) 4.5 g;(c) 6.0 g;(d) 7.5 g;(e) 9.0 g;(f) 10.0 g

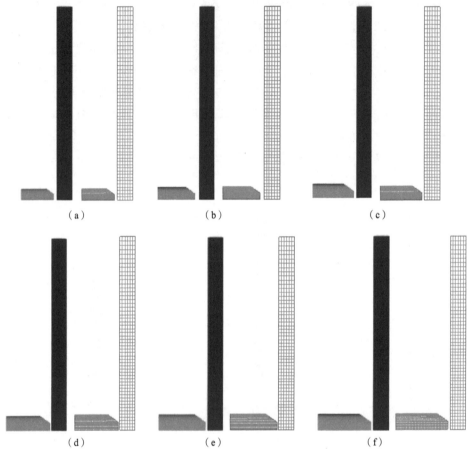

图 3.20　破片对 5 mm 合金钢靶板侵彻数值仿真模型
(a) 3.0 g；(b) 4.5 g；(c) 6.0 g；(d) 7.5 g；(e) 9.0 g；(f) 10.0 g

3.9　材料描述

采用 AutoDyn – 3D 程序的数值仿真中，材料描述包括材料本构方程、材料状态方程、失效准则和侵蚀条件四部分。以上四部分均有丰富的模型可供选用，针对不同的问题需选择适合的模型。

3.9.1　材料本构方程

由 2.6.4 节对材料的描述分析，高阻抗的钢（35CrMnSiA、高强度低合金钢）可采用 Johnson – Cook 模型。根据 3.2.4 节获得的试验研究用高强度低合金钢的模型参数并结合文献［208，209］获得该合金钢的数值仿真材料模型参数，列于表 3.21 中。对于 35CrMnSiA，根据王琳[210]（2001）的研究，将其模型参数设置列于表 3.22 中。

表 3.21　数值仿真中典型高强度低合金钢本构模型参数

典型高强度低合金钢本构模型参量	模型参数
剪切模量/Mbar	0.773
屈服应力*/Mbar	0.004 99
硬化常数/Mbar	0.006 44
硬化指数	1.16
应变率常数	0.044 83
热软化指数	1.00
融化温度/K	1 793
参考应变率	1.00

表 3.22　数值仿真中 35CrMnSiA 钢的本构模型参数

名称	参量	模型参数
密度	参考密度/（g·cm^{-3}）	7.75
强度模型	剪切模量/Mbar	0.82
屈服准则	屈服应力/Mbar	0.016

3.9.2　材料状态方程

本书使用的合金钢采用 Mie – Grüneisen[176]（1912）模型进行计算，在文献［208，209］的基础上获得数值仿真材料模型参数，列于表 3.23 中。

表 3.23　数值仿真中典型高强度低合金钢状态方程模型参数

材料	Grüneisen 系数	C_1/（cm·μs^{-1}）	S_1	S_2	C_2	S_3	参考温度/K	比热/[Terg·(g·K)$^{-1}$]
合金钢	2.17	0.519	1.33	0.0	0.0	0.0	273.0	4.77×10^{-6}

对于35CrMnSiA，根据王琳[210]（2001）的研究，选用线性（Linear）模型描述材料的状态变化，参数设置列于表3.24中。

表3.24　数值仿真中35CrMnSiA钢状态方程模型参数

名称	参量	模型参数
状态方程（Linear）	体积模量/Mbar	2.06
	参考温度/K	293.0
	比热/[Terg·(g·K)$^{-1}$]	4.77×10^{-6}
	导热系数/[Terg·(cm·K·μs)$^{-1}$]	0.00

3.9.3　失效模型

由3.6节试验可以发现，对于合金钢靶板的孔口扩展型剪切冲塞，靶体损伤主要来源于弹体高速侵彻过程中的压缩，都属于强度失效。由2.6.4节的材料描述，在此同样采用与失效准则相同的等效塑性应变侵蚀条件进行模拟。具体参数设置列于表3.25中。

表3.25　数值模拟中失效侵蚀模型与参数设置

准则	35CrMnSiA钢	典型高强度低合金钢
失效准则	1.60	1.36
侵蚀条件	1.60	1.36

3.10　数值仿真结果及分析

3.10.1　仿真模型检验

根据模型参数，建立破片高速侵彻合金钢靶板的数值仿真模型[211]，获得典型侵彻与贯穿过程，如图3.21所示。

采用两射弹弹道极限法[1]，获得6种质量破片贯穿4 mm和5 mm两种厚度合金钢靶板的弹道极限，列于表3.26中。

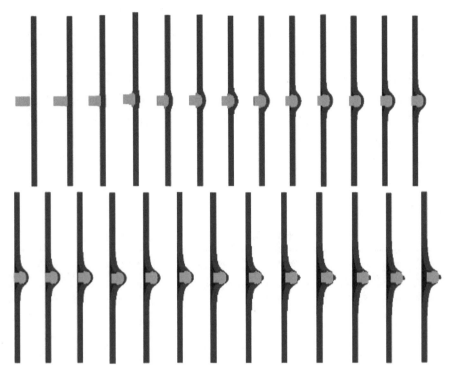

图 3.21　破片对合金钢靶板的贯穿过程

表 3.26　数值仿真结果的相对统计误差

序号	破片质量 /g	靶体厚度 /mm	试验值 /(m·s^{-1})	仿真值 /(m·s^{-1})	相对统计误差 /%
1	3.0	4	743.3	727.5	-2.13
2	3.0	5	803.0	807.5	0.56
3	4.5	4	643.6	657.5	2.16
4	4.5	5	712.8	707.5	-0.74
5	6.0	4	571.0	605.0	5.95
6	6.0	5	693.4	667.5	-3.74
7	7.5	4	541.8	577.5	6.59
8	7.5	5	651.8	632.5	-2.96
9	9.0	4	499.3	542.5	8.65
10	9.0	5	626.9	617.5	-1.50
11	10.0	4	471.0	512.5	8.81
12	10.0	5	592.7	595.0	0.39

由表 3.26 可知,12 种试验工况下,数值仿真计算结果与试验值的相对统计误差最大为 8.81%,最小为 -2.13%,极差为 10.94%。根据 3.7.3 节的研究结果,仍将相对统计误差的极差值作为参考,同样采用标准化残差值在特定置信水平的标准正态分布区间落入度检验数值仿真模型的可靠性。对仿真计算结果进行处理,按 3.7.3.2 节所述方法获得弹道极限的残差及标准化残差值,列于表 3.27 中。由表 3.27 可见,标准化残差值全部落在 (-2,2) 区间以内,根据 3.7.3.2 节所述可知,数值仿真结果具有 95% 的置信水平,表明仿真模型具有较高的可靠性。因此,可利用此仿真模型进行更大范围的计算,再基于数值仿真数据修正计算模型,进一步丰富分析计算模型的适用范围。

表 3.27　数值仿真结果的残差和标准化残差值

序号	弹靶相对厚度	试验值 /(m·s^{-1})	仿真值 /(m·s^{-1})	残差值 /(m·s^{-1})	标准化残差值
1	2.10	803.0	807.5	4.5	-0.152
2	2.40	712.8	707.5	-5.3	-0.545
3	2.63	743.3	727.5	-15.8	-0.967
4	2.64	693.4	667.5	-25.9	-1.372
5	2.82	651.8	632.5	-19.3	-1.107
6	3.00	643.6	657.5	13.9	0.226
7	3.00	626.9	617.5	-9.4	-0.71
8	3.30	571.0	605.0	34	1.033
9	3.36	592.7	595.0	2.3	-0.240
10	3.53	541.8	577.5	35.7	1.101
11	3.75	499.3	542.5	43.2	1.402
12	4.20	471.0	512.5	41.5	1.334

3.10.2　破片对 6~8 mm 厚合金钢靶板的侵彻仿真

采用上述数值仿真模型和材料参数,针对 3.0 g、4.5 g、6.0 g、7.5 g、9.0 g 和 10.0 g 共 6 种质量破片对 6 mm、7 mm 和 8 mm 三种厚度合金钢靶板进行高速侵彻仿真,如图 3.22 所示。

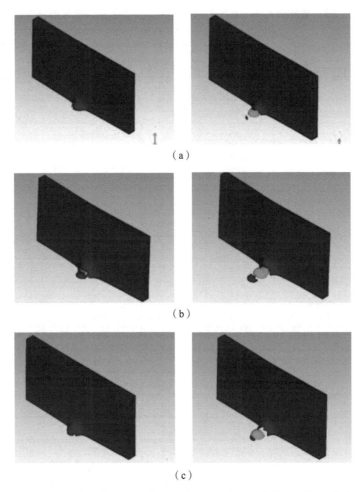

图 3.22　破片侵彻 6 mm、7 mm 和 8 mm 厚合金钢靶板的数值仿真
（a）破片侵彻 6 mm 厚合金钢靶板；（b）破片侵彻 7 mm 厚合金钢靶板；
（c）破片侵彻 8 mm 厚合金钢靶板

通过仿真计算获得 18 种工况的弹道极限速度，将仿真计算结果与式（3.14）计算结果的相对统计误差列于表 3.28 中。因仿真模型更具有一般性，此处假定仿真值为真实值或实际观察值，式（3.14）计算值为计算值或估计值，根据仿真计算结果和式（3.14）计算值可以获得相对统计误差，也列于表 3.28 中。

为进一步检验模型的可靠性，按 3.7.3.2 节所述方法获得式（3.14）计算的残差及标准化残差值，列于表 3.29 中。

表3.28 破片侵彻6 mm、7 mm和8 mm厚合金钢靶板的弹道极限

靶体厚度/mm	破片质量/g	弹靶相对厚度	仿真值/(m·s^{-1})	式(3.14)计算值/(m·s^{-1})	相对统计误差/%
6	3.0	1.75	927.5	939.1	1.25
	4.5	2.00	792.5	846.9	6.86
	6.0	2.20	717.5	786.7	9.64
	7.5	2.35	692.5	747.6	7.95
	9.0	2.50	652.5	712.6	9.21
	10.0	2.80	642.5	652.8	1.60
7	3.0	1.50	1 047.5	1 058.0	1.01
	4.5	1.71	917.5	954.2	4.00
	6.0	1.89	817.5	886.4	8.42
	7.5	2.01	775.0	842.3	8.68
	9.0	2.14	722.5	802.9	11.13
	10.0	2.40	690.0	735.5	6.59
8	3.0	1.31	1 177.5	1 173.2	−0.37
	4.5	1.50	1 017.5	1 058.0	3.98
	6.0	1.65	927.5	982.8	5.96
	7.5	1.76	857.5	933.9	8.91
	9.0	1.88	792.5	890.3	12.34
	10.0	2.10	752.5	815.5	8.38

表3.29 式(3.14)计算弹道极限的残差及标准化残差值(靶体厚度：6~8 mm)

靶体厚度/mm	破片质量/g	弹靶相对厚度	仿真值/(m·s^{-1})	式(3.14)计算值/(m·s^{-1})	残差/(m·s^{-1})	标准化残差值
6	3.0	1.75	927.5	939.1	11.6	−1.380
	4.5	2.00	792.5	846.9	54.4	0.161
	6.0	2.20	717.5	786.7	69.2	0.694
	7.5	2.35	692.5	747.6	55.9	0.185
	9.0	2.50	652.5	712.6	60.1	0.367
	10.0	2.80	642.5	652.8	10.3	−1.427

续表

靶体厚度/mm	破片质量/g	弹靶相对厚度	仿真值/(m·s⁻¹)	式(3.14)计算值/(m·s⁻¹)	残差/(m·s⁻¹)	标准化残差值
7	3.0	1.50	1 047.5	1 058.0	10.5	-1.418
	4.5	1.71	917.5	954.2	36.7	-0.477
	6.0	1.89	817.5	886.4	68.9	0.681
	7.5	2.01	775.0	842.3	67.3	0.624
	9.0	2.14	722.5	802.9	80.4	1.097
	10.0	2.40	690.0	735.5	45.5	-0.160
8	3.0	1.31	1 177.5	1 173.2	-4.3	-1.952
	4.5	1.50	1 017.5	1 058.0	40.5	-0.338
	6.0	1.65	927.5	982.8	55.3	0.194
	7.5	1.76	857.5	933.9	76.4	0.954
	9.0	1.88	792.5	890.3	97.8	1.722
	10.0	2.10	752.5	815.5	63.0	0.472

由表 3.28 和表 3.29 可见，对于 3.0 g、4.5 g、6.0 g、7.5 g、9.0 g 和 10.0 g 共 6 种质量破片侵彻 6 mm、7 mm 和 8 mm 三种厚度合金钢靶板的数值仿真中，弹靶相对厚度取值为 1.31～2.80，部分数据已超出了式(3.14)中 2～4.2 的许用范围，但式(3.14)计算值的标准化残差值仍然全部落在(-2,2)区间之内。由此可见，式(3.14)具有一定的可靠性，且适用范围可以适当扩大。进一步对数据进行分析可知，相对统计误差最大为 12.34%，最小为 -0.37%，极差为 12.71%；仿真值几乎全部小于式(3.14)的计算值，残差值 94.4% (11/12) 为正，又由表 3.29 可知，式(3.14)计算获得残差的均值为 49.92 m/s，不为 0，即为有偏估计。

3.10.3 弹道极限分析计算模型修正与形式转换

3.10.3.1 适用范围的增加

在此仍假定仿真值为实际观察值，式(3.14)计算值为估计值，根据仿真计算结果和式(3.14)计算值，可获得 6 种质量破片对 5 种厚度合金钢靶板侵彻的弹道极限的残差及标准化残差值，列于表 3.30 中。

表3.30 式（3.14）计算弹道极限的残差及标准化残差值（靶体厚度：4~8 mm）

靶体厚度/mm	破片质量/g	弹靶相对厚度	仿真值/(m·s^{-1})	式(3.14)计算值/(m·s^{-1})	残差/(m·s^{-1})	标准化残差值
4	3.0	2.63	727.5	686.2	-41.29	-1.612
	4.5	3.00	657.5	618.9	-38.64	-1.548
	6.0	3.30	605.0	574.9	-30.14	-1.340
	7.5	3.53	577.5	546.3	-31.24	-1.367
	9.0	3.75	542.5	520.7	-21.77	-1.136
	10.0	4.20	512.5	477.0	-35.49	-1.470
5	3.0	2.10	807.5	815.5	8.03	-0.408
	4.5	2.40	707.5	735.5	27.98	0.080
	6.0	2.64	667.5	683.2	15.69	-0.220
	7.5	2.82	632.5	649.2	16.70	-0.196
	9.0	3.00	617.5	618.9	1.36	-0.571
	10.0	3.36	595.0	566.9	-28.10	-1.290
6	3.0	1.75	927.5	939.1	11.57	-0.321
	4.5	2.00	792.5	846.9	54.40	0.725
	6.0	2.20	717.5	786.7	69.19	1.086
	7.5	2.35	692.5	747.6	55.06	0.741
	9.0	2.50	652.5	712.6	60.11	0.864
	10.0	2.80	642.5	652.8	10.29	-0.352
7	3.0	1.50	1 047.5	1 058.0	10.53	-0.347
	4.5	1.71	917.5	954.2	36.68	0.292
	6.0	1.89	817.5	886.3	68.85	1.078
	7.5	2.01	775.0	842.2	67.25	1.039
	9.0	2.14	722.5	802.9	80.38	1.359
	10.0	2.40	690.0	735.5	45.48	0.507
8	3.0	1.31	1 177.5	1 173.2	-4.32	-0.709
	4.5	1.50	1 017.5	1 058.0	40.53	0.386
	6.0	1.65	927.5	982.8	55.31	0.747
	7.5	1.76	857.5	933.9	76.42	1.263
	9.0	1.88	792.5	890.3	97.76	1.784
	10.0	2.10	752.5	815.5	63.03	0.936

由表 3.30 可见,式(3.14)计算值的标准化残差值全部落在(-2,2)区间以内,表明式(3.14)在更大的弹靶相对厚度范围内具有可靠性。因此,式(3.14)弹靶相对厚度适用范围可适当扩大到 1.31~4.20,在此对式(3.14)的适用范围进行修正,获得式(3.16):

$$v_{50} = 1\,447.9 \left(\frac{L_p}{H_s}\right)^{-0.7737}, 1.3 < \frac{L_p}{H_s} < 4.2 \qquad (3.16)$$

3.10.3.2 无偏修正

由表 3.30 可获得残差均值为 24.72 m/s,残差的样本标准差为 40.94 m/s,残差值 80%(24/30)为正,如图 3.23 所示,可知式(3.14)计算结果为有偏估计。

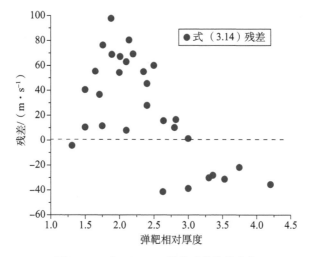

图 3.23 式(3.14)计算残差值的分布

因此,对式(3.16)计算模型进行进一步的无偏修正,得到式(3.17):

$$v_{50} = 1\,447.9 \left(\frac{L_p}{H_s}\right)^{-0.7737} - 24.72, 1.3 < \frac{L_p}{H_s} < 4.2 \qquad (3.17)$$

仍假定仿真值为实际观察值,式(3.17)计算值为估计值,根据仿真结果和式(3.17)的计算值可以获得 6 种质量破片对 5 种厚度合金钢靶板弹道极限的残差及标准化残差值,列于表 3.31 中。

由表 3.31 可见,式(3.17)计算值的标准化残差值全部落在(-2,2)区间以内,残差均值为 0 m/s,残差值 50%(15/30)为正,为无偏估计。

表3.31 式(3.17)计算弹道极限的残差及标准化残差值(靶体厚度：4~8 mm)

靶体厚度/mm	破片质量/g	弹靶相对厚度	仿真值/(m·s⁻¹)	式(3.17)计算值/(m·s⁻¹)	残差/(m·s⁻¹)	标准化残差值
4	3.0	2.63	727.5	661.5	-66.01	-1.612
	4.5	3.00	657.5	594.1	-63.36	-1.548
	6.0	3.30	605.0	550.1	-54.86	-1.340
	7.5	3.53	577.0	521.5	-55.96	-1.367
	9.0	3.75	542.5	496.0	-46.49	-1.136
	10.0	4.20	512.5	452.3	-60.21	-1.470
5	3.0	2.10	807.5	790.8	-16.69	-0.408
	4.5	2.40	707.5	710.8	3.26	0.080
	6.0	2.64	667.5	658.5	-9.03	-0.220
	7.5	2.82	632.5	624.5	-8.02	-0.196
	9.0	3.00	617.5	594.1	-23.36	-0.571
	10.0	3.36	595.0	542.2	-52.82	-1.290
6	3.0	1.75	927.5	914.4	-13.15	-0.321
	4.5	2.00	792.5	822.2	29.68	0.725
	6.0	2.20	717.5	762.0	44.47	1.086
	7.5	2.35	692.5	722.8	30.34	0.741
	9.0	2.50	652.5	687.9	35.39	0.864
	10.0	2.80	642.5	628.1	-14.43	-0.352
7	3.0	1.50	1 047.5	1 033.3	-14.19	-0.347
	4.5	1.71	917.5	929.5	11.96	0.292
	6.0	1.89	817.5	861.6	44.13	1.078
	7.5	2.01	775.0	817.5	42.53	1.039
	9.0	2.14	722.5	778.2	55.66	1.359
	10.0	2.40	690.0	710.8	20.76	0.507
8	3.0	1.31	1 177.5	1 148.5	-29.04	-0.709
	4.5	1.50	1 017.5	1 033.3	15.81	0.386
	6.0	1.65	927.5	958.1	30.59	0.747
	7.5	1.76	857.5	909.2	51.70	1.263
	9.0	1.88	792.5	865.5	73.04	1.784
	10.0	2.10	752.5	790.8	38.31	0.936

由表 3.31 可获得式（3.17）计算残差值的分布，如图 3.24 所示。由图 3.24 可见，残差值虽在 0 值上下均匀分布，但集中分布于两个区间，在弹靶相对厚度 3.0 以上的，残差值全部小于 -40 m/s；在弹靶相对厚度 2.5 以下的，残差值全部大于 -40 m/s，在 2.5~3.0 的为过渡区间。

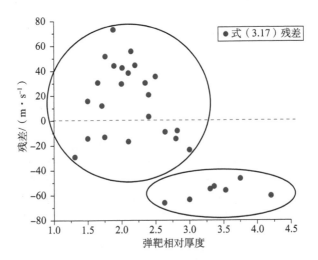

图 3.24　式（3.17）计算残差值的分布

3.10.3.3　计算精确度提高

进一步将式（3.17）计算值、仿真值及第 3.6 节的试验值进行比较，如图 3.25 所示。

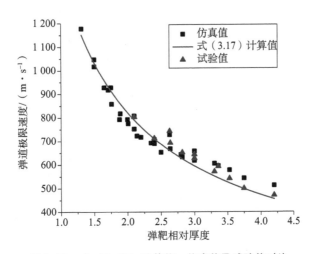

图 3.25　式（3.17）计算值、仿真值及试验值对比

由图 3.25 可见，仿真值在弹靶相对厚度为 2.5 以后出现上偏，在弹靶相对厚度小于 2.0 和大于 2.5 的两段趋势并不完全一致，因此采用分段拟合的方式获得式（3.18）：

$$v_{50} = \begin{cases} 1\,540.2 \left(\dfrac{L_p}{H_s}\right)^{-0.9894}, & 1.3 < \dfrac{L_p}{H_s} \leq 2.0 \\ 1\,447.9 \left(\dfrac{L_p}{H_s}\right)^{-0.7737} - 24.72, & 2.0 < \dfrac{L_p}{H_s} < 4.2 \end{cases} \quad (3.18)$$

仍假定仿真值为实际观察值，式（3.18）计算值为估计值，根据仿真计算结果和式（3.18）计算值可以获得 6 种质量破片侵彻 5 种厚度合金钢靶板弹道极限的残差及标准化残差值，列于表 3.32 中。

表 3.32　式（3.18）计算弹道极限的残差及标准化残差值（靶体厚度：4~8 mm）

靶体厚度 /mm	破片质量 /g	仿真值 /(m·s^{-1})	计算值 /(m·s^{-1})	残差 /(m·s^{-1})	标准化残差值
4	3.0	727.5	661.5	-66.01	-1.628
	4.5	657.5	594.1	-63.36	-1.555
	6.0	605.0	550.1	-54.86	-1.321
	7.5	577.5	521.5	-55.96	-1.351
	9.0	542.5	496.0	-46.49	-1.091
	10.0	512.5	452.3	-60.21	-1.468
5	3.0	807.5	790.8	-16.69	-0.271
	4.5	707.5	710.8	3.26	0.277
	6.0	667.5	658.5	-9.03	-0.061
	7.5	632.5	624.5	-8.02	-0.033
	9.0	617.5	594.1	-23.36	-0.455
	10.0	595.0	542.2	-52.82	-1.265
6	3.0	927.5	885.4	-42.15	-0.972
	4.5	792.5	775.8	-16.72	-0.272
	6.0	717.5	762.0	44.47	1.411
	7.5	692.5	722.8	30.34	1.022
	9.0	652.5	687.9	35.39	1.161
	10.0	642.5	628.1	-14.43	-0.209

续表

靶体厚度/mm	破片质量/g	仿真值/(m·s^{-1})	计算值/(m·s^{-1})	残差/(m·s^{-1})	标准化残差值
7	3.0	1 047.5	1 031.2	-16.28	-0.260
	4.5	917.5	903.6	-13.90	-0.195
	6.0	817.5	822.3	4.78	0.319
	7.5	775.0	817.5	42.53	1.357
	9.0	722.5	778.1	55.66	1.718
	10.0	690.0	710.8	20.76	0.759
8	3.0	1 177.5	1 176.9	-0.63	0.170
	4.5	1 017.5	1 031.2	13.72	0.565
	6.0	927.5	938.4	10.92	0.488
	7.5	857.5	879.1	21.64	0.783
	9.0	792.5	826.9	34.43	1.135
	10.0	752.5	790.8	38.31	1.241

由表 3.32 可见,式 (3.18) 计算值的标准化残差值全部落在 (-2, 2) 区间之内。此外,计算可得残差均值为 -6.82 m/s,因此,对式 (3.18) 进一步修正获得式 (3.19):

$$v_{50} = \begin{cases} 1\,540.2 \left(\dfrac{L_p}{H_s}\right)^{-0.989\,4} + 6.82, & 1.3 < \dfrac{L_p}{H_s} \leq 2.0 \\ 1\,447.9 \left(\dfrac{L_p}{H_s}\right)^{-0.773\,7} - 17.90, & 2.0 < \dfrac{L_p}{H_s} < 4.2 \end{cases} \quad (3.19)$$

由式 (3.17)、式 (3.19) 计算获得相对仿真值统计误差的极差、残差的均值与标准差列于表 3.33 中。由表 3.33 可见,在相同残差均值的条件下,式 (3.19) 较式 (3.17) 残差的标准差和相对统计误差的极差更小,表明式 (3.19) 具有更高的计算精度。

表 3.33　式 (3.19) 与式 (3.17) 计算结果对比

公式	残差的均值/(m·s^{-1})	残差的标准差/(m·s^{-1})	相对仿真值统计误差的极差/%
式 (3.17)	0	40.94	20.97
式 (3.19)	0	36.36	19.07

3.10.3.4 基于破片质量的工程计算模型

在大多数情况下,需要根据破片的质量、靶体的厚度来计算弹道极限速度,以便于工程应用。在此,根据式(3.19)的计算结果,可以获得破片高速侵彻 4 mm、5 mm、6 mm、7 mm 和 8 mm 厚合金钢靶板时,破片质量随撞击速度的变化规律,如图 3.26 所示。由图 3.26 可见,弹道极限随破片质量的增加呈指数递减。

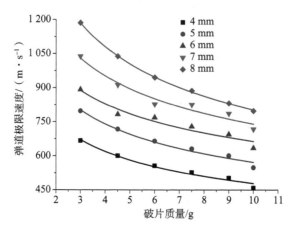

图 3.26 弹道极限随破片质量的变化规律

根据图 3.26 拟合可以获得破片高速侵彻合金钢靶板的弹道极限随破片质量变化的计算函数式(3.20):

$$v_{50} = \begin{cases} 915.38 m^{-0.2815}, & H_s = 4 \text{ mm} \\ 1\,093.10 m^{-0.2810}, & H_s = 5 \text{ mm} \\ 1\,159.86 m^{-0.2423}, & H_s = 6 \text{ mm} \\ 1\,392.89 m^{-0.2745}, & H_s = 7 \text{ mm} \\ 1\,693.22 m^{-0.3243}, & H_s = 8 \text{ mm} \end{cases} \quad (3.20)$$

式中,m 为破片质量,g;H_s 为靶体厚度,mm。

将式(3.20)的计算值和仿真计算结果进行对比,获得弹道极限残差及标准化残差值,列于表 3.34 中。

由表 3.34 可见,式(3.20)计算值的标准化残差值全部落在(-2,2)区间以内,表明式(3.20)具有可靠性。此外,通过表 3.34 计算获得残差均值为 0.11 m/s,残差的标准差为 34.19 m/s,表明式(3.20)和式(3.19)具有相同的精度和准确度。

表3.34 式（3.20）计算弹道极限的残差及标准化残差值（靶体厚度：4~8 mm）

靶体厚度/mm	破片质量/g	仿真值/(m·s⁻¹)	计算值/(m·s⁻¹)	残差/(m·s⁻¹)	标准化残差值
4	3.0	727.5	671.9	-55.62	-1.630
	4.5	657.5	599.4	-58.09	-1.702
	6.0	605.0	552.8	-52.22	-1.530
	7.5	577.5	519.1	-58.38	-1.710
	9.0	542.5	493.2	-49.35	-1.446
	10.0	512.5	478.7	-33.76	-0.990
5	3.0	807.5	802.8	-4.73	-0.142
	4.5	707.5	716.3	8.82	0.255
	6.0	667.5	660.7	-6.81	-0.202
	7.5	632.5	620.5	-11.96	-0.353
	9.0	617.5	589.5	-27.95	-0.821
	10.0	595.0	572.3	-22.65	-0.666
6	3.0	927.5	888.8	-38.71	-1.135
	4.5	792.5	805.6	13.12	0.381
	6.0	717.5	751.4	33.88	0.988
	7.5	692.5	711.8	19.33	0.562
	9.0	652.5	681.1	28.57	0.832
	10.0	642.5	663.9	21.40	0.623
7	3.0	1 047.5	1 030.3	-17.24	-0.507
	4.5	917.5	921.7	4.24	0.121
	6.0	817.5	851.8	34.25	0.999
	7.5	775.0	801.1	26.15	0.762
	9.0	722.5	762.0	39.54	1.153
	10.0	690.0	740.3	50.32	1.468
8	3.0	1 177.5	1 185.7	8.22	0.237
	4.5	1 017.5	1 039.6	22.12	0.644
	6.0	927.5	947.0	19.52	0.568
	7.5	857.5	880.9	23.41	0.681
	9.0	792.5	830.3	37.83	1.103
	10.0	752.5	802.4	49.94	1.457

3.10.4 破片贯穿合金钢靶板后剩余速度数值仿真

破片贯穿合金钢靶板后的剩余速度是破片侵彻复合结构研究中的重点关注内容，因破片贯穿靶体后，破片与塞块同时存在，且弹道随机，剩余速度的测试往往难以精准；此外，已有试验表明，在临界速度附近，弹体剩余速度随撞击速度的增加呈非线性增长规律，且塞块的质量难以有效计算，因此，基于能量守恒获得的线性增长函数也无法精确计算破片贯穿合金钢靶板后的剩余速度。

为了分析剩余速度与撞击速度的关系，采用 3.3 节建立的数值仿真模型，通过数值仿真计算出不同入射速度下破片贯穿合金钢靶板后的剩余速度。将通过数值仿真计算获得的弹道极限分别与 50 m/s、100 m/s、200 m/s、300 m/s、400 m/s 和 500 m/s 等相加（直至 1 400 m/s 以上）作为撞击速度，进行破片以不同撞击速度对 4 mm、5 mm、6 mm、7 mm 和 8 mm 厚合金钢靶板侵彻的数值仿真，获得破片的靶后剩余速度，列于表 3.35 中。根据表 3.35，获得破片撞击速度与剩余速度的关系，如图 3.27 所示。

表 3.35 不同撞击速度下破片的靶后余速

破片质量/g	4 mm 厚靶板		5 mm 厚靶板		6 mm 厚靶板		7 mm 厚靶板		8 mm 厚靶板	
	撞击速度/(m·s^{-1})	余速/(m·s^{-1})	撞击速度/(m·s^{-1})	余速/(m·s^{-1})	撞击速度/(m·s^{-1})	余速/(m·s^{-1})	撞击速度/(m·s^{-1})	余速/(m·s^{-1})	撞击速度/(m·s^{-1})	余速/(m·s^{-1})
3.0	725.5	0.0	807.5	0.0	926	0.0	1 050	0.0	1 192	0.0
	780	249.5	858	220.0	976	217.3	1 100	216.2	1 242	260.6
	830	347.4	908	304.0	1 026	313.5	1 150	313.5	1 292	351.0
	930	486.7	1 008	453.2	1 126	459.1	1 250	463.3	1 392	497.0
	1 030	602.3	1 108	567.8	1 226	574.0	1 350	579.2	1 492	620.0
	1 130	709.8	1 208	677.0	1 326	680.4	1 450	689.9	—	—
	1 230	809.6	1 308	778.8	1 426	780.8	—	—	—	—
	1 330	905.9	1 408	878.5	—	—	—	—	—	—
	1 430	1 000.3	—	—	—	—	—	—	—	—

续表

破片质量/g	4 mm 厚靶板		5 mm 厚靶板		6 mm 厚靶板		7 mm 厚靶板		8 mm 厚靶板	
	撞击速度/(m·s^{-1})	余速/(m·s^{-1})	撞击速度/(m·s^{-1})	余速/(m·s^{-1})	撞击速度/(m·s^{-1})	余速/(m·s^{-1})	撞击速度/(m·s^{-1})	余速/(m·s^{-1})	撞击速度/(m·s^{-1})	余速/(m·s^{-1})
4.5	657.5	0.0	707.5	0.0	793	0.0	920	0.0	1 033	0.0
	708	262.2	758	220.3	843	189.5	970	223.7	1 083	236.0
	758	351.9	808	309.3	893	287.5	1 020	315.0	1 133	319.1
	858	488.6	908	444.9	993	419.6	1 120	452.6	1 233	463.5
	958	602.2	1 008	553.5	1 093	539.7	1 220	572.5	1 333	580.0
	1 058	704.1	1 108	656.2	1 193	645.4	1 320	677.0	1 433	693.1
	1 158	802.0	1 208	754.3	1 293	749.4	1 420	776.5	—	—
	1 258	896.4	1 308	856.8	1 393	846.7	—	—	—	—
	1 358	991.5	1 408	948.9	1 493	944.3	—	—	—	—
	1 458	1 080.5	—	—	—	—	—	—	—	—
6.0	605.0	0.0	667.5	0.0	718	0.0	818	0.0	930	0.0
	655	214.3	720	234.0	768	201.0	868	194.2	980	214.7
	705	318.2	770	324.6	818	288.4	918	275.9	1 030	300.9
	805	461.6	870	458.7	918	416.9	1 018	415.5	1 130	443.2
	905	577.5	970	569.6	1 018	529.1	1 118	538.0	1 230	560.3
	1 005	683.9	1 070	671.6	1 118	633.0	1 218	641.1	1 330	670.5
	1 105	779.5	1 170	766.4	1 218	731.2	1 318	741.8	1 430	772.0
	1 205	875.7	1 270	861.4	1 318	826.6	1 418	844.0	—	—
	1 305	965.0	1 370	955.4	1 418	920.4	—	—	—	—
	1 405	1 055.5	1 470	1 045.3	—	—	—	—	—	—

续表

破片质量/g	4 mm 厚靶板		5 mm 厚靶板		6 mm 厚靶板		7 mm 厚靶板		8 mm 厚靶板	
	撞击速度/(m·s⁻¹)	余速/(m·s⁻¹)	撞击速度/(m·s⁻¹)	余速/(m·s⁻¹)	撞击速度/(m·s⁻¹)	余速/(m·s⁻¹)	撞击速度/(m·s⁻¹)	余速/(m·s⁻¹)	撞击速度/(m·s⁻¹)	余速/(m·s⁻¹)
7.5	577.5	0.0	632.5	0.0	693	0.0	765	0.0	860	0.0
	628	227.1	683	218.5	743	232.2	815	202.5	910	183.5
	678	319.1	733	318.6	793	307.9	865	287.0	960	276.7
	778	465.0	833	454.1	893	438.9	965	412.9	1 060	419.5
	878	582.1	933	566.1	993	544.9	1 065	525.1	1 160	533.9
	978	688.6	1 033	668.9	1 093	647.5	1 165	629.5	1 260	641.9
	1 078	785.9	1 133	764.2	1 193	743.2	1 265	731.7	1 360	744.9
	1 178	879.6	1 233	857.8	1 293	839.3	1 365	827.7	1 460	841.9
	1 278	971.5	1 333	948.5	1 393	930.4	1 465	922.2	—	—
	1 378	1 064.7	1 433	1 029.0	1 493	1 023.1	—	—	—	—
	1 478	1 155.1	—	—	—	—	—	—	—	—
9.0	542.5	0.0	617.5	0.0	653	0.0	723	0.0	795	0.0
	593	197.9	670	241.2	703	210.2	773	219.2	845	185.6
	643	297.2	720	333.4	753	306.3	823	300.2	895	273.0
	743	438.2	820	470.7	853	439.1	923	426.2	995	408.0
	843	564.0	920	583.2	953	547.8	1 023	534.5	1 095	523.9
	943	674.3	1 020	681.5	1 053	645.0	1 123	635.7	1 195	627.8
	1 043	771.7	1 120	775.2	1 153	742.5	1 223	732.1	1 295	727.7
	1 143	864.4	1 220	869.9	1 253	835.3	1 323	829.4	1 395	824.5
	1 243	958.3	1 320	961.8	1 353	928.2	1 423	922.8	1 495	917.5
	1 343	1 051.4	1 420	1 051.2	1 453	1 018.1	—	—	—	—
	1 443	1 139.6	—	—	—	—	—	—	—	—

续表

破片质量/g	4 mm 厚靶板		5 mm 厚靶板		6 mm 厚靶板		7 mm 厚靶板		8 mm 厚靶板	
	撞击速度/(m·s⁻¹)	余速/(m·s⁻¹)	撞击速度/(m·s⁻¹)	余速/(m·s⁻¹)	撞击速度/(m·s⁻¹)	余速/(m·s⁻¹)	撞击速度/(m·s⁻¹)	余速/(m·s⁻¹)	撞击速度/(m·s⁻¹)	余速/(m·s⁻¹)
10.0	512.5	0.0	595	0	638	0.0	728	0.0	816	0.0
	563	208.7	645	249.4	688	185.4	778	202.7	866	213.2
	613	295.1	695	333.3	738	273.0	828	286.4	916	294.0
	713	435.6	795	474.1	838	402.4	928	417.1	1 016	416.3
	813	560.7	895	588.9	938	513.8	1 028	522.3	1 116	522.6
	913	669.2	995	688.0	1 038	615.1	1 128	617.9	1 216	620.2
	1 013	769.3	1 095	786.0	1 138	710.1	1 228	714.8	1 316	716.9
	1 113	863.5	1 195	883.6	1 238	802.1	1 328	807.7	1 416	810.8
	1 213	958.4	1 295	974.5	1 338	891.9	1 428	896.1	—	—
	1 313	1 052.6	1 395	1 066.9	1 438	980.6	—	—	—	—
	1 413	1 145.1	1 495	1 155.8	—	—	—	—	—	—

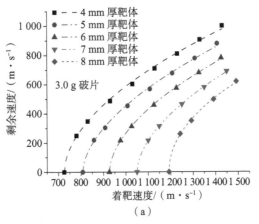

图 3.27 撞击速度与剩余速度关系

(a) 3.0 g 破片

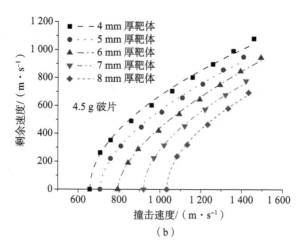

(b)

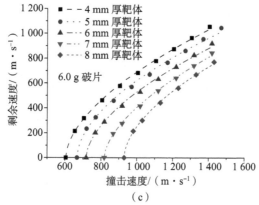

(c)

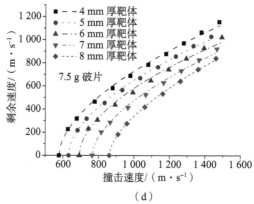

(d)

图 3.27　撞击速度与剩余速度关系（续）

(b) 4.5 g 破片；(c) 6.0 g 破片；

(d) 7.5 g 破片

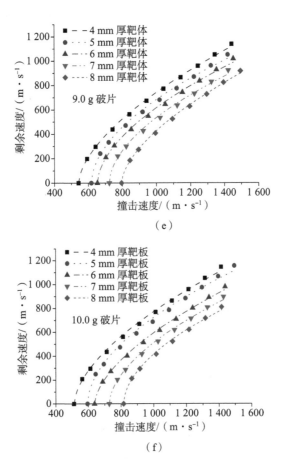

图 3.27 撞击速度与剩余速度关系（续）

(e) 9.0 g 破片；(f) 10.0 g 破片

由图 3.27 可见，在破片侵彻合金钢靶板的极限速度以上 200 m/s 范围内，破片贯穿合金钢靶板后的剩余速度随撞击速度的提高不呈线性变化，与更大撞击速度段的表现不一致。Zukas[58]（1982）通过撞击速度与剩余速度的相关试验曲线回归外推，获得了破片的弹道极限速度；靳佳波[212]（2003）、徐豫新[213]（2010）通过 Ls-Dyna 软件分别获得了高速杆条和球形钨合金破片在不同撞击速度下的靶后剩余速度后，采用线性函数外推的方法获得了弹道极限速度，均是存在误差的。由图 3.27 可见，采用撞击速度与剩余速度相关曲线线性外推获得弹体的弹道极限速度应低于实际值。

3.10.5 破片贯穿合金钢靶板后剩余速度工程计算模型

根据图 3.27 中的曲线拟合,获得 6 种不同质量破片撞击不同厚度合金钢靶板的撞击速度与剩余速度的关系式 (3.21) ~ 式(3.26):

$$v_r = \begin{cases} 28.26(v_0 - 725.5)^{0.5394}, & H_s = 4 \text{ mm} \\ 23.44(v_0 - 807.5)^{0.5621}, & H_s = 5 \text{ mm} \\ 24.65(v_0 - 926.0)^{0.5537}, & H_s = 6 \text{ mm}, \quad m = 3.0 \text{ g} \\ 24.31(v_0 - 1050)^{0.5568}, & H_s = 7 \text{ mm} \\ 38.67(v_0 - 1192)^{0.4837}, & H_s = 8 \text{ mm} \end{cases} \quad (3.21)$$

$$v_r = \begin{cases} 33.37(v_0 - 657.5)^{0.5135}, & H_s = 4 \text{ mm} \\ 24.34(v_0 - 707.5)^{0.5532}, & H_s = 5 \text{ mm} \\ 17.65(v_0 - 793)^{0.6033}, & H_s = 6 \text{ mm}, \quad m = 4.5 \text{ g} \\ 26.54(v_0 - 920)^{0.5399}, & H_s = 7 \text{ mm} \\ 32.23(v_0 - 1033)^{0.5041}, & H_s = 8 \text{ mm} \end{cases} \quad (3.22)$$

$$v_r = \begin{cases} 22.82(v_0 - 605)^{0.5699}, & H_s = 4 \text{ mm} \\ 25.85(v_0 - 667.5)^{0.5472}, & H_s = 5 \text{ mm} \\ 20.53(v_0 - 718)^{0.5749}, & H_s = 6 \text{ mm}, \quad m = 6.0 \text{ g} \\ 18.39(v_0 - 818)^{0.5937}, & H_s = 7 \text{ mm} \\ 23.67(v_0 - 930)^{0.557}, & H_s = 8 \text{ mm} \end{cases} \quad (3.23)$$

$$v_r = \begin{cases} 23.8(v_0 - 577.5)^{0.5652}, & H_s = 4 \text{ mm} \\ 24.17(v_0 - 632.5)^{0.5576}, & H_s = 5 \text{ mm} \\ 26.38(v_0 - 693)^{0.5392}, & H_s = 6 \text{ mm}, \quad m = 7.5 \text{ g} \\ 20.56(v_0 - 765)^{0.5743}, & H_s = 7 \text{ mm} \\ 16.67(v_0 - 860)^{0.6105}, & H_s = 8 \text{ mm} \end{cases} \quad (3.24)$$

$$v_r = \begin{cases} 18.10(v_0 - 542.5)^{0.6054}, & H_s = 4 \text{ mm} \\ 27.77(v_0 - 617.5)^{0.5376}, & H_s = 5 \text{ mm} \\ 22.66(v_0 - 653)^{0.5635}, & H_s = 6 \text{ mm}, \quad m = 9.0 \text{ g} \\ 24.82(v_0 - 723)^{0.5448}, & H_s = 7 \text{ mm} \\ 16.95(v_0 - 795)^{0.6051}, & H_s = 8 \text{ mm} \end{cases} \quad (3.25)$$

$$v_r = \begin{cases} 19.31(v_0-512.5)^{0.5948}, & H_s=4\text{ mm} \\ 28.97(v_0-595)^{0.5347}, & H_s=5\text{ mm} \\ 17.28(v_0-638)^{0.5993}, & H_s=6\text{ mm}, \; m=10.0\text{ g} \\ 21.76(v_0-728)^{0.5621}, & H_s=7\text{ mm} \\ 25.31(v_0-816)^{0.5356}, & H_s=8\text{ mm} \end{cases} \quad (3.26)$$

由图 3.27 可见，不同质量破片贯穿合金钢靶板后，剩余速度随撞击速度变化的关系趋势具有相似性。因此，对其进行归一化处理，针对各种弹靶条件，获得撞击速度与弹道极限速度之差随剩余速度的变化关系曲线，如图 3.28 所示。

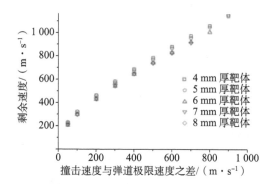

图 3.28　撞击速度与弹道极限速度之差随剩余速度的变化关系

由图 3.28 可见，对 30 种工况进行计算，在撞击速度与弹道极限速度之差相等的条件下，剩余速度基本相同。拟合后的曲线如图 3.29 所示。

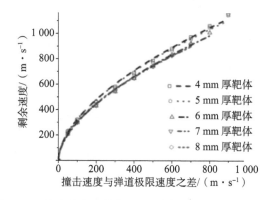

图 3.29　撞击速度与弹道极限之差与剩余速度的拟合曲线

获得相应的关系式（3.27）：

$$v_r = \begin{cases} 24.21(v_0 - v_{50})^{0.56}, & H_s = 4 \text{ mm} \\ 25.03(v_0 - v_{50})^{0.56}, & H_s = 5 \text{ mm} \\ 21.27(v_0 - v_{50})^{0.57}, & H_s = 6 \text{ mm}, \ v_0 > v_{50} \\ 22.82(v_0 - v_{50})^{0.56}, & H_s = 7 \text{ mm} \\ 24.52(v_0 - v_{50})^{0.55}, & H_s = 8 \text{ mm} \end{cases} \quad (3.27)$$

由图 3.29 可见，随着撞击速度与弹道极限速度之差的提高，破片贯穿 6 mm、7 mm 和 8 mm 厚靶体后的剩余速度要低于 4 mm 和 5 mm 薄靶体，表明破片高速侵彻厚靶体时，因弹体变形、侵蚀等带来的质量损失更为严重。通过仿真计算，可以获得破片在高速贯穿靶体后因侵蚀造成了质量损失，剩余质量为 85% 左右。

3.11 小结

针对小质量韧性钢破片高速侵彻典型高强度低合金钢进行了试验研究和数值仿真研究，具体研究工作及获得的研究结果如下：

① 通过 SHPB 测试，对合金钢的 Johnson - Cook 模型参数进行了拟合，得出了破片侵彻试验研究用合金钢的本构模型参数，拟合结果与试验结果具有较好的一致性。

② 通过弹道枪试验，采用六射弹法，获得了 3.0 g、4.5 g、6.0 g、7.5 g、9.0 g 和 10.0 g 共 6 种质量的破片对 4 mm 和 5 mm 两种厚度合金钢侵彻的弹道极限速度。

③ 进行了破片侵彻量纲分析，利用试验数据建立了破片对合金钢靶板侵彻的弹道极限分析计算模型式 (3.11)。

④ 讨论了弹道极限的两种数据处理方法，提出了特定置信水平下两种模型计算结果在弹道极限置信区间落入度和标准化残差值在标准正态分布的置信区间落入度的可靠性检验方法，并根据结果分析，去除了弹靶相对厚度为 2.63 时的试验异常点，修正后得到破片对合金钢靶板的弹道极限分析计算模型式 (3.14)。

⑤ 基于所获得的合金钢的 Johnson - Cook 本构模型参数，建立了破片高速侵彻合金钢靶板的数值仿真模型，并进行与试验相同工况（12 种工况）下的数值仿真计算。采用标准化残差值检验方法对数值仿真模型进行了检验，表明

数值模型可以获得满意的计算精度。

⑥采用经过验模的数值模型，进行了 3.0 g、4.5 g、6.0 g、7.5 g、9.0 g 和 10.0 g 共 6 种质量破片对 6 mm、7 mm 和 8 mm 3 种厚度合金钢靶板侵彻的数值计算，获得了 18 种工况的弹道极限速度；根据仿真计算结果（共 30 种工况）并结合理论分析，对破片侵彻合金钢靶板弹道极限分析计算模型在弹靶相对厚度适用范围增加、无偏修正及计算精度提高方面进行修正；据此，基于修正后的分析计算模型式（3.19）获得了更方便工程应用的基于破片质量的弹道极限工程计算模型式（3.20），并进行了模型的检验。

⑦采用上述数值仿真模型，进行了 6 种质量破片以更高侵彻速度对 5 种厚度合金钢靶板贯穿后剩余速度的数值仿真计算，通过对计算结果的分析，获得了剩余速度的工程计算模型式（3.27）。

第 4 章
韧性钢破片对钢/纤维复合结构侵彻性能分析方法

4.1 引言

钢/纤维复合结构是由前置高强度低合金钢板和后置纤维增强复合材料板组成,后置纤维增强复合材料(Fiber Reinforced Polymer/Plastic,FRP)[214]是由纤维材料与基体材料按一定工艺复合形成的高性能新型材料[215]。这种材料从20世纪40年代问世以来,因其具有高强度、高韧性和平均密度低的特点,在航空、航天、船舶、汽车、化工、医学和机械等领域得到了广泛应用[216-221],在很多领域已逐渐发展成为取代金属的一种常见材料,如芳纶(Kevlar)、高分子聚乙烯(PE)纤维具有高的比强度和比模量,在人体防护方面已被广泛采用[222-225],但根据已有研究成果,纤维增强复合材料在抗高速弹体侵彻时,因自身密度低,优势并不明显;因此,将高强度钢板放在前置层,发挥其高阻抗和破碎侵彻弹体的优势,与纤维增强复合材料相结合,形成钢/纤维复合结构,以提高抗破片侵彻的防护效能[226,227]。

作为一种新型防护结构,力学性能各向异性的纤维增强复合材料与高强度金属面板层合的复合结构,在高速运动破片侵彻下经历了两种材料破坏行为相耦合而发生与发展的过程,复杂的物理变化过程及高压、高温、高应变率和多种破坏行为耦合的响应特征给破片侵彻与贯穿效果的预测带来很大的挑战性,同时,也带来了丰富的创新空间,相关研究中的理论与实践创新具有重要的现实意义[228-233]。目前,因涉及两种非均质材料,在该方面的数值仿真和理论研究尚十分有限；因此，在已有的研究基础上，首先进行破片对钢/纤维复合结构的侵彻试验研究，揭示物理现象的同时掌握影响因素，并为后续的数值仿真和理论研究提供基础数据支撑。

研究已表明，不同组合形式下钢/纤维复合结构的抗破片侵彻性能相差较大，选用抗破片侵彻性能最好同时又最轻的组合形式设计钢/纤维复合结构是工程应用中所关心的重要问题。针对这一新型防护结构，在特定的使用条件下，如何实现钢/纤维复合结构尺寸的优化设计并没有成熟的方法体系。结构优化设计的前提是有一套可计算不同组成形式的复合结构抗破片侵彻性能的分析方法；因此，韧性钢破片对钢/纤维复合结构侵彻性能分析方法是钢/纤维复合结构抗破片优化设计的基础，是支撑钢/纤维复合结构科学设计的关键环节。

本章针对钢/纤维复合结构用纤维增强复合材料，结合文献定性分析不同增强体、树脂材料及含量、增强材料铺层方式等对材料抗侵彻性能的影响程度，通过破片侵彻试验选出试验研究用纤维增强复合材料的种类；选用第 3 章节试验用 7.5 g FSP 破片结构，进行破片高速侵彻不同组合方式的钢/纤维复合结构试验，获得相应的弹道极限速度并计算比吸收能；结合试验现象对试验结果进行分析讨论，针对典型高强度低合金钢和纤维材料有、无间隔层合的两种情况分析破片的侵彻机理。在理论分析的基础上，采用由比吸收能表征钢/纤维复合结构抗破片侵彻性能，建立破片对钢/纤维复合结构侵彻性能理论分析模型；在第 3 章节破片对典型高强度低合金钢侵彻数值仿真基础上，采用 AutoDyn 仿真软件建立 7.5 g FSP 破片对钢/纤维复合结构的侵彻数值仿真模型，通过与同工况试验数据对比，对数值仿真模型进行检验；对 7.5 g 和 10.0 g FSP 破片侵彻不同结构形式和参数的钢/纤维复合结构进行数值计算，得到纤维材料板厚度对破片侵彻效果的影响规律；最后，进行有、无间隔层合条件下复合结构比吸收能的对比，为后续钢/纤维复合结构设计与优化提供方法和数据支撑。

4.2 钢、纤维复合（装甲）结构特征

4.2.1 复合（装甲）结构

复合装甲（Composite armour）是由两层以上不同性能材料组成的非均质装

甲，可分为金属与金属复合装甲、金属与非金属复合装甲及间隙装甲 3 种，均具有较强的综合防护能力[234]。无论何种复合装甲，均由一种或几种力学性能不同的金属或非金属材料，按照一定的层次比例组合而成，依靠每个层次之间物理性能的差异实现对来袭弹丸的干扰和能量的消耗，起到阻止弹体击穿的目的。通常用于坦克、装甲车辆和军用舰艇等。在不同武器装备上，因防御对象的不同，结构特征也不尽相同。对于坦克、装甲车辆，复合装甲主要用于防御穿甲弹、破甲弹的攻击，装甲结构厚。如苏联的 T－64 坦克采用的 60 mm 钢/104 mm 玻璃纤维/20 mm 钢复合装甲结构。

4.2.2 纤维增强复合材料

纤维增强复合材料是基体和纤维增强材料通过复合工艺合成的两相或多相材料，基体在材料中是连续的，增强材料分布于基体中，被基体所包容[235]。增强材料决定了复合材料的基本性能，基体起着支承增强材料、保持材料形状、传递增强材料之间载荷的作用。材料整体保留了组分材料的主要优点，克服或减少了组分材料的缺点，同时，还产生了组分材料所没有的一些优异性能，因纤维丝（束）排列交叉和织物的铺层叠合，材料在宏观上呈现出各向异性的力学特征[236]。因此，组分复合后的力学性能，除了与纤维增强材料及数脂基材料的种类、形态密切相关外，还与纤维体积含量、纤维铺设方向及制备成型工艺相关，不同的树脂含量、不同的制作工艺均会带来材料力学特性的巨大差异，也直接影响其破坏模式和抗弹性能。

4.3 纤维材料性能相关性分析与选择

纤维增强复合材料由增强材料和基体构成。纤维复合材料在成型的过程中，基体与增强材料通过一定的物理和化学变化，复合成整体。

根据纤维材料中增强材料的形状，可分为颗粒复合材料、层合复合材料和纤维增强复合材料等。纤维增强复合材料是复合材料中的一种典型材料。常用的纤维增强复合材料的基体为树脂、金属、碳素、陶瓷等，纤维种类有玻璃纤维、硼纤维、碳纤维、芳纶纤维、陶瓷纤维、玄武岩纤维、聚烯烃纤维、PBO（聚对亚苯苯并双噁唑）纤维及金属纤维等。目前工程结构中常用的纤维增强复合材料主要为碳纤维（Carbon fiber）、玻璃纤维（Glass fiber）和芳纶纤维（Aramid fiber）增强的树脂基体。表 4.1 中列出了代表性纤维轴向力学性能参数对比[215,237]。

表4.1 代表性纤维轴向力学性能参数对比

材料种类		密度/ (g·cm^{-3})	拉伸强度 /GPa	弹性模量 /GPa	延伸率 /%	比强度 /GPa	比模量 /GPa
玻璃 纤维	E	2.55	3.5	74	4.8	1.37	29
	S.R	2.49	4.9	84	5.7	1.97	34
	M	2.89	3.5	110	3.2	1.21	38
	AR	2.70	3.2	73.1	4.4	1.19	27
	C	2.52	3.3	68.9	4.8	1.31	27
碳 纤维	标准型（T300）	1.75	3.5	235	1.5	2.00	134
	高强型（T800H）	1.81	5.6	300	1.7	3.09	166
	高模量（M50J）	1.88	4.0	485	0.8	2.13	213
	极高模量（P120）	2.18	2.2	830	0.3	1.01	381
芳纶 纤维	Kevlar-29	1.44	2.9	70	3.6	2.01	48.6
	Kevlar-129	1.45	3.4	99	3.3	2.34	68.3

由表4.1可见，碳纤维具有最高的比强度和比模量，但延伸率较低，其破坏时呈脆性断裂，难以将弹体的轴向能量转化成纤维丝的径向拉伸，吸能较少，因此，通常选用玻璃纤维和芳纶纤维作为抗侵彻弹道防护的材料。而相对玻璃纤维，芳纶纤维具有密度低、比强度和比模量高的特点。

纤维增强复合材料中，基体的作用主要是将纤维黏结在一起，使纤维受力均匀，并形成所需要的制品或构件形状。具有代表性的树脂的性能指标[215]列于表4.2。

表4.2 代表性树脂基体的性能参数

名称	热变形温度 /℃	拉伸强度 /MPa	延伸率 /%	压缩强度 /MPa	弯曲强度 /MPa	弯曲模量 /GPa
环氧树脂	50~121	98~210	4	210~260	140~210	2.1
不饱和聚酯树脂	80~180	42~91	5	91~250	59~162	2.1~4.2
乙烯基树脂	137~155	59~85	2.1~4	—	112~139	3.8~4.1
酚醛树脂	120~151	45~70	0.4~0.6	154~252	59~84	5.6~12

4.3.1 增强体种类及影响

文献［237］中给出了在相同成型工艺条件下，不同类型增强材料（纤维含量为 70%）的防弹性能，列于表 4.3 中。

表 4.3　不同增强材料板的抗弹性能

序号	增强材料类型	板厚/mm	抗弹性
1	芳纶纤维	8.2	防弹
2	碳纤维	8.3	击穿
3	聚乙烯纤维	8.1	击穿
4	高强玻璃纤维	8.1	击穿
5	芳纶纤维和高强玻璃纤维复合	8.1	防弹

由表 4.3 可知，芳纶纤维、芳纶纤维和高强玻璃纤维复合增强的复合材料在同一成型工艺条件下具有较好的抗弹体侵彻性能。因此，基于上述原因，复合材料选择为芳纶纤维、芳纶纤维与高强玻璃纤维的复合纤维。

根据文献［238-240］中的调研与分析，目前芳纶纤维广泛使用于人体、舰船、车辆及飞机等装备中的防弹板，其特点是具有高的比强度和较好的耐高温性能，在弹体的高速冲击下，芳纶纤维抗拉强度和延伸率比静态性能均有较大的提高；高强玻璃纤维的最大优点是经济性好，其价格仅为芳纶纤维的 1/4 左右，且相对于芳纶纤维具有较高的强度、刚度和延伸率，但由于密度较大（2.5 g/cm³），综合抗弹体侵彻性能稍逊于芳纶纤维；聚乙烯纤维与芳纶纤维相比，具有更高的比强度和更低的密度（0.97 g/cm³），但其最大的缺陷是使用温度只有 90 ℃，耐热性能是聚乙烯纤维存在的突出问题。综上所述，抗破片侵彻的复合结构可采用芳纶纤维或芳纶和高强玻璃纤维复合纤维增强材料。若采用芳纶和高强玻璃纤维复合纤维增强材料，需要根据两种纤维材料的特点，合理利用各自抗弹性能中的优势，即利用高强玻璃纤维强度和刚度高的特点，将其作为防弹板的前置板，抵御破片的开坑侵彻；利用芳纶纤维动态抗拉强度和延伸率较高的优势，将其作为防弹板的后置板，将贯穿前置高强玻璃纤维板的破片兜住。

由于芳纶纤维、高强玻璃纤维具有高强、高模和轻质的特点，使其表现出优异的抗弹性能。纤维织物的物理性能是由纤维决定的，也受到织物结构（织物组织、经纬密度、纱线细度和织造加工）的影响。通常，完善的织造加工，拉伸强度能够保持 90% ~ 95%。平纹组织的特点：具有平衡的结构，相对紧密；斜纹组织：通常采用粗纱，结构较松，用于厚重织物；缎纹组织：纱线交织点少；纱线在外力作用下容易产生相对滑移。

此外，Karahan 等[241]认为，由于交织作用的存在，机织物中的纱线必定存在弯曲，当织物表面受到冲击作用时，作用力就会产生水平方向的分量 F_x 和垂直方向的分量 F_y，如图 4.1 所示。作用力将导致纱线之间产生严重的相对滑移，损伤加剧。自由纤维在拉伸载荷下，仅受到单纯的正应力；而织物中的纤维受力状态相对复杂，不仅受到正应力，还受到了横向的拉应力，如图 4.2 所示。纤维截面上受到拉应力和弯曲应力的共同作用，产生的和应力是拉应力的 5 倍。因此，织物中的纤维比自由纤维更容易断裂。

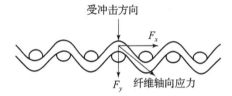

图 4.1　受弹道冲击机织物纤维中的应力

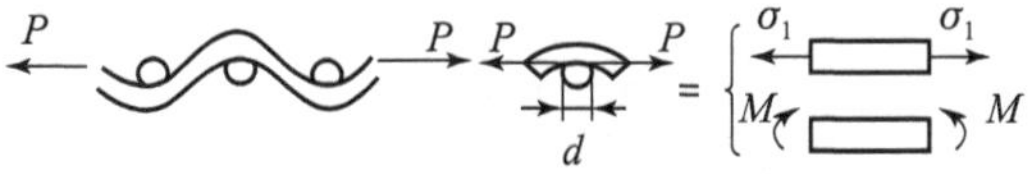

图 4.2　织物纤维受横向力的分析

文献［242］以改性丁苯橡胶为基体，分别采用芳纶纤维无纬布和平纹布制备复合材料板，进行抗弹性能测试，试验得到的弹道极限速度列于表 4.4 中。

表 4.4　不同织物结构复合材料板的弹道极限速度

项目	无纬布复合材料板		平纹布复合材料板	
面密度/(kg·m^{-2})	5.0	10.8	5.0	10.8
弹道极限速度/(m·s^{-1})	418	695	395	631

由表 4.4 可见，无纬布复合材料板的抗弹性能优于平纹布复合材料板。分析原因如下：平纹布复合材料板受弹体冲击时，张力波通过织物的纤维传播，在纤维交错点部分反射，因反射波的振幅与张力波的振幅具有相同的方向而使两种波叠加，导致纤维断裂；无纬布复合材料板因纤维呈单向铺层，不存在交错点，能有效地减少张力波的反射，因此，无纬布复合材料板具有更好的抗弹性能，与 Karahan 等的结论相一致。

综上所述，从弹道防护的要求和工艺实施两方面进行考虑，可选择无纬织物形成单层织布，然后由多层织布层压成板。

4.3.2 基体种类及影响

聚合物基体在不同用途的复合材料中的作用是不相同的，作为承力结构的复合材料，基体的作用是黏结纤维、传递载荷、分散载荷，因而对基体的要求是模量高，其断裂应变应略大于纤维的断裂应变。作为黏结剂用的基体，作用是将被黏物黏牢，希望剥离强度高，因而对基体要求韧性好，断裂延伸率大。作为抗破片侵彻的复合材料，其基体的作用应介于上述两者之间，要求基体具备中等模量、较好的黏结力和较大的断裂伸长。同时，由于复合材料承受的是高速撞击力，这就要求基体有与纤维相适应的动态力学响应，如动态模量、损耗正切及应变速率的敏感性等。

纤维或纤维集合体通过树脂基体形成一个整体，使复合材料具有结构的完整性，同时，树脂起着传递载荷和均衡载荷的作用。只有纤维或纤维集合体与树脂协调匹配，才能充分发挥复合材料的综合性能。树脂的选择主要取决于复合材料的性能要求，必须考虑的因素有成本，密度，界面黏结性能，拉伸性能，压缩和弯曲性能，对溶剂、水分和温度的抵抗能力，以及热膨胀的相容性和可加工性等，通常低模量或软性的树脂具有高的断裂应变、良好的弯曲性能和强的黏结力。

基体材料分为热固性树脂和热塑性树脂两大类。其中热固性树脂一般强度较高，但韧性较差，若选择热固性树脂作为防弹板用树脂，则需考虑韧性好、延伸率大的树脂，如增韧酚醛树脂、增韧环氧树脂及乙烯基酯树脂等。热塑性树脂与热固性树脂相比，具有强度较低和韧性较好的特点，考虑复合结构抗弹体侵彻的机理是以柔克刚为主，显然复合结构的基体材料采用热塑性树脂具有更大的优势。尤其在弹体的高速侵彻过程中必然会产生高温效应，热塑性树脂在高温的作用下将会变软，从而具有较高的黏性，提高了复合结构的抗弹性能。

文献［237］对改性丁苯橡胶、丁苯橡胶、聚丙烯、酚醛树脂等不同的基体材料制备的复合材料板进行抗弹性能测试，分别获得不同基体材料防弹板的弹道极限速度，结果列于表4.5中。

表4.5 不同基体材料防弹板的弹道极限速度

基体材料	含量/%	面密度/($kg \cdot m^{-2}$)	弹道极限/($m \cdot s^{-1}$)	比吸收能/($J \cdot m^2 \cdot kg^{-1}$)
改性丁苯橡胶	17.1	5.0	418	18.0
丁苯橡胶	17.3	5.0	395	16.1
聚丙烯	16.9	4.9	375	14.8
酚醛树脂	16.6	5.0	353	12.8

文献［237］也给出了双酚 A 环氧体系、双马来酰亚胺、改性酚醛、聚乙烯及橡胶分别与芳纶织物复合，制成不同基体的芳纶复合材料板。对它们分别进行抗弹性能测试，试验结果列于表 4.6 中。

表 4.6 不同基体芳纶复合材料的弹道性能①

基体类型	靶板纤维面密度 /(kg·m^{-2})	v_{jo} /(m·s^{-1})	E_d/J	抗弹现象
双酚 A 环氧	5.53	160	72	穿透
双马来酰亚胺	5.33	136②	71	穿透
改性酚醛	5.17	>291	>237	穿透
聚乙烯	5.33	257	212	穿透
橡胶	5.30	235	154	穿透

注：①靶板厚（3.20±0.2）mm，靶试参数 56 式弹道枪，弹体卵形：弹体质量 5.6 g，弹速范围 200~300 m/s；②弹体质量 7.79 g，锥形弹。

由表 4.6 可知，各种复合板在其他参数基本相同的情况下，抗弹性能的差异非常明显。从能量吸收来看，改性酚醛体系的值最高，达 237 J 以上，其次是聚乙烯体系，E_d 为 212 J，而双马来酰亚胺体系与双酚 A 环氧体系最差，其 E_d 只有 71~72 J；相应的临界速度 v_{jo} 也有类似规律。

综合表 4.5 和表 4.6 分析可见，采用改性酚醛对复合材料板的抗侵彻性能具有较大提升；因此，采用改性酚醛作为基体进行复合材料的制备。

4.3.3 基体含量及影响

已有试验研究表明[243]，纤维增强复合材料中即使含胶量差异不大，也可能引起复合材料板抗侵彻性能的成倍变化。这说明在弹丸侵彻复合材料板的过程中，破坏模式会因为含胶量的细微差别而发生变化，因此，基体含量对纤维增强复合材料板的抗侵彻性能起着至关重要的作用。

对典型试验进行分析，可以得到弹体贯穿纤维增强复合材料板时的破坏模式，主要有以下 4 种。

①冲塞侵彻型：该破坏模式复合材料板不产生分层，整体变形小，并且纤维剪切破坏范围很小，吸收能量也较小，多出现在靶板含胶量高或橡胶弹性体基体靶板。

②侵彻＋背板花瓣打开型：该破坏模式由于复合材料板的背板处产生局部分层、凸起和花瓣打开，具有良好的吸能效果。

③脆性分层剪切冲塞型：该破坏模式由于复合材料板中基体材料过脆或含胶量过少，纤维间无黏结强度，导致脆性分层，吸能一般较小。

④分层变形凸起型：该破坏模式在复合材料板的面板处表现为侵彻开坑，背板处出现大面积凸起并产生分层。这种破坏模式一般要求基体与增强纤维结合力适中，基体具有较大的延伸率，并且层间剥离强度较高。

分析以上4种破坏模式，由于分层变形凸起型破坏模式既要克服层间较高的黏结强度，又要使纤维产生大变形而形成拉伸断裂破坏，因此，具有最好的能量吸收能力。当纤维材料和基体材料确定时，基体含量就成为决定纤维增强复合材料板破坏模式的主要因素。如：若复合材料板作为面板，主要表现为开坑破坏，要求纤维材料板整体强度和刚度较高，可采用含胶量较高的高强玻璃纤维；若复合材料板作为后置板，则其主要作用是兜住破片，需要产生分层和大变形拉伸来吸收破片动能，应采用含胶量较少的芳纶纤维。

文献［185］采用不同含量的热塑性基体与芳纶纤维无纬布制备了复合材料板，并进行抗弹性能测试，其结果列于表4.7中。

表4.7 不同含量热塑性基体的弹道极限速度

基体含量/%	面密度/(kg·m^{-2})	弹道极限速度/(m·s^{-1})
9.5	4.9	365
14.6	5.0	412
19.4	5.0	418
28.2	5.1	384
35.0	5.1	362

由表4.7中数据可见，防弹板的弹道极限速度与基体含量并不完全成正比。当基体含量小于28%时，防弹板的弹道极限速度随基体含量的增加而增加，但当基体含量超过28%时，防弹板的弹道极限速度随基体含量的增加反而开始下降。由试验现象可知，当基体含量低于10%时，防弹板会产生严重分层，材料的抗弹性能也有较大的影响。文献中的试验结果表明，当基体含量在14.6%～28.2%范围内时，复合材料板抗弹性能最佳。

此外,文献[244]报道的相关数据列于表4.8中。

表4.8 基体材料种类与含量对芳纶复合材料抗弹性能的影响

基体	基体含量 /%	面密度 /(kg·m^{-2})	弹道极限速度 /(m·s^{-1})	比吸收能 /(J·m^2·kg^{-1})
环氧树脂	20	12.8	523	11.6
	25	12.7	491	10.4
	35	12.5	458	9.2
柔性PU橡胶	20	12.5	596	15.6
	25	12.2	559	14.1
	35	11.8	475	10.5

由表4.8可见,芳纶复合板的抗弹性能随基体含量的提高反而下降。其主要原因为:芳纶纤维之间的协同作用随树脂含量的提高而减弱,靶板受到弹体的冲击时,会产生分层和开裂,芳纶纤维的强拉伸作用难以有效发挥。

综合表4.7和表4.8分析可见,热塑性树脂基体含量应控制在14%~25%;因此,本书中基体含量选择在15%~25%范围内进行相关试验研究用复合材料板制备。

4.3.4 纤维增强复合材料的应变率效应

材料力学特性的主要参量有压缩、拉伸、剪切和弯曲性能等,相对于金属材料的各向同性,复合材料具有正交各向异性特点,使得对其的力学特性研究十分困难,并且绝大多数复合材料还具有明显的应变率相关特性。文献[245,246]给出了玻璃纤维和芳纶纤维在不同加载条件下应力和应变率的关系,如图4.3所示。

由图4.3可见:

①对于玻璃纤维材料,在相同试验条件下,只提高MTS试验机拉伸速率,其抗拉强度提高了20%;采用霍普金森杆拉伸方式,当应变率提高到$10^3 s^{-1}$时,其抗拉强度比静态/准静态提高了55%;采用膨胀环拉伸法,应变率提高到$10^4 s^{-1}$时,其抗拉强度比静态/准静态提高了70%以上,达到了750MPa。

②对于芳纶纤维材料,在提高MTS试验机拉伸速率条件下,即应变率在10^{-2}~$10^0 s^{-1}$范围内,材料的抗拉强度变化不明显,约为510MPa;当应变率

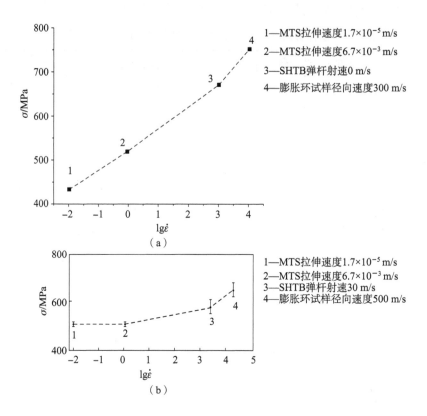

图 4.3　玻璃纤维和芳纶纤维在不同加载条件下应力和应变率的关系
(a) 玻璃纤维复合材料；(b) 芳纶纤维复合材料

提高到 $10^3\,\mathrm{s}^{-1}$ 量级时，材料的抗拉强度提高了 14%，约为 580 MPa；当应变率提高到 $10^4\,\mathrm{s}^{-1}$ 量级时，材料的抗拉强度提高了 30%，约为 660 MPa。

综上所述，在高应变率下，玻璃纤维和芳纶纤维都具有敏感的特性。相对而言，玻璃纤维较芳纶纤维在高应变率下更为敏感，在 $10^4\,\mathrm{s}^{-1}$ 量级时，抗拉强度提高了 70% 以上，芳纶纤维的抗拉强度只提高了 30% 左右。因此，对于高速（500～1 300 m/s）的弹体侵彻，玻璃纤维抗破片侵彻能力更强；对于低速（小于 500 m/s）的侵彻，芳纶纤维抗弹体侵彻能力更强。所以，在复合材料板设计时，要么采用纯芳纶，依靠前置合金钢靶板将破片的侵彻速度降至 500 m/s 以下；要么采用玻璃纤维与芳纶纤维复合的组合方式，并且玻璃纤维在前，通过玻璃纤维抗高速破片侵彻，后置的芳纶纤维防护低速破片。

4.4 复合材料选型与力学性能测试

4.4.1 选型试验

选择芳纶纤维、高强度玻璃纤维及玻璃纤维与芳纶纤维复合板,以4.3节的定性分析为依据,采用洛阳船舶材料研究所提供的不同(增强体材料、基体含量等)复合材料板,通过实际靶试获得抗侵彻性能最好的复合材料板,为后续破片对钢/纤维复合结构的侵彻试验提供支撑。

试验于2012年8—9月在地上50 m靶道完成,试验选用破片质量为4.5 g,破片结构如图2.6所示。试验选用复合材料的厚度为15 mm,共进行试验82发。纤维增强复合材料靶体的典型破坏特征如图4.4所示。

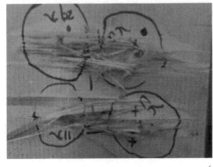

(a)

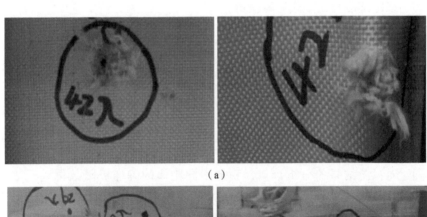

(b)

图 4.4 靶体破坏特征

(a) 芳纶纤维增强复合材料;(b) 玻璃纤维增强复合材料

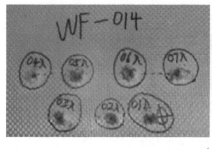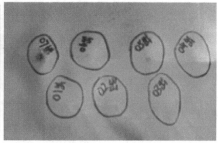

(c)

图 4.4　靶体破坏特征（续）
(c) 芳纶、玻璃纤维复合材料

因试制阶段复合材料板的工艺一致性较差，靶体的防护性能跳动较大，且试验数量有限，在此，采用美国富兰克的兵工厂弹道极限速度试验法进行弹道极限速度分析，其方法如下。

弹道极限速度可由下式计算获得：

$$v_{50} = \begin{cases} v_A + \dfrac{N_P - N_C}{N_P + N_C}(v_{HP} - v_A), N_P > N_C \\ v_A - \dfrac{N_P - N_C}{N_P + N_C}(v_A - v_{LC}), N_P < N_C \end{cases} \quad (4.1)$$

式中，v_{50} 是破片穿透靶板的概率为 50% 的弹道极限速度；v_A 是混合效果内全部测试速度的平均值；N_P 是嵌入数；N_C 是穿透数；v_{HP} 是嵌入最高速度；v_{LC} 是穿透最低速度。

通过对试验结果的分析计算，获得不同靶体的弹道极限数据列于表 4.9 中。由表 4.9 中数据可见，除芳纶 3（弹道极限为 626.6 m/s）和玻璃纤维 1（弹道极限为 750.4 m/s）外，其余几种复合材料的弹道极限均大于 800 m/s，可以作为试验研究用复合材料。

4.4.2　力学性能测试

根据 4.4.1 节的试验结果选择弹道极限较高的芳纶 1 和芳纶与玻璃纤维复合 1 进行后续试验。破片侵彻试验前，由洛阳船舶材料研究所测定试验研究用材料密度和树脂含量，数据列于表 4.10 中。对其静态力学性能进行了测试，列于表 4.11 中。

表4.9 纤维增强复合材料抗破片侵彻试验结果

靶板材料	靶板编号		试验发数（嵌入数/穿透数）	弹道极限速度/(m·s^{-1})
芳纶	芳纶1	WF-1	4 (2/2)	890.7
		WF-2	8 (7/1)	
		WF-3	4 (2/2)	
	芳纶2	WF-4	4 (0/4)	822.7
		WF-5	4 (2/2)	
	芳纶3	WF-7	4 (2/2)	626.6
		WF-8	7 (3/4)	
		WF-9	4 (2/2)	
	芳纶4	WF-12	3 (1/2)	880.5
		WF-13	3 (1/2)	
	芳纶5	CT736-3	5 (3/2)	804.9
玻璃纤维	玻璃纤维1	WF-10	3 (1/2)	750.4
		WF-11	6 (3/3)	
		WF-12	4 (1/3)	
复合	芳纶与玻璃纤维复合1	WF-13	6 (3/3)	834.2
	芳纶与玻璃纤维复合2	WF-14	13 (9/4)	833.8
总计			82 (42/40)	—

表4.10 试验研究用纤维材料的基本数据

材料	密度/(kg·m^{-3})	树脂含量/%
芳纶试件1	1 350	20.48
芳纶试件2	1 333	19.81
芳纶试件均值	1 342	20.15
芳纶与玻璃纤维复合试件1	1 912	16.08
芳纶与玻璃纤维复合试件2	1 905	15.50
芳纶与玻璃纤维复合试件均值	1 909	15.79

表 4.11 试验研究用纤维材料的静态力学性能

材料	R_m/MPa	E/GPa
芳纶试件 1	514	21.7
芳纶试件 2	537	20.5
芳纶试件 3	507	21.0
芳纶试件 4	531	19.3
芳纶试件 5	517	20.4
芳纶试件均值	521.2	20.58
复合试件 1	576	26.0
复合试件 2	617	25.6
复合试件 3	582	26.5
复合试件 4	583	24.5
复合试件 5	574	25.0
复合试件均值	576	26.0

由表 4.10 和表 4.11 可知，芳纶纤维的拉伸强度为 521.2 MPa，弹性模量为 20.58 GPa，密度为 1.342 g/cm³，可求得其比强度为 0.386 MPa·m³/kg，比模量为 0.015 2 GPa·m³/kg；芳纶玻璃纤维复合纤维的拉伸强度为 586.4 MPa，弹性模量为 25.52 GPa，密度为 1.909 g/cm³，可求得其比强度为 0.307 MPa·m³/kg，比模量为 0.013 4 GPa·m³/kg。由上述数据可见，芳纶玻璃纤维复合纤维的拉伸强度、弹性模量虽高于纯芳纶纤维，但因其密度也较高，其比强度和比模量却低于纯芳纶纤维。

4.5 破片对复合结构侵彻试验研究

4.5.1 试验目的

针对典型高强度低合金钢和复合材料板组成的复合结构，进行单一质量破片的侵彻试验。通过试验获得破片对不同厚度组元材料及不同间隙组合而成复合结构的弹道极限速度。通过试验现象分析破片对钢/纤维复合结构的侵彻机理,对试验结果进行分析,获得组元材料厚度和复合结构层间间隙对复合结构整体抗破片侵彻性能的影响规律,为后续有限元仿真和复合结构优化方法提供基础数据。

4.5.2 试验内容

试验用面/背板结构为合金钢板/纤维材料板结构,面/背板的层间间隙分为 0、50 mm 和 100 mm 三种。各靶板的长宽尺寸皆为 500 mm × 500 mm,总厚度有两种:4 mm 钢板 + 12 mm 纤维板及 5 mm 钢板 + 10 mm 纤维板。其中,纤维板结构又分为单芳纶纤维板、芳纶纤维板和玻璃纤维板的混合结构。选用 7.5 g 破片进行侵彻试验。试验方法与 3.4 节中破片对典型高强度低合金钢侵彻性能试验方法一致,共完成试验工况 14 种,进行试验 145 发。具体每种工况及试验数量见表 4.12。

表 4.12 破片对复合结构(合金钢 + 纤维增强复合材料)侵彻性能试验工况

序号	合金钢靶板厚度/mm	纤维增强复合材料靶体厚度及间隙				试验数量
		与前层间隙/mm	Ⅰ层材料(厚度)/mm	与前层间隙/mm	Ⅱ层材料(厚度)/mm	
1	4	0	芳纶纤维/12	—	—	10
2	4	50	芳纶纤维/12	—	—	11
3	4	100	芳纶纤维/12	—	—	11
4	4	0	玻璃纤维/8	0	芳纶纤维/4	10
5	4	50	玻璃纤维/8	0	芳纶纤维/4	11
6	4	100	玻璃纤维/8	0	芳纶纤维/4	10
7	4	100	芳纶纤维/4	0	玻璃纤维/8	11
8	4	50	玻璃纤维/8	50	芳纶纤维/4	10
9	5	0	芳纶纤维/10	—	—	11
10	5	50	芳纶纤维/10	—	—	10
11	5	100	芳纶纤维/10	—	—	10
12	5	0	玻璃纤维/7	0	芳纶纤维/3	11
13	5	50	玻璃纤维/7	0	芳纶纤维/3	10
14	5	100	玻璃纤维/7	0	芳纶纤维/3	9

4.5.3 试验结果及分析

4.5.3.1 试验结果

通过试验获得 7.5 g 破片对 14 种不同组合方式复合结构的弹道极限速度,列于表 4.13 中。试验中的破片及典型靶体结构如图 4.5 所示,典型靶体破坏结果如图 4.6 所示,回收塞块的形貌如图 4.7 所示。

表 4.13 复合结构抗破片侵彻性能试验结果

序号	合金钢靶板厚度/mm	纤维增强复合材料靶体厚度及间隙				弹道极限速度/(m·s^{-1})
		与前层间隙/mm	Ⅰ层材料(厚度)/mm	与前层间隙/mm	Ⅱ层材料(厚度)/mm	
1	4	0	芳纶纤维/12	—	—	1 171
2	4	50	芳纶纤维/12	—	—	1 140
3	4	100	芳纶纤维/12	—	—	923
4	4	0	玻璃纤维/8	0	芳纶纤维/4	956
5	4	50	玻璃纤维/8	0	芳纶纤维/4	1 094
6	4	100	玻璃纤维/8	0	芳纶纤维/4	1 370
7	4	100	芳纶纤维/4	0	玻璃纤维/8	790
8	4	50	玻璃纤维/8	50	芳纶纤维/4	875
9	5	0	芳纶纤维/10	—	—	1 019
10	5	50	芳纶纤维/10	—	—	907
11	5	100	芳纶纤维/10	—	—	1 335
12	5	0	玻璃纤维/7	0	芳纶纤维/3	927
13	5	50	玻璃纤维/7	0	芳纶纤维/3	983
14	5	100	玻璃纤维/7	0	芳纶纤维/3	1 334

由图 4.6 可见:

①纤维增强复合材料与合金钢靶板无间隙层合组合时,合金钢靶板背部的纤维增强复合材料阻碍了钢板的背凸和冲塞块的形成,韧性钢破片必须侵磨透钢板后,才能对复合材料板进行侵彻,如图 4.6(a)和图 4.6(b)所示。

第 4 章 韧性钢破片对钢/纤维复合结构侵彻性能分析方法

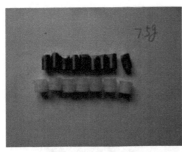

(a)

(b)

图 4.5 试验中的破片及复合结构

(a) 试验中的破片及弹托；(b) 试验中的两种复合结构

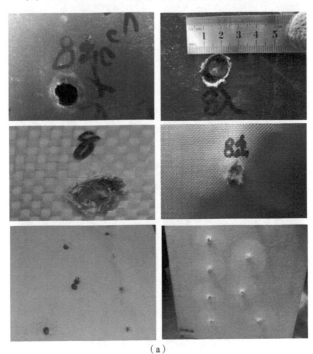

(a)

图 4.6 典型试验结果

(a) 5 mm 合金钢靶板 + 10 mm 复合纤维

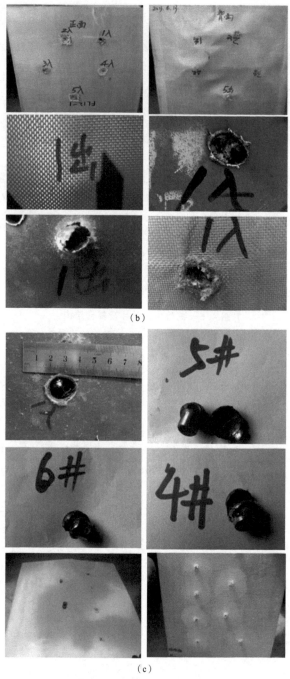

(b)

(c)

图 4.6 典型试验结果（续）

(b) 4 mm 合金钢靶板 + 12 mm 芳纶纤维；

(c) 5 mm 合金钢靶板 + 50 mm 间距 + 10 mm 复合纤维

第 4 章　韧性钢破片对钢/纤维复合结构侵彻性能分析方法

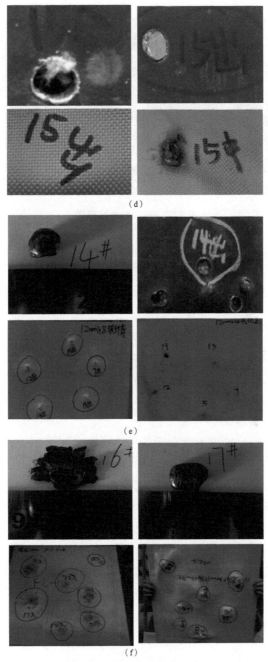

(d)

(e)

(f)

图 4.6　典型试验结果（续）

(d) 5 mm 合金钢靶板 + 50 mm 间距 + 10 mm 芳纶纤维；
(e) 4 mm 合金钢靶板 + 100 mm 间距 + 12 mm 复合纤维；
(f) 4 mm 合金钢靶板 + 100 mm 间距 + 12 mm 芳纶纤维

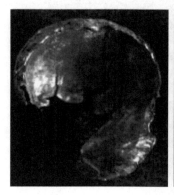 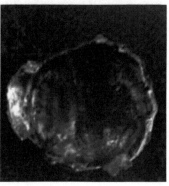

图 4.7　回收的塞块形貌

②纤维增强复合材料与合金钢靶板以 50 mm 间隙层合组合时，韧性钢破片贯穿合金钢靶板后形成塞块，塞块速度大于破片的剩余速度，从而先撞到复合材料板上，破片对复合材料的侵彻表现为破片顶着先撞击的塞块进行侵彻，如图 4.6（c）和图 4.6（d）所示。

③纤维增强复合材料与合金钢靶板以 100 mm 间隙层合组合时，韧性钢破片贯穿合金钢靶板后，也形成塞块，因为破片用钢是韧性的，钢破片没有发生破碎，但由于运动距离较远且破片与塞块存在随机偏角，两者在运动 100 mm 后，破片侵彻点与塞块撞击点可能相同，也可能不同，有可能为带塞块侵彻，也有可能为不带塞块侵彻。

④试验中进行回收的破片剩余质量基本为 6.0～6.4 g，为韧性钢破片原质量的 82%～88%，与第 3 章仿真结果相吻合。

此外，根据表 4.13 中的数据，进行分析如下：

①对于后置板采用复合纤维的复合结构，芳纶纤维/玻璃纤维组合形式抗破片侵彻能力低于玻璃纤维/芳纶纤维的组合形式，验证了 4.2.4 节中的定性分析。

②对于后置板采用复合纤维的复合结构，玻璃纤维与芳纶纤维的有间隙层合形式抗破片侵彻能力低于玻璃纤维与芳纶纤维的无间隙层合形式。

4.5.3.2　数据分析

通常对于密度不同的靶体，采用单位面积密度的靶板比吸收能 δ 来表征靶体抗破片侵彻性能。该表征方法是以弹道极限为参量，其值可由式（4.2）计算得出。

$$\delta = \frac{0.5 m v_{50}^2}{S_{AD}} \tag{4.2}$$

式中，m 为破片质量，g；v_{50} 为破片贯穿靶板的弹道极限，m/s；S_{AD} 为靶板的面密度，kg/m²。

显然，单位面积密度靶板的临界吸收能越大，表明同等质量条件下靶板抗破片侵彻贯穿破坏的能力越强。根据表 4.10 中复合材料的密度、实测结构和表 4.13 钢/纤维复合结构（合金钢+纤维增强复合材料）抗破片侵彻性能试验结果，获得不同组合方式复合结构的比吸收能，列于表 4.14 中。由表 4.14 可获得复合结构的比吸收能排序，列于表 4.15 中。

表 4.14 不同复合结构的极限吸收能

序号	合金钢靶板厚度/mm	合金钢靶面密度/(kg·m⁻²)	纤维材料/厚度/mm	纤维材料面密度/(kg·m⁻²)	弹道极限速度/(m·s⁻¹)	极限吸收能/(J·m²·kg⁻¹)
1	4	31.4	芳纶/12	15.96	1 171	108.6
2	4	31.4	芳纶/12	15.96	1 140	102.9
3	4	31.4	芳纶/12	15.96	923	67.5
4	4	31.4	复合/12	22.90	956	63.1
5	4	31.4	复合/12	22.90	1 094	82.7
6	4	31.4	复合/12	22.90	1 370	129.6
7	4	31.4	复合/12	22.90	790	43.1
8	4	31.4	复合/12	22.90	875	52.9
9	5	39.25	芳纶/10	13.58	1 019	73.7
10	5	39.25	芳纶/10	13.58	907	58.4
11	5	39.25	芳纶/10	13.58	1 335	126.5
12	5	39.25	复合/10	19.22	927	55.1
13	5	39.25	复合/10	19.22	983	62.0
14	5	39.25	复合/10	19.22	1 334	114.1

对表 4.14 和表 4.15 中的数据进行分析如下：

① 对于复合纤维，芳纶纤维在前、玻璃纤维在后层合及玻璃纤维和芳纶分离的组合方式比吸收能较低，其中芳纶纤维在前、玻璃纤维在后的层合结构比吸收能最低，仅为 43.1 J·m²/kg，为同等条件下玻璃纤维在前、芳纶纤维在后复合结构面吸收的 33.26%。因此，上述两种方式并非复合结构的最佳组合

方式，这与弹道极限分析结果相一致。

表4.15 复合结构按比吸收能排序

序号	比吸收能/ (J·m²·kg^{-1})	复合结构
1	129.6	4 mm 典型高强度低合金钢 + 100 mm 间距 + 12 mm 复合（玻璃纤维在前）
2	126.5	5 mm 典型高强度低合金钢 + 100 mm 间距 + 10 mm 芳纶纤维
3	114.1	5 mm 典型高强度低合金钢 + 100 mm 间距 + 10 mm 复合（玻璃纤维在前）
4	108.6	4 mm 典型高强度低合金钢 + 0 mm 间距 + 12 mm 芳纶纤维
5	102.9	4 mm 典型高强度低合金钢 + 50 mm 间距 + 12 mm 芳纶纤维
6	82.7	4 mm 典型高强度低合金钢 + 50 mm 间距 + 12 mm 复合（玻璃纤维在前）
7	73.7	5 mm 典型高强度低合金钢 + 0 mm 间距 + 10 mm 芳纶纤维
8	67.5	4 mm 典型高强度低合金钢 + 100 mm 间距 + 12 mm 芳纶纤维
9	63.1	4 mm 典型高强度低合金钢 + 0 mm 间距 + 12 mm 复合（玻璃纤维在前）
10	62.0	5 mm 典型高强度低合金钢 + 50 mm 间距 + 10 mm 复合（玻璃纤维在前）
11	58.4	5 mm 典型高强度低合金钢 + 50 mm 间距 + 10 mm 芳纶纤维
12	55.1	5 mm 典型高强度低合金钢 + 0 mm 间距 + 10 mm 复合（玻璃纤维在前）
13	52.9	4 mm 典型高强度低合金钢 + 50 mm 间距 + 8 mm 玻璃纤维 + 50 mm 间距 + 4 mm 芳纶纤维
14	43.1	4 mm 典型高强度低合金钢 + 100 mm 间距 + 12 mm 复合（芳纶纤维在前）

②除去芳纶纤维在前、玻璃纤维在后层合及玻璃纤维和芳纶纤维分离的两组组合方式，其他12种工况中，比吸收能最高为129.6 J·m²/kg，最低为55.1 m²/kg，表明不同组合形式下，钢/纤维复合结构的抗破片侵彻性能相差较大。

在此，根据表4.15，获得同一形式钢/纤维复合结构在不同间隔距离下比吸收能的对比，如图4.8所示。由图4.8可见，对于不同厚度的合金钢板和复合纤维材料板，复合结构整体比吸收能随间隔的变化规律并不相同。

此外，根据表4.15，获得同一间隙条件下，不同结构的比吸收能，如图4.9所示。

由图4.9可见，无间隔（即合金钢板与复合材料板直接贴合）条件下，后板为芳纶纤维的复合结构的比吸收能要高于后板为复合纤维的比吸收能；前置合金钢板为4 mm时，复合结构的比吸收能要高于前置合金钢板为5 mm的复合结构。

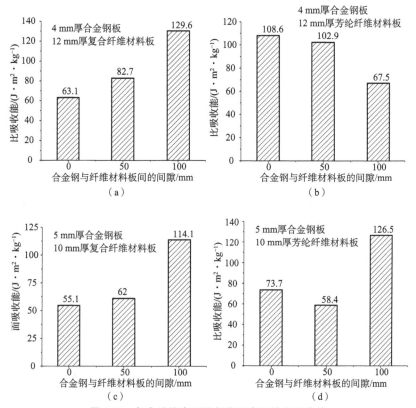

图 4.8 复合结构在不同间隔距离下的比吸收能

(a) 4 mm 合金钢 + 12 mm 厚复合纤维材料板；(b) 4 mm 合金钢 + 12 mm 厚芳纶纤维材料板；
(c) 5 mm 低合金钢 + 10 mm 厚复合纤维材料板；(d) 5 mm 低合金钢 + 10 mm 厚芳纶纤维材料板

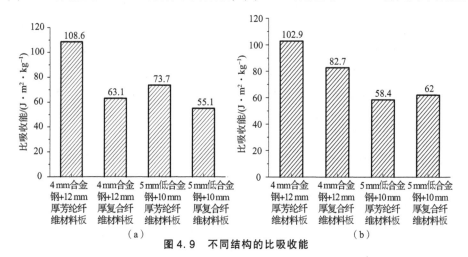

图 4.9 不同结构的比吸收能

(a) 0 mm 间隔；(b) 50 mm 间隔

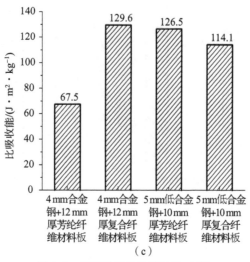

图 4.9 不同结构的比吸收能（续）

（c）100 mm 间隔

4.5.4 分析讨论

根据试验结果及图 4.6、图 4.8 和图 4.9，将试验工况分为无间隔和有间隔两种情况进行讨论。

1. 无间隔情况

合金钢与复合材料板紧密贴合，破片高速侵彻过程中，合金钢背部发生盘状凸起变形，由于合金钢背部有复合材料约束，其背部盘状凸起变形受限，破片开始侵磨合金钢，直至磨透穿出后，对纤维增强复合材料板再进行侵彻并贯穿，整个过程中少有随机因素发生，即使破片撞靶姿态存在少许随机，但破片侵彻合金钢靶板时的侵磨作用机理弱化了破片着靶姿态对试验结果的影响。因此，整个过程可作为一个整体进行研究。

2. 有间隔情况

合金钢与复合材料板不紧密贴合，中间有一定距离的间隔，破片的侵彻效果会因距离的存在而变得难以估计。分析原因如下：破片因着靶时存在着角和攻角，难以垂直侵入，又因合金钢板后面没有复合材料板约束，残余破片和冲塞块一起以随机姿态出靶，并且冲塞块的速度略大于残余破片的速度，根据第 3 章的数值仿真，可以获得破片和塞块的运动形态，如图 4.10 所示。

第4章 韧性钢破片对钢/纤维复合结构侵彻性能分析方法

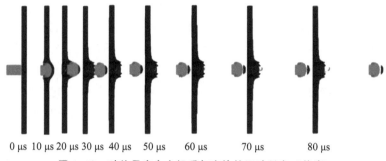

图4.10 破片贯穿合金钢后与塞块的运动形态（仿真）

由图4.10可见，冲塞块先于破片撞击一定距离外的复合材料板后，贯穿钢板的破片紧随而至，但破片和塞块在间隔里飞行的过程中是相互分离的，破片和塞块都会因与空气耦合发生随机翻转及飞行轨迹偏转，距离越长，两者在复合材料板上的着靶点越难以重合。图4.6（c）中，合金钢板和复合材料板间隔为50 mm条件下，虽然破片和塞块很多时候不是正对着的，但可以明显看出破片顶着塞块侵彻；图4.6（e）中，合金钢板和复合材料板间隔为100 mm条件下，很难回收到塞块，并且回收的破片形状各异，具有随机性。因此，对于合金钢和复合材料有间隙层合的复合结构，将破片对复合结构的侵彻过程看作首先对合金钢的侵彻和贯穿，然后对复合材料板进行侵彻两个部分完成，并且随着合金钢和复合材料板的间隔距离增加，破片和塞块翻转的随机性增加，破片着靶状态随机性增加。因此，整个过程可作为两个部分进行研究。

虽然文献［247］指出复合材料板的直接作用面积比吸收能恒定，但是因破片翻转带来的直接作用面积增加，复合材料板的比吸收能增加，弹道极限随之提高，而因合金钢和复合材料间距的增加，复合结构整体的比吸收能也随着间距的增加而增加，见表4.16。总体而言，间距由50 mm提高到100 mm，大多数情况下提高了复合结构的比吸收能。

表4.16 间距对比吸收能的影响

前置合金钢靶板厚度/mm	后置纤维板	比吸收能/(J·m²·kg^{-1})		比吸收能的改变量/%
		50 mm 间距	100 mm 间距	
4	12 mm 厚芳纶纤维板	102.9	67.5	-34.40
	12 mm 厚复合纤维板	82.7	129.6	56.71
5	10 mm 厚芳纶纤维板	58.4	126.5	116.61
	10 mm 厚复合纤维板	62.0	114.1	84.03

进一步分析表 4.13 中的数据可见，7.5 g 破片对合金钢和复合材料板（芳纶纤维、玻璃纤维在前，芳纶纤维在后的混杂纤维）存在间隔复合结构的弹道极限速度均大于 900 m/s，假定贯穿钢板后的破片不存在攻角，仍以直线飞行并与塞块前后共同对复合材料板进行侵彻。根据 3.10 节中获得的 7.5 g 破片以不同速度贯穿厚度为 4 mm 和 5 mm 合金钢靶板的剩余速度，列于表 4.17 中。由表 4.17 可见，7.5 g 破片以 900 m/s 的速度贯穿 4 mm 和 5 mm 典型高强度低合金钢后，仍具有不小于 622.9 m/s 和 544.3 m/s 的速度。

表 4.17　7.5 g 破片以不同速度贯穿 4 mm 和 5 mm 合金钢靶板的剩余速度

撞击速度/(m·s^{-1})		900	1 000	1 100	1 200	1 300	1 400
剩余速度 /(m·s^{-1})	4 mm	622.9	725.6	818.2	903.3	982.6	1 057.3
	5 mm	544.3	649.8	743.1	827.9	906.3	979.7

选取试验中"4 mm 合金钢靶板 + 100 mm 间隔 + 12 mm 芳纶纤维"工况进行分析。因试验回收塞块多为 1.3～1.8 g，回收破片为原破片质量（7.3 g 左右）的 85% 左右，足以表明破片在高速侵彻钢板过程中发生了侵蚀。在此，假定穿透钢板的破片与塞块共同构成侵彻体，质量为 7.7 g。因破片以速度 923 m/s 贯穿 4 mm 厚合金钢靶板后剩余速度为 657.1 m/s，若破片与塞块速度基本一致，即以 657.1 m/s 的速度临界贯穿 12 mm 厚芳纶复合材料，则可以获得试验研究用芳纶纤维的比吸收能为 101.5 J·m^2/kg，大于 4.4.1 节中复合材料选型的比吸收能 89.5 J·m^2/kg，足以说明破片穿透合金钢靶板后发生变形，并且出靶后存在偏角，与塞块并非前后垂直着靶，芳纶纤维板的比吸收能有所提升，但提升量具有随机性，其随机规律难以估计，需通过大量试验获取。

4.6　破片侵彻钢/纤维复合结构理论分析模型

4.6.1　无间隔复合结构

4.6.1.1　破片侵彻机理分析

根据第 4.5 节的试验研究可知，对于无间隔复合结构，韧性钢破片侵彻过程中先开始侵磨合金钢，直至磨透穿出后，对纤维增强复合材料板进行侵彻并贯穿，整个过程为一整体，韧性钢破片并未发生破碎，但是有明显的侵蚀。因此，破片对复合结构的弹道极限计算模型应当作整体考虑。在第 4.5 节试验中，回收试验后，破片典型形貌列于表 4.18 中。

表 4.18 回收破片的形貌

侵彻速度 /(m·s^{-1})	984	1 036	1 158	1 184	1 201	1 226
弹体形貌					未回收到	
回收弹高度 /mm	10.8	9.7	9.5	9.5	9.6	—
弹体最大值 /mm	13.3	13.5	13.4	13.6	14.2	—
侵彻速度 /(m·s^{-1})	930	951	990	1 034	1 107	1 218
弹体形貌				未回收到		
回收弹高度 /mm	11.6	10.9	10.6	9.5	—	9.6
弹体最大值 /mm	13.0	13.1	13.2	13.1	—	13.6

由表 4.18 可见，弹速侵彻下，未热处理的韧性钢破片发生严重塑性变形，头部被墩粗。试验后，合金钢靶板、纤维板典型破坏形态如图 4.11 和图 4.12 所示。

图 4.11 中，前置合金钢靶板迎弹面处翻边成孔，背弹面局部屈曲成孔，同时，形成薄片球冠状塞块，与文献 [248] 中无约束钢板的破坏模式不同；纤维板迎弹面纤维丝剪切断裂成孔，背弹面拉伸断裂成孔，同时伴有层裂，与文献 [244] 中无约束破坏模式相同。综合分析，将破片对钢/纤维复合结构

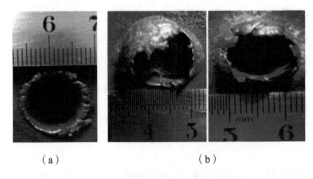

图 4.11 前置合金钢靶板典型破坏形貌
(a) 迎弹面；(b) 背弹面

图 4.12 后置芳纶纤维典型破坏形态
(a) 迎弹面；(b) 背弹面；(c) 侧面

的侵彻分为 3 个阶段：①弹体变形侵入阶段，即破片墩粗变形侵入钢板并挤压侵彻至钢板背弹面开始屈曲盘凸；②钢板背弹面局部屈曲剪切成孔，形成冲塞阶段，即钢板背弹面屈曲盘凸至塞块形成；③破片与塞块共同侵彻纤维板阶段，即破片顶着塞块侵入纤维板至弹体和塞块贯穿纤维板[86]。破片侵彻过程如图 4.13 所示。

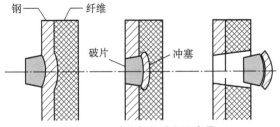

图 4.13 破片侵彻过程示意图

据此，可推断破片的动能 E_0 在侵彻过程中转换为前置钢板的屈曲盘凸、破裂成孔、纤维丝的断裂和纤维层间的开裂及弹体墩粗变形。即

$$E_0 = E_1 + E_2 + E_D \quad (4.3)$$

式中，E_1 为前置钢板所吸收的能量，包括形成弹孔所消耗的能量、弹靶接触中形成共同速度所消耗的能量 E_{11} 及纤维板抵抗前置钢板盘凸变形挤压所消耗的能量 E_{12}；E_2 为后置纤维板拉伸断裂和层裂所吸收的能量；E_D 为破片与冲塞墩粗的变形能。因此，将式（4.3）代入式（4.2）可得：

$$\delta = \frac{E_0(E_1, E_2, E_D)}{S_{AD_w}(\rho_s, \rho_f, H_s, H_f)} \quad (4.4)$$

4.6.1.2 破片侵彻过程能量转换分析

在此，将破片对钢/纤维复合结构的侵彻过程看作 3 个相互独立的能量转换过程进行分析，即侵彻前置合金钢板至钢板背部开始盘凸变形、前置合金钢板盘凸变形挤压纤维板至塞块形成、破片与塞块共同侵彻纤维板至贯穿复合板或运动结束 3 个独立阶段，并做如下假设：

①破片对钢/纤维复合结构侵彻的整个过程遵循能量守恒和动量守恒；

②在 900~1 200 m/s 的试验速度段，前置合金钢板形成弹孔所消耗的能量为一恒定值，不随撞击速度的变化而改变；

③纤维板在破片侵彻方向近似为同性均匀体，抗破片侵彻性能只与纤维材料的强度和侵彻体的撞击速度相关；破片在侵彻纤维板过程中为一刚体，不发生变形。

据此，建立 3 个不同阶段的复合结构能量吸收分析模型如下：

（1）破片侵彻前置合金钢板至钢板背部开始盘凸变形阶段

破片侵彻合金钢板所消耗的能量包括弹靶接触中形成共同速度所消耗的能量 E_s 及弹孔形成所消耗的能量 E_f。即

$$E_{11} = E_s + E_f \quad (4.5)$$

根据动量守恒：

$$m_p v_0 = (m_p + m_t) v_f \quad (4.6)$$

根据动能与动量守恒，则破片和冲塞形成共同速度 v_f 所消耗的能量为：

$$E_s = \frac{1}{2} \frac{m_p m_t}{m_p + m_t} v_0^2 \quad (4.7)$$

弹孔形成所消耗的能量为：

$$E_f = \frac{1}{2} \frac{m_p^2}{m_p + m_t} v_{s50}^2 \quad (4.8)$$

式中，v_0 为破片侵彻复合结构的弹道极限速度；v_{s50} 为破片侵彻前置合金钢靶板的弹道极限速度。

(2) 前置合金钢板盘凸变形挤压纤维板至塞块形成阶段

假设纤维板对前置合金钢板背部鼓包阻力符合 H. M. Wen[249] (2000) 的理论模型。即抗侵彻阻力分为两部分：一部分是纤维材料自身强度引起的静阻力 f_e，另一部分是惯性效应引起的动阻力 f_D。纤维板抗前置合金钢板背部鼓包的阻力 F_1 可写为：

$$F_1 = A_0 \sigma_e + A_0 (\beta \sqrt{\rho_f / \sigma_e}) v_d \sigma_e \quad (4.9)$$

式中，A_0 为前置合金钢板背面盘凸与纤维板接触的平均横截面积，为 $0.5 \times (1 + \lambda^2) \pi R_p^2$，$\lambda$ 为冲塞直径与原弹体直径之比，根据试验结果，λ 可取 1.25，R_p 为原弹体半径；σ_e 为纤维板的抗压强度；β 为弹体头部形状系数；ρ_f 为纤维板的密度；v_d 为前置合金钢板背部盘凸变形的平均速度，为最终冲塞塞块速度的一半。

盘凸变形的最终高度 H_2 可视为前置合金钢板盘凸变形挤压纤维板至塞块形成阶段的作用距离，可根据前置钢板的延伸率计算获得。据此，前置合金钢板盘凸变形挤压纤维板至塞块形成过程中所消耗的能量 E_{12} 可表示为：

$$E_{12} = [A_0 \sigma_e + A_0 (\beta \sqrt{\rho_f / \sigma_e}) v_d \sigma_e] \times H_2 \quad (4.10)$$

(3) 破片与冲塞共同侵彻纤维板阶段

同样根据 H. M. Wen 模型，纤维板抗破片与冲塞的阻力为：

$$F_2 = A_1 \sigma_e + A_1 (\beta \sqrt{\rho_f / \sigma_e}) v_f \sigma_e \quad (4.11)$$

式中，A_1 为冲塞块与纤维板接触的横截面积，为 $\pi(\lambda R_p)^2$，mm^2；v_f 为破片与冲塞的共同速度，为 $2v_d$，m/s。在此阶段，破片的作用距离 H_3 为 H_a 与 H_2 之差，H_a 为纤维板的厚度，mm。

据此，破片与冲塞共同侵彻纤维板过程中所消耗的能量 E_2 可表示为：

$$E_2 = [A_1 \sigma_e + A_1 (\beta \sqrt{\rho_f / \sigma_e}) v_f \sigma_e] \times H_3 \quad (4.12)$$

冲塞与破片墩粗变形能可写成：

$$E_D = E_{Dp} + E_{Dt} = \pi (R_p^2 \sigma_p W_p + R_t^2 \sigma_t W_t) \quad (4.13)$$

式中，σ_p、σ_t 分别为破片、合金钢材料的屈服强度；W_p、W_t 分别为试验后破片和塞块的变形量。

此外，对于芳纶纤维板，尤其是较厚的芳纶纤维板，存在分层吸能，吸能量与芳纶纤维的基体种类及含量相关，即表现为基体与纤维布的耦合力，则该吸能量与芳纶纤维板的厚度相关，见式 (4.14)：

$$E_{AF} = K H_{fk} \quad (4.14)$$

式中，K 为单位厚度分层吸能量，根据第 4 章材料选型结果时的试验，可得 K 为 5.6×10^{10} g·mm/s^2；H_{fk} 为芳纶纤维板的厚度，mm。

根据式(4.4),比吸收能可表示为:
$$\delta = (E_{11} + E_{12} + E_2 + E_D + E_{AF})/S_{AD} \quad (4.15)$$
即
$$\delta = \left\{ \frac{1}{2} \frac{m_p m_t}{m_p + m_t} v_0^2 + \frac{1}{2} \frac{m_p^2}{m_p + m_t} v_{s50}^2 + \left[A_0 \sigma_e + A_0 (\beta \sqrt{\rho_f/\sigma_e}) v_d \sigma_e \right] H_2 + \right.$$
$$\left[A_1 \sigma_e + A_1 (\beta \sqrt{\rho_f/\sigma_e}) v_f \sigma_e \right] (H_a - H_2) +$$
$$\left. \pi (R_p^2 \sigma_p W_p + R_t^2 \sigma_t W_t) + KH_{fk} \right\} / S_{AD} \quad (4.16)$$

根据获取的纤维板材料参数,采用式(3.13)计算获得7.5 g破片对厚度为4 mm和5 mm合金钢靶板的弹道极限速度,并按半球形计算塞块的质量,根据文献[250],弹体头部形状系数β取1.5;根据第3章测试获得合金钢板的延伸率,计算4 mm和5 mm前置合金钢板在破片高速侵彻下盘凸变形的最终高度。将上述参量代入式(4.16)中,计算获得不同试验工况下比吸收能的分析值,列于表4.19中。因表4.19中数据较少,并不适合采用基于标准化残差值在标准正态分布区间落入度的方法检验模型,在此采用传统的相对统计误差的方法进行检验。由表4.19可见,分析模型与试验结果相比,相对统计误差不大于8%,表明该分析模型计算结果具有一定的准确性。

表4.19 分析模型与试验结果对比

复合结构组合形式	纤维板类型	比吸收能/(J·m²·kg⁻¹)		相对统计误差/%
		试验值	式(4.16)计算值	
4 mm合金钢 + 12 mm纤维	芳纶纤维板	108.6	100.7	-7.30
	芳纶纤维-玻璃纤维复合板	63.1	63.2	0.20
5 mm合金钢 + 10 mm纤维	芳纶纤维板	73.7	77.8	5.56
	芳纶纤维-玻璃纤维复合板	55.1	57.8	4.82

4.6.2 有间隔复合结构

根据第4章的试验研究可知,对于有间隔复合结构,破片首先贯穿合金钢板,然后对后置的纤维板进行侵彻贯穿。因此,式(4.2)中破片对其侵彻弹道极限模型函数为:
$$v_{w50} = f(v_{sr}, v_{f50}, \chi) \quad (4.17)$$
式中,v_{sr}为破片贯穿钢板后的剩余速度,第3章已通过数值仿真给出了相应的计算模型式(3.21)~式(3.26),并可知该模型为破片质量、撞击速度和合金钢板厚度的函数；v_{f50} 为破片侵彻纤维板的弹道极限速度；χ 为破片和塞块在前置合金钢板与后置纤维板之间飞行过程中发生随机翻转及飞行轨迹偏转相关度，是一个随机量。

此外，根据式（3.10）可知，对于密度和强度已知的合金钢板和破片，弹道极限速度 v_{s50} 是破片直径、长度和合金钢板厚度的函数，见式（4.18）：

$$v_{s50} = f(d_p, L_p, H_s) \tag{4.18}$$

由于在工程应用中更关注直观的破片质量与弹道极限的关系，因此，对于特定结构破片，式（4.18）可写成式（4.19）的形式：

$$v_{s50} = f(m_f, H_s) \tag{4.19}$$

式（4.18）和式（4.19）在第 3 章已被讨论，并针对本书所用的典型高强度低合金钢获得了相应具体形式。对于纤维板材料，根据文献［251］可知，特定弹靶材料条件下，弹道极限与靶体的厚度及破片的质量相关，因此，也可借鉴式（4.19）的形式，则式（4.2）可写成如下形式：

$$\delta = \frac{0.5 m_{f0} v_{w50}^2 (v_{sr}(v_0, m_f, H_s), v_{f50}(m_f, H_f), \chi)}{S_{AD_u}(\rho_s, \rho_f, H_s, H_f)} \tag{4.20}$$

式中，v_{sr} 的分析模型已在第 3 章获取；因纤维材料各向异性的复杂性和试验数据有限，v_{f50} 的分析模型拟通过后续更多工况的数值仿真获得。有了 v_{sr} 和 v_{f50}，在理想情况下，不考虑随机因素（$\chi = 0$），即可按式（4.16）计算获得钢/纤维复合结构的比吸收能。

4.7 破片对钢/纤维复合结构侵彻数值仿真研究

随着计算机技术的发展，数值仿真的日益普及为弹体侵彻各向异性复合材料力学行为研究的实施产生了技术上的促进和支持，对复杂弹靶作用的研究成为可能。Dale S. Preece[252]（2005）通过 AutoDyn 程序模拟了子弹对单层芳纶结构的侵彻与贯穿，研究认为，采用拉格朗日算法和横向各向同性（Transversely Isotropic）材料模型可以更好地模拟弹体对芳纶纤维板的破坏效应。本书在 Dale S. Preece 研究基础上，参考文献［253 - 255］采用 AutoDyn 程序对试验工况及试验工况外的破片侵彻进行数值模拟，获得破片侵彻过程及不同纤维材料厚度条件下的复合结构的抗破片侵彻性能。

4.7.1 数值仿真及接触算法

对固体的冲击与侵彻问题，可采用拉格朗日算法进行，以便于捕捉物质的运动信息。此外，在数值仿真中，在两层/三层板和破片之间设置拉格朗日/拉格朗日耦合接触。该接触的主要特点是作用结构引入小"间隙"来确定子区域是否相互作用。该"间隙"对每个相互作用面定义一个作用的发现区。无论何时，一旦节点进入发现区，将被推出，该方法对侵彻过程提供了更为真实的描述。但如果间隙的尺寸小于最小相互作用面尺寸的 1/10 或大于它的 1/2，AutoDyn 将不进行计算。所以，通过网格共节点的方式将两层/三层板进行界面耦合。

4.7.2　复合材料仿真模型及参数

复合材料本构行为的合理描述是近年来材料学、力学领域的研究热点之一[256-259]。现阶段通常采用两种方法进行处理：一是将复合材料作为均质各向异性材料处理；二是从微观的角度考虑复合材料的非均匀性。目前，第一种方法已取得了一些满意的结果；第二种方法虽然也十分重要和必要，但难以应用于宏观断裂的定量分析。本书参考已有研究成果，采用 Puff 状态模型和 Von Mises 强度模型进行数值模拟[260,261]。根据表 4.11 实测的复合材料力学性能，在文献 [262] 的基础上获得芳纶纤维材料板和玻璃纤维材料板的仿真模型及计算参数[84,85]，列于表 4.20 中。

表 4.20　数值仿真用纤维增强复合板材料模型及参数

名称	模型参量	模型参数	
		芳纶纤维	玻璃纤维
密度	参考密度/(g·cm^{-3})	1.35	2.15
状态方程	参数 A_1/Mbar	0.082 1	0.121 3
	参数/Mbar	0.703 6	0.179 8
	参数/Mbar	0.00	0.00
	Gruneisen 系数	0.35	0.15
	膨胀系数	0.25	0.25
	升华能量/(Terg·g^{-1})	0.082 3	0.020 93
	参数 T_1/(Terg·g^{-1})	0.00	0.00
	参数 T_2/(Terg·g^{-1})	0.00	0.00
	参考温度/K	0.00	0.00
	比热/[Terg·(g·K)$^{-1}$]	0.00	0.00
失效模型	塑性应变	1.4	1.4
侵蚀模型	塑性应变	0.6	0.6

4.8 破片对无间隔复合结构侵彻效应的数值仿真

4.8.1 仿真计算模型检验

采用上述仿真模型,针对 4 mm 合金钢板分别与 12 mm 芳纶纤维板和复合纤维板、5 mm 合金钢板分别与 10 mm 芳纶纤维板和复合纤维板之间无间隔层合 4 种工况进行数值仿真,获得的破片对复合结构侵彻过程如图 4.14 所示。

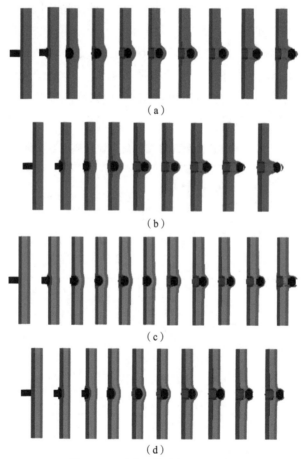

图 4.14 破片对靶体的侵彻过程

(a) 4 mm 合金钢板 + 12 mm 芳纶纤维板;(b) 5 mm 合金钢板 + 10 mm 芳纶纤维板;
(c) 4 mm 合金钢板 + 12 mm 复合纤维板;(d) 5 mm 合金钢板 + 10 mm 复合纤维板

第4章 韧性钢破片对钢/纤维复合结构侵彻性能分析方法

仍采用两射弹弹道极限法，通过数值仿真获得7.5 g破片对上述4种结构的弹道极限速度，列于表4.21中。

表4.21 4种工况数值仿真弹道极限和试验结果对比

序号	工况	试验值 /(m·s^{-1})	仿真值 /(m·s^{-1})	相对统计误差/%
1	4 mm合金钢板 + 12 mm芳纶纤维板	1 171.0	1 072.5	-8.41
2	4 mm合金钢板 + 12 mm复合纤维板	956.0	1 002.5	4.86
3	5 mm合金钢板 + 10 mm芳纶纤维板	1 019.0	1 077.5	5.74
4	5 mm合金钢板 + 10 mm复合纤维板	927.0	997.5	7.61

因为试验数据较少，相同材料的结构只有两个点，且弹道极限是通过4射弹法获得的，数据较少，难以用标准化残差值来检验数值仿真，因此，仍采用相对统计误差及极差值进行数值仿真模型的检验，虽然精确上因撞击速度达到1 000 m/s，即使15%的极差，也在150 m/s的范围，但是对于复合材料板这种随机性较大的材料，也恰好适应材料波动性大的特点。由表4.21可计算获得仿真值与试验值的极差，为16.02%，比第3章的合金钢板弹道极限的极差大，主要原因在于纤维板因工艺不稳定造成的性能随机性较大和各向异性的材料特性使试验和仿真都难以十分精确，而16.02%的极差表明仿真结果具有一定的准确性。

4.8.2 纤维材料板厚度对破片侵彻效应的影响规律

选择第3章破片侵彻合金钢靶板试验中最大质量为10.0 g的破片及第4章破片侵彻钢/纤维复合结构中的7.5 g破片进行对纤维材料板侵彻效应的数值仿真，即可获取已有合金钢板试验中最大质量破片对不同厚度复合结构侵彻的规律，同时又兼顾了破片对复合结构的试验，可为后续的复合结构优化设计提供更多的数据支撑。

4.8.2.1 7.5 g破片侵彻效应仿真

采用上述数值仿真算法、材料模型和参数针对4 mm厚合金钢分别与8 mm、10 mm、12 mm、14 mm和16 mm这5种厚度芳纶纤维和复合纤维无间隙层合复合结构，5 mm厚合金钢分别与6 mm、8 mm、10 mm、12 mm和14 mm这5种厚度芳纶纤维和复合纤维无间隙层合的复合结构进行7.5 g破片穿甲效应的数值仿真。数值仿真中，破片穿透时的图片列于表4.22中。

表4.22　7.5 g破片对不同组合方式复合结构侵彻的数值仿真

钢板厚度/mm	纤维材料板种类（厚度）/mm	数值仿真结果
4	芳纶（8）	
	芳纶（10）	
	芳纶（12）	
	芳纶（14）	
	芳纶（16）	
5	芳纶（6）	
	芳纶（8）	
	芳纶（10）	
	芳纶（12）	
	芳纶（14）	

续表

钢板厚度/mm	纤维材料板种类（厚度）/mm	数值仿真结果
4	复合（8）	
	复合（10）	
	复合（12）	
	复合（14）	
	复合（16）	
5	复合（6）	
	复合（8）	
	复合（10）	
	复合（12）	
	复合（14）	

同样采用两射弹弹道极限法，通过数值仿真计算获得 7.5 g 破片对不同组合方式钢/纤维复合结构的弹道极限速度，列于表 4.23 中。由表 4.23 中的数据可获得弹道极限速度随纤维材料板厚度的变化曲线，如图 4.15 所示。

表 4.23　7.5 g 破片对不同组合方式钢/纤维复合结构的弹道极限速度

钢板厚度/mm	纤维材料板种类（厚度）/mm	弹道极限速度/(m·s^{-1})
4	芳纶（8）	882.5
	芳纶（10）	980.0
	芳纶（12）	1 072.5
	芳纶（14）	1 160.0
	芳纶（16）	1 247.5
5	芳纶（6）	880.0
	芳纶（8）	972.5
	芳纶（10）	1 077.5
	芳纶（12）	1 180.0
	芳纶（14）	1 280.0
4	复合（8）	815.0
	复合（10）	905.0
	复合（12）	1 002.5
	复合（14）	1 107.5
	复合（16）	1 207.5
5	复合（6）	807.5
	复合（8）	910.0
	复合（10）	997.5
	复合（12）	1 125.0
	复合（14）	1 210.0

由图 4.15 可见，7.5 g 破片的弹道极限速度随纤维材料板厚度的增加而线性提高；并且对于同一类材料，不同厚度合金钢板拟合曲线的斜率也基本一致，只是截距不同。因此，针对 4 mm 和 5 mm 厚合金钢板与纤维材料无间隔层合而成的复合结构，根据图 4.15 可拟合获得 7.5 g 破片对合金钢与不同厚度纤维材料板无间隙层合复合结构的弹道极限速度计算式：

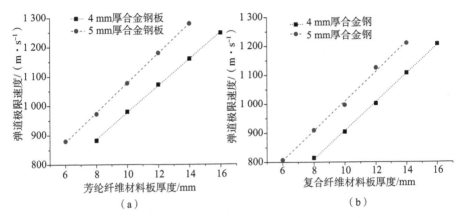

图 4.15 弹道极限速度随纤维材料板厚度的变化（7.5 g 破片）
(a) 合金钢 + 芳纶纤维板；(b) 合金钢 + 复合纤维板

（1）后置板为芳纶纤维材料板

$$v_{50F} = \begin{cases} 522.50 + 45.50 H_{fk}, & H_s = 4 \text{ mm} \\ 574.25 + 50.38 H_{fk}, & H_s = 5 \text{ mm} \end{cases} \quad (4.21\text{a})$$

（2）后置板为复合纤维材料板

$$v_{50F} = \begin{cases} 415 + 49.4 H_{fh}, & H_s = 4 \text{ mm} \\ 500 + 51.0 H_{fh}, & H_s = 5 \text{ mm} \end{cases} \quad (4.21\text{b})$$

式中，v_{50F} 为纤维板弹道极限速度，m/s；H_{fk} 为芳纶纤维材料板厚度，mm；H_{fh} 为复合纤维材料板厚度，mm；H_s 为钢板厚度，mm。

将式（4.21）计算得到的弹道极限速度与仿真值相比，结果列于表 4.24 中。

表 4.24 式（4.21）计算弹道极限速度与仿真值的对比

钢板厚度/mm	纤维材料板种类（厚度）/mm	弹道极限速度/(m·s⁻¹) 仿真值	式（4.21）计算值	相对统计误差/%
4	芳纶（8）	882.5	886.5	0.45
	芳纶（10）	980.0	977.5	-0.26
	芳纶（12）	1 072.5	1 068.5	-0.37
	芳纶（14）	1 160.0	1 159.5	-0.04
	芳纶（16）	1 247.5	1 250.5	0.24

续表

钢板厚度 /mm	纤维材料板种类（厚度）/mm	弹道极限速度/(m·s⁻¹)		相对统计误差 /%
		仿真值	式（4.21）计算值	
5	芳纶（6）	880.0	876.5	-0.39
	芳纶（8）	972.5	977.3	0.49
	芳纶（10）	1 077.5	1 078.1	0.05
	芳纶（12）	1 180.0	1 178.8	-0.10
	芳纶（14）	1 280.0	1 279.6	-0.03
4	复合（8）	815.0	810.0	-0.61
	复合（10）	905.0	908.8	0.41
	复合（12）	1 002.5	1 007.5	0.50
	复合（14）	1 107.5	1 106.3	-0.11
	复合（16）	1 207.5	1 205.0	-0.21
5	复合（6）	807.5	806.0	-0.19
	复合（8）	910.0	908.0	-0.22
	复合（10）	997.5	1 010.0	1.25
	复合（12）	1 125.0	1 112.0	-1.16
	复合（14）	1 210.0	1 214.0	0.33

由表4.24可见，式（4.21）计算值与仿真值的相对统计误差均在±1.3%之内，极差为2.41%，有90%（18/20）的点误差在0.5%之内，说明仿真值与式（4.21）的计算值非常接近，表明式（4.21）的计算值具有较高的准确性。

根据表4.24可计算获得不同组合方式钢/纤维复合结构的比吸收能，列于表4.25中。

由表4.25可获得合金钢板为同一厚度条件下，芳纶纤维材料和复合纤维材料背板构成无间隔层合复合结构比吸收能的对比，如图4.16所示。由图4.16可见，无论是4 mm还是5 mm合金钢板，其与芳纶纤维背板组成的钢/纤维复合结构的比吸收能要大于与复合纤维背板组成的复合结构，与试验结果具有一致性。

同时，由表4.25可获得钢/纤维复合结构比吸收能随纤维材料板厚度的变化曲线，如图4.17所示。

表4.25 不同组合方式复合结构的比吸收能（7.5 g破片）

钢板厚度 /mm	纤维材料板种类（厚度）/mm	弹道极限速度 /(m·s^{-1})	比吸收能 /(J·m^2·kg^{-1})
4	芳纶（8）	882.5	69.21
	芳纶（10）	980.0	80.21
	芳纶（12）	1 072.5	90.62
	芳纶（14）	1 160.0	100.32
	芳纶（16）	1 247.5	110.11
5	芳纶（6）	880.0	61.33
	芳纶（8）	972.5	70.86
	芳纶（10）	1 077.5	82.54
	芳纶（12）	1 180.0	94.17
	芳纶（14）	1 280.0	105.66
4	复合（8）	815.0	53.36
	复合（10）	905.0	60.82
	复合（12）	1 002.5	69.38
	复合（14）	1 107.5	79.11
	复合（16）	1 207.5	88.25
5	复合（6）	807.5	48.22
	复合（8）	910.0	56.95
	复合（10）	997.5	63.95
	复合（12）	1 125.0	76.34
	复合（14）	1 210.0	83.20

由图4.17可见，钢/纤维复合结构的比吸收能随纤维材料板厚度的增加而线性提高，拟合曲线可获得合金钢与不同厚度纤维材料板无间隙层合复合结构比吸收能计算式。

（1）背板为芳纶纤维材料板

$$\delta = \begin{cases} 28.95 + 5.10 H_{fk}, & H_s = 4 \text{ mm} \\ 26.93 + 5.60 H_{fk}, & H_s = 5 \text{ mm} \end{cases} \quad (4.22\text{a})$$

（2）背板为混杂纤维材料板

$$\delta = \begin{cases} 17.34 + 4.40 H_{fh}, & H_s = 4 \text{ mm} \\ 21.06 + 4.47 H_{fh}, & H_s = 5 \text{ mm} \end{cases} \quad (4.22\text{b})$$

式中，δ 为复合结构的比吸收能，J·m^2/kg；H_{fk} 为芳纶纤维材料板厚度，mm；H_{fh} 为混杂纤维材料板厚度，mm；H_s 为钢板厚度，mm。

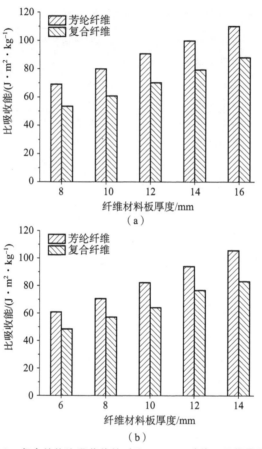

图 4.16　复合结构比吸收能的对比（7.5 g 破片，无间隔层合）

(a) 4 mm 厚合金钢板；(b) 5 mm 厚合金钢板

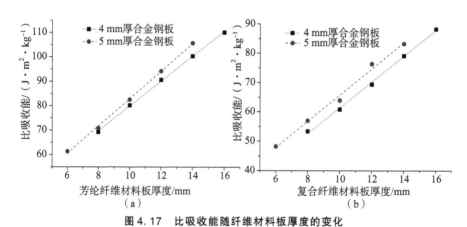

图 4.17　比吸收能随纤维材料板厚度的变化

(a) 合金钢 + 芳纶纤维板；(b) 合金钢 + 复合纤维板

4.8.2.2 10.0 g 破片侵彻效应仿真

采用上述数值仿真算法、材料模型和参数对 4 mm 厚合金钢分别与 8 mm、10 mm、12 mm、14 mm 和 16 mm 这 5 种厚度芳纶和复合纤维无间隙层合复合结构，5 mm 厚合金钢分别与 6 mm、8 mm、10 mm、12 mm 和 14 mm 这 5 种厚度芳纶和复合纤维无间隙层合的复合结构进行 10.0 g 破片穿甲效应的数值仿真，破片穿透时的图片列于表 4.26 中。

表 4.26 10.0 g 破片对采用不同厚度纤维材料复合结构侵彻的数值仿真

钢板厚度 /mm	纤维材料板种类（厚度）/mm	数值仿真结果
4	芳纶（8）	
	芳纶（10）	
	芳纶（12）	
	芳纶（14）	
	芳纶（16）	

续表

钢板厚度/mm	纤维材料板种类（厚度）/mm	数值仿真结果
5	芳纶（6）	
	芳纶（8）	
	芳纶（10）	
	芳纶（12）	
	芳纶（14）	
4	复合（8）	
	复合（10）	
	复合（12）	
	复合（14）	
	复合（16）	

续表

钢板厚度/mm	纤维材料板种类（厚度）/mm	数值仿真结果
5	复合（6）	
	复合（8）	
	复合（10）	
	复合（12）	
	复合（14）	

同样采用两射弹弹道极限速度法，通过数值仿真获得 10.0 g 破片对不同组合方式钢/纤维复合结构的弹道极限速度，列于表 4.27 中。

表 4.27　10.0 g 破片对不同组合方式复合结构的弹道极限速度

钢板厚度/mm	纤维材料板种类（厚度）/mm	弹道极限速度/(m·s^{-1})
4	芳纶（8）	780.0
	芳纶（10）	855.0
	芳纶（12）	925.0
	芳纶（14）	1 010.0
	芳纶（16）	1 090.0
5	芳纶（6）	762.5
	芳纶（8）	845.0
	芳纶（10）	942.5
	芳纶（12）	1 037.5
	芳纶（14）	1 122.5

续表

钢板厚度/mm	纤维材料板种类（厚度）/mm	弹道极限速度/(m·s^{-1})
4	复合（8）	722.5
	复合（10）	737.5
	复合（12）	857.5
	复合（14）	937.5
	复合（16）	1 097.5
5	复合（6）	712.5
	复合（8）	777.5
	复合（10）	877.5
	复合（12）	962.5
	复合（14）	1 177.5

由表 4.27 可获得弹道极限速度随纤维材料板厚度的变化曲线，如图 4.18 所示。

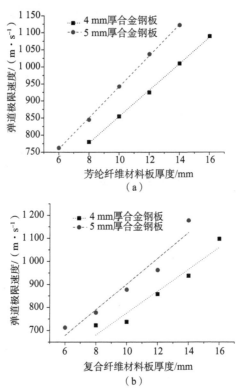

图 4.18　弹道极限速度随纤维材料板厚度的变化（10.0 g 破片）

(a) 合金钢 + 芳纶纤维板；(b) 合金钢 + 复合纤维板

由图 4.18 可见，10.0 g 破片的弹道极限速度随纤维材料板厚度的增加而线性提高；与 7.5 g 破片侵彻规律相同，不同厚度合金钢板拟合曲线的斜率也基本一致，只是截距不同。因此，根据图 4.18 可获得 10.0 g 破片对 4 mm 和 5 mm 厚合金钢板与不同厚度纤维材料板无间隙层合复合结构的弹道极限速度计算式：

（1）背板为芳纶纤维材料板

$$v_{50F} = \begin{cases} 467 + 38.75 H_{fk}, & H_s = 4 \text{ mm} \\ 485.75 + 45.63 H_{fk}, & H_s = 5 \text{ mm} \end{cases} \quad (4.23\text{a})$$

（2）背板为复合纤维材料板

$$v_{50F} = \begin{cases} 300.5 + 47.5 H_{fh}, & H_s = 4 \text{ mm} \\ 344 + 55.75 H_{fh}, & H_s = 5 \text{ mm} \end{cases} \quad (4.23\text{b})$$

式中，v_{50F} 为纤维板弹道极限速度，m/s；H_{fk} 为芳纶纤维材料板厚度，mm；H_{fh} 为复合纤维材料板厚度，mm；H_s 为钢板厚度，mm。

将式（4.23）计算得到的弹道极限与仿真值相比，结果列于表 4.28 中。

表 4.28 式（4.23）计算弹道极限速度与仿真值的对比

钢板厚度 /mm	纤维材料板种类（厚度）/mm	弹道极限速度/(m·s⁻¹)		相对统计误差 /%	标准化残差值
		仿真值	式(4.23)计算结果		
4	芳纶（8）	780.0	777.0	-0.38	-0.116
	芳纶（10）	855.0	854.5	-0.06	-0.020
	芳纶（12）	925.0	932.0	0.76	0.268
	芳纶（14）	1 010.0	1 009.5	-0.05	-0.020
	芳纶（16）	1 090.0	1 087.0	-0.28	-0.116
5	芳纶（6）	762.5	759.5	-0.39	-0.114
	芳纶（8）	845.0	850.8	0.68	0.222
	芳纶（10）	942.5	942.0	-0.05	-0.018
	芳纶（12）	1 037.5	1 033.3	-0.41	-0.161
	芳纶（14）	1 122.5	1 124.5	0.18	0.079
4	复合（8）	722.5	680.5	-5.81	-1.612
	复合（10）	737.5	775.5	5.15	1.457
	复合（12）	857.5	870.5	1.52	0.498
	复合（14）	937.5	965.5	2.99	1.074
	复合（16）	1 097.5	1 060.5	-3.37	-1.420

续表

钢板厚度 /mm	纤维材料板种类（厚度）/mm	弹道极限速度/(m·s^{-1})		相对统计误差 /%	标准化残差值
		仿真值	式(4.23)计算结果		
5	复合（6）	712.5	678.5	-4.77	-1.305
	复合（8）	777.5	790.0	1.61	0.479
	复合（10）	877.5	901.5	2.74	0.920
	复合（12）	962.5	1 013.0	5.25	1.937
	复合（14）	1 177.5	1 124.5	-4.50	-1.998

由表 4.28 可见，公式计算值与仿真值的相对统计误差均在 ±6% 之内，极差为 11.06%，标准化残差值全部落在 (-2,2) 区间内，表明式 (4.23) 计算值具有一定的准确性。

根据表 4.24 计算可获得不同种类钢/纤维复合结构的比吸收能，列于表 4.29 中。

表 4.29 不同组合方式复合结构的比吸收能（10.0 g 破片）

钢板厚度 /mm	纤维板种类（厚度）/mm	弹道极限速度 /(m·s^{-1})	比吸收能 /(J·m^2·kg^{-1})
4	芳纶（8）	780.0	72.09
	芳纶（10）	855.0	81.41
	芳纶（12）	925.0	89.88
	芳纶（14）	1 010.0	101.40
	芳纶（16）	1 090.0	112.08
5	芳纶（6）	762.5	61.39
	芳纶（8）	845.0	71.33
	芳纶（10）	942.5	84.20
	芳纶（12）	1 037.5	97.06
	芳纶（14）	1 122.5	108.34
4	复合（8）	722.5	55.91
	复合（10）	737.5	53.85
	复合（12）	857.5	67.68
	复合（14）	937.5	75.79
	复合（16）	1 097.5	97.2

续表

钢板厚度/mm	纤维板种类（厚度）/mm	弹道极限速度/(m·s⁻¹)	比吸收能/(J·m²·kg⁻¹)
5	复合（6）	712.5	50.05
	复合（8）	777.5	55.43
	复合（10）	877.5	65.98
	复合（12）	962.5	74.51
	复合（14）	1 177.5	105.05

由表 4.29 可获得合金钢在同一厚度条件下，芳纶纤维材料和复合纤维材料背板构成复合结构比吸收能的对比，如图 4.19 所示。

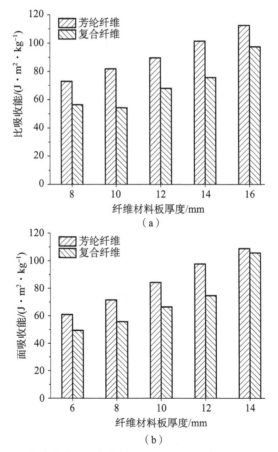

图 4.19　复合结构比吸收能的对比（10.0 g 破片，无间隔层合）

(a) 4 mm 合金钢；(b) 5 mm 合金钢

由图 4.19 可见，无论是 4 mm 厚还是 5 mm 厚合金钢，其与芳纶背板组成的复合结构比吸收能要大于与复合纤维背板组成的复合结构，与试验结果具有一致性。

由表 4.29 可获得钢/纤维复合结构比吸收能随纤维材料板厚度的变化曲线，如图 4.20 所示。

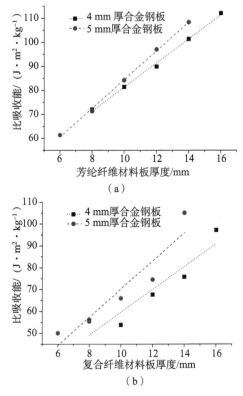

图 4.20　比吸收能随纤维材料板厚度的变化（10.0 g 破片）
（a）合金钢 + 芳纶纤维板；（b）合金钢 + 复合纤维板

由图 4.20 可见，纤维材料比吸收能随纤维材料板厚度增加而线性提高。根据图 4.20 可获得合金钢与不同厚度纤维材料板无间隙层合复合结构比吸收能计算式。

（1）背板为芳纶纤维材料板

$$\delta = \begin{cases} 31.39 + 5.00 H_{fk}, & H_s = 4 \text{ mm} \\ 24.65 + 5.98 H_{fk}, & H_s = 5 \text{ mm} \end{cases} \tag{4.24a}$$

（2）背板为复合纤维材料板

第4章 韧性钢破片对钢/纤维复合结构侵彻性能分析方法

$$\delta = \begin{cases} 7.37 + 5.23H_{fh}, & H_s = 4 \text{ mm} \\ 5.66 + 6.45H_{fh}, & H_s = 5 \text{ mm} \end{cases} \quad (4.24b)$$

式中，δ 为复合结构的比吸收能，J·m²/kg；H_{fk} 为芳纶纤维材料板厚度，mm；H_{fh} 为混杂纤维材料板厚度，mm；H_s 为钢板厚度，mm。

|4.9 破片对有间隔复合结构侵彻效应的数值仿真|

4.9.1 仿真计算结果检验

对于典型高强度低合金钢和纤维材料有间隔层合工况，钢板后无纤维材料板约束，残余破片和冲塞块一起以随机姿态出靶，并且冲塞块的速度略大于残余破片的速度，破片和塞块都会因与空气耦合而发生随机翻转及飞行轨迹偏转，距离越长，两者在纤维材料板上的着靶点越难重合，整个过程是随机的。而数值仿真是针对理想条件进行的，且 AutoDyn 软件主要用于爆炸冲击的动力学仿真，采用拉格朗日算法无法对破片与空气耦合而产生的翻转行为进行仿真。因此，有间隔复合结构抗破片侵彻性能仿真只能针对最理想的垂直侵彻进行，即在破片具有最强侵彻能力条件下进行数值仿真。

根据试验结果，7.5 g 破片高速贯穿合金钢板后，因侵蚀效应，破片质量有所损失，约为原破片质量的 85%（即 6.2 g）。若将穿透合金钢板的破片与塞块共同构成侵彻体，则质量为 7.7 g 左右。将残余破片和塞块等效为一圆柱体建立其等效结构，并假设两者具有相同速度。采用上述仿真接触算法、材料模型及参数进行残余破片和塞块对 10 mm、12 mm 厚芳纶纤维板及复合纤维板侵彻的仿真计算，如图 4.21 所示。

通过仿真计算获得贯穿合金钢靶板后的残余破片对 10 mm、12 mm 厚芳纶纤维板及复合纤维板的弹道极限速度，列于表 4.30 中。

因试验数据较少，相同材料的结构只有两个点，且对于有间隔试验破片贯穿合金钢板后具有较大的随机性；在试验量上，在规律尚不完全掌握的条件下，难以用标准化残差值及极差值检验数值仿真的可靠性；在此，仍采用相对统计误差对数值仿真模型进行检验；虽然可靠性难以达到较高的要求，无法反映试验点的离散情况，但相对统计误差也能在一定程度上验证仿真结果的可靠性。

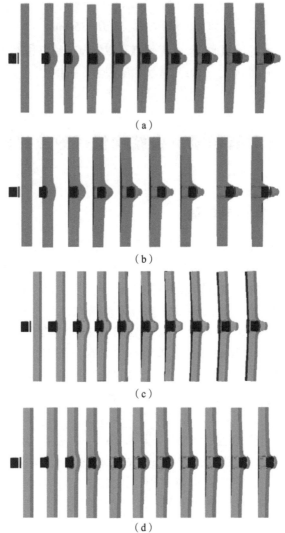

图 4.21 残余破片和塞块对 10 mm、12 mm 厚纤维板侵彻的数值仿真

(a) 7.5 g 破片侵彻 10 mm 厚芳纶纤维板；(b) 7.5 g 破片侵彻 12 mm 厚芳纶纤维板；
(c) 7.5 g 破片侵彻 10 mm 厚复合纤维板；(d) 7.5 g 破片侵彻 12 mm 厚复合纤维板

表 4.30 残余破片和塞块对 10 mm 和 12 mm 厚纤维板的弹道极限

纤维材料板	弹道极限速度/(m·s^{-1})	
	10 mm 厚纤维板	12 mm 厚纤维板
芳纶纤维板	677.5	742.5
复合纤维板	542.5	692.5

根据 3.10 节获得的式（3.24）计算可知，对于 4 mm 厚合金钢，当破片撞击速度为 1 020.2 m/s 时，破片贯穿合金钢后的剩余速度为 745 m/s，大于表 4.30 中贯穿 12 mm 厚芳纶纤维板所需的 742.5 m/s 速度；当撞击速度为 969 m/s 时，破片贯穿合金钢后的剩余速度为 695 m/s，大于表 4.30 中贯穿 12 mm 厚复合纤维板所需的 692.5 m/s 速度。因此，根据数值仿真结果分析可见：

①对于 4 mm 厚合金钢和 12 mm 厚芳纶纤维材料板有间隔层合的复合结构，7.5 g 破片的弹道极限速度应不小于 1 020 m/s。

②对于 4 mm 厚合金钢和 12 mm 厚复合纤维材料板有间隔层合的复合结构，7.5 g 破片的弹道极限速度应不小于 969 m/s。

试验中，在 4 mm 厚合金钢和芳纶纤维材料有间隔条件下，7.5 g 破片对靶板的弹道极限速度为 923 m/s，数值仿真值较试验值大 10.5%；在 4 mm 厚合金钢和复合纤维材料有间隔条件下，7.5 g 破片对靶板的弹道极限速度为 1 094 m/s，数值仿真值较试验值小 11.4%；因数值仿真是针对理想情况进行的，仿真获得的计算结果应小于试验值。数值仿真模型计算结果与试验值的相对统计误差不超过 10.5%，具有一定的计算精度。

根据式（3.24）可知，对于 5 mm 厚合金钢，当破片撞击速度为 1 031.2 m/s 时，破片贯穿合金钢后的剩余速度为 680 m/s，大于表 4.30 中贯穿 10 mm 厚芳纶纤维板所需的 677.5 m/s 速度；当撞击速度为 900.6 m/s 时，破片贯穿合金钢后的剩余速度为 545 m/s，大于表 4.30 中贯穿 10 mm 厚混杂纤维板所需的 542.5 m/s 速度。因此，根据数值仿真结果分析可见：

①对于 5 mm 厚合金钢和 10 mm 厚芳纶纤维材料板有间隔构成的复合结构，7.5 g 破片的弹道极限速度应不小于 1 031 m/s。

②对于 5 mm 厚合金钢和 10 mm 厚复合纤维材料板有间隔构成的复合结构，7.5 g 破片的弹道极限速度应不小于 900 m/s。

试验中，在 5 mm 厚合金钢和芳纶纤维材料有间隔条件下，7.5 g 破片对靶板的弹道极限速度为 907 m/s，数值仿真值较试验值大 13.6%；在 5 mm 厚合金钢和复合纤维材料有间隔条件下，7.5 g 破片对靶体的弹道极限速度为 983 m/s，数值仿真值较试验值小 8.4%；因数值仿真是针对理想情况进行的，仿真获得的计算结果要小于试验值。数值仿真模型计算结果与试验值的相对统计误差不超过 13.6%，具有一定的计算精度。

综上所述，数值仿真较试验值的相对统计误差不超过 13.6%，表明仿真模型具有满意的计算精度。仿真误差主要产生于芳纶纤维后置板的仿真，既有可能是试验板工艺不稳，也有可能是芳纶纤维模型参数存在误差的原因，在此不做深入讨论。

4.9.2 纤维材料板厚度对破片穿甲效应的影响规律

对于有间隔复合结构,将纤维板单独考虑进行仿真;仍然选择第3章破片侵彻合金钢靶板试验中最大质量为10.0 g的破片及本章破片侵彻复合结构中的7.5 g破片结构,进行纤维材料板厚度对破片穿甲效应数值仿真。

4.9.2.1 7.5 g破片穿甲效应仿真

采用上述数值仿真算法、材料模型和参数针对6 mm、8 mm、10 mm、12 mm、14 mm和16 mm共6种厚度,对芳纶纤维和复合纤维进行残余破片和塞块(共7.7 g)侵彻的数值仿真。数值仿真中破片穿透时的图片列于表4.31中。

表4.31 残余破片与塞块(共7.7 g)对不同厚度纤维材料板侵彻的数值仿真

纤维材料板种类(厚度)/mm	数值仿真结果
芳纶(6)	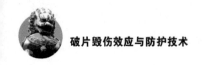
芳纶(8)	
芳纶(10)	
芳纶(12)	
芳纶(14)	

续表

纤维材料板种类（厚度）/mm	数值仿真结果
芳纶（16）	
复合（6）	
复合（8）	
复合（10）	
复合（12）	
复合（14）	
复合（16）	

同样采用两射弹弹道极限速度法，通过数值仿真计算获得残余破片和塞块（共 7.7 g）对不同种类纤维材料板的弹道极限速度，列于表 4.32 中。

表4.32 残余破片和塞块（共7.7 g）对不同种类纤维材料板的弹道极限速度

纤维材料板种类	厚度 /mm	面密度 /(kg·m^{-2})	弹道极限速度 /(m·s^{-1})
芳纶纤维	6	8.1	492.5
	8	10.8	632.5
	10	13.5	677.5
	12	16.2	742.5
	14	18.9	807.5
	16	21.6	927.5
复合纤维	6	11.46	477.5
	8	15.28	482.5
	10	19.1	542.5
	12	22.92	692.5
	14	26.74	742.5
	16	30.56	827.5

根据文献[152]，固定质量破片侵彻纤维增强复合材料板的弹道极限速度 v_{50F} 的工程计算公式可表示为：

$$v_{50F} = A_F S_{AD}^{B_r} \qquad (4.25)$$

式中，S_{AD} 为面密度，kg/m^2；A_F、B_F 为与弹型、增强材料及基体有关的常数。因材料板的面密度与自身密度及厚度相关，因此，对于确定密度的材料，式（4.25）可写成：

$$v_{50F} = A_F (H_f)^{B_r} \qquad (4.26)$$

式中，H_f 为纤维材料板的厚度，mm。式（4.26）与式（4.19）具有相似性，对于固定质量破片，符合4.5.2节所讨论的分析模型。在此，由表4.32可获得残余破片和塞块（共7.7 g）对纤维材料板的弹道极限速度随纤维材料板厚度的变化曲线，如图4.22所示。

采用式（4.26）的形式可拟合获得残余破片和塞块（共7.7 g）弹道极限速度的计算公式。

$$v_{50F} = \begin{cases} 174.76(H_{fk})^{0.59} \\ 129.75(H_{fh})^{0.66} \end{cases} \qquad (4.27)$$

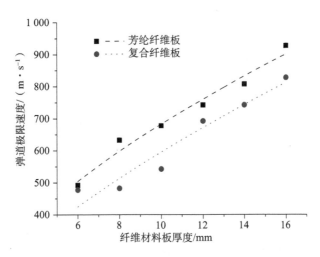

图4.22 残余破片和塞块（共7.7 g）对纤维板的弹道极限速度随板厚度的变化

式中，H_{fk}、H_{fh}分别为芳纶纤维材料板和复合纤维材料板的厚度，mm。将式（4.27）计算得到的弹道极限速度与仿真值相比，结果列于表4.33中。

表4.33 式（4.27）计算弹道极限速度与仿真值的对比

纤维材料板种类	厚度/mm	弹道极限速度/(m·s^{-1}) 仿真值	弹道极限速度/(m·s^{-1}) 式（4.27）计算值	相对统计误差/%	标准化残差值
芳纶纤维	6	492.5	502.98	2.13	0.443
	8	632.5	596.03	-5.77	-1.099
	10	677.5	679.90	0.35	0.177
	12	742.5	757.11	1.97	0.579
	14	807.5	829.20	2.69	0.811
	16	927.5	897.17	-3.27	-0.897
复合纤维	6	477.5	423.34	-11.34	-1.679
	8	482.5	511.85	6.08	1.063
	10	542.5	593.07	9.32	1.759
	12	692.5	668.91	-3.41	-0.676
	14	742.5	740.55	-0.26	0.035
	16	827.5	808.77	-2.26	-0.516

由表4.33可见，公式计算值与仿真值的相对统计误差均在±12%之内，

极差为 20.66%，标准化残差值全部落在（-2，2）区间内，表明式（4.27）具有可靠性。

采用式（4.27）与式（3.24）结合就可以计算合金钢和纤维材料有间隔组合形成复合结构最为保守的抗破片侵彻能力。此外，由图 4.22 可见：

①若不考虑破片的随机翻转，同等厚度条件下，芳纶纤维材料板抗破片侵彻性能要优于混杂纤维，这与上面无间隔复合结构情况相吻合。

②虽为理想条件，但塞块的存在影响了残余破片对纤维材料板的侵彻，如表 4.31 所列，尤其是对于混杂纤维情况，因此，可以推断在纤维板与合金钢靶板存在大间隔的条件下，侵彻过程具有随机性，这也与试验结果的推论相吻合。根据表 4.32 所列数据，由式（3.24）可获得完全理想（即破片顶着塞块进行侵彻）条件下，破片完全贯穿 4 mm、5 mm 合金钢和不同厚度纤维材料板有间隔（间隔不小于 2 倍板厚）组合形式复合结构的弹道极限速度和比吸收能，列于表 4.34 中。

表 4.34　7.5 g 破片完全理想条件下贯穿有间隔复合结构的比吸收能

钢板厚度 /mm	复合纤维板种类	复合纤维板厚度/mm	面密度 /($kg \cdot m^{-2}$)	复合结构弹道极限速度 /($m \cdot s^{-1}$)	复合结构比吸收能 /($J \cdot m^2 \cdot kg^{-1}$)
4	芳纶纤维	6	39.5	790.4	59.30
		8	42.2	908.9	73.41
		10	44.9	951.7	75.65
		12	47.6	1 017.6	81.57
		14	50.3	1 088.0	88.25
		16	53	1 229.8	107.02
	复合纤维	6	42.86	779.0	53.10
		8	46.68	782.8	49.22
		10	50.5	830.1	51.16
		12	54.32	966.5	64.49
		14	58.14	1 017.6	66.79
		16	61.96	1 110.6	74.65

续表

钢板厚度/mm	复合纤维板种类	复合纤维板厚度/mm	面密度/(kg·m^{-2})	复合结构弹道极限速度/(m·s^{-1})	复合结构比吸收能/(J·m^2·kg^{-1})
5	芳纶纤维	6	47.35	856.1	58.04
		8	50.05	982.7	72.35
		10	52.75	1 028.6	75.21
		12	55.45	1 099.3	81.73
		14	58.15	1 175.1	89.06
		16	60.85	1 328.2	108.72
	复合纤维	6	50.71	844.0	52.68
		8	54.53	848.0	49.45
		10	58.35	898.4	51.87
		12	62.17	1 044.5	65.80
		14	65.99	1 099.3	68.68
		16	69.81	1 199.5	77.29

4.9.2.2　10.0 g 破片穿甲效应仿真

采用上述数值仿真算法、材料模型和参数针对 6 mm、8 mm、10 mm、12 mm、14 mm、16 mm、18 mm 和 20 mm 共 8 种厚度, 芳纶和复合两种材料的纤维板进行残余破片和塞块（共 10.0 g）侵彻的数值仿真。数值仿真中破片穿透时的图片列于表 4.35 中。

表 4.35　残余破片与塞块（共 10.0 g）对不同厚度纤维材料板侵彻的数值仿真

纤维材料板种类（厚度）/mm	数值仿真结果
芳纶（6）	
芳纶（8）	

续表

纤维材料板种类（厚度）/mm	数值仿真结果
芳纶（10）	
芳纶（12）	
芳纶（14）	
芳纶（16）	
芳纶（18）	
芳纶（20）	
复合（6）	
复合（8）	
复合（10）	
复合（12）	

续表

纤维材料板种类（厚度）/mm	数值仿真结果
复合（14）	
复合（16）	
复合（18）	
复合（20）	

同样采用两射弹弹道极限法，通过数值仿真获得残余破片和塞块（共 10.0 g）对不同种类纤维材料板的弹道极限速度，列于表 4.36 中。

表 4.36　残余破片和塞块（共 10.0 g）对不同种类纤维材料板的弹道极限速度

纤维材料板种类	厚度/mm	面密度/(kg·m^{-2})	弹道极限速度/(m·s^{-1})
芳纶纤维	6	8.1	522.5
	8	10.8	570
	10	13.5	642.5
	12	16.2	712.5
	14	18.9	787.5
	16	21.6	862.5
	18	24.3	932.5
	20	27	1 015

续表

纤维材料板种类	厚度 /mm	面密度 /(kg·m^{-2})	弹道极限速度 /(m·s^{-1})
复合纤维	6	11.46	420
	8	15.28	422.5
	10	19.1	497.5
	12	22.92	647.5
	14	26.74	697.5
	16	30.56	755
	18	34.38	822.5
	20	38.2	922.5

由表 4.36 可获得残余破片和塞块（共 10.0 g）对纤维材料板的弹道极限速度随纤维材料板厚度的变化曲线，如图 4.23 所示。

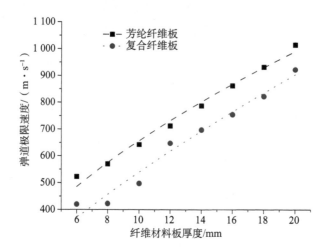

图 4.23　残余破片和塞块（共 10.0 g）对纤维板的弹道极限速度随板厚度的变化

采用式（4.26）的形式可拟合获得残余破片和塞块（共 10.0 g）弹道极限的计算公式。

$$v_{50F} = \begin{cases} 167.62(H_{fk})^{0.59} \\ 97.3(H_{fh})^{0.74} \end{cases} \tag{4.28}$$

式中，H_{fk}、H_{fh} 分别为芳纶纤维材料板和复合纤维材料板的厚度，mm。

将式（4.28）计算得到的弹道极限速度与仿真值相比较，结果列于

表4.37中。由表4.37可见，公式计算值与仿真值的相对统计误差均在±13%之内，极差为20.24%，标准化残差值全部落在（-2,2）区间内，表明式（4.28）具有可靠性。

表4.37　式（4.28）计算弹道极限速度与仿真值的对比

纤维材料板种类	厚度/mm	弹道极限速度/(m·s^{-1})		相对统计误差/%	标准化残差值
		仿真值	式（4.28）计算值		
芳纶纤维	6	522.5	482.4	-7.67	-1.293
	8	570	571.7	0.29	0.331
	10	642.5	652.1	1.50	0.640
	12	712.5	726.2	1.92	0.798
	14	787.5	795.3	0.99	0.570
	16	862.5	860.5	-0.23	0.188
	18	932.5	922.4	-1.08	-0.126
	20	1 015	981.6	-3.29	-1.034
复合纤维	6	420	366.4	-12.76	-1.819
	8	422.5	453.3	7.29	1.464
	10	497.5	534.7	7.48	1.713
	12	647.5	611.9	-5.49	-1.118
	14	697.5	685.9	-1.67	-0.186
	16	755	757.1	0.28	0.348
	18	822.5	826.1	0.43	0.404
	20	922.5	893.0	-3.19	-0.880

采用式（4.28）与式（3.26）结合，就可以计算合金钢和纤维材料有间隔组合复合结构（理想条件下）的抗破片侵彻能力。此外，由图4.23可见：

①若不考虑破片的随机翻转，同等厚度条件下芳纶纤维材料板抗破片侵彻性能优于复合纤维，这与上面无间隔复合结构情况相吻合。

②虽为理想条件，但塞块的存在影响了残余破片对复合材料板的侵彻，如表4.36所列，尤其是对于复合纤维情况，因此，可以推断在纤维板与合金钢靶板存在大间隔的条件下，侵彻过程具有随机性，这也与试验结果的推论相吻合。

根据表4.36所列数据，由式（3.15）可获得破片完全理想（即破片顶着塞块进行侵彻）条件下，破片完全贯穿4 mm、5 mm两种厚度合金钢板和不同厚度复合材料板有间隔（间隔不小于 2 倍板厚）组合形式复合结构的弹道极限速度和比吸收能，列于表 4.38 中。

表 4.38　10.0 g 破片完全理想条件下贯穿有间隔复合结构的比吸收能

钢板厚度/mm	纤维材料板种类	纤维材料板厚度/mm	面密度/(kg·m^{-2})	复合结构弹道极限速度/(m·s^{-1})	复合结构比吸收能/(J·m^2·kg^{-1})
4	芳纶纤维	6	39.5	768.4	74.74
		8	42.2	808.7	77.49
		10	44.9	874.7	85.21
		12	47.6	943.5	93.51
		14	50.3	1 022.5	103.93
		16	53	1 106.8	115.57
		18	55.7	1 190.1	127.14
		20	58.4	1 293.9	143.34
	复合纤维	6	42.86	689.8	55.50
		8	46.68	691.5	51.22
		10	50.5	748.1	55.42
		12	54.32	879.5	71.20
		14	58.14	928.4	74.12
		16	61.96	987.6	78.71
		18	65.78	1 061.2	85.60
		20	69.6	1 177.9	99.68
5	芳纶纤维	6	47.35	818.5	70.74
		8	50.05	858.0	73.54
		10	52.75	924.0	80.92
		12	55.45	994.2	89.12
		14	58.15	1 076.3	99.61
		16	60.85	1 165.6	111.64
		18	63.55	1 255.3	43.50
		20	66.25	1 368.7	41.91

续表

钢板厚度 /mm	纤维材料板种类	纤维材料板厚度 /mm	面密度 /(kg·m^{-2})	复合结构弹道极限速度 /(m·s^{-1})	复合结构比吸收能 /(J·m^2·kg^{-1})
5	复合纤维	6	50.71	743.6	54.51
		8	54.53	745.2	50.92
		10	58.35	798.9	54.69
		12	62.17	928.8	69.38
		14	65.99	978.6	72.56
		16	69.81	1 039.8	77.44
		18	73.63	1 117.1	84.74
		20	77.45	1 242.1	99.60

4.10 有无间隔条件下复合结构比吸收能对比

针对7.5 g破片,将表4.25和表4.34中的数据进行对比分析,获得相同复合结构在合金钢板和纤维材料板无间隔和有间隔两种层合条件下比吸收能的对比,如图4.24所示。

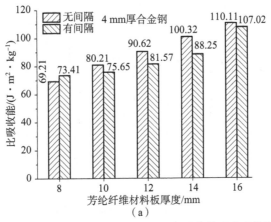

图4.24 复合结构对7.5 g破片有、无间隔条件下比吸收能对比
(a) 4 mm厚合金钢+芳纶纤维板

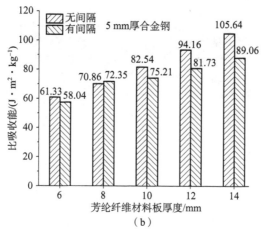

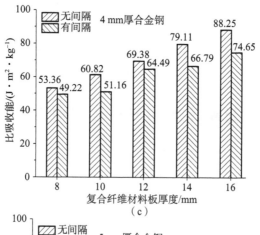

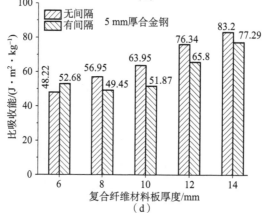

图 4.24　复合结构对 7.5 g 破片有、无间隔条件下比吸收能对比（续）

(b) 5 mm 厚合金钢 + 芳纶纤维板；(c) 4 mm 厚合金钢 + 复合纤维板；

(d) 5 mm 合金钢 + 复合纤维板

针对10.0 g破片，将表4.29和表4.38中的数据进行对比分析，获得相同复合结构在合金钢板和纤维材料板无间隔和有间隔两种层合条件下比吸收能的对比，如图4.25所示。

由图4.24、图4.25和试验结果分析可见，不考虑随机因素，合金钢靶板和纤维材料板层合的复合结构采用无间隔和有间隔两种组合形式，同面密度情况下所产生的比吸收能互有高低。因此，对于钢/纤维复合结构的优化设计，需要具体情况具体对待。

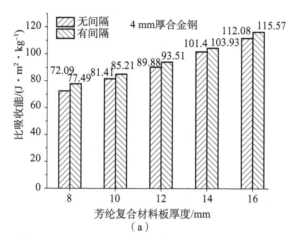

(a)

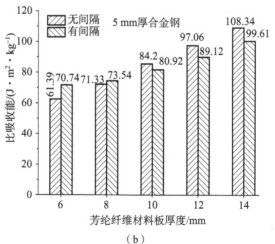

(b)

图4.25　复合结构对10.0 g破片有、无间隔条件下比吸收能对比

(a) 4 mm厚低合金钢+芳纶纤维板；
(b) 5 mm厚合金钢+芳纶纤维板

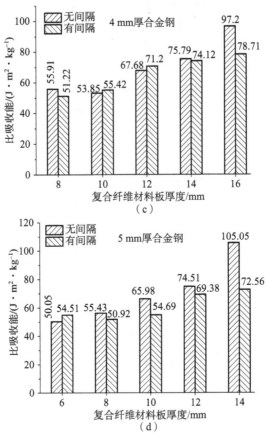

图 4.25　复合结构对 10.0 g 破片有、无间隔条件下比吸收能对比（续）
(c) 4 mm 厚合金钢 + 复合纤维板；(d) 5 mm 厚合金钢 + 复合纤维板

4.11　小结

在第 3 章破片对典型高强度低合金（HSLA）钢侵彻研究的基础上，进行了韧性钢破片对钢/纤维复合结构高速侵彻试验研究，并进行了钢/纤维复合结构抗破片侵彻性能分析方法研究，具体研究工作及获得的研究结果总结如下：

①根据文献分析了纤维材料特性与抗破片侵彻性能的相关性，确定了试验研究用纤维材料的增强体类别、基体种类及含量范围；通过对弹道枪试验结果的分析，获得了试验研究用芳纶、复合纤维的制作工艺，并进行了试验研究用

纤维板的力学性能测试，为后续数值仿真提供了数据支撑。

②进行了 7.5 g 破片对 14 种不同组合方式的钢/纤维复合结构的高速侵彻试验，获得了相应的弹道极限速度并计算了比吸收能。通过对试验结果的分析，提出了针对抗破片侵彻的钢/纤维复合结构设计的基本原则：迎弹方向按密度从高至低（即典型高强度低合金钢、玻璃纤维和芳纶纤维）进行依次层合设计，且后置的复合纤维板间应采用无间隔层合方式。

③根据试验结果和试验现象，对钢/纤维复合结构有、无间隔两种情况下破片高速侵彻机理进行分析讨论。

④采用比吸收能表征钢/纤维复合结构的抗破片侵彻性能，提出了一种计算比吸收能理论分析模型式（4.16）及分析钢/纤维复合结构抗破片侵彻性能的方法。

⑤在第 3 章研究内容的基础上，进行了钢/纤维复合结构抗破片侵彻数值仿真研究，建立了基于 AutoDyn 仿真软件的破片高速侵彻钢/纤维复合结构的数值模型。采用经过验模的数值模型，进行了 7.5 g 和 10.0 g 破片侵彻 4 mm、5 mm 两种厚度合金钢靶板和不同厚度纤维材料无间隔层合结构的数值计算，获得了 40 种工况的弹道极限速度，建立了以纤维板厚度为参数的弹道极限分析计算模型式（4.21）和式（4.23）；以及 7.5 g 和 10.0 g 破片侵彻 4 mm、5 mm 两种厚度合金钢靶板和不同厚度纤维材料有间隔层合结构的数值计算，获得了 28 种工况的弹道极限速度，建立了以纤维板厚度为参数的弹道极限分析计算模型式（4.27）和式（4.28）；对有、无间隔条件下复合结构比吸收能进行了对比分析，为后续钢/纤维复合结构的优化设计提供了数据支撑。

第 5 章

钢/纤维复合结构抗破片侵彻优化设计方法及应用

5.1 引言

两种材质构成的复合结构不同于简单的单材质板结构，尤其是纤维板的存在，使整个结构具有各向异性的特征，这就使得依靠原来的设计方法实现恰到好处的设计十分困难，设计人员尚无合适的手段和工具来针对预定目标进行复合结构尺寸的优化设计。结构的优化是现代结构设计技术中的一种方法，是通过数学方法实现满足约束条件下结构经济性、安全性或综合性等最优的一条有效途径。通常采用某种优化方法求出已知参数条件下满足全部约束条件并使目标函数取最小值/最大值的解来实现结构参数的获取；而结构优化中所用到的优化设计方法是用系统的、目的定向的和有良好标准的过程与方法来替代传统的反复试验纠错改进的方法，可为设计人员提供一种指导思想和标准，形成相应的运作手段。但优化设计方法是数学理论，需结合不同的问题，进行有的放矢的使用。

本章在第3章和第4章所获得的韧性钢破片对典型高强度低合金钢和钢/纤维复合结构侵彻效应分析模型的基础上，以钢/纤维复合结构抗韧性钢破片为例，提出以钢/纤维复合结构最小面密度为优化设计目标函数，建立适用一定破片质量和撞击速度范围的计算钢/纤维复合结构参数的数学模型和计算方法，得到复合结构优化设计方法；并应用该方法进行实例设计，通过试验验证优化设计方法的合理性和实用性，研究结果可为复合结构的设计和优化提供技术支撑。

5.2 复合结构防护性能优化设计所关心问题

通常,复合结构优化设计需要有一个目标,设计目标不同,复合结构优化设计的思路也不同。根据本书的研究背景和需求,所设计的复合结构主要是为了抵御韧性钢破片的侵彻,以保护车辆、舰船内的人员和设备安全。因此,本书所研究钢/纤维复合结构的设计目标就是同等质量条件下提高对破片高速侵彻的防护能力,所需优化的复合结构性能可用单位质量条件下恰恰可以防御破片完全贯穿的破片威力量进行表征。本书所研究的复合结构主要用于防御有金属壳体爆炸装置形成自然破片的侵彻,自然破片具有质量不一、结构各异、随机着靶的特征。因此,自然破片通常不用比动能作为其威力表征量,而常用动能表征其威力,对于复合结构的防护性能,则采用单位面密度吸能进行表征。这就涉及三个独立量:破片的速度、破片的质量和靶体的面密度,而本章的研究靶体又由两种材质构成,因此,用单位面密度吸能作为复合结构防护性能的表征量,问题的研究就为多目标函数的优化,并不便于实施和应用。

对于同一结构有金属壳体爆炸装置所形成的自然破片,根据哥尼原理,通常近似认为破片在壳体圆柱段具有相同的初速,即大部分破片具有相同的初速。则在离爆炸物爆炸(不远的)一定距离外(速度衰减较少),也可近似认为破片具有相同速度,所以通常用破片质量来表征不同威力破片所占的比例。因此,确定了复合结构防护破片的质量,就能确定该复合结构可防护爆炸形成破片的比例。对于不同结构壳体爆炸所形成的质量分布,可由文献[263]提供的方法获得,在此不再详细叙述。

因此,在钢/纤维复合结构的优化设计中,对于破片的速度、破片的质量和复合结构的面密度3个参量而言,可将破片质量作为确定量,问题则变为对于确定速度的破片,设计最小面密度的复合结构,以实现结构设计最优。因此,便于实施的复合结构优化设计的实质是:在给定破片质量和撞击速度条件下,获得最小面密度的复合结构,即对于确定密度的合金钢板和纤维板,获得最佳的合金钢板和纤维增强复合材料板的厚度,以获取最佳尺寸[264]。

5.3 钢/纤维复合结构抗破片侵彻优化设计方法

根据第4章的试验和数值仿真的研究结果可知,合金钢板与纤维材料板间有、无间隔组合成的复合结构抗破片侵彻机理并不相同。因此,分别针对合金钢板与纤维材料板间有、无间隔两种情况进行复合结构优化设计方法研究,具体如下。

5.3.1 合金钢板与纤维板无间隔层合复合结构

已有试验结果表明,纤维增强复合材料板与合金钢板无间隙层合条件下,合金钢板背部的纤维增强复合材料阻碍了合金钢板的背凸和冲塞块的形成,破片必须侵彻磨透合金钢板后,才能对纤维材料板进行侵彻,侵彻机理不同于合金钢板与纤维材料板有间隔组合复合结构的侵彻。

在破片对整个复合结构的侵彻过程中,前置合金钢板在阻止破片侵入的同时,改变了破片的形状,增加了破片的横截面积,可为后续纤维材料板的抗破片侵彻提供有益帮助;后置纤维板阻止了合金钢板的弯曲变形,对合金钢板的抗破片侵彻也提供了有益帮助。因此,前置合金钢板和后置纤维材料板互为支撑,提高了整个复合结构的抗破片侵彻能力。根据上述特点描述,典型高强度低合金钢与纤维材料板无间隔层合复合结构的优化设计方法不能将合金钢板和纤维增强复合材料独立对待进行分析,而应将其作为一个整体,提出其抗破片侵彻能力的分析方法。因此,可在特定破片质量条件下,建立破片弹道极限速度与合金钢板、纤维材料板厚度函数关系式,通过该关系式,根据所需防御破片的速度特征,反过来进行复合结构的优化设计。

根据第4章的试验和数值仿真研究成果可见,对于在一定厚度范围内的后置纤维材料板组成的复合结构,在不同厚度合金钢条件下,确定质量破片对复合结构弹道极限速度随纤维材料板厚度的增加而线性提高,且变化曲线的斜率基本一致。因此,结合特定质量破片对合金钢板和复合结构的侵彻分析,可推测:特定结构(即长径比确定)破片对一定厚度合金钢和纤维材料无间隔层合复合结构的弹道极限分别随合金钢和纤维材料板厚度的增加而呈线性提高,即获得关系式(5.1):

$$v_{50} = A\left(\frac{H_s}{L_p} + B\frac{H_f}{L_p}\right) + C \tag{5.1}$$

式中，v_{50} 为弹道极限速度，m/s；L_P 为破片的长度，mm；H_S 为钢板的厚度，mm；H_f 为纤维材料板的厚度，mm；A、B、C 为拟合系数，可由试验或数值仿真获得。

钢/纤维复合结构靶体面密度为：

$$S_{AD} = \rho_S H_S + \rho_F H_f \quad (5.2)$$

式中，S_{AD} 为复合结构的面密度，kg/m²；ρ_S 为典型高强度低合金钢的密度，g/cm³；ρ_F 为纤维材料板的密度，g/cm³。

若确定破片结构和撞击速度，可由式（5.1）获得 H_S 与 H_f 的函数关系 $H_S = f(H_f)$ 或 $H_f = f(H_S)$，代入复合结构靶体面密度的计算式（5.2）中，便可获得对确定质量破片（即给定 L_P 值），以特定速度（即给定 v_{50} 值）撞击侵彻实施有效防护的复合结构面密度与 H_S 或 H_f 的函数关系式 $S_{AD} = f(H_S)$ 或 $S_{AD} = f(H_f)$，见式（5.3）：

$$S_{AD} = \frac{\rho_F L_P (v_{50} - C)}{AB} + \left(\rho_S - \frac{\rho_F}{B}\right) H_S \quad (5.3)$$

为了获得最小面密度，将式（5.3）对 H_S 求导，可得

$$\frac{dS_{AD}}{dH_S} = \rho_S - \frac{\rho_F}{B} \quad (5.4)$$

由式（5.3）和式（5.4）可以看出，最小面密度 S_{AD} 为合金钢靶板厚度 H_S 的单调函数，根据边界条件可以求得最小面密度 S_{AD} 和合金钢板厚度 H_S，再根据 H_S 与 H_f 的函数关系式（5.2）获得纤维材料板厚度 H_f。

5.3.2 合金钢板与纤维材料板有间隔层合复合结构

由4.8.1节的分析可知，对于合金钢和纤维材料有间隔层合情况，残余破片和冲塞块贯穿合金钢靶板后，因无纤维材料板约束，一起以随机姿态出靶，且在间隔飞行过程中会发生随机翻转及飞行轨迹偏转，整个过程具有随机性。因此，相应的数值仿真和理论分析只能针对威力最大的垂直侵彻进行，得到的结果较为保守。

在此限定条件下，可以将破片对合金钢靶板与纤维材料板有间隔组合复合结构的侵彻过程分成两个阶段进行分析，在特定质量破片条件下，建立破片对复合结构弹道极限速度与合金钢板厚度、纤维材料板厚度的函数关系式。具体分析过程如下：

1. 特定质量破片贯穿合金钢靶板后的剩余速度

特定质量破片对合金钢的侵彻分析并非是为了获得破片对合金钢靶板的弹

道极限速度，而是为了获得特定撞击速度下破片贯穿特定厚度合金钢靶板后的剩余速度，这个剩余速度即为破片侵彻纤维材料板的输入条件。

根据试验和数值仿真的研究成果，可通过式（5.5）获得确定质量破片以特定撞击速度贯穿特定厚度合金钢靶板后的剩余速度，此剩余速度即为下一步计算的输入条件。

$$v_r = A_S(v_0 - v_{50S})^{B_S} \tag{5.5}$$

式中，v_r 为剩余速度，m/s；v_0 为撞击速度，m/s；v_{50S} 为合金钢的弹道极限速度，m/s；A_S、B_S 为系数，可通过试验或数值仿真获得。本书已在第3章中通过数值仿真获得了特定质量破片（3.0 g、4.5 g、6.0 g、7.5 g、9.0 g 和 10.0 g）贯穿不同厚度（4 mm、5 mm、6 mm、7 mm 和 8 mm）合金钢靶板后的剩余速度计算模型式（3.16），可为复合结构的优化设计提供支撑。

2. 特定质量破片带塞块侵彻条件下对纤维材料的弹道极限速度

根据试验和数值仿真的研究成果，背后无约束合金钢靶板在破片侵彻下产生半球形塞块。因此，可以根据破片的直径和合金钢靶体的厚度近似获得塞块的质量，并将破片穿出靶体的速度与塞块的速度近似认为是一致的，则对于特定质量的破片，可通过式（5.6）获得破片对不同厚度纤维材料靶体的弹道极限速度。

$$v_{50F} = A_F(H_f)^{B_F} \tag{5.6}$$

式中，v_{50F} 为纤维材料弹道极限速度，m/s；A_F、B_F 为系数，可通过试验或数值仿真获得。本书在第5章中获得了残余破片和塞块（共 7.7 g 和 10.0 g）弹道极限的计算模型式（4.27）和式（4.28），可为复合结构的设计提供支撑。由式（5.6）即可得到防御特定速度破片所需的靶体厚度。

3. 复合结构防护性能分析公式

根据上述分析，破片贯穿合金钢靶板后的剩余速度 v_r 即为对纤维材料板的入速 v_{50F}，即

$$v_r = v_{50F} \tag{5.7}$$

由式（5.5）~式（5.7）可得复合结构整体的弹道极限 v_{50} 为

$$v_{50} = \left[\frac{A_F(H_f)^{B_F}}{A_S}\right]^{\frac{1}{B_S}} + v_{50S} \tag{5.8}$$

式中，A_F、B_F、A_S 和 B_S 由试验或数值仿真获得。

将式（5.8）代入复合结构靶体面密度的计算式（5.2）中，可得：

$$S_{AD} = \rho_S H_S + \rho_F \left\{ \frac{A_S}{A_F} \left[v_{50} - A_V \left(\frac{L_P}{H_S} \right)^{B_V} \right]^{B_S} \right\}^{\frac{1}{B_F}} \quad (5.9)$$

为了得到最小面密度 S_{AD}，将式（5.9）对 H_S 求导，可得

$$\frac{dS_{AD}}{dH_S} = \rho_S + \rho_F \left(\frac{A_S}{A_F} \right)^{\frac{1}{B_F}} \frac{B_S A_V B_V (L_P)^{B_V}}{B_F} \left[v_{50} - A_V \left(\frac{L_P}{H_S} \right)^{B_V} \right]^{\frac{B_S}{B_F}-1} \frac{1}{(H_S)^{B_V+1}} \quad (5.10)$$

由于式（5.10）中参数过多，不能直观得到面密度 S_{AD} 与合金钢靶板厚度 H_S 的函数关系，也不能判断出 S_{AD} 与 H_S 是否为线性关系，需要质量破片与复合结构的具体情况确定之后，才能确定相关参数，再判断 S_{AD} 与 H_S 的关系，从而求得最小面密度的条件下合金钢靶板的厚度 H_S 和纤维材料板的厚度 H_f。

5.4 钢/纤维复合结构抗破片侵彻优化设计实例与结果验证

5.4.1 设计实例的防御目标

在此，根据第 3 章和第 4 章获得的 7.5 g 和 10.0 g 破片对典型高强度低合金钢侵彻效应分析模型和对钢/纤维复合结构侵彻效应分析模型，以 7.5 g 和 10.0 g 破片作为防御目标进行钢/纤维复合结构尺寸设计，具体如下。

5.4.2 钢/纤维复合结构尺寸设计

5.4.2.1 抗 7.5 g 破片复合结构设计

在此，仍分别针对 7.5 g 破片对合金钢靶板与纤维材料板间有、无间隔两种情况进行复合结构设计，具体如下。

1. 合金钢靶板与纤维材料板无间隔层合

对于 7.5 g（长径比为 1∶1.5）破片，采用式（5.1）的形式，通过对数值仿真数据的拟合可获得弹道极限速度与合金钢靶板和纤维板厚度的函数关系式如下：

$$v_{50} = 105.375(H_S + 0.4549 H_{fk}) + 71.75,$$

$$4 \text{ mm} \leq H_S \leq 5 \text{ mm}, \ 6 \text{ mm} \leq H_{fk} \leq 16 \text{ mm} \tag{5.11a}$$

$$v_{50} = 102.88(H_S + 0.4879 H_{fh}) - 6.25,$$

$$4 \text{ mm} \leq H_S \leq 5 \text{ mm}, \ 6 \text{ mm} \leq H_{fh} \leq 16 \text{ mm} \tag{5.11b}$$

式中，H_{fk}、H_{fh} 分别为芳纶纤维材料板和复合纤维材料板的厚度，mm。

将式（5.11）的计算结果与表 4.23 中 7.5 g 破片对无间隔复合结构的弹道极限进行对比分析，列于表 5.1 中。

表 5.1　7.5 g 破片采用式（5.11）计算结果与仿真弹道极限速度对比

合金钢靶板厚度/mm	纤维材料板种类（厚度）/mm	仿真弹道极限速度/(m·s⁻¹)	计算值/(m·s⁻¹)	相对统计误差/%	标准化残差值
4	芳纶（8）	882.5	876.7	-0.65	-0.784 9
	芳纶（10）	980.0	972.6	-0.76	-1.006 1
	芳纶（12）	1 072.5	1 068.5	-0.38	-0.548 8
	芳纶（14）	1 160.0	1 164.3	0.37	0.587 0
	芳纶（16）	1 247.5	1 260.2	1.02	1.722 7
5	芳纶（6）	880.0	886.2	0.71	0.844 0
	芳纶（8）	972.5	982.1	0.99	1.301 3
	芳纶（10）	1 077.5	1 078.0	0.04	0.062 5
	芳纶（12）	1 180.0	1 173.8	-0.52	-0.837 1
	芳纶（14）	1 280.0	1 269.7	-0.80	-1.397 5
4	复合（8）	815.0	806.8	-1.01	-1.115 9
	复合（10）	905.0	907.2	0.24	0.293 3
	复合（12）	1 002.5	1 007.6	0.50	0.684 9
	复合（14）	1 107.5	1 107.9	0.04	0.058 7
	复合（16）	1 207.5	1 208.3	0.07	0.111 0
5	复合（6）	807.5	809.3	0.22	0.239 6
	复合（8）	910.0	909.7	-0.04	-0.047 3
	复合（10）	997.5	1 010.1	1.26	1.701 1
	复合（12）	1 125.0	1 110.4	-1.29	-1.978 1
	复合（14）	1 210.0	1 210.8	0.07	0.109 6

由表 5.1 可见，公式计算值与仿真值的相对统计误差均在 ±2% 之内，极差为 2.55%，有 80%（16/20）的点相对统计误差在 ±1% 之内，标准化残差

值全部落在（-2，2）区间内，表明式（5.11）计算值具有较高的准确性。

因此，对于 1 100 m/s 的撞击速度，式（5.11）可变为

$$1\ 100 = 105.375(H_S + 0.454\ 9H_{fk}) + 71.75 \quad (5.12a)$$

$$1\ 100 = 102.875(H_S + 0.487\ 9H_{fh}) - 6.25 \quad (5.12b)$$

再进一步进行转化，可得

$$H_{fk} = \frac{L_P(v_{50} - C)}{A \cdot B} - \frac{1}{B}H_S = 21.45 - 2.20H_S \quad (5.13a)$$

$$H_{fh} = \frac{L_P(v_{50} - C)}{AB} - \frac{1}{B}H_S = 22.04 - 2.05H_S \quad (5.13b)$$

若选用芳纶纤维材料，将式（5.13a）代入式（5.2）中可得

$$S_{AD} = \rho_S H_S + \rho_F(21.45 - 2.20H_S) = 28.96 + 4.88H_S \quad (5.14a)$$

若选用复合纤维材料，将式（5.13b）代入式（5.2）中可得

$$S_{AD} = \rho_S H_S + \rho_F(22.04 - 2.05H_S) = 42.10 + 3.93H_S \quad (5.14b)$$

由式（5.14）可见：

①随着纤维增强复合材料板厚度的增加，复合结构面密度降低；

②同样厚度条件下，采用芳纶纤维可具有更低的面密度。

如果不考虑空间尺寸要求，以最小面密度为标准，则选用芳纶纤维材料，根据式（5.11）的限定条件，将合金钢靶板的厚度 H_S 取最小值 4 mm，则由式（5.13a）获得芳纶纤维板的厚度为 12.66 mm，由式（5.14a）可求得复合结构的面密度为 48.49 kg/m²。

若复合结构的总厚度 H 为限定值，即

$$H_S + H_f \leqslant H \quad (5.15)$$

将式（5.13a）带入式（5.15）并化简，可得

$$H_S \geqslant \frac{21.45 - H}{1.2} \quad (5.16)$$

因此，若复合结构的总厚度 H 为限定值，纤维材料为芳纶纤维，根据式（5.16）的限定条件，即可求出合金钢靶板的厚度 H_S，从而获得复合结构的最小面密度。

2. 合金钢靶板与纤维材料板有间隔层合

对于 7.5 g 破片，由式（3.24）可获得破片以 1 100 m/s 的速度分别贯穿厚度为 4 mm、5 mm、6 mm、7 mm 和 8 mm 合金钢靶板后的剩余速度。

（1）4 mm 厚合金钢靶板

$$v_r = 23.8(v_0 - 577.5)^{0.5652} = 23.8 \times (1\,100 - 577.5)^{0.5652}$$
$$= 818.2\,(\text{m/s})$$

（2）5 mm 厚合金钢靶板
$$v_r = 24.17(v_0 - 632.5)^{0.5576} = 24.17 \times (1\,100 - 632.5)^{0.5576}$$
$$= 744.6\,(\text{m/s})$$

（3）6 mm 厚合金钢靶板
$$v_r = 26.38(v_0 - 693)^{0.5392} = 26.38 \times (1\,100 - 693)^{0.5392}$$
$$= 673.5\,(\text{m/s})$$

（4）7 mm 厚合金钢靶板
$$v_r = 20.56(v_0 - 765)^{0.5743} = 20.56 \times (1\,100 - 765)^{0.5743}$$
$$= 579.6\,(\text{m/s})$$

（5）8 mm 厚合金钢靶板
$$v_r = 16.67(v_0 - 860)^{0.6105} = 16.67 \times (1\,100 - 860)^{0.6105}$$
$$= 473.2\,(\text{m/s})$$

对于纤维材料板，由已有的研究可知，芳纶纤维抗破片侵彻性能更强一些，于是采用式（4.27）计算前置合金钢靶板为不同厚度时芳纶纤维材料板所需的厚度。

（1）4 mm 厚合金钢靶板
$$H_{fk} = \left(\frac{v_r}{174.76}\right)^{\frac{1}{0.59}} = \left(\frac{818.2}{174.76}\right)^{\frac{1}{0.59}} = 13.69\,(\text{mm})$$

（2）5 mm 厚合金钢靶板
$$H_{fk} = \left(\frac{v_r}{174.76}\right)^{\frac{1}{0.59}} = \left(\frac{744.6}{174.76}\right)^{\frac{1}{0.59}} = 11.67\,(\text{mm})$$

（3）6 mm 厚合金钢靶板
$$H_{fk} = \left(\frac{v_r}{174.76}\right)^{\frac{1}{0.59}} = \left(\frac{673.5}{174.76}\right)^{\frac{1}{0.59}} = 9.84\,(\text{mm})$$

（4）7 mm 厚合金钢靶板
$$H_{fk} = \left(\frac{v_r}{174.76}\right)^{\frac{1}{0.59}} = \left(\frac{579.6}{174.76}\right)^{\frac{1}{0.59}} = 7.63\,(\text{mm})$$

（5）8 mm 厚合金钢靶板
$$H_{fk} = \left(\frac{v_r}{174.76}\right)^{\frac{1}{0.59}} = \left(\frac{473.2}{174.76}\right)^{\frac{1}{0.59}} = 5.41\,(\text{mm})$$

据此，对于撞击速度为 1 100 m/s 的 7.5 g 破片，可获得前置合金钢靶板为 4 mm、5 mm、6 mm、7 mm 和 8 mm 厚度时所需的后置芳纶纤维板厚度分别为 13.69 mm、11.67 mm、9.84 mm、7.63 mm 和 5.41 mm；可计算获得相应的面密度分别为 49.88 kg/m², 55.00 kg/m², 60.39 kg/m², 65.25 kg/m² 和 70.10 kg/m²。

因此，对于完全理想情况，可选择 4 mm 厚典型高强度低合金钢和 14 mm 厚芳纶纤维板有间隙组合结构实现对 7.5 g 撞击速度为 1 100 m/s 破片的防御，合金钢与纤维材料板的间隙应大于 50 mm。

3. 综合选择

综上所述，将合金钢靶板与纤维材料板有、无间隔层合的情况进行对比，在不考虑安装、空间等条件下，只以防御撞击速度为 1 100 m/s 的 7.5 g 破片所需面密度最小为判定准则，可选择 4 mm 厚合金钢和 13 mm 厚芳纶纤维板无间隔层合结构作为复合结构设计方案。

5.4.2.2 抗 10.0 g 破片复合结构设计

1. 合金钢靶板与纤维材料板间无间隔层合

对 10.0 g (长径比为 1∶1.68) 破片采用式 (5.1) 的形式，通过对数值仿真数据的拟合，可获得弹道极限速度与合金钢靶板和纤维板厚度的函数关系式如下：

$$v_{50} = 94.375(H_S + 0.447H_{fk}) + 48.25,$$
$$4\ \text{mm} \leqslant H_S \leqslant 5\ \text{mm},\ 6\ \text{mm} \leqslant H_{fk} \leqslant 16\ \text{mm} \tag{5.17a}$$

$$v_{50} = 134.25(H_S + 0.384\ 5H_{fh}) - 286,$$
$$4\ \text{mm} \leqslant H_S \leqslant 5\ \text{mm},\ 6\ \text{mm} \leqslant H_{fh} \leqslant 16\ \text{mm} \tag{5.17b}$$

式中，H_{fk}、H_{fh} 分别为芳纶纤维材料板和复合纤维材料板的厚度，mm。

将式 (5.17) 的计算结果与表 4.27 中 10.0 g 破片对无间隔复合结构的弹道极限速度进行对比分析，列于表 5.2 中。由表 5.2 可见，公式计算值与仿真值的相对统计误差均在 ±9% 之内，极差为 12.48%，标准化残差值全部落在 (−2, 2) 区间内，表明式 (5.11) 计算值具有一定的准确性。

对于 1 100 m/s 的撞击速度，式 (5.17) 可变为

$$1\ 100 = 94.375(H_S + 0.447H_{fk}) + 48.25 \tag{5.18a}$$

$$1\ 100 = 134.25(H_S + 0.384\ 5H_{fh}) - 286 \tag{5.18b}$$

再进一步进行转化，可得

$$H_{fk} = \frac{L_P(v_{50} - C)}{AB} - \frac{1}{B}H_S = 24.93 - 2.24H_S \tag{5.19a}$$

$$H_{fh} = \frac{L_P(v_{50} - C)}{AB} - \frac{1}{B}H_S = 26.85 - 2.6H_S \tag{5.19b}$$

若选用芳纶纤维材料,将式(5.19a)代入式(5.2)中可得

$$S_{AD} = \rho_S H_S + \rho_F(24.93 - 2.24H_S) = 33.66 + 4.83H_S \quad (5.20a)$$

若选用复合纤维材料,将式(5.19b)代入式(5.2)中可得

$$S_{AD} = \rho_S H_S + \rho_F(26.85 - 2.6H_S) = 51.28 + 2.88H_S \quad (5.20b)$$

由式(5.20)可见:

①随着纤维增强复合材料板厚度的增加,复合结构面密度降低。

②同样厚度条件下,采用芳纶纤维可具有更低的面密度。

表5.2 10.0 g破片采用式(5.17)计算结果与仿真弹道极限速度对比

合金钢靶板厚度/mm	纤维材料板种类(厚度)/mm	仿真弹道极限速度/(m·s^{-1})	计算值/(m·s^{-1})	相对统计误差/%	标准化残差值
4	芳纶(8)	780	763.2	-2.15	-1.531
	芳纶(10)	855	847.6	-0.86	-0.674
	芳纶(12)	925	932.0	0.75	0.640
	芳纶(14)	1 010	1 016.3	0.63	0.582
	芳纶(16)	1 090	1 100.7	0.98	0.982
5	芳纶(6)	762.5	773.2	1.41	0.983
	芳纶(8)	845	857.6	1.49	1.155
	芳纶(10)	942.5	942.0	-0.06	-0.046
	芳纶(12)	1 037.5	1 026.4	-1.07	-1.017
	芳纶(14)	1 122.5	1 110.7	-1.05	-1.075
4	复合(8)	722.5	664.0	-8.10	-1.476
	复合(10)	737.5	767.2	4.03	0.751
	复合(12)	857.5	870.4	1.51	0.328
	复合(14)	937.5	973.7	3.86	0.914
	复合(16)	1 097.5	1 076.9	-1.88	-0.518
5	复合(6)	712.5	695.0	-2.46	-0.441
	复合(8)	777.5	798.2	2.66	0.524
	复合(10)	877.5	901.4	2.73	0.606
	复合(12)	962.5	1 004.68	4.38	1.066
	复合(14)	1 177.5	1 107.92	-5.91	-1.754

如果不考虑空间尺寸要求，以最小面密度为标准，则选用芳纶纤维材料，根据式（5.17）的限定条件，将合金钢靶板的厚度 H_s 取最小值 4 mm，则由式（5.19a）获得芳纶纤维板的厚度为 15.98 mm，复合结构的面密度为 52.98 kg/m²。

若复合结构的总厚度 H 为限定值，将式（5.19a）代入式（5.15）

$$H_s \geqslant \frac{24.93 - H}{1.24} \tag{5.21}$$

因此，选用芳纶纤维材料，根据式（5.21）的限定条件，即可求出合金钢靶板的厚度 H_s，从而获得复合结构的最小面密度。

2. 合金钢靶板与纤维材料板有间隔层合

对于 10.0 g 破片，由式（3.15）获得破片以 1 100 m/s 的速度分别贯穿厚度为 4 mm、5 mm、6 mm、7 mm 和 8 mm 合金钢靶板后的剩余速度。

（1）4 mm 厚合金钢靶板

$v_r = 19.31(v_0 - 512.5)^{0.5948} = 19.31 \times (1\,100 - 512.5)^{0.5948} = 856.6\,(\text{m/s})$

（2）5 mm 厚合金钢靶板

$v_r = 28.97(v_0 - 595)^{0.5347} = 28.97 \times (1\,100 - 595)^{0.5347} = 808.0\,(\text{m/s})$

（3）6 mm 厚合金钢靶板

$v_r = 17.28(v_0 - 638)^{0.5993} = 17.28 \times (1\,100 - 638)^{0.5993} = 683.1\,(\text{m/s})$

（4）7 mm 厚合金钢靶板

$v_r = 21.76(v_0 - 728)^{0.5621} = 21.76 \times (1\,100 - 728)^{0.5621} = 606.1\,(\text{m/s})$

（5）8 mm 厚合金钢靶板

$v_r = 25.31(v_0 - 816)^{0.5356} = 25.31 \times (1\,100 - 816)^{0.5356} = 521.5\,(\text{m/s})$

与抗 7.5 g 破片侵彻的复合结构材料选择原因相同，选用抗侵彻性能更强的芳纶纤维，因此，采用式（4.28）计算前置合金钢靶板为不同厚度时芳纶纤维材料板所需的厚度。

（1）4 mm 厚合金钢靶板

$$H_f = \left(\frac{v_r}{167.62}\right)^{\frac{1}{0.59}} = \left(\frac{856.6}{167.62}\right)^{\frac{1}{0.59}} = 14.79\,(\text{mm})$$

（2）5 mm 厚合金钢靶板

$$H_f = \left(\frac{v_r}{167.62}\right)^{\frac{1}{0.59}} = \left(\frac{808.0}{167.62}\right)^{\frac{1}{0.59}} = 13.40\,(\text{mm})$$

（3）6 mm 厚合金钢靶板

$$H_f = \left(\frac{v_r}{167.62}\right)^{\frac{1}{0.59}} = \left(\frac{683.1}{167.62}\right)^{\frac{1}{0.59}} = 10.08\,(\text{mm})$$

(4) 7 mm 厚合金钢靶板

$$H_f = \left(\frac{v_r}{167.62}\right)^{\frac{1}{0.59}} = \left(\frac{606.1}{167.62}\right)^{\frac{1}{0.59}} = 8.23(\text{mm})$$

(5) 8 mm 厚合金钢靶板

$$H_f = \left(\frac{v_r}{167.62}\right)^{\frac{1}{0.59}} = \left(\frac{521.5}{167.62}\right)^{\frac{1}{0.59}} = 6.38(\text{mm})$$

据此，对于撞击速度为 1 100 m/s 的 10.0 g 破片，可获得前置合金钢靶板分别为 4 mm、5 mm、6 mm、7 mm 和 8 mm 厚度时所需的后置芳纶纤维板厚度；可计算获得相应的面密度分别为 51.37 kg/m²、57.34 kg/m²、60.71 kg/m²、66.06 kg/m² 和 71.41 kg/m²。

因此，对于完全理想情况，可选择 4 mm 厚典型高强度低合金钢和 15 mm 厚芳纶纤维板有间隙组合结构实现对 10.0 g 撞击速度为 1 100 m/s 破片的防御，合金钢与纤维材料板的间隙应大于 50 mm。

3. 综合选择

综上所述，将合金钢靶板与纤维材料板有、无间隔层合情况进行对比，在不考虑安装、空间等条件下，只以防御 10.0 g 以 1 100 m/s 着靶的破片所需面密度最小为判定准则，可选择 4 mm 厚合金钢和 15 mm 厚芳纶板纤维有间隔层合结构作为复合结构方案；若考虑空间占有情况，可选择 4 mm 厚合金钢和 16 mm 厚芳纶纤维板无间隔层合结构作为复合结构设计方案。

5.4.3　钢/纤维复合结构抗破片侵彻性能验证

针对上述钢/纤维复合结构抗破片侵彻性能分析方法及所设计的优化结构进行实例试验验证，以验证分析方法的可靠性。

5.4.3.1　抗 7.5 g 破片侵彻复合结构验证

因没有现成的 13 mm 厚芳纶纤维增强复合材料，在此，采用现有的 12 mm 厚芳纶纤维板进行代替。

根据 4.4.3 节可知，7.5 g 破片对 4 mm 合金钢靶板与 12 mm 厚芳纶纤维板无间隔层合的复合结构弹道极限速度为 1 171 m/s，靶体破坏现象如图 5.1 所示。

由试验结果可得，所设计的 4 mm 厚合金钢与 13 mm 厚芳纶纤维板无间隔层合的复合结构可对撞击速度为 1 100 m/s 的 7.5 g 破片进行有效防护。

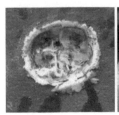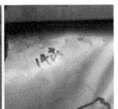

图 5.1　靶体破坏现象（破片撞击速度：1 158 m/s）

5.4.3.2　抗 10.0 g 破片侵彻复合结构验证

由 5.4.2.2 节的计算结果可知，4 mm 合金钢靶板与 16 mm 厚芳纶纤维板无间隔层合，或 4 mm 合金钢靶板与 15 mm 厚芳纶纤维板有间隔层合，均可以实现对 10.0 g 撞击速度为 1 100 m/s 破片的防御。因有间隔的情况下，韧性钢破片不破碎，破片和塞块在间隔中飞行时容易发生随机翻转，无法以理想情况着靶，因此，选择 4 mm 合金钢靶板与 16 mm 厚芳纶纤维增强复合材料板无间隔层合的复合结构进行试验验证。因缺少 16 mm 厚芳纶纤维板，采用现有的厚度为 15 mm 的芳纶纤维板代替。

1. 试验方案

采用 10.0 g 破片以 1 100 m/s 的速度对 4 mm 厚（实测厚度 4.1 mm）合金钢与 15 mm 厚（实测厚度 15.2 mm）芳纶纤维板无间隔层合的复合结构进行垂直侵彻，试验后观察破片能否完全贯穿复合结构。

2. 试验结果

试验获得有效试验数据 4 发，测到的撞击速度分别为 1 128 m/s、1 120 m/s、1 166 m/s 和 1 145 m/s，试验数据列于表 5.3 中，靶体破坏现象如图 5.2 所示。由表 5.3 中数据可见，无一发贯穿 4 mm 厚合金钢靶板与 15 mm 厚芳纶纤维板无间隔层合的复合结构。

表 5.3　抗 10.0 g 破片复合结构试验数据

靶体结构	实测破片质量/g	破片撞击速度/(m·s^{-1})	是否贯穿
4 mm 厚合金钢靶板 + 15 mm 厚芳纶纤维板（无间隙层合）	9.78	1 128	否
	9.89	1 120	否
	9.84	1 166	否
	9.93	1 145	否

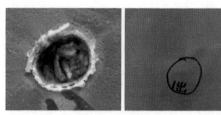

图 5.2 靶体破坏现象（破片撞击速度：1 145 m/s）

由试验结果可得，所设计的 4 mm 厚合金钢与 16 mm 厚芳纶纤维板无间隔层合的复合结构可对撞击速度为 1 100 m/s 的 10.0 g 破片进行有效防护。

5.5 小结

在前面研究的基础上进行了钢/纤维复合结构优化设计方法研究，具体研究工作及获得的研究结果总结如下：

① 提出以钢/纤维复合结构最小面密度为优化设计目标函数，应用破片对典型高强度低合金钢和钢/纤维复合结构侵彻效应分析模型，建立了适用一定破片质量和撞击速度范围的计算钢/纤维复合结构参数的数学模型和计算方法，获得了钢/纤维复合结构优化设计方法。

② 基于前面试验和数值仿真研究获得的分析模型，进行了抗撞击速度为 1 100 m/s 的 7.5 g 和 10.0 g 破片侵彻的钢/纤维复合结构实例设计，并通过试验验证了所设计复合结构的抗破片侵彻能力，表明了此优化设计方法具有合理性和实用性。

第 6 章

韧性钢破片对钢/纤维/钢复合结构的侵彻与贯穿效应

破片毁伤效应与防护技术

6.1 引言

钢/纤维/钢复合结构由外层金属面板和中间层非金属板组成，中间层非金属板材料通常为纤维增强复合材料或陶瓷[265]，是钢和纤维组成的另一种形式复合结构。该类装甲结构是一种夹层复合（材料）结构，又可称为三明治结构（Sandwich Structures）[266]。在众多类型的夹层复合结构中，采用高硬度面板和纤维增强复合材料芯板层合的钢/纤维/钢复合结构具有高硬度、高强度、高韧性、低密度、低成本等特点，大量应用于装备的表面防护，是当今最为常见的一种防护结构，也是防护结构的重点发展方向。因此，冲击载荷下钢/纤维/钢复合结构的响应特征及断裂机理是近年来的研究热点之一[267-269]。

本章通过试验，研究韧性钢破片侵彻下钢/纤维/钢复合结构的破坏机理和响应特征，分析韧性钢破片对钢/纤维/钢复合结构的侵彻过程，揭示出夹层材料力学性能及结构特征对破片贯穿效果的影响规律；通过数值模拟研究破片临界贯穿时钢/纤维/钢复合结构各组成部分的吸能比率，分析破片剩余速度、动能消耗与着速的相关性。

6.2 韧性钢破片对不同夹层材料复合结构侵彻试验

新型夹层复合结构使用可靠性和稳定性的现实需求是力学和材料学相互交叉的牵引力量,也是冲击破坏试验研究的根本出发点,一直是材料工程应用领域研究的热点,同时,也反过来为材料的研制提供了损伤特征及损伤程度与受力载荷内在联系的定量描述。近年来,Bazle A. Gama[270](2001)、Patrick M. Schubel[271](2005)、Paul Wambua[272](2007)、H. Zhao[273](2007)、Kwang Bok Shin[274](2008)、S. Ryan[275](2008)、Arjun Tekalur[276](2009)、H. B. Zeng[277](2010)、J. Dean[278](2011)、P. Navarro[279](2012)等通过试验研究了纤维环氧树脂/PVC泡沫/纤维环氧树脂、钢/纤维/钢、铝/铝蜂窝/铝、玻璃纤维/铝蜂窝/玻璃纤维、碳纤维/铝蜂窝/碳纤维、玻璃纤维/缝泡沫/玻璃纤维、铝/球形聚合物/铝、钢/金属纤维/钢、环氧玻璃/聚氨酯泡沫/环氧玻璃等各种类型的夹层复合结构在冲击载荷作用下的响应特征、损伤模型及相关性作为材料使用可靠性分析的基础问题在国外研究较为普遍,涉及兵器、航天、航空、交通等众多领域。但对于破片高速撞击下夹层复合结构的响应特征研究少有涉及。

破片冲击下,加载及材料响应时间为微秒尺度,弹靶界面瞬间形成高温、高压、高应变率"三高"区域,惯性效应和应变率效应在局部显著,薄面板泡沫类夹层复合结构的强度尚不足以和硬金属弹体匹敌,吸能比率随着靶速度的增大而不断减少,难以满足舰船舱体结构对高比动能破片有效防护的要求。纤维增强复合材料比强度、比模量均高于金属材料,且具有良好的能量吸收特性,无"二次杀伤效应",与钢板的适当比例层合可用于特殊装备的防护结构,但纤维增强复合材料自身的各向异性力学特性及结构整体的轴向非连续特征增加了高速破片侵彻下结构损伤模式及程度认识的困难,也反过来制约了弹体弹道极限速度的分析获取。因此,系统的试验研究可为理论分析及数值模拟提供数据支持,是问题研究的基础与保证。

6.2.1 试验系统及方法

6.2.1.1 试验布置

采用12.7 mm滑膛弹道枪、破片速度测试装置、靶架、木制回收箱与高速录像机组成的试验系统。测试系统与2.3.2.2节中弹道枪加载试验布置相似，12.7 mm弹道枪、激光测速靶、靶架、铝箔通断测速靶与回收箱一字排布，侧向垂直于靶板6.0 m外架设高速录像机（型号：FASTCAM SA4），录像频率设定为40 000幅/s，即获得每幅图片的时间间隔为25 μs，靶板另一侧0.5 m外正对高速录像机放置一个2 m×2 m的带刻度白幕。具体试验布置示意如图6.1所示。

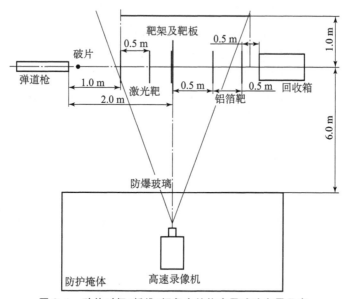

图6.1 破片对钢/纤维/钢复合结构穿甲试验布置示意

6.2.1.2 破片质量、结构与着速

一般自制爆炸物多产生自然破片，自然破片因壳体断裂的随机性在结构上具有非对称性，为一个不规则体，飞行过程中常因失稳而发生翻滚，着靶姿态具有随机性。为了在试验中反映自然破片的随机着靶，M. J. Iremonger[280]（1996）、Paul Wambua[272]（2007）、F. Rondot, J. Nussbaum[281]（2011）采用破片模拟弹丸（FSP）结构模拟自然破片进行试验和数值模拟研究。本章以爆炸物爆炸作用产生的自然破片对钢/纤维/钢复合结构的侵彻行为为研究对象，以试验中所用弹道枪口径（12.7 mm）为约束条件设计试验用FSP破片结构，具体尺寸如图6.2所示。破片材料选用

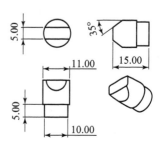

图6.2 试验用FSP破片结构尺寸（单位：mm）

35CrMnSiA 钢，抗拉强度为 1 620 MPa，屈服强度为 1 275 MPa。破片质量为10 g。

试验中破片托于弹托上，通过改变（2/1 樟枪药 + 黑火药）发射药量来调整破片的抛射速度，根据反舰导弹战斗部爆炸作用产生自然破片的着靶速度范围，设计破片的抛射速度范围在 800 ~ 1 500 m/s。

6.2.1.3 靶标结构与材质

试验中钢/纤维/钢复合结构靶标由迎弹的前面板（Top Facesheet，简称前板）、夹层纤维板和后面板（Bottom Facesheet，简称后板）层合组成，如图 6.3 所示。

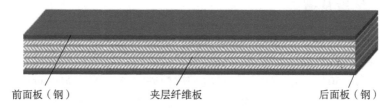

图 6.3 试验用钢/纤维/钢复合结构靶标示意

设计钢/纤维/钢复合结构如下：靶标的前、后板均采用 Q235A 钢，前板厚度为 4 mm，后板厚度为 6 mm，夹层纤维复合材料板厚度为 16 mm。夹层纤维板采用改性环氧（PE）热固性树脂、乙烯 - 乙酸乙烯酯共聚（EVA）热塑性树脂两种基体材料和 E - 玻璃纤维（E - Glass Fiber）双轴向织物、Kevlar - 129 芳纶纤维（Aramid Fiber）织物两种增强体材料压合而成 4 种纤维增强复合材料板制成，两种高聚物基体的基本性能列于表 6.1 中，两种纤维丝性能列于表 6.2 中。表 6.2 中 Kelvar - 129 纤维丝的抗拉强度、模量及断裂伸长率分别是 E - 玻璃纤维丝的 1.27 倍、1.38 倍和 1.10 倍，密度却降低了43.5%，说明 Kelvar - 129 纤维丝较 E - 玻璃纤维丝具有更佳的抗拉性能。4 种纤维增强复合材料板的压合均由兵器工业 53 所完成。

表 6.1 环氧和乙烯基树脂的性能参数

基体名称	密度 /(g·cm⁻³)	拉伸模量 /GPa	拉伸强度 /MPa	剪切模量 /GPa	压缩强度 /MPa	断裂应变 /%	收缩率 /%
环氧树脂	1.1 ~ 1.2	2.0 ~ 5.0	55 ~ 120	1.5	130	1.5 ~ 8.5	1 ~ 5
乙烯基树脂	0.94 ~ 1.07	3.0 ~ 4.0	65 ~ 90	—	98	1 ~ 5	1 ~ 6

表 6.2　E-玻璃和 Kevlar-129 芳纶纤维丝的性能参数

纤维名称	密度 /(g·cm^{-3})	拉伸强度 /GPa	拉伸模量 /GPa	断裂伸长率 /%
Kevlar-129 芳纶纤维丝	1.44	3.3	99.0	3.3
E-玻璃纤维丝	2.55	2.6	71.8	3.0

对于采用热固性树脂基体压合成的纤维板,本书将其代称为热固性复合纤维板;对于采用热塑性树脂基体压合成的纤维板,本书将其代称为热塑性复合纤维板。

6.2.2　试验及结果

采用 6.2.1 节中设计的试验系统,进行 10.0 g FSP 破片对 4 种钢/纤维/钢复合结构靶标和 16 mm 厚 Q235A 钢靶的冲击试验。试验中复合装甲靶板长×宽为 500 mm×500 mm,前板、夹层板和后板的四角处通过 ϕ10 mm 螺栓连接,三层板在螺栓的作用下被牢牢夹紧,以模拟舰船舱壁的防护结构,试验用纤维增强复合材料板、靶体结构及韧性钢破片如图 6.4~图 6.6 所示。

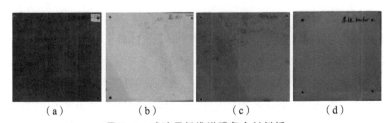

图 6.4　试验用纤维增强复合材料板
(a) 热固性玻璃纤维;(b) 热塑性玻璃纤维;(c) 热固性芳纶纤维;(d) 热塑性芳纶纤维

图 6.5　试验用钢/纤维/钢复合结构

试验针对上述 4 种夹层复合结构和 1 种均质钢靶结构进行了 5 组 FSP 破片撞击试验,获得 FSP 破片贯穿每种三明治板的弹道极限速度。每组试验 10~15 发,每发试验均通过高速录像观察 FSP 破片的飞行轨迹,如图 6.7 所示。

第6章 韧性钢破片对钢/纤维/钢复合结构的侵彻与贯穿效应

图6.6 试验用韧性钢破片

取 FSP 破片靶前稳定飞行的试验数据为有效数据，根据 GJB 3197—1992 六射弹试验法，通过59发试验获得的 FSP 破片对5种不同结构弹道极限速度列于表6.3中。试验后回收的韧性钢破片残体及靶体破坏特征如图6.8和图6.9所示。

表6.3 FSP 破片对不同结构靶板的弹道极限

靶板结构			实测尺寸（前板/芯板/后板）/mm	弹道极限速度 /(m·s^{-1})
钢/纤维/钢复合结构	E-玻璃纤维板	热固性	3.76/15.37/5.75	1 096.17
		热塑性	3.88/17.14/5.88	1 296.64
	Kevlar-129 芳纶纤维板	热固性	3.90/15.12/5.83	1 211.81
		热塑性	3.77/16.95/5.76	1 482.86
均质 Q235A 钢板			15.824	1 239.99

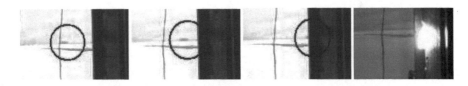

图6.7 破片着靶前飞行姿态及着靶瞬间（圈内为破片）

图6.8 穿甲后韧性钢破片的残体

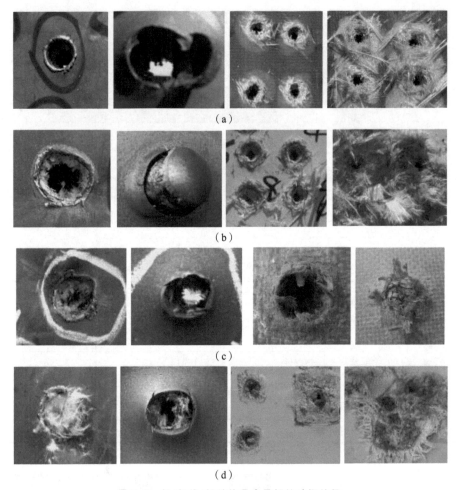

图 6.9　钢/纤维/钢结构及夹层板的破坏特征

(a) 热固性玻璃纤维；(b) 热塑性玻璃纤维；
(c) 热固性芳纶纤维；(d) 热塑性芳纶纤维

6.2.3　讨论

钢/纤维/钢复合结构由一定厚度的钢板、纤维增强复合材料板层合而成，对于破片高速冲击下的试验现象及数据，国内外尚无公开报道。本书试验中，同结构弹靶碰撞中，弹道极限因夹层纤维板的不同而不同。虽因弹丸飞行中攻角的存在影响弹体侵彻中的接触面，但表 6.2 中弹道极限的差异足以说明夹层板性能对破片侵彻过程的显著影响。由表 6.2 中的数据可判断：

①韧性钢破片侵彻过程中基于 EVA 热塑性树脂基体的夹层复合结构抗破

片侵彻阻力要大于基于改性 PE 热固性树脂基体的夹层复合结构。

②韧性钢破片侵彻过程中基于 Kevlar-129 芳纶纤维增强体的夹层复合结构抗破片侵彻阻力要大于基于 E-玻璃纤维增强体的夹层复合结构。这些均与单层纤维增强复合材料板的抗弹特性是相似的。

此外，同均质 Q235A 钢板相比，热塑性玻璃和芳纶纤维夹层复合结构均显出了明显的抗破片侵彻优势，面密度（单位平面或曲面上的质量，单位：kg/m^2）分别降低了 23.30% 和 11.94%，同时，弹道极限速度分别提高了 19.59%；热固性芳纶纤维夹层复合结构与钢板的抗破片侵彻效果相当，但面密度降低了 23.77%；热固性玻璃纤维夹层复合结构较钢板弹道极限速度和面密度分别降低了 11.60% 和 16.24%。综上所述，4 种纤维夹层复合结构中，热塑性芳纶纤维夹层复合结构抗弹能力最强，热固性玻璃纤维夹层复合结构抗弹能力最差。

均质钢板和夹层复合板结构的性能不同，必然影响破片侵彻与贯穿过程中的力学行为。在整个过程中，复合材料结构的面板、背板和夹心复合材料层相互作用，互相耦合，提高了结构整体的抗贯穿能力，也增加了破片的侵彻阻力，是被研究者公认的。众多夹层复合结构抗弹性能研究中，通常采用建立在弹道极限基础上的比吸收能 δ 来表征靶体的抗侵彻能力，见式（4.2）。显然，靶板结构的面吸收能越大，表明同等质量条件下靶板抗破片侵彻与贯穿的能力越强，防护性能越佳。试验中 5 种结构靶体获得的单位面密度靶板吸收能列于表 6.4 中。

表 6.4 5 种靶体的单位面密度吸收能

靶板结构			面密度 /($kg·m^{-2}$)	弹道极限 /($m·s^{-1}$)	面吸收能 /($J·m^2·kg^{-1}$)
钢/纤维/钢复合结构	E-玻璃纤维板	热固性	103.381	1 096.17	58.115
		热塑性	108.694	1 296.64	77.340
	Kevlar-129 芳纶纤维板	热固性	94.083	1 211.81	77.998
		热塑性	94.674	1 482.86	116.129
均质 Q235A 钢板			123.427	1 239.99	62.287

表 6.4 中，均质 Q235A 钢板的面吸收能并非最低，略高于热固性玻璃纤维夹层复合结构的事实表明：复合材料对于结构抗弹性能的提高并不是绝对的，高抗弹性能夹层复合结构的获取是建立在前板、夹层材料板、后板三者材料选取与结构优化匹配的基础上的。提高装甲结构的能量吸收率与降低弹体侵

彻中的能量消耗率是彼此对立统一的研究命题，也是新防护材料应用中的两个方面。靶体抗贯穿性能、弹体侵彻性能均与弹靶作用过程中材料破坏模式相关。弹、靶结构及弹体冲击诸元直接影响了弹、靶材料的破坏模式。

图6.8中回收或嵌入纤维增强复合材料板中的残存韧性钢破片头部均发生了严重的塑性变形，虽然变形部位因弹头撞靶瞬间的随机受力略有不同，但弹靶接触面均有烧蚀痕迹，这是韧性钢破片对钢板高速侵彻中的典型特征，高密度金属面板的采用致使弹靶界面形成高压、高温的物理状态是弹体撞击、侵彻初期破碎与侵蚀行为发生的原因，也是复合材料结构抗高速撞击金属破片侵彻能力的主要方法和技术途径。

图6.9中，无论何种夹层材料的复合材料结构，破坏现象均发生于弹丸作用局部，整个靶体结构基本无弯曲变形挠度，整体破坏特征与均质钢板相似，均呈现前板翻边、后板冲塞的现象；纤维增强复合材料夹层板的破片入口处清晰可见，均以剪切破坏特征为主，其中，图6.9（a）、图6.9（b）和图6.9（c）中钢、热塑性玻璃纤维、热固性芳纶纤维板迎弹面的纤维断头光滑、平整，断头间存在空隙，易于识别与观察，推测为纤维丝多点同时断裂；图6.9（d）中热塑性芳纶纤维板的迎弹面纤维断头粗糙，有棉状分叉，断头间几乎无间隙，难以识别与观察推测，推测为纤维丝单点断裂；图6.9（a）、图6.9（c）中纤维增强复合材料夹层板的破片出口处周围残存大量弹体破碎残渣及前板产生的塞块，热固性纤维板出口处的断头清晰可见；图6.9（b）、图6.9（d）中热塑性纤维板出口处周围大量纤维被抽拔，纤维断裂面粗糙，叠合层分离现象突出，断裂纤维丝被密实地挤压在穿孔处周围，呈放射花状。由夹层纤维板的破坏现象可发现，夹层纤维板抗破片侵彻的机理并未因两边强约束钢板的存在而改变，其密度低、惯性效应弱化、层间强度低的特征使其在撞击体的高速侵彻中，背板易于发生分层破坏，致使弹体冲击下复合板迎弹面以剪切破坏为主，而侵彻区域靶板的背层将由于剪切波的横向传播，形成变形锥，背层纤维以拉伸断裂吸能为主要失效和吸能模式。

6.3 韧性钢破片对不同特征复合结构的侵彻与贯穿

众所周知，固定弹体、靶体结构下，靶板材料的阻力特征是决定破片靶内运动规律的主要因素。材料的阻力除与自身强度相关外，还受制于材料密度和撞击体的速度，尤其是高速冲击情况下因材料惯性效应产生的动阻力影响往往是难以忽略的。单一材质靶体中材料强度和密度的恒定，以及弹体运动速度的规律性衰减决定了阻力值的连续、无间断变化。多材质板层合的复合材料结构中，破片运动方向密度不再恒定，密度的突变势必引起破片侵彻阻力值的间断变化，变化幅度除与密度改变量相关外，还与弹体对材料板的入射速度有关，弹体在前一介质板中的运动距离（即板的厚度）是影响对后板入射速度的主要因素之一。此外，弹体在前一介质板中的侵彻运动中，后板的约束对前板变形的影响不可忽视，影响力的大小除与后板强度相关外，也与后板的厚度有关。因此，夹层复合结构对破片侵彻行为的影响决定了结构的吸能能力[282]。本节针对热塑性玻璃、芳纶纤维夹层复合结构进行不同结构复合结构的破片侵彻试验和数值模拟，获得结构特征对结构整体抗侵彻性能的影响规律。

6.3.1 不同结构特征复合结构的破片穿甲试验

6.3.1.1 试验弹、靶结构

采用 6.2.1 节中的试验系统进行试验，试验中选用与 6.2.1 节同样的 FSP 破片结构冲击复合结构靶体。根据 6.2.1 节试验结果，根据舰船舱壁防护结构前板薄、后板厚的特征，以破片能完全贯穿为约束条件，设计 7 种结构靶体进行试验，所设计的靶体结构列于表 6.5 中；选用 EVA 热塑性树脂基体的热塑性纤维板作为复合材料结构的夹层材料，纤维板增强体选用与 6.2.1 节相同的 Kelvar-129 纤维织物和 E-玻璃纤维双轴向织物。因此，共进行两种夹层材料，14 种靶体结构的 FSP 破片穿甲试验。

表 6.5 试验用钢/纤维/钢复合结构尺寸

序号	结构各部分厚度/mm		
	前板	夹层板	后板
1	4	14	6
2	4	12	6
3	4	12（两层叠合结构：6+6）	6
4	4	10	6
5	4	8	6
6	8	8	6
7	4	8	10

试验前，在兵器工业 53 所对两种试验用热塑性纤维板进行了一维分离式 Hopkinson 杆拉伸测试（应变率范围：103～104 s^{-1}，试样尺寸：134 mm × 18 mm × 1.8 mm），获得的曲线如图 6.10 所示。

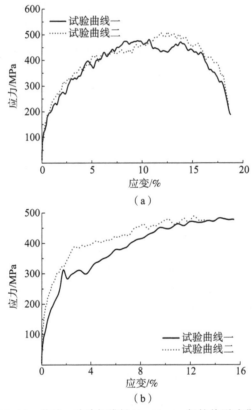

图 6.10　芳纶、玻璃纤维板 Hopkinson 杆拉伸测试曲线
（a）芳纶纤维；（b）玻璃纤维

图 6.10 中，动态拉伸下芳纶纤维板屈服强度要高于同尺寸玻璃纤维板，并且存在屈服平台，达到屈服强度后，有明显软化效应。综合表 6.2 中纤维丝的静力学测试数据分析可发现，同质量芳纶纤维板的抗拉性能高于玻璃纤维板，具有良好的抗拉伸断裂性能，这也是表 6.4 中热塑性芳纶纤维夹层复合结构面吸收能高于其余类型纤维夹层复合结构的原因。

6.3.1.2　试验结果及分析

采用 6.2.1 节中的试验方法进行不同结构复合结构的破片穿甲试验。针对 14 种夹层复合结构通过 157 发试验获得 FSP 破片对每种夹层复合结构的弹道极限速度，列于表 6.6 中。通过式（6.1）获得 14 种夹层复合结构的面吸收能。至此，共获得 16 种热塑性纤维夹层复合结构（6.2.1 节：2 种，6.3.1 节：14 种）的面吸收能列于表 6.7 中。根据表 6.7 获得夹层材料、厚度和结构及面板厚度对面吸收能的影响对比，示于图 6.11～图 6.14 中。

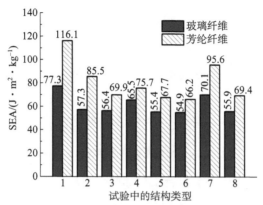

图 6.11 夹层材料对面吸收能的影响

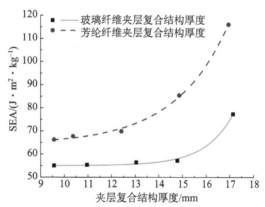

图 6.12 夹层厚度对面吸收能的影响

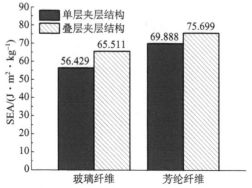

图 6.13 夹层结构对面吸收能的影响

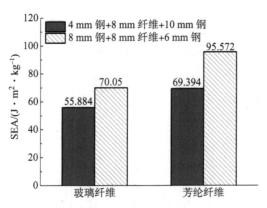

图 6.14　面板厚度对面吸收能的影响

表 6.7 中，芳纶纤维夹层复合结构的面吸收能较玻璃纤维夹层复合结构均有提升，如图 6.11 所示，最小增幅为 15.5%，最大增幅则达 56.2%，再次验证了芳纶纤维夹层复合结构比同结构玻璃纤维夹层复合结构具有更佳的吸能能力。

表 6.6　FSP 破片对 8 种钢/纤维/钢复合结构靶的弹道极限（试验）

夹层材料	结构序号	实测尺寸（前板/夹层板/后板）/mm	弹道极限/(m·s^{-1})
芳纶纤维	1	3.79/14.87/5.81	1 258.94
	2	3.75/12.41/5.84	1 119.69
	3	3.74/12.58（双层叠合：6.29+6.29）/5.86	1 167.14
	4	3.58/10.37/5.82	1 077.59
	5	3.68/9.57/5.72	1 059.76
	6	8.03/9.53/5.70	1 505.20
	7	3.72/9.38/9.63	1 265.47
玻璃纤维	1	3.74/14.79/5.81	1 083.97
	2	3.78/13.04/5.68	1 054.69
	3	3.69/14.74（双层叠合：7.37+7.37）/5.65	1 149.55
	4	3.64/10.96/5.78	1 021.97
	5	3.56/9.57/5.81	1 002.26
	6	8.04/9.56/5.70	1 325.13
	7	3.89/9.79/9.78	1 183.06

表6.7 （热塑性）纤维夹层复合结构的面吸收能

夹层材料	序号	实测尺寸（前板/夹层板/后板）/mm	弹道极限/(m·s^{-1})	面密度/(kg·m^{-2})	面吸收能/(J·m^2·kg^{-1})
芳纶纤维	1	3.77/16.95/5.76	1 482.86	94.674	116.129
	2	3.79/14.87/5.81	1 258.94	92.724	85.465
	3	3.75/12.41/5.84	1 119.69	89.694	69.888
	4	3.74/12.58（两层叠合：6.29+6.29）/5.8	1 167.14	89.976	75.699
	5	3.58/10.37/5.82	1 077.59	85.764	67.697
	6	3.68/9.57/5.72	1 059.76	84.804	66.217
	7	8.03/9.53/5.70	1 505.20	118.53	95.572
	8	3.72/9.38/9.63	1 265.47	115.386	69.394
玻璃纤维	1	3.88/17.14/5.88	1 296.64	108.694	77.340
	2	3.74/14.79/5.81	1 083.97	102.591	57.266
	3	3.78/13.04/5.68	1 054.69	98.564	56.429
	4	3.69/14.74（两层叠合：7.37+7.37）/5.65	1 149.55	100.858	65.511
	5	3.64/10.96/5.78	1 021.97	94.300	55.378
	6	3.56/9.57/5.81	1 002.26	91.269	55.031
	7	8.04/9.56/5.70	1 325.13	125.336	70.050
	8	3.89/9.79/9.78	1 183.06	125.227	55.884

图6.11中，前、后板同厚度，夹层板厚度为16.95 mm的芳纶纤维夹层复合结构较夹层板厚度为14.87 mm、12.41 mm、10.37 mm和9.57 mm的结构面吸收能分别提高了35.88%、66.16%、71.54%和75.38%；夹层板厚度为17.14 mm的玻璃纤维夹层复合结构较夹层板厚度为14.79 mm、13.04 mm、10.96 mm和9.57 mm的面吸收能分别提高了35.05%、37.06%、39.66%和40.54%。

图6.12中，钢/纤维/钢复合结构的面吸收能随夹层板厚度的增加呈指数规律递增，与单一结构纤维增强复合材料抗弹体贯穿具有相似性[247]。

图6.13中，双层叠合芳纶、纤维夹层复合结构的面吸收能分别较同厚度单层夹层复合结构提高了8.31%和16.09%，可见双层叠合结构纤维增强复合材料夹层较单层结构具有更优的吸能特性。

图 6.14 中，"8 mm 前板/8 mm 夹层板/6 mm 后板"的芳纶、玻璃纤维夹层复合结构分别较"4 mm 前板/8 mm 夹层板/10 mm 后板"的芳纶、玻璃纤维夹层复合结构的面吸收能提高了 37.72% 和 25.35%。可见，同面密度条件下，前板厚、后板薄的纤维夹层复合结构面吸收能更高。

6.3.1.3 讨论

将本节试验中，破片侵彻与贯穿后的复合材料结构拆开，前板背弹面和后板迎弹面示于图 6.15 中，结合图 6.9 中局部穿孔特征的观察可发现：

① 前、后板的穿孔均呈剪切破坏特征；
② 前板迎弹面、背弹面基本为一平面，后板迎弹面为向内凹；
③ 后板迎弹面为一凹面，背弹面为一凸面。

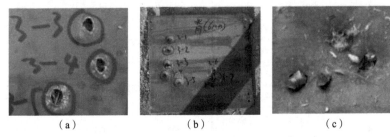

(a) (b) (c)

图 6.15 钢/纤维/钢复合结构前、后板破坏特征

(a) 前板背弹面；(b) 后板迎弹面（芳纶夹层）；(c) 嵌入后板的破片（纤维夹层）

不可否认，夹层纤维板的存在使复合材料结构前板背面盘形凸起受到了限制。同时，因夹层纤维材料具有强的抗拉性能，韧性钢破片形成侵彻区域内纤维板背层由于压缩波的横向传播形成变形锥，后板迎弹面的受载面积大为增加，但因结构后板惯性效应的存在，层合板背层凸起形变受到约束，与后板受载面积的增大相互耦合，提高了破片的侵彻阻力。因此，钢/纤维/钢复合结构的前板、后板和夹层复合结构相互作用，互相耦合，共同增加了破片侵彻的阻力，共同提高了整体结构的抗侵彻性能。

破片对夹层复合结构的侵彻与贯穿中，因前板的存在，破片撞击纤维夹层复合结构时，已并非初始着靶速度。若前板较厚，破片动能过多地消耗于前板的侵彻与贯穿，以低速撞击夹层复合结构，纤维丝在冲击载荷下拉伸变形、断裂，将弹体的轴向动能横向稀疏，实现削波吸能的目的；若前板较薄，破片贯彻前板后，仍以高速撞击纤维复合材料板，对纤维板的侵彻与贯穿在数个至数十微秒内完成，材料破坏行为的发生在破片侵彻区域局部，因自身惯性效应和应变率效应控制的局部响应对破坏的贡献更为突出，冲击加载过程中，破片能量的纤维横向稀疏转换有限,夹层纤维板的吸能作用难以发挥。因此,同面密度下,前板厚度的增加有利于削弱破片的高速侵彻特征,最大化发挥夹层纤维板的能量吸收作用。同弹体结构下,破片着靶速度的提高有利于弱化纤维板整体变形的吸能效应,提高对纤维夹层复合结构的侵彻与贯穿能力,但事物的发展总是相对的,当着靶速度提高到一定程度后,弹体材料因撞击高压产生的侵蚀与破碎必然加剧,侵彻能力未必实现大幅度提升。

根据前面的分析,破片侵彻与贯穿钢/纤维/钢复合结构 3 个阶段的过程如下:

(1) 破片贯穿前板阶段

破片高速撞击钢/纤维/钢复合结构过程中,在前板接触面上产生高达几十 GPa 的压力,强动载荷作用下,弹体发生塑性变形甚至破碎,发生功能转化,由此产生高温,致使弹体严重烧蚀。随着变形弹体的挤入及侵彻深入,前板背面逐渐隆起直至塞块形成,夹层板及后板强力支撑前板,制约了前板背面的隆起变形及塞块的形成,增大了破片侵彻的阻力。

(2) 弹体贯穿夹层板阶段

王晓强[283](2008)、顾伯洪[284](2012)的若干报道已表明,单一结构纤维增强复合材料在高速撞击下正面发生压缩、剪切破坏,侵彻区域靶板的背层形成变形锥,纤维丝以与弹体接触处为拉伸端发生拉伸破坏,以拉伸断裂吸能为主要失效和吸能模式,若受拉纤维丝与夹层板基体黏结良好,则存在纤维丝拉伸断裂、纤维丝附带基体被抽拔两种损伤模式。对试验结果的观察可推测,塑性变形破片顶着塞块,在与夹层板碰撞初期挤压夹层板,使纤维丝和基体产生高应变率条件下的压、剪破坏,此过程中,因塞块的存在,增大了弹靶接触面积,增加了弹体撞击夹层板初期的开坑阻力,同时,因为背板的存在,给夹层板以强力支撑,在即将贯穿复合材料板时,弹体的挤压作用因夹层板剩余部分抗剪切、压缩刚度降低而减弱,夹层板背面纤维丝呈明显拉伸破坏特征,如图 6.9 (b) 和图 6.9 (d) 所示。对于玻璃纤维板夹层,抽拔现象较芳纶纤维板更为严重,而芳纶纤维板部分发生了叠合层分离现象。综上所述,夹层板的抗拉性能对整体结构的防护性能具有重要影响,试验中,芳纶纤维三明治板较玻璃纤维三明治板具有更佳的吸能特性,这也恰恰与图 6.11 的分析结果相吻合。

(3) 弹体贯穿后板阶段

后板的存在可有效阻挡弹体高速撞击前板过程中产生的弹体碎块,降低了"二次杀伤"效应,高速贯穿前板后的破片因变形、侵蚀及破碎现象的发生,弹体长径比及弹体质量随着靶速度的增加而减少,且因穿过夹层板弹体自身运动速度大幅度降低,受损弹体以低速撞击后板,贯穿后板所用速度应远高于未受损破片。若破片贯穿面板和夹层板后速度足够大,同样可贯穿后板,但贯穿后板过程中,因低速撞击产生的表面压力有限,破片不再发生破碎行为,降低了"二次杀伤"范围。

综上所述,破片对钢/纤维/钢复合结构的侵彻与贯穿不同于单一结构钢板或复合材料板,整个过程中复合材料结构的前板、后板和复合材料夹层相互作用,互相耦合,其参数的匹配是影响整体结构防高速穿甲性能的重要因素。

6.3.2 不同特征复合结构的破片穿甲数值模拟

复合材料体系抗高速弹体侵彻与贯穿的机理目前尚不十分清楚,上述试验分析仅仅描述了弹道冲击点附近前、后钢板,纤维增强复合材料宏观响应特征,破片的侵彻与贯穿过程及弹道行为是上述试验无法获得的。21世纪以来,计算机技术的进步使破译弹体侵彻与材料破坏过程的"黑匣子"成为可能,数值模拟的日益普及为弹体穿甲力学行为研究的实施产生了技术上的促进。参见4.6节,同样采用AutoDyn程序对(表6.7中)16种试验工况的破片侵彻过程进行数值模拟,获得夹层板对破片侵彻的影响规律。

6.3.2.1 模型及材料本构参数

选用"cm - μs - g - Mbar"单位制,采用1/2结构形式,破片与靶体破坏区域分别采用0.5 mm和1.0 mm的网格尺寸,通过TrueGrid建立数值模拟所需的几何模型并离散化后导入AutoDyn程序中,靶体的长×宽为120 mm×120 mm,结构各层厚度视具体工况确定,靶体四周施加固定约束,弹靶系统的典型数值模拟模型示于图6.16中。

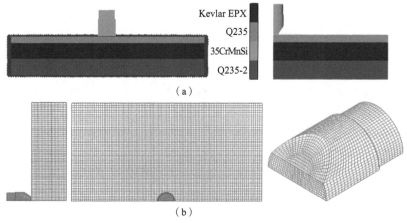

图6.16 数值模拟模型
(a) 几何模型;(b) 离散化模型

第 6 章　韧性钢破片对钢/纤维/钢复合结构的侵彻与贯穿效应

Q235 钢材料模型及参数设置与第 2 章的一致，纤维复合板材料模型及参数、35CrMnSi 破片材料模型及参数设置如下：

（1）纤维复合板材料模型及参数

本书参考已有研究成果[252]，采用 Puff 状态模型和 Von Mises 强度模型进行数值模拟。根据图 6.10 中材料力学性能的实测值，在文献［252，285］的基础上获得 Kevlar – 129 纤维材料和 E – Glass 纤维材料模型参数，列于表 6.8 中。

表 6.8　数值模拟用纤维增强复合板材料模型及参数

名称	模型参量	模型参数	
		Kevlar – 129 纤维	E – Glass 纤维
密度	参考密度/(g·cm^{-3})	1.29	2.55
状态方程	参数 A_1/Mbar	0.082 1	0.121 3
	参数/Mbar	0.703 6	0.179 8
	参数/Mbar	0.00	0.00
	Gruneisen 系数	0.35	0.15
	膨胀系数	0.25	0.25
	升华能量/(Terg·g^{-1})	0.082 3	0.020 93
	参数 T_1/(Terg·g^{-1})	0.00	0.00
	参数 T_2/(Terg·g^{-1})	0.00	0.00
	参考温度/K		
	比热/[Terg·(g·K)$^{-1}$]	0.00	0.00
强度模型	剪切模量/Mbar	0.30	0.27
	屈服应力/Mbar	0.005 1	0.004 7
失效模型	塑性应变	0.64	0.25

（2）破片材料模型及参数

对于 35CrMnSiA 材料，选用线性（Linear）模型描述材料的状态变化[210]，选用 Von Mises 模型描述材料的强度，选用塑性应变（Plastic Strain）描述材料的失效（Failure）与侵蚀（Erosion）。具体模型参数设置见表 3.22 和表 3.24。

6.3.2.2　数值模拟结果

进行 FSP 破片对 16 种试验工况靶标的数值模拟，获得典型侵彻与贯穿过程，示于图 6.17 中。采用两射弹弹道极限法[1]，获得 FSP 破片贯穿不同夹层复合结构的弹道极限速度,列于表 6.9 中。表 6.9 中 16 种试验工况的数值模拟与试验结果误差均在 10% 之内,表明采用上述数值模拟方法及材料模型参数模拟获得的结果具有可靠性,为数值模拟方法的应用奠定了基础。

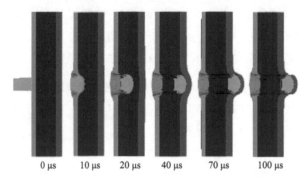

图 6.17　FSP 破片对钢/纤维/钢复合结构侵彻与贯穿模拟

表 6.9　FSP 破片对 8 种钢/纤维/钢复合结构的弹道极限速度(数值模拟)

夹层材料	结构序号	实测尺寸(前板/夹层板/后板)/mm	弹道极限速度/($m \cdot s^{-1}$)	与试验值误差/%
芳纶纤维	1	3.77/16.95/5.76	1 357.5	-8.45
	2	3.79/14.87/5.81	1 257.5	-0.11
	3	3.75/12.41/5.84	1 127.5	0.70
	4	3.74/12.58(两层叠合结构:6.29+6.29)/5.86	1 137.5	-2.50
	5	3.58/10.37/5.82	1 017.5	-5.58
	6	3.68/9.57/5.72	997.5	-5.87
	7	8.03/9.53/5.70	1 462.5	-2.84
	8	3.72/9.38/9.63	1 297.5	2.53
玻璃纤维	1	3.88/17.14/5.88	1 267.5	-2.25
	2	3.74/14.79/5.81	1 092.5	0.79
	3	3.78/13.04/5.68	997.5	-5.42
	4	3.69/14.74(两层叠合结构:7.37+7.37)/5.65	1 062.5	-7.57
	5	3.64/10.96/5.78	932.5	-8.75
	6	3.56/9.57/5.81	912.5	-8.96
	7	8.04/9.56/5.70	1 307.5	-1.33
	8	3.89/9.79/9.78	1 297.5	9.67

6.3.3 临界贯穿条件下的能量转换

韧性钢破片侵彻与贯穿过程中,弹体的耗能与靶体的吸能是破片"攻-防"问题研究的核心内容。对于破片的临界贯穿,破片的初始动能都转化为迸溅的动能,弹体、靶体的热能,靶体各部分及破片的内能三部分。设定 R_F、R_M、R_B 分别为前板、夹层板和后板的吸能比率(或内能增加比率)[286],则

$$\begin{cases} R_\text{F} = \dfrac{\Delta I_\text{Front}}{K^0_\text{Fragment}} \\ R_\text{M} = \dfrac{\Delta I_\text{Middle}}{K^0_\text{Fragment}} \\ R_\text{B} = \dfrac{\Delta I_\text{Back}}{K^0_\text{Fragment}} \end{cases} \quad (6.1)$$

式中,K^0_Fragment 为破片的初始动能;ΔI_Front、ΔI_Middle 和 ΔI_Back 分别为破片贯穿后前板、夹层板和后板的内能增加量。本书通过不同弹靶条件下吸能比率的变化规律来研究临界贯穿条件下破片侵彻中的能量转换规律。

6.3.3.1 夹层板厚度的影响

根据数值模拟结果,通过式(6.1)获得前、后板厚度相同条件下(前、后板分别为 4 mm 和 6 mm 厚),破片临界贯穿复合材料结构时,各部分的吸能比率,示于图 6.18 中。图 6.18 中,不同厚度夹层板的吸能比率基本恒定,通过线性回归获得芳纶和玻璃纤维夹层板的吸能比率分别为 10.41% 和 2.68%,如图 6.19 所示,芳纶纤维夹层板的吸能比率为纤维夹层板的 3.88 倍。

此外,在图 6.18 中,芳纶纤维夹层板的吸能比率总是大于前板,玻璃纤维夹层板的吸能比率总是小于前板,后板的吸能比率随着夹层板厚度的增加而不断降低。对于 4 mm 厚前板、6 mm 厚后板的复合材料结构,通过分析获得后板吸能比率随夹层板厚度的变化规律,如图 6.20 所示。图 6.20 中,后板吸能比率随夹层板厚度的增加而呈线性规律递减,玻璃纤维夹层复合结构后板的递减趋势更为明显。

韧性钢破片侵彻钢/纤维/钢复合结构板过程中,破片动能转化为钢板和夹层板的内能同时,因与钢板的高速碰撞弹体发生变形或破坏,内能也会相应增加。对于 4 mm 厚前板、6 mm 厚后板的复合材料结构,临界贯穿条件下,破片的内能增加比率($R_\text{Fragment} = \Delta I_\text{Fragment} / K^0_\text{Fragment}$)如图 6.21 所示,图中破片内能增加比率随夹层板厚度的增加而呈线性规律减小。对于芳纶纤维夹层复合结构板,破片临界贯穿后,内能增加比率要低于玻璃纤维夹层复合结构板。

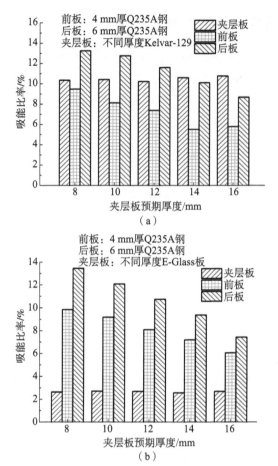

图 6.18 临界贯穿条件下复合材料结构各部分的吸能比率
(a) 芳纶纤维夹层；(b) 玻璃纤维夹层

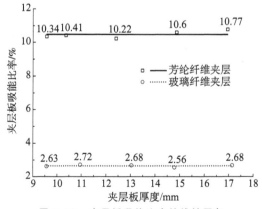

图 6.19 夹层板吸能比率的线性回归

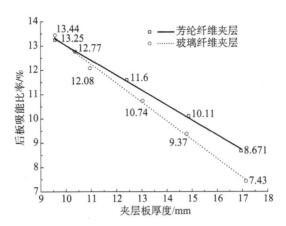

图 6.20　后板吸能比率随夹层板厚度的变化

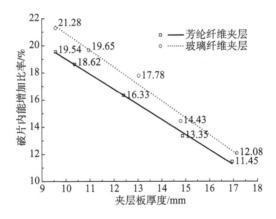

图 6.21　破片内能增加比率随夹层板厚度的变化

钢/纤维/钢复合结构板的破片侵彻过程中,弹、靶的变形与破坏决定了内能的变化规律。无论是芳纶纤维复合材料,还是玻璃纤维复合材料,随着夹层板厚度的增加,破片的临界贯穿速度不断提高。图 6.12 中纤维夹层复合结构的面吸收能随夹层板厚度的增加呈指数规律递增,而夹层板的内能增加量随夹层板厚度的增加也同样呈指数规律递增,如图 6.22 所示。图 6.22 中,随着夹层板厚度的增加,芳纶纤维夹层板的内能增加幅度较玻璃纤维夹层板的更大。

另外,韧性钢破片对纤维夹层复合结构的弹道极限速度的表征方法,也可以由图 6.19 和图 6.22 获得,具体如下:

$$v_{50} = a\sqrt{R_\mathrm{M}m}(T+b)^2 \tag{6.2}$$

式中,v_{50} 为破片的弹道极限速度;a、b 为系数,对于芳纶纤维夹层材料,$a=1.731$,$b=8.658$,对于玻璃纤维夹层材料,$a=0.792$,$b=8.249$;T 为夹层

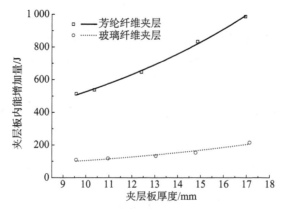

图 6.22 夹层板内能增加量随厚度的变化

板厚度；m 为破片质量；R_M 为夹层板的吸能比率，对于芳纶纤维夹层材料，$R_M = 10.41$，对于玻璃纤维夹层材料，$R_M = 2.68$。

夹层板的内能增加源于破片侵彻下的变形破坏。破片在对纤维复合材料板的侵彻中，破片动能因横向稀疏而不断减少，这不同于侵彻高密度金属靶体中的塑性变形耗能，侵彻中韧性钢质破片基本无塑性变形或破裂发生，内能也无明显改变。因此，在临界贯穿条件下，随着夹层板厚度的增加，破片临界贯穿动能虽然不断提高，但是对于前、后板厚度相同的复合材料结构，破片因变形或破裂带来的内能增加基本恒定，破片内能增加比率必然随着夹层板厚度的增加而（线性）递减，夹层板的吸能比率保持恒定，夹层复合结构整体的内能增加比率（$R_{Whole} = \Delta I_{Whole} / K^0_{Fragmnet}$）也必然随着夹层板厚度的增加而（线性）递减，如图 6.23 所示。

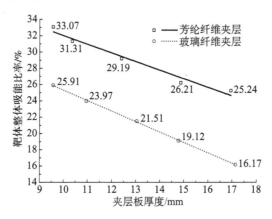

图 6.23 整个靶体结构吸能比率随夹层板厚度的变化

对于前、后板厚度相同的复合材料结构，破片着速随夹层板厚度在一定范围内变化。破片贯穿前板后,破坏形态基本相同,在侵彻夹层复合板过程中又无变形;在临界贯彻后板时,弹靶作用过程基本一致,因贯穿带来的后板变形与破坏也基本上相当。那么,后板吸能比率随着夹层板厚度的增加自然呈递减规律,如图 6.20 所示。

6.3.3.2 夹层板结构的影响

通过式(6.1),可以获得前、后板和夹层板厚度相同条件下(前、后板厚度分别为 4 mm 和 6 mm,夹层板厚度为 12 mm),单层和双层叠合夹层复合结构板各部分的吸能比率,如图 6.24 所示。图 6.24 中,夹层板的单层和双层叠

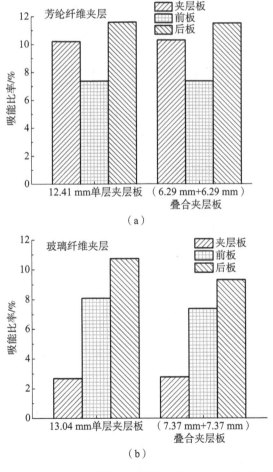

图 6.24　单层和双层叠合夹层复合结构各部分吸能比率
(a) 芳纶纤维夹层复合结构;(b) 玻璃纤维夹层复合结构

合结构对芳纶纤维夹层复合结构各部分吸能比率影响不大,但对玻璃纤维夹层复合结构各部分吸能比率具有明显影响。

图 6.25 中,双层叠合芳纶纤维、玻璃纤维夹层复合结构的面吸收能分别较同厚度单层夹层复合结构的面吸收能有明显提高,但单层和双层叠合结构对芳纶纤维夹层复合结构各部分吸能比率基本保持恒定,表明因双层叠合结构分界面的存在,增加了破片开坑次数,破片动能消耗的同时,因临界贯穿所需初始速度的提高,破片内能也相应增加。因此,双层叠合夹层复合结构较单层夹层结构面吸收能的增加源于破片两次开坑过程中动能的消耗。

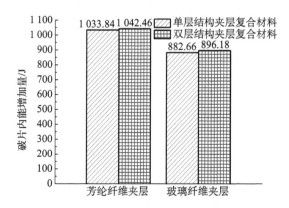

图 6.25　单层和双层叠合夹层结构对破片侵彻中内能增加的影响

6.3.3.3　前、后板厚度的影响

通过式(6.1),可以获得夹层板厚度相同条件下(夹层板厚度为 8 mm),前、后板厚度变化对夹层复合结构板各部分吸能比率的影响,如图 6.26、6.27 所示。

图 6.26 中,前板厚度增加了 4 mm,芳纶纤维、玻璃纤维夹层复合结构前板的吸能比率分别提高了 56.0% 和 59.3%,后板的吸能比率分别降低了 22.4% 和 25.9%,夹层板的吸能比率各有升降,但变化不大。

图 6.27 中,后板厚度增加了 4 mm,芳纶纤维、玻璃纤维夹层复合结构前板的吸能比率分别降低了 32.8% 和 44.0%,后板的吸能比率分别提高了 35.2% 和 34.7%,夹层板的吸能比率虽均有降低,但变化不大。

综上所述,前、后任一面板厚度的增加,相应的吸能比率均会大幅度提高,而另一面板的吸能比率则会大幅度降低,但对夹层板吸能比率的影响不大。

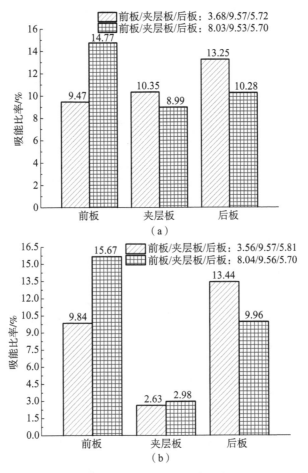

图 6.26 前板厚度变化对夹层复合结构各部分吸能比率的影响
(a) 芳纶纤维夹层；(b) 玻璃纤维夹层

分析前、后板厚度对整体结构吸能比率和破片内能增加比率的影响，获得图 6.28 和图 6.29。

图 6.28 中，前板厚度增加了 4 mm，芳纶纤维、玻璃纤维夹层复合结构整体吸能比率分别提高了 4.5% 和 6.6%；后板厚度增加了 4 mm，芳纶纤维、玻璃纤维夹层复合结构整体的吸能比率分别提高了 1.5% 和 1.0%。

图 6.29 中，前板厚度增加了 4 mm，破片临界贯穿芳纶纤维、玻璃纤维夹层复合结构后的破片内能增加比率分别降低了 25.8% 和 25.7%；后板厚度增加了 4 mm，破片临界贯穿芳纶纤维、玻璃纤维夹层复合结构整体的内能增加比率分别降低了 23.1% 和 13.6%。

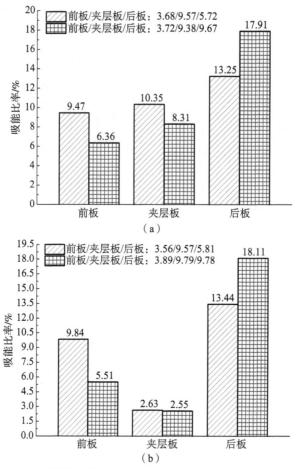

图 6.27　后板厚度变化对夹层复合结构各部分吸能比率的影响
（a）芳纶纤维夹层；（b）玻璃纤维夹层

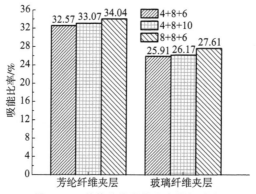

图 6.28　整体结构吸能比率增加对比

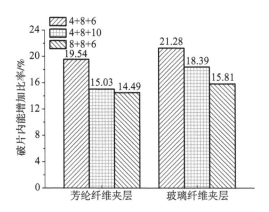

图 6.29 破片侵彻中内能增加比率对比

由图 6.28 和图 6.29 的对比可以看出，前、后板厚度的增加均提高了复合材料结构整体的吸能比率，同时，降低了破片内能的增加比率，前板厚度的增加对吸能比率和内能增加比率的影响更大。

结合图 6.14、图 6.26 和图 6.27 综合分析可见：

①前、后任一面板厚度的增加，均会带来该面板吸能比率的提高，同时带来另一面板吸能比率的降低，但夹层板和结构整体的吸能比率变化不大，破片内能增加比率变化较大。

②相同面密度条件下，前板厚、后板薄的纤维夹层复合结构具有更高的吸能能力是源于复合材料结构整体吸能比率的提升，因此，相同面密度条件下，破片若要贯穿该结构特征纤维夹层复合结构，所需的着靶速度更大。

6.4 韧性钢破片剩余速度、动能消耗与着速的相关性

6.4.1 破片剩余速度与着速的相关性

靳佳波[212]（2003）、徐豫新[213]（2010）通过 Ls – Dyna 软件分别获得了高速杆条和球形钨合金破片在不同着速下的靶后剩余速度，并通过着速与剩余速度的相关曲线，外推获得了破片的弹道极限速度。此方法也被 Zukas[58]（1982）应用于试验弹道极限的试验研究。

在此，将表 6.9 中通过数值模拟获得的弹道极限分别与 7.5 m/s（数值模

拟获得弹道极限速度时的贯穿速度)、17.5 m/s（7.5 + 10）、27.5 m/s（17.5 + 10）、47.5 m/s（27.5 + 20）、77.5 m/s（47.5 + 30）和107.5 m/s（77.5 + 30）共6个值求和所获得的数值作为着速，进行同结构破片对不同试验工况靶标侵彻的数值模拟，获得破片的靶后剩余速度。回归曲线如图6.30所示。

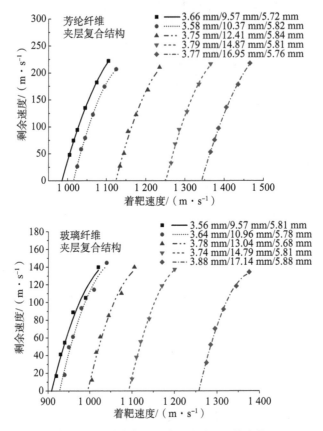

图 6.30　破片靶后剩余速度随着速的变化

图 6.30 中，无论夹层材料为何种纤维，随着破片着速的提高，破片靶后剩余速度也不断递增，递增规律并非线性，近似于二次函数形式。通过外推获得不同试验工况的弹道极限速度列于表 6.10 中。

由表 6.10 可见，外推值均略偏低于同数值模拟模型和参数条件下采用两射弹极限法获得的弹道极限速度值。表明该方法虽然符合弹道极限速度的物理内涵，但由于靶体临近破坏时对局部加载具有敏感性和随机性，通过试验数据统计规律获得的弹道极限速度的可信度更高。

表 6.10　不同分析方法获得的弹道极限速度

夹层材料	结构序号	实测尺寸（前板/夹层板/后板）/mm	弹道极限速度/(m·s⁻¹)	
			两射弹极限法	剩余速度回归
芳纶纤维	1	3.77/16.95/5.76	1 357.5	1 342
	2	3.79/14.87/5.81	1 257.5	1 249
	3	3.75/12.41/5.84	1 127.5	1 124
	5	3.58/10.37/5.82	1 017.5	1 015
	6	3.68/9.57/5.72	997.5	985
玻璃纤维	1	3.88/17.14/5.88	1 267.5	1 257
	2	3.74/14.79/5.81	1 092.5	1 090
	3	3.78/13.04/5.68	997.5	994
	5	3.64/10.96/5.78	932.5	927
	6	3.56/9.57/5.81	912.5	908

将破片对不同结构靶标的着靶速度进行归一化（即获得破片着靶速度与弹道极限之差：7.5 m/s、17.5 m/s、27.5 m/s、47.5 m/s、77.5 m/s 和 107.5 m/s），根据表 6.10 获得的着速与弹道极限速度值之差与剩余速度的关系如图 6.31 所示。

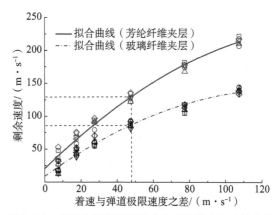

图 6.31　着速与弹道极限速度之差随剩余速度的变化

由图 6.31 可见：

①破片剩余速度随着着速与弹道极限之差的增加而呈二次函数递增；

②同等条件下，芳纶夹层复合结构的靶后速度要高于玻璃纤维夹层复合结构的靶后速度。

③当着速高出弹道极限速度的值大于 40 m/s 时，靶后剩余速度随着靶标结构变化跳动范围缩小，靶体破坏对局部加载的敏感性对剩余速度的影响开始减弱，此时，无论何种结构，破片的剩余速度均大于 50 m/s。

6.4.2 破片动能消耗与着速的相关性

6.4.2.1 夹层材料及厚度的影响

采用与上节相同的数值模拟方法，获得破片的靶后剩余速度与质量，计算出破片的剩余动能，获得破片动能消耗随着着速与弹道极限之差的变化关系，如图 6.32 所示。

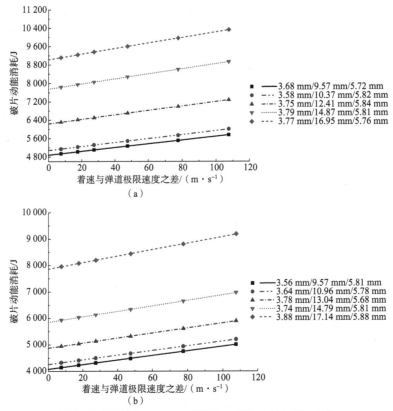

图 6.32 破片动能消耗随着着速与弹道极限之差的变化
（a）芳纶纤维夹层复合结构；（b）玻璃纤维夹层复合结构

图 6.32 中，破片动能消耗随着着速与弹道极限之差的增加而呈线性递增关系，即

$$\frac{1}{2}(m_I v_I^2 - m_E v_E^2) = K_1(v_I - v_{50}) + K_2 \quad (6.3)$$

式中，m_I、m_E 为破片的初始、剩余质量；v_I、v_E 为破片的初始、剩余速度；v_{50} 为弹道极限；K_1、K_2 分别为拟合系数。K_1、K_2 随复合材料结构夹层厚度的变化如图 6.33 和图 6.34 所示。

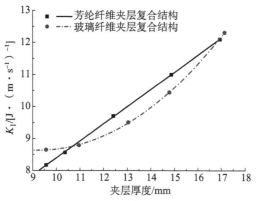

图 6.33　K_1 随夹层厚度的变化

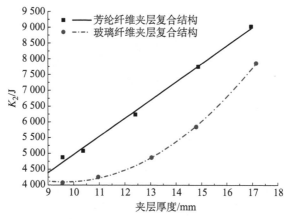

图 6.34　K_2 随夹层厚度的变化

图 6.33 和图 6.34 中，对于芳纶纤维夹层复合结构，K_1、K_2 随夹层板厚度的增加呈线性递增关系；对于玻璃纤维夹层复合结构，K_1、K_2 随夹层板厚度的增加呈二次函数递增关系。因此，可以推断，夹层板厚度在某一数值内时，破片着速与弹道极限速度之差相同的条件下，破片贯彻芳纶纤维夹层复合结构后，剩余动能大于贯穿同厚度的玻璃纤维夹层复合结构，但当夹层板厚度超过这一值时，破片贯穿芳纶纤维夹层复合结构后，剩余动能小于贯穿同厚度的玻璃纤维夹层复合结构。

将破片的动能进行量纲化 1 处理，获得破片动能消耗率（即 $\eta_K = (K_I - K_E)/K_I$）随着速与弹道极限速度之差的变化关系，如图 6.35 所示。图 6.35 中，破片动能消耗率随着着速与弹道极限速度之差的增加呈线性递增关系，即

$$\eta_K = L_1(v_I - v_{50}) + L_2 \tag{6.4}$$

式中，L_1、L_2 分别为拟合系数，取 $v_I = v_{50}$，则 $\eta_K = L_2$，即破片的动能全部用于侵彻靶体。因此，式（6.4）可写成：

$$\eta_K = A_1(v_I - v_{50}) + 100 \tag{6.5}$$

式中，A_1 为图 6.35 中各条直线的斜率，可通过少量试验获得，在此通过数值模拟获得 A_1 随着夹层厚度增加的变化关系，如图 6.36 所示。图 6.36 中，对于芳纶纤维夹层复合结构，η_K 随夹层板厚度的增加并不再呈线性递增变化，但仍不同于玻璃纤维夹层复合结构。

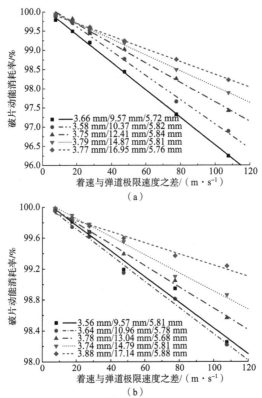

图 6.35 破片动能消耗率随着着速与弹道极限速度之差的变化
（a）芳纶纤维夹层复合结构；（b）玻璃纤维夹层复合结构

6.4.2.2 夹层结构的影响

通过计算分别获得破片贯穿单层和双层叠合纤维夹层复合结构后动能消耗

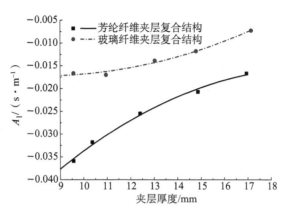

图 6.36　A_1 随着夹层厚度增加的变化

随着着速与弹道极限速度之差的变化关系,如图 6.37 所示。图 6.37 中,无论是芳纶纤维还是玻璃纤维,破片侵彻双层叠合纤维夹层复合结构后的动能消耗均大于单层纤维夹层复合结构。

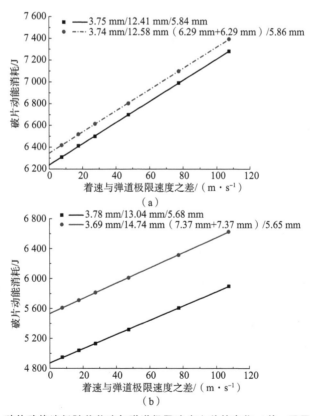

图 6.37　破片动能消耗随着着速与弹道极限速度之差的变化(单、双层结构夹层)
(a) 芳纶纤维夹层复合结构;(b) 玻璃纤维夹层复合结构

对图 6.37 中的结果进行量纲化 1 处理,获得动能消耗率随着着速与弹道极限速度之差的变化关系,如图 6.38 所示。图 6.38 中,同破片结构条件下,对于夹层材料为玻璃纤维的复合结构,破片侵彻双层叠合夹层结构后,动能消耗率高于单层夹层结构,且随着着速高出值的增加,两者的差距越来越大;但对于夹层材料为芳纶纤维的复合结构,破片侵彻双层叠合夹层结构后,动能消耗率低于单层夹层结构,且两者差距随着靶度高出值的增加并未明显变化,趋于一恒定值。

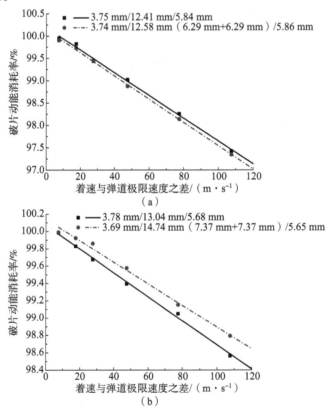

图 6.38 破片动能消耗率随着着速与弹道极限速度之差的变化(单、双层夹层)
(a) 芳纶纤维夹层复合结构;(b) 玻璃纤维夹层复合结构

综上所述,芳纶纤维夹层因具有较强的抗拉性能,同厚度条件下,夹层结构对破片侵彻中的动能消耗率影响不大;玻璃纤维夹层抗拉性能弱于芳纶纤维,同厚度条件下,双层叠合夹层结构比单层提高了纤维板整体的抗拉强度,增加了破片动能消耗率,并且随着着速高出值的提高,破片动能消耗率的增加更为明显。

6.4.2.3 前、后板厚度的影响

通过计算获得夹层板厚度基本相同（厚度为 8 mm 左右）条件下，前、后板厚度的不同对破片动能消耗和着速与弹道极限速度之差之间变化关系的影响，如图 6.39 所示。图 6.39 中，无论夹层板为何种纤维材料，破片侵彻 8 mm/8 mm/6 mm 结构后的动能消耗均大于 4 mm/8 mm/6 mm 和 4 mm/8 mm/10 mm 两种结构，该现象应与破片贯穿该结构所需的初始动能最大有关。

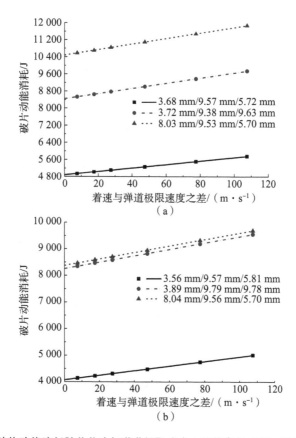

图 6.39 破片动能消耗随着着速与弹道极限速度之差的变化（前、后板厚度不同）
（a）芳纶纤维夹层复合结构；
（b）玻璃纤维夹层复合结构

进行量纲为 1 化分析，获得动能消耗率随着着速与弹道极限速度之差的变化关系，如图 6.40 所示。图 6.40 中，3 种纤维夹层复合结构的破片动能消耗率均随着着速与弹道极限速度之差的增加而呈线性递减关系，但各自的斜率却

不相同。8 mm/8 mm/6 mm 和 4 mm/8 mm/10 mm 两结构的直线斜率是相近的，均远远小于 4 mm/8 mm/6 mm 结构的直线斜率。因此推断，对于前、后板厚度之和相等及夹层板厚度相同的纤维夹层复合结构，破片动能消耗率随着着速与弹道极限速度之差的变化规律是相似的，甚至是相同的。

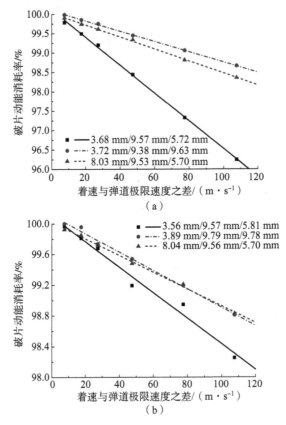

图 6.40　破片动能消耗率随着着速与弹道极限速度之差的变化（前、后板厚度不同）
(a) 芳纶纤维夹层复合结构；
(b) 玻璃纤维夹层复合结构

综上所述，破片贯穿条件下，前、后板厚度之和对破片的动能消耗是有影响的；因前板厚度的增加有利于削弱破片后续对纤维板的高速侵彻特征，前、后板厚度之和相等条件下，破片的动能消耗随前板厚度的增加而增大；前、后板厚度之和相等及夹层板厚度相同条件下，前板厚度的增加并未使破片动能消耗率发生明显的改变，但前、后板厚度之和对破片动能消耗率的影响是十分明显的。

6.5 小结

研究了破片对钢/纤维/钢复合结构的侵彻与贯穿机理及弹靶的能量转换规律，获得的主要研究结果如下：

①通过试验揭示出韧性钢破片高速侵彻下热塑性玻璃纤维、热固性玻璃纤维、热塑性芳纶纤维和热固性芳纶纤维 4 种材料夹层复合结构的破坏响应特征，发现夹层纤维板的破坏机理只与纤维板的固化方式相关，并未因两边强约束钢板的存在而改变，迎弹面以剪切破坏为主，背弹面以拉伸断裂为主；通过试验结果的分析，揭示出基于 EVA 热塑性树脂基体的热塑性纤维夹层复合结构比基于改性 PE 热固性树脂基体的热固性纤维夹层复合结构具有更好的吸能特性，基于 Kevlar-129 芳纶纤维增强体的纤维夹层复合结构比基于 E-玻璃纤维增强体的纤维夹层复合结构具有更好的吸能特性。

②通过试验揭示出钢/纤维/钢复合结构的面吸收能随着夹层板厚度的增加而呈指数规律递增，双层叠合夹层纤维复合结构比同厚度单层夹层纤维复合结构面吸收能更高；面密度相同条件下，前板厚、后板薄的钢/纤维/钢复合结构面吸收能更高。

③采用 AutoDyn 进行了韧性钢破片对钢/纤维/钢复合结构侵彻的数值模拟，通过数值模拟及分析，揭示出不同厚度夹层板的吸能比率恒定（芳纶：10.41，玻璃纤维：2.68）的规律；建立了韧性钢破片对钢/纤维/钢复合结构的弹道极限计算模型。

④通过数值模拟研究了韧性钢破片剩余速度、动能消耗和着速的相关性，揭示出钢/纤维/钢复合结构破片剩余速度随着着速与弹道极限速度之差的增加呈二次函数递增、破片动能消耗随着着速与弹道极限速度之差的增加呈线性递增的规律。

第 7 章
超高强度弹体钢的动力学行为

7.1 引言

中低应变率下材料力学行为研究是冲击动力学理论分析的基础,通过准静态拉伸、压缩测试和分离式霍普金森压杆(SHPB)测试,掌握 $10^{-3} \sim 10^4 \text{ s}^{-1}$ 应变率范围内材料的动力学行为,可为材料研制和工程应用提供基础数据,为结构安全性和可靠性分析提供依据。

弹体高速(500~2 000 m/s)冲击过程实质为高压、高应变率对材料耦合作用的过程。当撞击速度在 500~1 300 m/s 范围内时,材料呈现弹黏塑性特征,材料强度的影响是显著的;当撞击速度在 1 300~3 000 m/s 范围内时,根据材料的流体动力学近似,在此情况下,冲击载荷强度远大于材料的动态屈服强度,相对载荷来说,材料强度可以忽略,主要以压力和体积为参量对材料的状态变化进行描述。与中低应变率下材料动力学行为相比,高压高应变率下材料动力学行为具有较大的复杂性,该条件下材料动力学行为和失效特性的掌握可为宏观高速冲击问题中弹靶作用过程分析奠定理论基础。

前面章节对简易爆炸物可能用的未热处理高强钢 35CrMnSiA 的穿甲效应进行了研究。本章通过准静态拉伸、压缩试验和 SHPB 试验测试获得了热处理后超高强度合金钢 35CrMnSiA 在中低应变率(0.001~5 000 s^{-1})下的力学性能,通过扫描电镜(SEM)观察分析了 35CrMnSiA 钢准静态拉伸断裂机制,通过光学显微镜观察分析了 35CrMnSiA 钢动态压缩失效机理,据此,理论分析得到了一维应力状态（低压中应变率）下超高强度合金钢的失效判据。通过平板撞击试验获得了一维应变状态下 35CrMnSiA 钢的 Hugoniot 关系；通过拉氏分析方法，利用路径线法编制程序计算得到了高压、高应变率下 35CrMnSiA 钢的应力－应变关系；通过光学显微镜、扫描电镜（SEM）观察和 X 射线衍射（XRD）分析测试，得到了高压、高应变率下 35CrMnSiA 钢的物态变化规律。

7.2 试验用材料简介

35CrMnSiA 钢是一种典型超高强度合金钢，因具有高强度、高塑性、货源广泛、价格低廉、热处理工艺简单的优势，常被用作大口径榴弹和半穿甲/侵爆战斗部壳体等效材料[287,288]。由于高速破片是大口径榴弹和半穿甲/侵爆战斗部重要的毁伤方式之一，战斗部装备主要对该破片进行防御，国内外许多学者针对 35CrMnSiA 钢高速侵彻体[207,289-295]开展了大量研究工作。

试验所用 35CrMnSiA 钢交货状态为热轧不退火，其化学组成见表 7.1。为了进一步改善 35CrMnSiA 钢的综合力学性能，对其进行了工艺为 970 ℃油淬（25 min）＋ 890 ℃水淬（17 min）＋ 200 ℃回火（90 min）的热处理[296]。如图 7.1 所示，热处理后 35CrMnSiA 钢的光学显微组织为板条马氏体，呈黑白双色和单色两种平行束状形貌，马氏体束与束之间以大角度相界面（60°或 120°角）分开。板条马氏体内含有大量位错，具有良好的强度和较好的塑性与韧性。

表 7.1　超高强度合金钢 35CrMnSiA 的化学组成　　　　　%

C	Si	Mn	Cr	Ni	Cu
0.36	1.22	0.90	1.20	0.04	0.08

图 7.1　热处理后 35CrMnSiA 钢的光学显微组织

7.3 35CrMnSiA 钢准静态力学性能

7.3.1 准静态拉伸测试

35CrMnSiA 钢准静态拉伸力学性能测试在北京科技大学自然科学基础实验中心进行,依据 GB/T 228.1—2010《金属材料——拉伸试验》[297]测试标准,试样尺寸如图 7.2 所示,引伸计标距为 50 mm。如图 7.3 所示,采用万能试验机进行加载,试验中采用等位移控制方式,加载速率为 4.2 mm/min,对应应变率为 0.001 s^{-1}。试验前后拉伸测试件如图 7.4 所示,测试获得的应力-应变曲线如图 7.5 所示。由于 35CrMnSiA 钢没有明显的屈服阶段,依据 GB/T 228.1—2010《金属材料——拉伸试验》[297],取规定塑性延伸率为 0.2% 时的应力为拉伸屈服强度,测试结果列于表 7.2 中。

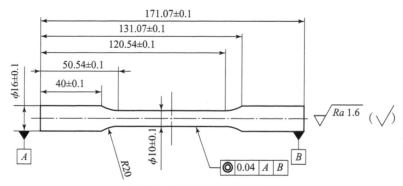

图 7.2　准静态拉伸试样尺寸

图 7.3　万能试验机

第 7 章　超高强度弹体钢的动力学行为

（a）

（b）

图 7.4　准静态拉伸测试件

（a）试验前；（b）试验后

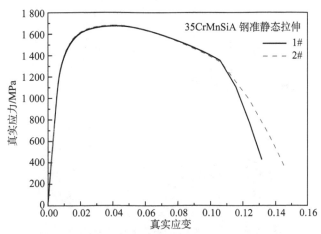

图 7.5　35CrMnSiA 钢准静态拉伸应力 – 应变曲线

表 7.2　35CrMnSiA 钢准静态拉伸力学性能

试样编号	屈服强度/MPa	抗拉强度/MPa	拉伸弹性模量/GPa	断后伸长率/%	断面收缩率/%
1#	1 384	1 767	184	9.04	38.2
2#	1 391	1 773	191	9.12	42.6
平均值	1 387	1 770	187	9.08	40.8

7.3.2　准静态压缩测试

35CrMnSiA 钢准静态压缩力学性能测试在北京科技大学自然科学基础试验中心进行，试件尺寸为 $\phi 5~\text{mm} \times 5~\text{mm}$，引伸计标距为 5 mm。如图 7.6 所示，采用万能试验机进行加载，试验中采用等位移控制方式，加载速率为 0.3 mm/min，对应应变率为 $0.001~\text{s}^{-1}$。当加载头位移达到试件原始标距的 1/2 时，停止加载。试验前后压缩测试件如图 7.7 所示，35CrMnSiA 钢试件仅发生均匀墩粗变形，未出现断裂破坏，表明 35CrMnSiA 钢具有优异的抗静态压缩性能。测试获得的应力 – 应变曲线如图 7.8 所示，由于 35CrMnSiA 钢没有明显的屈服阶段，依据国标

GB/T 7314—2005《金属材料 室温压缩试验方法》[298]，取规定塑性延伸率为 0.2% 时的应力为压缩屈服强度，测试结果列于表 7.3 中。

图 7.6 万能试验机

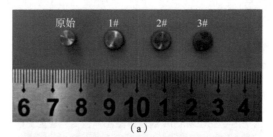

图 7.7 准静态压缩测试件

（a）压缩前；（b）压缩后

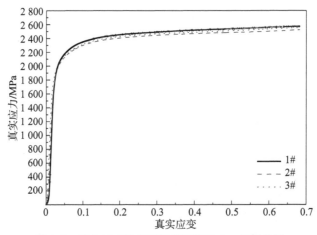

图 7.8 35CrMnSiA 钢准静态压缩应力-应变曲线

表7.3　35CrMnSiA钢准静态压缩力学性能

试样编号	屈服强度/MPa	压缩弹性模量/GPa
1#	1 741	146
2#	1 676	136
3#	1 671	144
平均值	1 696	142

7.3.3　准静态加载下35CrMnSiA钢断口组织分析

如图7.9所示，在准静态拉伸载荷作用下，35CrMnSiA钢试件沿45°方向发生剪切破坏，杯锥状断口由内向外分为纤维区、放射区和剪切唇区。为进一步分析35CrMnSiA钢的准静态拉伸断裂机理，通过S4800场发射扫描电镜（SEM）对断口微观形貌进行分析。

图7.9　35CrMnSiA钢准静态拉伸试件断口

如图7.10所示，35CrMnSiA钢断口由浅而大的韧窝、舌状花样解理台阶、河流花样撕裂棱组成，为准解离断裂模式。准解理断裂是淬火加低温回火的高强度钢较为常见的一种断裂形式，介于脆性解理断裂和韧性韧窝断裂模式之间。

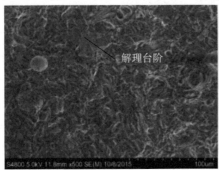
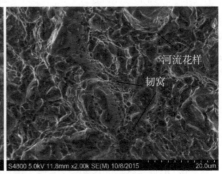

图7.10　35CrMnSiA钢准静态拉伸试件断口微观形貌

7.4 35CrMnSiA 钢 SHPB 动态压缩测试

7.4.1 试验原理与装置

Kolsky 和 Davis 在 1949 年改进的分离式霍普金森压杆（SHPB）测试系统是目前普遍认可和广为应用的中等应变率（$10^2 \sim 10^4 \text{ s}^{-1}$）范围内材料动力学行为测试技术。如图 7.11 所示，SHPB 试验装置主要由撞击杆、入射杆、透射杆组成。

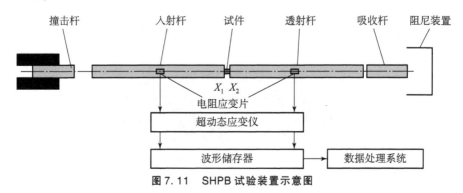

图 7.11 SHPB 试验装置示意图

SHPB 试验技术基于以下两个基本假定[299,300]：

1. 杆中一维应力波假定

该假定认为，当撞击杆以一定速度撞击入射杆时，入射杆和透射杆中有且仅有一维弹性波传播，利用一维应力状态下弹性波在细长杆中传播时无畸变的特性，根据入射杆表面应变片测量得到的入射波 $\varepsilon_i(t)$ 和反射波 $\varepsilon_r(t)$ 信号，平移可以得到入射杆和试件接触面 X_1 上的应变和应力波形，此界面上的作用力 $F(X_1,t)$ 和质点速度 $v(X_1,t)$ 为：

$$F(X_1,t) = S_B E[\varepsilon_i(t) + \varepsilon_r(t)] \tag{7.1}$$

$$v(X_1,t) = c_0[\varepsilon_i(t) - \varepsilon_r(t)] \tag{7.2}$$

式中，S_B、E、c_0 分别是压杆的横截面积、弹性模量和一维应力弹性波速。同理，根据透射杆表面应变片测量得到的透射波 $\varepsilon_t(t)$ 信号，平移可以得到透射杆和试件接触面 X_2 上的应变和应力波形，此界面上的作用力 $F(X_2,t)$ 和质点速度 $v(X_2,t)$ 为：

$$F(X_2,t) = S_B E \varepsilon_t(t) \tag{7.3}$$

$$v(X_2,t) = c_0 \varepsilon_t(t) \tag{7.4}$$

2. 试件中的应力场和应变场沿试件长度方向均匀分布假定

该假定认为试件均匀变形，任意时刻试件都处于受力平衡状态，即有 $F(X_1,t) = F(X_2,t)$，即可得到 $\varepsilon_i(t) + \varepsilon_r(t) = \varepsilon_t(t)$，试件中的应变率、应力和应变可表示为：

$$\dot{\varepsilon}_s(t) = \frac{v(X_2,t) - v(X_1,t)}{L_s} = \frac{2c_0}{L_s} \varepsilon_r(t) \tag{7.5}$$

$$\sigma_s(t) = \frac{F(X_2,t)}{S_s} = \frac{S_B E}{S_s} \varepsilon_t(t) \tag{7.6}$$

$$\varepsilon_s(t) = \int_0^t \dot{\varepsilon}_s(t) \mathrm{d}\tau = \frac{2c_0}{L_s} \int_0^t \varepsilon_r(t) \mathrm{d}\tau \tag{7.7}$$

式中，L_s 和 S_s 分别为试件的长度和横截面积。式（7.5）~式（7.7）仅用到反射波 $\varepsilon_r(t)$ 和透射波 $\varepsilon_t(t)$ 信号进行分析计算，由于三波信号不独立，$\varepsilon_i(t) + \varepsilon_r(t) = \varepsilon_t(t)$，测量任意两个应变信号就能确定试样的应力 $\sigma_s(t)$、应变 $\varepsilon_s(t)$ 和应变率 $\dot{\varepsilon}_s(t)$。

35CrMnSiA 钢 SHPB 动态压缩测试在北京理工大学冲击环境材料技术国家级重点实验室进行，分离式霍普金森压杆参数列于表 7.4 中，实测三波信号如图 7.12 所示。采用压缩 N_2 作为动力源驱动撞击杆，试验现场布置如图 7.13 所示。

表 7.4 分离式霍普金森压杆参数

压杆直径/mm	撞击杆直径/mm	撞击杆长度/mm	压杆材料	密度/(g·cm^{-3})	弹性模量/GPa	弹性纵波波速/(m·s^{-1})
14.5	14.5	200	马氏体时效钢	7.85	197	5 000

7.4.2 试验结果与分析

35CrMnSiA 钢试件尺寸为 $\phi 5 \text{ mm} \times 5 \text{ mm}$，因 35CrMnSiA 钢静态压缩屈服强度较高，为保护压杆，在试件端面处放置马氏体时效钢垫片（与压杆材质相同）。为了减小试件与压杆界面上的摩擦效应，在试件端面涂覆润滑剂，以减小摩擦的影响。试验中，通过调节压缩 N_2 气压改变撞击杆速度，相同加载气压下，重复试验 3 次，取平均值进行后续分析计算。实测不同应变率下的应力-应

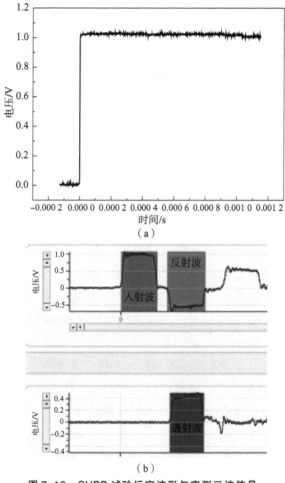

图 7.12 SHPB 试验标定波形与实测三波信号

(a) 标定波形；(b) 实测三波信号

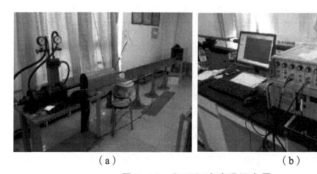

图 7.13 SHPB 试验现场布置

(a) 加载系统；(b) 采集系统

变曲线和应力-时间曲线如图 7.14 所示，回收试件如图 7.15 所示。如图 7.14 和图 7.15 所示，当加载应变率小于 4 200 s^{-1} 时，35CrMnSiA 试件仅发生均匀墩粗变形；当应变率高于 4 200 s^{-1} 时，试件沿 45°方向发生剪切断裂，该过程可近似为绝热过程。如图 7.14（b）所示，压缩加载脉冲加载时间为 80 μs，当应变率高于 4 200 s^{-1} 时，试件发生绝热剪切失稳，承载能力显著下降，在 57 μs 处出现应力塌陷现象。

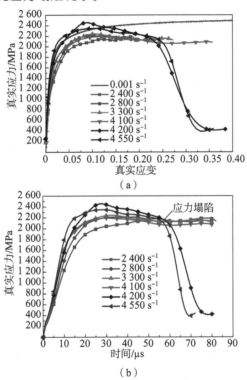

图 7.14　SHPB 试验实测曲线

（a）应力-应变曲线；（b）应力-时间曲线

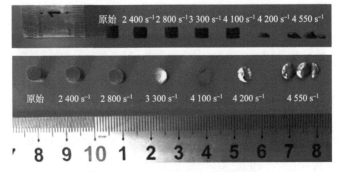

图 7.15　SHPB 试验回收受损试件

由图7.14（a）可见，在应变为2%时，35CrMnSiA钢准静态流动应力超过了2 400～4 100 s^{-1}应变率范围内材料的动态流动应力，表明试件在动态变形过程中绝热温升使材料发生了热软化，导致材料的动态压缩硬化模量低于静态压缩硬化模量。Hu[9]（2015）在高强钢AerMet100静动态力学行为的研究中也发现了这一规律。

由图7.14（a）可见，动态压缩加载下，超高强度合金钢35CrMnSiA由弹性段进入初始塑性流动阶段时有较长的过渡阶段，给屈服点的判读带来困难。目前国内外对于SHPB试验中材料动态压缩屈服强度的判读尚无统一标准，许帅[301]（2013）通过应力-应变曲线中弹性阶段和塑性阶段的线性拟合线的交点确定屈服点；Nemat[302]（2003）通过比较不同应变率下规定应变为10%时的流动应力来研究DH-36结构钢的应变率硬化效应；许泽建[303]（2012）取规定塑性应变为0.2%时的应力为材料的动态压缩屈服强度。综上所述，本研究取弹性阶段和初始塑性流动阶段（真实应变：5%～10%）线性拟合线的交点作为屈服点，如图7.16所示，试验结果列于表7.5中。

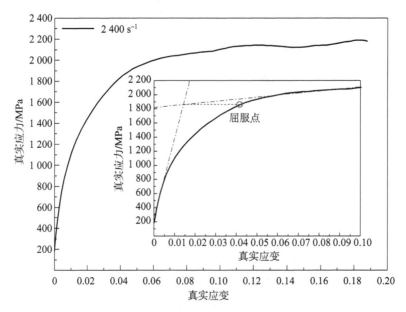

图7.16　超高强度合金钢动态压缩屈服点的确定

由表7.5可见，35CrMnSiA钢的动态压缩屈服强度和最大应力/抗压强度总体随应变率的增加而增大。2 800 s^{-1}和4 550 s^{-1}应变率下材料的动态屈服强度较静态屈服强度分别提高了16.75%和28.07%，表明35CrMnSiA钢在初始塑性流动阶段表现出较强的应变率增强效应。

表 7.5 35CrMnSiA 钢 SHPB 试验结果

加载气压 /atm	应变率 /s^{-1}	屈服强度 /MPa	最大应力（MPa）/ 抗压强度（MPa）
5	2 400	1 855	2 191（最大应力）
6	2 800	1 980	2 212（最大应力）
7	3 300	1 950	2 245（最大应力）
9	4 100	1 934	2 194（最大应力）
9	4 200	2 004	2 457（抗压强度）
9.5	4 550	2 172	2 348（抗压强度）

7.4.3 中应变率下 35CrMnSiA 钢失效行为分析

如图 7.15 和表 7.5 所示，35CrMnSiA 钢试件在 4 100～4 200 s^{-1} 应变率范围内发生临界破坏。为了进一步分析一维应力状态下 35CrMnSiA 钢的失效特性和微观组织损伤演化规律，利用光学显微镜对 4 100 s^{-1} 和 4 200 s^{-1} 应变率下回收受损试件进行金相分析。试验前用砂纸对回收试件纵向横截面进行打磨、抛光，并用 4% 硝酸酒精溶液进行腐蚀。

由于板条马氏体强度高，基本无塑性变形能力，由图 7.17（a）和图 7.17（b）可见，4 100 s^{-1} 应变率下，35CrMnSiA 钢的微观组织结构与原始结构相近。当应变率增加到 4 200 s^{-1} 时，如图 7.17（c）所示，试件中出现白色绝热剪切带与裂纹。绝热剪切带长度为 364.31 μm，宽度在 1.54～4.04 μm 范围内变化。绝热剪切带通过伸长和分叉不断扩展，并通过劈裂和断裂两种方式逐渐发展为裂纹。由图 7.17（d）可见，在裂纹端部观察到了晶粒细化现象，动态再结晶导致的晶粒细化有助于提升材料的强度。由图 7.17（e）可见，断裂带中分布着大小不一的白色氧化物夹杂，为高温作用的产物。

7.4.4 一维应力状态下 35CrMnSiA 钢失效判据

当加载应变率大于临界断裂应变率时，35CrMnSiA 钢试件中产生很大的剪应力和剪应变，同时产生大量的热。压杆中传播的一维应力弹性波对试件的加载过程在微秒量级，产生的热量来不及散逸出去，因而大大提高了试件的温度，降低了材料的抗剪强度，并最终发展为绝热剪切带。因此，本书利用能量法对一维应力状态下 35CrMnSiA 钢的失效判据进行研究。

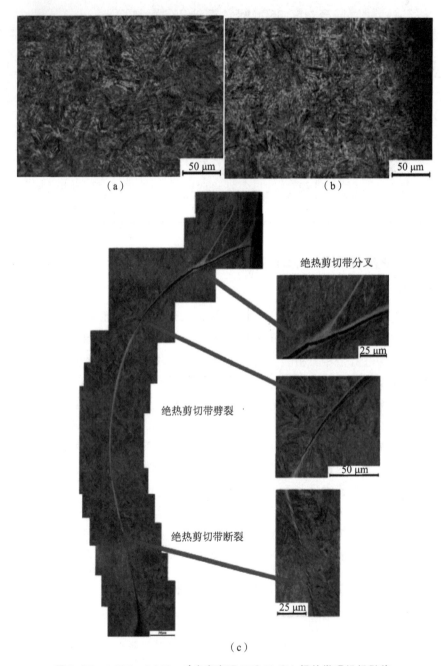

图 7.17　4 100～4 200 s^{-1} 应变率下 35CrMnSiA 钢的微观组织形貌
(a) 原始试件；(b) 4 100 s^{-1} 应变率下回收受损试件；
(c) 4 200 s^{-1} 应变率下回收受损试件的裂纹与绝热剪切带

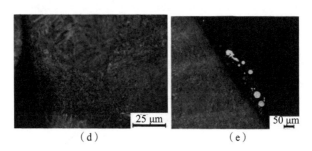

图 7.17 4 100～4 200 s^{-1} 应变率下 35CrMnSiA 钢的微观组织形貌（续）

(d) 晶粒细化；(e) 高温氧化物夹杂

变形体单位体积内的塑性应变能可用下式计算：

$$v_{\varepsilon_p} = \int_0^{\varepsilon_p^*} \sigma_{\text{flow}} d\varepsilon_p \tag{7.8}$$

式中，v_{ε_p} 是塑性应变能密度；ε_p 是塑性应变；σ_{flow} 是塑性流动应力；对未断裂试件，ε_p^* 即最大塑性应变，对发生断裂失效的试件，ε_p^* 即试件发生应力塌陷时对应的失效塑性应变，计算结果列于表 7.6 中。

表 7.6 35CrMnSiA 钢 SHPB 试验数据能量法计算结果

应变率 /s^{-1}	最大塑性应变/ 失效塑性应变	塑性应变能密度 /($\times 10^8$ J·m^{-3})	塑性波加载时间 /μs
2 400	0.19（最大应变）	3.06	62
2 800	0.23（最大应变）	4.09	63
3 300	0.27（最大应变）	5.02	65
4 100	0.36（最大应变）	6.70	65
4 200	0.23（失效应变）	4.51	44
4 550	0.24（失效应变）	4.64	42

由表 7.6 可见，35CrMnSiA 钢的塑性应变能密度随着应变率的增加而增大，在 4 100 s^{-1} 加载应变率下，达到最大值 6.70×10^8 J·m^{-3}；当加载应变率达到临界破坏应变率以上时，35CrMnSiA 钢由于绝热剪切失稳，提前出现卸载，塑性应变能密度下降。为了进一步考虑材料绝热剪切破坏的率效应，通过对塑性应变能密度求导，计算塑性应变能密度增加率。如图 7.18 所示，35CrMnSiA 钢的塑性应变能密度增加率随应变率的增加而单调递增。当塑性应变能密度达到 4.51×10^8 J·m^{-3} 且塑性应变能密度增加率高于临界破坏阈值

$10.58 \times 10^6 \text{ J} \cdot \text{m}^{-3} \cdot \mu\text{s}^{-1}$ 时,35CrMnSiA 钢发生绝热剪切破坏。

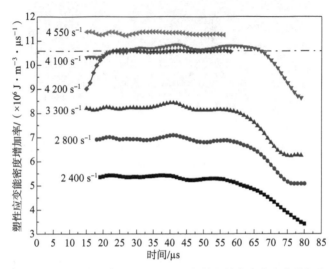

图 7.18　不同应变率下 35CrMnSiA 钢的塑性应变能密度增加率

塑性应变能密度和塑性应变能密度增加率综合考虑了一维应力加载条件下材料的应变能、应力-应变历史和率效应,可作为中应变率下超高强度合金钢绝热剪切失效判据。

7.5　35CrMnSiA 钢平板撞击试验研究

7.5.1　试验原理与装置

7.5.1.1　试验原理

在平板撞击试验中,用一级/二级轻气炮驱动 35CrMnSiA 钢飞片对 35CrMnSiA 钢靶板进行对称碰撞,在靶板中将传播弹塑性波。严格地讲,只有当半无限空间受到均匀分布的法向冲击载荷时,产生的扰动才是真正的一维应变平面纵波。不过,在实际问题中,在所研究的侧向边界扰动尚未传到讨论区域的早期阶段,只要靶板的横向尺寸与靶厚相比足够大,就可以将其视为一维应变平面波处理[300]。

飞片和靶板发生平面碰撞后,飞片和靶板中都将传播一维应变平面纵波。

当撞击速度高于材料的屈服速度时,材料中将同时传播弹性波和塑性波[300]。如图7.19所示,碰撞发生后,飞片和靶板受到压缩,都会产生一维应变弹性波和塑性波从撞击面向各自自由面传播。如图7.20所示,由于弹性波波速大于塑性波波速,靶板中弹性压缩波 E 先传播至靶板后自由面,引起靶板自由面上质点速度的起跳,随后塑性波 P_1 也传播至此处。由于塑性波产生的二次压缩作用,靶板背面的质点速度将在原来的基础上再次发生阶跃,质点速度两次阶跃的转折点所反映的信息便是材料的 Hugoniot 弹性极限(HEL)。一维应变压缩波在靶板后自由面发生反射,形成拉伸卸载波向靶板内部传播。同理,飞片中的压缩波传播至飞片后自由面时,也将形成拉伸卸载波向飞片内部传播。当飞片撞击速度足够高,撞击压力大于临界相变压力时,在靶板自由面粒子速度历史曲线上,还将观测到相变波 P_2,也称为第二塑性波[194]。

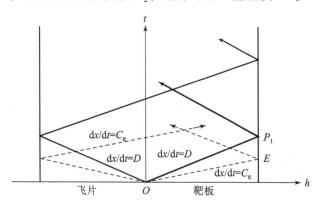

图 7.19 一维应变平板撞击波系结构示意图

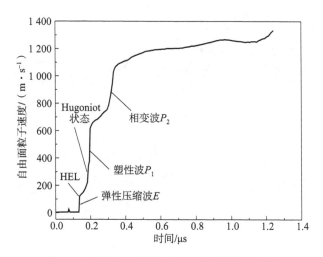

图 7.20 靶板自由面粒子速度剖面结构示意图

7.5.1.2 试验装置

一维应变平板撞击试验在西南交通大学高压物理实验室进行。用一级/二级轻气炮驱动 35CrMnSiA 钢飞片对 35CrMnSiA 钢靶板进行对称碰撞,当发射速度低于 1 400 m/s 时,用一级轻气炮对飞片进行加载;当发射速度高于 1 400 m/s 时,用二级轻气炮进行加载。当飞片撞击速度在 300~1 000 m/s 范围内时,用灵敏度高的锰铜压阻计测量冲击波速度;当飞片撞击速度高于 1 000 m/s 时,由于锰铜压阻计机械强度不足,用灵敏高的光纤探针测量冲击波速度,同时,用 DISAR 探针测量靶板自由面粒子速度历史。

1. 轻气炮

一级轻气炮全长 16 m,发射管内径及长度分别为 $\phi 57$ mm 和 12 m。如图 7.21(a)所示,一级轻气炮主要由高压气室、发射管、靶室、抽真空系统、支座及其他附属装置组成。试验中,首先通过高压气泵将工作气体预先压缩到

(a)

(b)

图 7.21 轻气炮加载系统实物图

(a)一级轻气炮加载系统;(b)二级轻气炮加载系统

高压气室,由控制阀门瞬时释放压缩气体而推动飞片加速。当发射速度低于 500 m/s 时,使用氮气(N_2)作为驱动气体,通过调节高压气室压力来获得不同的撞击速度;当发射速度高于 500 m/s 时,使用硝化棉和黑火药作为发射药,通过调节发射药量来获得不同的撞击速度。

二级轻气炮全长 24 m,泵管内径及长度分别为 ϕ100 mm 和 12 m,发射管内径及长度分别为 ϕ25 mm 和 7 m,如图 7.21(b)所示。二级炮分两级对飞片进行加速。首先将位于一级炮泵管的硝化棉和黑火药引爆,爆炸波驱动活塞运动。位于活塞前面的二级气炮空腔内充满氮气(N_2),活塞的加速会对轻气产生高速压缩。当第一级的压力达到临界值时,隔膜片破裂并开始驱动飞片。试验中通过调节发射药量来改变飞片撞击速度。

为了简化分析计算,试验中飞片材料同样选取 35CrMnSiA 钢,在对称碰撞情况下,粒子速度 u 等于飞片撞击速度 W 的一半。如图 7.22(a)所示,通过电磁线圈靶测量飞片撞击速度,典型测速信号如图 7.22(b)所示。装入弹丸并闭合靶室后,使用真空泵抽出发射管及靶室内空气,直至气压低于 6 000 Pa 方可进行试验。回收舱内填充碎布作为缓冲物,以便对加载后的试样进行回收。

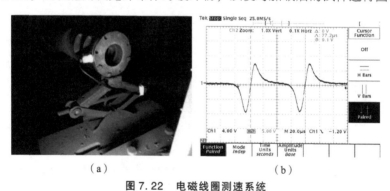

(a)　　　　　　　　　　　(b)

图 7.22　电磁线圈测速系统
(a)电磁线圈靶;(b)典型测速信号

2. 飞片与靶板

本研究采用阻滞法(或称第Ⅱ类阻抗匹配法)[304]确定 35CrMnSiA 钢的冲击 Hugoniot 曲线,在靶板中埋入锰铜压阻计或利用光纤探针测定各冲击参量。为了保证测试精度,应使传感器工作区域内传播的加载冲击波为均匀平面波,故在设计飞片与靶板尺寸时,须考虑侧向稀疏波及追赶稀疏波对加载平面波的影响,以满足一维应变平面波加载的前提。

(1)宽厚比(侧向稀疏波影响)

由于实际靶板横向尺寸不可能无限大,故当一维应变平面冲击波进入靶板后,必将在其侧向自由表面形成反射稀疏波。稀疏波扰动相对于物质以声速传播,又因为冲击波阵面后的 $u+C>D$,所以冲击波波阵面后的任何稀疏扰动都将追赶上冲击波波阵面,引起冲击波强度降低,并使波阵面弯曲,因此,应将传感器布置在侧向稀疏波影响区域之外。该影响区域的大小可用卸载角 φ 表征,几何关系如图 7.23 所示。

$$\tan\alpha = \frac{\sqrt{C^2-(D-u)^2}}{D} \tag{7.9}$$

式中,C 为声速;D 为冲击波速度;u 为粒子速度。

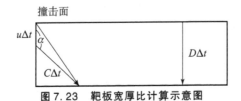

图 7.23　靶板宽厚比计算示意图

一般而言,当撞击压力处于几十吉帕压力范围内时,$\varphi<40°$,为保险起见,取 $\varphi_c=25°$,则有 $d_t/\delta_t>2$,即靶板直径 d_t 应为其厚度 δ_t 的 2 倍以上。

(2) 追赶比(追赶稀疏波影响)

假设飞片由左至右飞行,则飞片撞击靶板后,飞片中左行冲击波在其自由面反射后,将形成一右行中心稀疏卸载波,此卸载波传入靶板后,必将追赶上靶中右行冲击波,降低其强度。此过程中波的传播如图 7.19 所示。因此传感器应布置在靶板中卸载波尚未追赶上冲击波的距离内,即存在一个允许的最大靶厚 δ_{max},它与飞片厚度 b 之比称为追赶比 R。一般而言,当飞片撞击速度 $W\leq 1\,000$ m/s 时,$R<10$,即靶板最大厚度 δ_{max} 不超过飞片厚度 b 的 10 倍以上;而当 $W>1\,000$ m/s 时,若飞片与靶板为同种材料,则应满足 $R\leq 4$。

综上所述,根据飞片与靶板尺寸设计要求,试验中不同工况下飞片与靶板尺寸列于表 7.7 中。

表 7.7　不同工况下飞片与靶板尺寸设计

撞击速度 /(m·s^{-1})	加载工具	冲击波速度测量方法	飞片厚度 /mm	飞片直径 /mm	靶板厚度 /mm	靶板直径 /mm
300~1 000	一级轻气炮	锰铜压阻计	2.5	24	2.5	30
1 000~1 300	一级轻气炮	光纤探针	2.5	30	2.5	24
>1 300	二级轻气炮	光纤探针	2.5	24	2.5	19

由于一级轻气炮口径较大,飞片由铝环支撑并固定于聚乙烯弹托上,如图 7.24 所示,以确保其在炮管内高速运动时的稳定性。

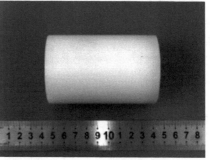

(a)

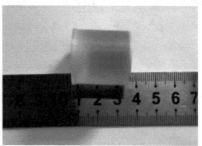

(b)

图 7.24　一维应变平板撞击试验用飞片与弹托

(a) 一级轻气炮用飞片与弹托；(b) 二级轻气炮用飞片与弹托

如图 7.25 所示，靶体置于铝制支架内，由压紧块压实，整体通过 4 个相互正交的螺钉固定在靶架上。

图 7.25　靶体安装与固定

3. 锰铜压阻计

当飞片撞击速度小于 1 000 m/s 时，利用中黏度聚乙烯胶水将两个锰铜压阻传感器封装在 3 层靶板中间，如图 7.26 所示，通过压阻计记录的一组压力 - 时间信号，既可以计算得到冲击波在靶板内的传播速度，又可以获得材料的动态本构特性。聚乙烯胶水具有黏结力强、强度高、固化速度快的特点，封装过程中应尽量使包含传感器及黏结剂的界面层薄而平整且无气泡，以减小该低阻抗夹层对冲击波传播过程的影响，实测该层平均厚度为 0.1 mm 左右。

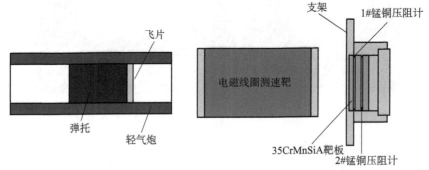

图 7.26　锰铜压阻传感器封装示意图

试验采用北京理工大学爆炸科学与技术国家重点实验室研制的低压高阻值螺旋型锰铜压阻计（内阻 50 Ω），如图 7.27 所示。压阻型锰铜应力传感器的压阻关系可由下式表示：

$$p = 0.3252 + 40.2733\left(\frac{\Delta R}{R_0}\right) \quad (1.5 \sim 12.67 \text{ GPa}) \tag{7.10}$$

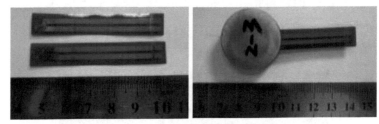

图 7.27　螺旋型锰铜压阻计及封装

由于电阻变化 $\Delta R/R_0$ 无法传输，以致无法直接测量，故压阻型传感器需接入恒压电桥测量电路，将电阻变化 $\Delta R/R_0$ 转换为相应的可传输、测量的电压变化 $\Delta U/U_0$。试验中采用的电桥测试电路如图 7.28 所示。

4. 光纤探针

当飞片着靶速度高于 1 000 m/s 时，锰铜压阻计因机械强度较低而发生短路或断路失效，故采用芯径 1 mm 的塑料光纤探针测量单层靶中的冲击波速度。试验中，在靶板撞击端面正交布置 4 根光纤探针测量冲击波到达靶板的时刻，在靶板背面中心处布置 1 根光纤探针测量冲击波离开靶板的时刻，探针布置如图 7.29 所示。试验前，光纤探针的撞击端预先涂附黑色油漆或铝箔，防

第7章 超高强度弹体钢的动力学行为

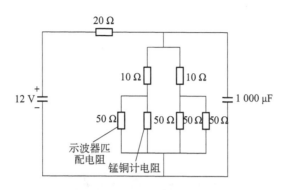

图 7.28 恒压电桥测试电路

止环境杂光进入光纤,如图 7.30 所示。当冲击波到达冲击自发光光纤端面时,融凝石英在受到冲击压缩时,会产生相当高的冲击温度,同时产生光辐射,瞬时光信号经光纤传输到光电探测器,变换为电信号,再由示波器记录,通过判读就可以得到冲击波到达光纤探针的时刻。为了减小探针端面与靶板撞击端面的非共面误差,分别取 1#和 3#探针响应时刻的平均值与 2#和 4#探针响应时刻的平均值计算冲击波速度,再取二者平均值作为实测冲击波速度值。

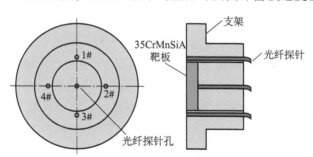

图 7.29 光纤探针布置示意图

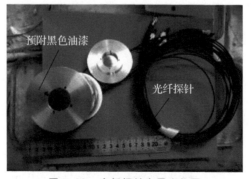

图 7.30 光纤探针布置实物图

5. DISAR 测试装置

由于锰铜压阻计的时间分辨率较低,因此,为了精确测定 35CrMnSiA 钢的 Hugoniot 弹性极限,并讨论其随冲击压力的变化规律,本研究进行了利用高精度激光干涉测速仪(Displacement Interferometer System for Any Reflector, DISAR)监测单层靶板自由表面速率 – 时间曲线的一维应变平板撞击试验。试验布置如图 7.31 所示。

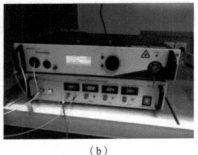

(a)　　　　　　　　　　　(b)

图 7.31　DISAR 测试系统

(a) DISAR 探针布置;(b) 激光发射源与测速仪

激光干涉测速技术是基于光学多普勒效应发展起来的一门测试技术,它以激光为检测光源,通过照射高速运动物体的表面,依靠反射激光频率的不同来计算物体运动速度的变化,可用于测量冲击波作用下各种材料的自由面速度。

如图 7.19 所示,飞片和靶板发生平面碰撞后,当弹性前驱波 E 和塑性波 P_1 先后传播至靶板自由表面时,可引起自由表面粒子速度的突跃变化。DISAR 测速系统要测试并记录的就是这一速度变化曲线,靶板后自由面的速度历程反映了材料的动态性能,以此可以计算得到材料的 HEL 屈服极限、塑性波速、等效应变率等动态响应特性。

7.5.2　试验结果与分析

7.5.2.1　动态应力 – 应变关系

与研究材料准静态力学行为不同,在研究材料高应变率下的动态力学行为时,必须计及两类基本的动力学效应:结构惯性效应(也称为应力波效应)和材料应变率效应。前者导致了各种应力波传播和其他形式的结构动力学研究;后者导致了各种类型的、应变率相关的本构关系和破坏准则的研究[299,194]。在中应变率 SHPB 试验中,试件厚度通常远小于脉冲宽度,试件内部沿长度方向的应力/应变分布将很快趋于均匀,从而可以忽略试件的应力波效应。SHPB 试验采取将应力波效应和应变率效应解耦的方法,其是目前使用最为广泛的材料应变率效应研究方法。为了更好地反映材料惯性效应和应变率效应的耦合,本节采用拉氏分析方法,通过波传播法来研究材料高压、高应变率下的本构关系。

拉氏分析[194,305-307]通过在材料内部不同位置处埋入传感器,得到一组应力或粒子速度的变化曲线,通过普适守恒方程计算得到完整的流场信息。该方法不依赖事先的本构假定,得到的流场时-空分布曲线是真实过程的写照,可反映材料在试验过程中的动态响应行为历程。在忽略热传导、体积力等的假设条件下,一维应变平面波拉格朗日坐标下的普适守恒方程为:

质量守恒
$$\left(\frac{\partial \varepsilon}{\partial t}\right)_h + \left(\frac{\partial u}{\partial h}\right)_t = 0 \qquad (7.11)$$

动量守恒
$$\left(\frac{\partial u}{\partial t}\right)_h + \frac{1}{\rho_0}\left(\frac{\partial \sigma}{\partial h}\right)_t = 0 \qquad (7.12)$$

能量守恒
$$\left(\frac{\partial E}{\partial t}\right)_h + \frac{\sigma}{\rho_0}\left(\frac{\partial u}{\partial h}\right)_t = 0 \qquad (7.13)$$

式中,ρ_0 为初始密度;ε 为应变;u 为粒子速度;t 为时间;σ 为应力;E 为比内能;h 为拉格朗日位置坐标。采用路径线法对上述偏微分方程组进行求解,如图 7.32 所示,路径线实际上就是一条人为构筑的连接各波形的曲线。多条相互间隔的路径线与量计线(锰铜压阻传感器记录的 σ-t 波形)联系在一起,构成一个逼近实际流场曲面的网状框架,然后依赖普适的守恒方程数值模拟出流场中的其他力学量。

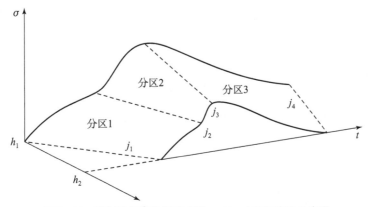

图 7.32 路径线与量计线构成的 σ-h-t 空间波形示意图

如图 7.32 所示,因平板撞击试验中,在三层靶板中嵌埋两个锰铜压阻传感器,故量计线序号 i 从 1 到 2,在每条量计线上取相等数量的节点,序号从 1 到 N,节点 (i,j) 上的应力为 $\sigma_{i,j}$。在每条量计线上等时间间隔选取节点,不同量计线上对应的时间单元不一定相同。将各量计线上对应节点用一条光滑曲线连接起来就是路径线。每条量计线上有 N 个节点,就能连接得到 N 条路径线,依靠这些路径线就可以把整个流场的信息联系起来。沿量计线对式(7.11)~式(7.13)在短时间间隔 (t_1,t_2) 内积分,于是可以得到:

$$\varepsilon_2 = \varepsilon_1 - \int_{t_1}^{t_2}\left(\frac{\partial u}{\partial h}\right)_t \mathrm{d}t \tag{7.14}$$

$$u_2 = u_1 - \frac{1}{\rho_0}\int_{t_1}^{t_2}\left(\frac{\partial \sigma}{\partial h}\right)_t \mathrm{d}t \tag{7.15}$$

$$E_2 = E_1 - \frac{1}{\rho_0}\int_{t_1}^{t_2}\left(\frac{\partial u}{\partial h}\right)_t \sigma \mathrm{d}t \tag{7.16}$$

由于一般情况下求出等时线是十分困难的,故在等时状况下求解 $\left(\frac{\partial \sigma}{\partial h}\right)_t$ 和 $\left(\frac{\partial u}{\partial h}\right)_t$ 难度较大,并且给计算带来不必要的误差,因此,一般采用路径线技术来求解。路径线技术实际上是一种数学变换方法,其目的在于将沿等时线的积分转换成沿路径线的积分。设一力学量 ϕ 在 $h-t$ 直角坐标系中表示为 $\phi(h,t)$,在 $h-t$ 坐标平面内引入另一新的路径线坐标 j,在此平面内,j 与 h 构成一个新的坐标系,新旧坐标系的变换关系为:

$$h = h,\ j = j(h,t) \tag{7.17}$$

由式(7.17)可知,当 h 一定时,j 和 t 有一定的对应关系,因此,j 可以作为自然时间坐标。用 j 代替 t,则曲面 $\sigma(h,t)$、$u(h,t)$ 等均可以变换成曲面 $\sigma(h,j)$、$u(h,j)$ 等,这样通过路径线就可以将沿等时线的积分转换成沿路径线和量计线的微分。力学量 ϕ 的坐标变换如下:

$$\phi(h,t) = \phi[h,t(j,h)] \tag{7.18}$$

$$\left(\frac{\partial \phi}{\partial h}\right)_j = \left(\frac{\partial \phi}{\partial h}\right)_t + \left(\frac{\partial \phi}{\partial t}\right)_h \left(\frac{\partial t}{\partial h}\right)_j \tag{7.19}$$

$$\left(\frac{\partial \phi}{\partial h}\right)_t = \left(\frac{\partial \phi}{\partial h}\right)_j - \left(\frac{\partial \phi}{\partial t}\right)_h \left(\frac{\partial t}{\partial h}\right)_j \tag{7.20}$$

如果已知流场 $\sigma-t$,把上式代入式(7.14)~式(7.16),利用梯形公式对方程进行积分。沿着第 i 条量计线在时间单元 $(j,j+1)$ 内相应的差分方程为:

$$\varepsilon_{j+1,k} - \varepsilon_{j,k} = -\frac{1}{2}\left[\left(\frac{\mathrm{d}u_{j,k}}{\mathrm{d}h} + \frac{\mathrm{d}u_{j+1,k}}{\mathrm{d}h}\right)(t_{j+1,k} - t_{j,k}) - (u_{j+1,k} - u_{j,k})\left(\frac{\mathrm{d}t_{j,k}}{\mathrm{d}h} + \frac{\mathrm{d}t_{j+1,k}}{\mathrm{d}h}\right)\right] \tag{7.21}$$

$$u_{j+1,k} - u_{j,k} = -\frac{1}{2\rho_0}\left[\left(\frac{\mathrm{d}\sigma_{j,k}}{\mathrm{d}h} + \frac{\mathrm{d}\sigma_{j+1,k}}{\mathrm{d}h}\right)(t_{j+1,k} - t_{j,k}) - (\sigma_{j+1,k} - \sigma_{j,k})\left(\frac{\mathrm{d}t_{j,k}}{\mathrm{d}h} + \frac{\mathrm{d}t_{j+1,k}}{\mathrm{d}h}\right)\right] \tag{7.22}$$

$$E_{j+1,k} - E_{j,k} = -\frac{1}{4\rho_0}(\sigma_{j+1,k} + \sigma_{j,k})\left[\left(\frac{\mathrm{d}u_{j,k}}{\mathrm{d}h} + \frac{\mathrm{d}u_{j+1,k}}{\mathrm{d}h}\right)(t_{j+1,k} - t_{j,k}) - \right.$$
$$\left.(u_{j+1,k} - u_{j,k})\left(\frac{\mathrm{d}t_{j,k}}{\mathrm{d}h} + \frac{\mathrm{d}t_{j+1,k}}{\mathrm{d}h}\right)\right] \quad (7.23)$$

用 Matlab 对上述差分方程进行编程[295]。为了表示波传播的特征，根据所测量计波形特征，将量计线分成若干区。如图 7.33（a）所示，根据锰铜压阻传感器实测压力 – 时间信号，将量计线分成加载区、平台段和卸载区三个部分[69]，并采用 Savitzky – Golay 滤波器对数据流进行平滑除噪处理，滤波后的应力 – 时间信号如图 7.33（b）所示。由应力场通过式（7.22）可逐步求解速度场（图 7.33（c）），然后由速度场可逐步求解应变（图 7.33（d））和比内能（图 7.33（e））等。

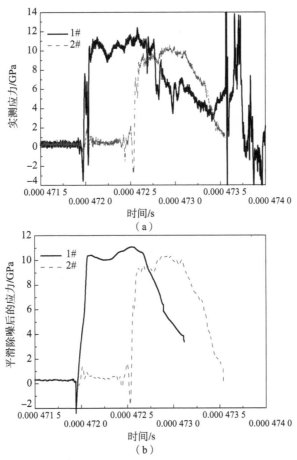

图 7.33　623 m/s 撞击速度下 35CrMnSiA 钢各力学量的时 – 空分布特性
（a）实测应力 – 时间曲线；（b）平滑除噪后的应力 – 时间曲线

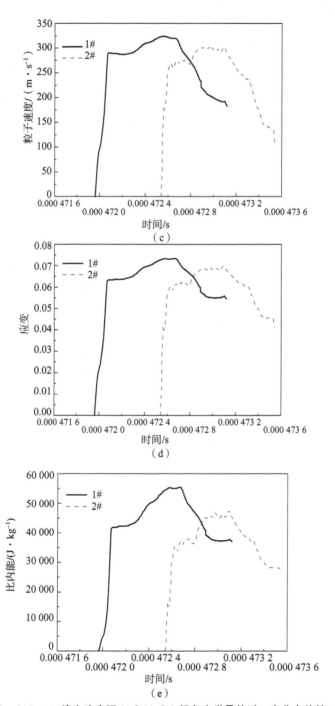

图 7.33 623 m/s 撞击速度下 35CrMnSiA 钢各力学量的时 – 空分布特性（续）

（c）粒子速度 – 时间曲线；（d）应变 – 时间曲线；（e）比内能 – 时间曲线

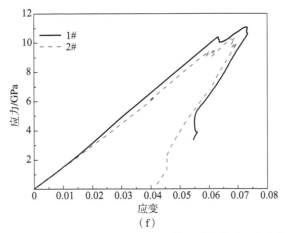

图7.33 623 m/s 撞击速度下 35CrMnSiA 钢各力学量的时－空分布特性（续）

(f) 应力－应变曲线

高压高应变率下的 35CrMnSiA 钢的应力－应变曲线如图 7.34 所示。由图 7.34 可见，高压高应变率下 35CrMnSiA 钢具有如下动态响应特性：

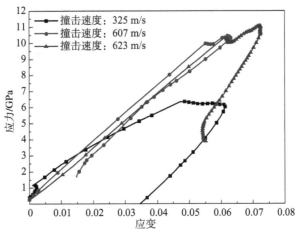

图7.34 高压高应变率下 35CrMnSiA 钢的应力－应变曲线

(1) 应变率相关性

由图 7.34 可以发现，35CrMnSiA 钢的应力峰值随着撞击速度的增加而增大，也就是抗压强度随应变率的增加而递增，表现出明显的应变率敏感性。

(2) 应力－应变关系总体呈滞徊型

同一加载速度下，同一测点处的应力－应变加、卸载段曲线并不重合，即卸载时应变不能完全恢复；加载初始段斜率较大，在接近峰值时曲线弯向应变轴，斜率下降，这时较小的应力增量就会引起较大的应变增量。当卸载到某一压应力时,其应变较加载到同一应力时大;当应力卸载到零时,还有较大的残余应变。

(3) 材料的流变特性

材料在加载到强度极限后,存在一个应变软化过程,这一由"应变强化为主"到"应变软化为主"的"本构失稳"现象是与材料固有的应变强化机制和损伤演化引起的软化机制共存又相互竞争的过程密切相关的。一方面,应变率强化效应可以和应变硬化效应一起来抵制材料软化破坏,以阻止本构失稳的发生;另一方面,伴随着变形增大、应变率提高和固态相变,材料微裂纹也增多,必定削弱材料的抗变形能力,导致材料的软化破坏[308]。

7.5.2.2 Hugoniot 关系

通过对 DISAR 探针记录的频域信号进行傅里叶变换,得到不同撞击速度下靶板自由面粒子速度历史曲线,如图 7.35 所示。在 607 m/s 的撞击速度下,35CrMnSiA 钢靶板内一维应变平面波呈现由弹性前驱波 E 和第一塑性冲击波 P_1 构成的双波结构。当靶板内应力超过 HEL(Hugoniot 弹性极限)时,材料由弹性状态进入弹塑性 Hugoniot 状态。Hugoniot 弹性极限可视为一维应变状态下材料的屈服强度。当撞击速度达到 1 240 m/s 时,一维应变平面波呈现三波结构,走在最前面的是弹性前驱波 E,以材料的一维应变弹性纵波波速 C_e 传播,波幅等于材料的 Hugoniot 弹性极限;跟在弹性前驱波 E 后面的是两个塑性冲击波 P_1 和 P_2,第一塑性冲击波 P_1 将材料冲击压缩到相变时的压力 p_c,第二塑性冲击波 P_2 将材料由相变压力冲击压缩至最终状态。当撞击速度增加到 1 733 m/s 时,由于第二塑性波 P_2 的波速已加快到超过第一塑性冲击波 P_1 的

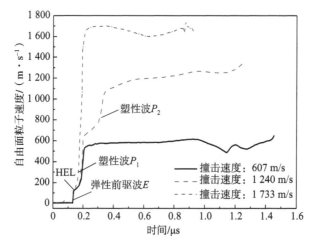

图 7.35 35CrMnSiA 钢自由面粒子速度历史曲线

波速,从而形成了一个新的传播速度更快的塑性冲击波,故此时仅观测到由弹性前驱波 E 和第二塑性波 P_2 构成的双波结构[309,310]。综上所述,当撞击速度高于 1 240 m/s 时,35CrMnSiA 钢发生了相变。

锰铜压阻传感器测试得到的典型试验测试信号如图 7.36 所示。一维应变平面波剖面由冲击波波阵面(上升沿)、恒定应力平台(Hugoniot 状态)及弥散卸载波(下降沿)三部分组成,未能观察到明显的弹性波与塑性波分界点。通过测量冲击波波阵面到达两压阻传感器时的时间差 Δt(即两传感器所测冲击波上升沿的时间间隔),可计算得到靶板中的冲击波速度 D,不同撞击速度下测试得到的试验结果列于表 7.8 中。

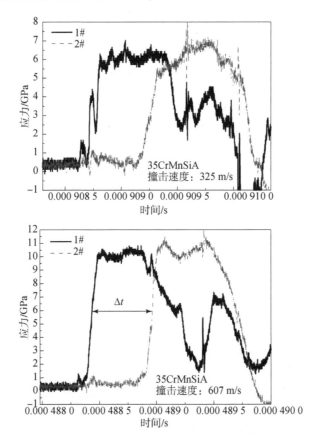

图 7.36 锰铜压阻传感器试验测试信号

光纤探针测试得到的典型试验信号如图 7.37 所示。通过测量冲击波波阵面到达光纤探针的时间差 Δt(即靶板撞击端面和背面处光纤探针所测信号下降沿的时间间隔),可计算得到靶板中的冲击波速度 D。为了减小探针端面与靶板撞击端面的非共面误差,分别取 1# 和 3# 探针响应时刻的平均值与 2# 和

表7.8 锰铜压阻传感器测试试验结果

序号	飞片厚度/mm	靶板厚度/mm			撞击速度/(m·s^{-1})	粒子速度/(m·s^{-1})	冲击波速度/(m·s^{-1})	撞击压力/GPa
		第一层靶	第二层靶	第三层靶				
1	2.477	2.485	2.490	2.486	325	162	4 336	5.53
2	2.474	2.480	2.477	2.446	607	304	4 698	11.19
3	2.481	2.494	2.482	2.490	623	312	4 401	10.76
4	2.469	2.478	2.470	2.476	906	453	4 881	17.36
5	2.497	2.491	2.514	2.504	984	492	4 549	17.57

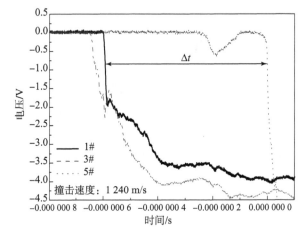

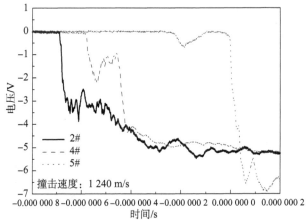

图7.37 光纤探针试验测试信号

4#探针响应时刻的平均值计算冲击波速度,再取二者平均值作为实测冲击波速度值。不同撞击速度下测试得到的试验结果列于表7.9中。为了讨论锰铜压阻传感器和光纤探针冲击波速度测量结果的一致性问题，对飞片撞击速度为 607 m/s 的试验工况分别用上述两种传感器进行冲击波速度测量，试验结果见表 7.8 和表 7.9。两种测试方法测得冲击波速度分别为 4 698 m/s 和 4 797 m/s，相对误差仅为 2.11%，结果呈现较好的一致性。

表 7.9 光纤探针传感器测试试验结果

序号	飞片厚度 /mm	靶板厚度 /mm	撞击速度 /(m·s^{-1})	粒子速度 /(m·s^{-1})	冲击波速度 /(m·s^{-1})
1	2.468	2.486	607	304	4 797
2	2.484	2.468	1 240	620	3 942
3	2.474	2.478	1 733	866	4 678

各次试验测试所得冲击波速度 D 与靶板内粒子速度 u 的关系如图 7.38 所示。当飞片撞击速度小于 984 m/s 时，冲击波速度随粒子速度的增大近似线性增加；但当撞击速度增加到 1 240 m/s 时，冲击波速度显著减小。基于对冲击波传播规律的认识，对于稳定传播的冲击波，其波速随波幅的增强而增大。结合上文中对不同撞击速度下靶板自由面粒子速度历史曲线的讨论，当撞击速度达到 1 240 m/s 时，35CrMnSiA 钢发生了相变，使冲击波的传播失稳，冲击波波速随波幅增强而变慢，冲击波波阵面发生间断而蜕化为两个波速不同的冲击波。对广泛材料所做的大量试验研究表明，在不发生冲击相变的相当宽的试验压力范围内，冲击波速度 D 与靶板内粒子速度 u 呈简单线性关系[299]：

$$D = C_0 + \lambda u \tag{7.24}$$

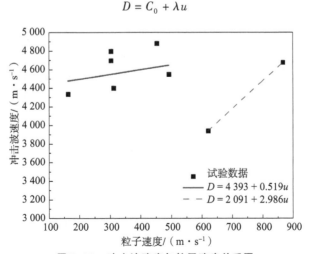

图 7.38 冲击波速度与粒子速度关系图

式中，C_0 和 λ 为 Hugoniot 材料常数。如图 7.38 所示，35CrMnSiA 钢在 984 ~ 1 240 m/s 的撞击速度范围内开始出现相变，故利用最小二乘法对 D – u 关系式进行分段线性拟合，拟合结果列于表 7.10 中。

表 7.10 Hugoniot 关系式分段线性拟合结果

撞击速度/(m·s^{-1})	C_0/(m·s^{-1})	λ
≤984	4 393	0.519
≥1 240	2 091	2.986

在低压低应变率下，材料的弹性段应力 – 应变是线性关系，但是在高压高应变率下，材料的弹性模量 E 与剪切模量 G 都不再是常数，而是随压力变化而变化。在高压下，固体材料抵抗形状变化的能力可以忽略不计，只需要考虑体积变化，因而本构关系就变成了压力与比容的关系[299,304,306,311]。p_H – V Hugoniot 曲线的解析表达式为：

$$p_H = \rho_0 C_0^2 \frac{1 - \rho_0 V}{[1 - \lambda(1 - \rho_0 V)]^2} \tag{7.25}$$

图 7.39 所示为试验所测的冲击波波阵面上的压力和比容所确定的 Hugoniot 关系曲线，据此可以确定不同波速的冲击波传过同一初始状态的介质之后所突跃到的终点状态。实测压力值与理论公式计算值一致性较好，证明了上述拟合 Hugoniot 参数的正确性。此外，由图 7.39 可见，高压高应变率下 35CrMnSiA 钢固态相变导致 p_H – V Hugoniot 曲线在 17.57 ~ 19.19 GPa 压力范围内发生间断。

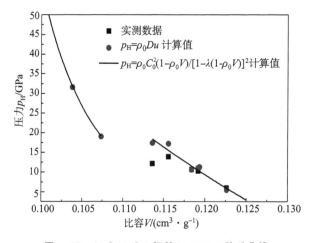

图 7.39 35CrMnSiA 钢的 Hugoniot 关系曲线

7.5.2.3 动态响应特性

基于上述对自由面粒子速度历史曲线的结构分析，进一步对一维应变状态下 35CrMnSiA 钢的动态响应特性进行定量分析。依据平面正冲击波 Rankin-Hugoniot 突跃变化条件，传播速度较快的塑性波波速可用下式进行计算：

$$C_p = \frac{T_t}{\frac{T_t}{C_e} + (t_p - t_e)} \tag{7.26}$$

式中，C_p 为紧随弹性前驱波 E 的传播速度较快的塑性波波速；T_t 为靶板厚度；t_e 为弹性前驱波 E 到达靶板自由面的时刻，如图 7.40 所示；t_p 为塑性波到达靶板自由面的时刻；C_e 为一维应变弹性纵波波速。撞击压力 p 可用下式进行计算：

$$p = \rho_0 D u \tag{7.27}$$

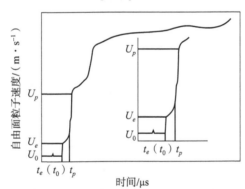

图 7.40　冲击波速度与粒子速度关系图

如图 7.40 所示，自由面粒子速度的阶跃变化是弹性波和塑性波共同作用的结果。由于在高速冲击问题中，弹性波的强度远低于塑性波强度，并且一维应变状态下，弹性纵波波速仅比塑性波波速高 25% 左右[57]，因此，忽略弹性波的作用，利用塑性波波速来计算应变率：

$$\dot{\varepsilon} = \frac{1}{2C_p} \frac{U_p - U_0}{t_p - t_0} \tag{7.28}$$

式中，U_p 为塑性波作用引起的靶板自由面粒子速度阶跃；U_0 为靶板自由面粒子速度起跳之前的初始值；t_0 为靶板自由面粒子速度起跳时刻。Hugoniot 弹性极限（HEL）可用下式进行计算：

$$\sigma_{HEL} = \frac{1}{2} \rho_0 C_e U_e \tag{7.29}$$

式中，U_e 为弹性波作用引起的靶板自由面粒子速度阶跃。一维应变状态下，材料的等效屈服应力 σ_s 可用下式进行计算[57]：

$$\sigma_s = \frac{1-2v}{1-v}\sigma_{\text{HEL}} \tag{7.30}$$

式中，v 是材料的泊松比，对超高强度合金钢，一般取 0.3。一维应变状态下，35CrMnSiA 钢的动态响应特性计算结果列于表 7.11 中。

表 7.11　一维应变状态下 35CrMnSiA 钢的动态响应特性

撞击速度 $/(\text{m}\cdot\text{s}^{-1})$	塑性波波速 $/(\text{m}\cdot\text{s}^{-1})$	撞击压力 /GPa	应变率/ $(\times 10^6\text{ s}^{-1})$	HEL /MPa	等效屈服应力 /MPa
607	5 103	11.43	1.01	2 625	1 500
1 240	5 160	19.19	2.30	2 772	1 584
1 733	5 286	31.82	4.07	3 043	1 739

表 7.11 表明，一维应变状态下 35CrMnSiA 钢的 HEL 和等效屈服应力均随应变率的增大而增加。为了对比不同应力状态下 35CrMnSiA 钢的应变率敏感性，进一步讨论 $10^{-3} \sim 10^6 \text{ s}^{-1}$ 应变率范围内轴向屈服应力和等效屈服应力随应变率的变化规律，并通过计算应变速率敏感指数 m[62] 对其进行定量表征：

$$m = \frac{\ln(\sigma_D/\sigma_s)}{\ln(\dot{\varepsilon}_D/\dot{\varepsilon}_s)} \tag{7.31}$$

式中，σ_D 和 σ_s 分别为动态及准静态加载时材料的屈服应力；$\dot{\varepsilon}_D$ 和 $\dot{\varepsilon}_s$ 为相应的加载应变率，计算结果列于表 7.12 中。

表 7.12　不同应力状态下 35CrMnSiA 钢的屈服应力和应变率敏感性因子

应变率 $/\text{s}^{-1}$	轴向屈服应力 /MPa	轴向应变率敏感性 因子/%	等效屈服应力 /MPa	等效应变率敏感性因子 /%
0.001	1 696	不存在	1 696	不存在
2 400	1 855	0.61	1 855	0.61
2 800	1 980	1.04	1 980	1.04
3 300	1 950	0.93	1 950	0.93
4 100	1 934	0.86	1 934	0.86
4 200	2 004	1.09	2 004	1.09
4 550	2 172	1.61	2 172	1.61
1.01×10^6	2 625	2.11	1 500	-0.59
2.30×10^6	2 772	2.28	1 584	-0.32
4.07×10^6	3 043	2.64	1 739	0.11

如图 7.41（a）和表 7.12 所示，在 $10^{-3} \sim 10^6$ s^{-1} 应变率范围内，35CrMnSiA 钢的轴向屈服应力和轴向应变率敏感性因子随应变率的增加而近似单调递增，在 $10^6 \sim 10^6$ s^{-1} 范围内，材料的应变率敏感系数最大；如图 7.41（b）和表 7.12 所示，在一维应力或一维应变状态下，35CrMnSiA 钢的等效屈服应力和等效应变率敏感性因子随应变率的增加而近似单调递增，但 1.01×10^6 s^{-1} 和 2.30×10^6 s^{-1} 应变率下，材料的等效屈服强度低于准静态等效屈服强度。因此，在数值仿真和理论分析过程中，应注意材料所处的应力状态和应变率范围，谨慎使用等效屈服应力作为材料的失效或侵蚀判据。

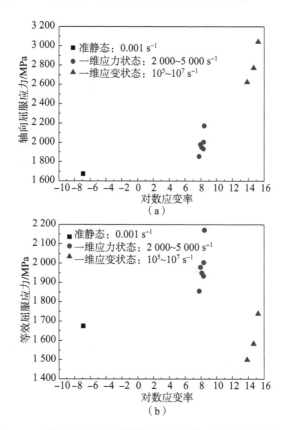

图 7.41　不同应力状态下屈服应力随对数应变率的变化关系

为定量分析一维应变状态下高速冲击产生的温升效应，采用 Walsh（1957）[312] 提出的物态方程计算方法对冲击温升进行简化计算：

$$\Delta T_H = T_0 \mathrm{e}^{\gamma_0 \eta_H} + \frac{\lambda C_0^2}{c_p} \mathrm{e}^{\gamma_0 \eta_H} \int_0^{\eta_H} \left[\frac{\eta^2}{(1-\lambda\eta)^3} \mathrm{e}^{-\gamma_0 \eta} \right] \mathrm{d}\eta - T_0 \quad (7.32)$$

式中，T_0 为环境温度；C_0 和 λ 为 Hugoniot 参数；γ_0 由 Meyers 公式 $\lambda = (\gamma_0 +$

1)/2[313] 计算得到；c_p 为定压比热；η 是体积应变，由式 $\eta = u/D$ 计算得到。该方法适用于可以不考虑电子项贡献及晶格非谐振项贡献的较低压力区，对于固体材料而言，适用于 200 GPa 以下的冲击压力范围。不同撞击速度和撞击压力下的冲击温升计算结果列于表 7.13 中。

表 7.13 不同撞击速度下 35CrMnSiA 钢的冲击温升

撞击速度/(m·s^{-1})	撞击压力/GPa	体积应变/($\times 10^{-2}$)	冲击温升/K
325	5.53	3.75	0.81
607	11.19	6.46	2.81
607	11.43	6.33	2.67
623	10.76	7.08	3.56
906	17.36	9.28	7.45
984	17.57	10.82	11.55
1 240	19.19	15.73	476.87
1 733	31.82	18.52	808.73

由表 7.13 可见，当撞击压力小于 17.57 GPa 时，35CrMnSiA 钢靶板的冲击温升均小于 12 K，当撞击压力提高到 19.19 GPa 材料发生相变时，冲击温升从 11.55 K 突跃变化到 476.87 K，可知超高强度合金钢的固态相变伴随着显著的热效应。由于高压高应变率下固体材料抵抗形状变化的能力可以忽略不计，材料不再对剪切强度敏感，因此，35CrMnSiA 钢靶板并没有在 476.87 K 的冲击温升作用下发生绝热剪切破坏。

7.5.3 高压高应变率下 35CrMnSiA 钢可逆 $\alpha \rightarrow \varepsilon$ 相变

面心立方 FCC (Face-Centered Cubic)、体心立方 BCC (Body-Centered Cubic) 和密排六方 HCP (Hexagonal-Closed Packed) 是纯铁中常见的三种晶体结构。面心立方结构常见于 γ-Fe 中，体心立方结构常见于 α-Fe 中，密排六方 ε-Fe 常见于奥氏体层错能比较低的 Fe-Mn-C、Fe-Mn-Cr-C、Fe-Ni-Cr-C 等合金中。铁合金的晶格类型不同，原子排列的致密度也不同，面心立方晶格（致密度：0.74）和密排六方晶格（致密度：0.74）的原子排列较体心立方晶格（致密度：0.68）更为紧密，当铁合金在不同温度和压力作用下发生固态相变或晶格类型变化时，同时伴随体积变化，引起内应力和变形[314]。Bargen 和 Boehler[315] 通过准静高压试验研究发现，铁在 15.3 GPa 压力作用下发生 BCC→HCP（α→ε）固态相变。由于 ε-Fe 仅在高压（13 GPa 以上）下稳定存在[316]，一旦冲击波卸载，可逆 α→ε 相变的逆过程 ε→α 发生，试件中无 ε-Fe 残留。因此，很难通过 XRD 和金相观察直接证明 ε-Fe 的存在[317]。本书拟通过 XRD 和金相观察从微观尺度研究并解释可逆 α→ε 相变对超高强度合金钢力学性能的影响。

7.5.3.1　XRD 分析

采用 D8 Advance X 射线衍射（XRD）仪对回收的 35CrMnSiA 钢进行物相分析。取靶板中心纵向横截面为扫描面，试验采用 Cu-Kα 射线作为扫描光源，扫描速率为 2.25°/s，扫描结果如图 7.42 所示。

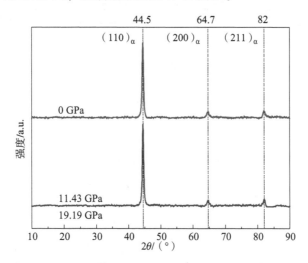

图 7.42　不同加载速度下 35CrMnSiA 钢的 XRD 检测结果

如图 7.42 所示，原始试样（撞击压力：0 GPa）与撞击压力为 11.43 GPa（对应撞击速度：607 m/s）的回收试样的谱图相近，均在 44.5°、64.7°和 82°位置上出现 3 个特征峰，分别对应于 α 相 $(110)_\alpha$、$(200)_\alpha$ 和 $(211)_\alpha$。当撞击压力增加到 19.19 GPa（对应撞击速度：1 240 m/s）时，所有峰强度显著下降，α 相 $(200)_\alpha$ 和 $(211)_\alpha$ 因峰强太弱已观测不到。通过半峰宽值估算得到的晶粒尺寸从 172 Å（0 GPa）、185 Å（11.43 GPa）减小到 139 Å（19.19 GPa），晶粒尺寸减小、内应力增加，造成衍射强度下降。此外，可以注意到在对应撞击压力为 19.19 GPa 的衍射图谱中，α 相 $(110)_\alpha$ 轻微右移，表明高压相变使晶体内残余压缩应力增加，导致晶格收缩。

7.5.3.2 组织损伤演化规律

平板撞击试验后,回收受损飞片与靶板,如图 7.43 所示。当加载速度低于 1 240 m/s 时,飞片与靶板均仅发生轻微挠曲和塑性变形,未见宏观可见裂纹。由于试验中未回收到 1 733 m/s 加载速度下的靶板,故无法判断 35CrMnSiA 钢是否在 1 733 m/s 的速度下发生断裂。

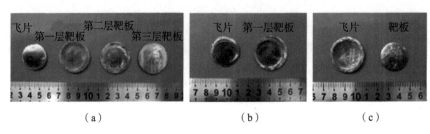

图 7.43 平板撞击试验后回收受损飞片与靶板

(a) 撞击速度:325 m/s;(b) 撞击速度:623 m/s;
(c) 撞击速度:1 240 m/s

为了进一步讨论高压高应变率下 35CrMnSiA 钢可逆 α→ε 相变的微观机制和组织损伤演化规律,通过光学显微镜和扫描电子显微镜(SEM)对回收靶板进行金相分析。如图 7.44(a1)、图 7.44(a2)、图 7.44(b1)和图 7.44(b2)所示,与图 7.1 所示原始试件组织形貌相比,325 m/s 和 623 m/s 加载速度下靶板的金相组织形貌与原始组织无明显差异;如图 7.44(c1)和图 7.44(c2)所示,1 240 m/s 加载速度下回收试件中观察到了明显的晶粒细化现象,马氏体板条束变得更加密实。与初始 α 相体心立方晶格相比,相变产生的新 ε 相是一种六角形的紧密结构,原子排列的致密度较体心立方结构更大。高速冲击压缩伴随着材料的热变形过程,在此过程中,亚晶界持续吸收位错,角度不断增大,最终由小角度晶界转为大角度晶界,消耗了大量的位错密度,并导致原始组织的细化,该过程也称为连续动态再结晶过程。扫描电子显微镜(SEM)下回收 35CrMnSiA 钢试件的组织形貌如图 7.45 所示。

如图 7.45(d)所示,1 240 m/s 撞击速度下的回收靶板中分布有大量微孔洞,表面有熔融和动态再结晶的痕迹,是冲击相变过程中热作用和体积突变的产物。超高强度合金钢的可逆 α→ε 相变一方面提高了材料的强度,另一方面,也显著降低了材料的塑性,导致微孔洞等局部缺陷出现。若冲击载荷持续作用于靶板,微孔洞将最终发展为微裂纹和宏观动态断裂。

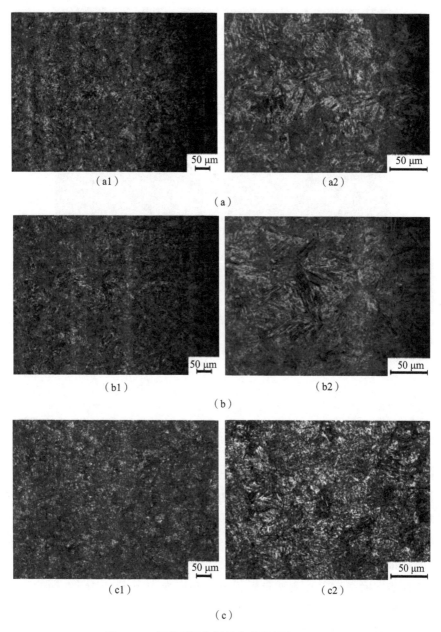

图 7.44 回收受损靶板的光学显微镜观察结果

(a) 撞击速度：325 m/s ((a1) 放大 200 倍；(a2) 放大 500 倍)；
(b) 撞击速度：623 m/s ((b1) 放大 200 倍；(b2) 放大 500 倍)；
(c) 撞击速度：1 240 m/s ((c1) 放大 200 倍；(c2) 放大 500 倍)

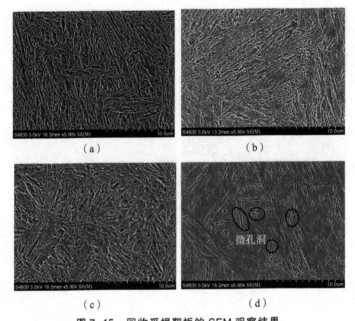

图 7.45 回收受损靶板的 SEM 观察结果

(a) 原始试样；(b) 撞击速度：325 m/s；
(c) 撞击速度：623 m/s；(d) 撞击速度：1 240 m/s

7.6 小结

通过准静态拉伸、压缩试验和 SHPB 试验研究了经过热处理的超高强度合金钢 35CrMnSiA 在中低应变率（0.001~5 000 s^{-1}）下的动力学行为和失效特性；再通过平板撞击试验研究了一维应变状态下 35CrMnSiA 钢的应力－应变关系、Hugoniot 关系及动态响应特性；并通过光学显微镜、扫描电镜（SEM）观察和 X 射线衍射（XRD）测试分析了高压高应变率下 35CrMnSiA 钢的物态变化规律，获得的主要研究结论如下：

① 通过准静态拉伸、压缩测试获得了 35CrMnSiA 钢的准静态（$\dot{\varepsilon}$ = 0.001 s^{-1}）力学性能：35CrMnSiA 钢在准静态拉伸载荷作用下发生准解理断裂，在准静态压缩载荷下未发生断裂，表现出优异的抗静态压缩力学性能。

② 通过 SHPB 动态压缩测试获得了中应变率（2 000~5 000 s^{-1}）下 35CrMnSiA 钢的动态力学性能，35CrMnSiA 钢在初始塑性流动阶段表现出较强

的应变率增强效应。

③通过光学显微镜观察分析了 35CrMnSiA 钢在一维应力状态下的失效机制：35CrMnSiA 钢在临界断裂应变率范围（4 100 ~ 4 200 s^{-1}）内发生绝热剪切破坏，并伴随有晶粒细化现象，有助于材料强度的提升。

④塑性应变能密度和塑性应变能密度增加率综合考虑了一维应力加载条件下材料的应变能、应力 – 应变历史和率效应，可作为中应变率下超高强度合金钢绝热剪切失效判据：当塑性应变能密度达到 4.51×10^8 J/m^3 且塑性应变能密度增加率高于临界破坏阈值 10.58×10^6 $J/(m^3 \cdot \mu s)$ 时，35CrMnSiA 钢发生绝热剪切破坏。

⑤通过拉氏路径线法对一维应变平板撞击试验数据进行分析，得到了高压高应变率下 35CrMnSiA 钢的应力 – 应变关系，总体呈滞徊型，同时，表现出一定的流变特性和率相关性。

⑥高压高应变率下，35CrMnSiA 钢抵抗形状变化的能力可以忽略不计，可用压力和比容对其冲击压缩的终点状态进行描述，分段拟合得到了 35CrMnSiA 钢的 Hugoniot 关系和 Hugoniot 曲线。

⑦在一维应力和一维应变状态下，35CrMnSiA 钢轴向屈服应力随应变率的增加而单调递增，但等效屈服应力和应变率间没有绝对联系。

⑧35CrMnSiA 钢在 17.57 ~ 19.19 GPa 压力范围内发生了可逆相变，伴随有显著的热效应和体积收缩效应；动态再结晶导致的晶粒细化使材料强度提升，塑性下降，微观组织演化出较多微孔洞。

第 8 章

大质量超高强度弹体钢破片对低碳合金钢的侵彻效应

8.1 引言

金属防弹钢板是装甲车辆、武装直升机、舰船、运钞车、防弹轿车等装备实现防弹功能的主体材料。近年来,随着对防弹结构高性能、低成本、轻量化需求的不断提升,金属防弹钢板的材料选型与结构优化设计成为研究人员关注的核心问题。在工程科学领域,试验是理论分析的基础,科学研究的本身是为了更科学、合理地进行防护结构的选型和优化设计,以达到最高的效费比。上述基础研究揭示了极宽应变率范围($10^{-3} \sim 10^{7} \ s^{-1}$)和不同应力状态下防护工程中广泛应用的典型超高强度合金钢的动态力学行为和失效特性,要将基础研究中的定性发现转化为工程应用中的定量分析,需要针对性地进行宏观试验。

在此,选取3种典型的低碳合金钢为研究对象,通过静、动态力学性能测试获得材料在 $0.001 \sim 5\,500 \ s^{-1}$ 应变率范围内的力学行为特征;选取第7章中所研究的热处理后的典型超高强度合金钢 35CrMnSiA 为弹体材料,通过弹道撞击试验获得3种低碳合金钢的抗弹体高速侵彻性能;通过光学显微镜分析3种低碳合金钢的失效机理并归纳得到失效判据,建立起低碳合金钢力学性能与抗弹性能之间的联系;同时,通过对回收 35CrMnSiA 钢弹体进行分析,归纳得到其剩余质量变化规律及损伤演化规律。

8.2 3种低碳合金钢的化学组分及静、动态力学性能

8.2.1 化学组成及热处理工艺

当前广泛使用的防弹钢板主要有两类：一类是 Cr-Ni-Mo 或 Cr-Ni 系，通过热处理提高钢的强度，进而提升板件的抗弹性能；另一类是 Si-Mn 系，在保证抗击弹体侵彻强度和硬度的前提下，尽可能地改善钢的延性和韧性，提高对高速弹体的冲击吸能能力[318]。因此，本章选取 Cr-Ni-Mo 系防弹钢 10CrNiMo、Si-Mn 系防弹钢 22SiMnTi 及常用的 Q235A 钢为研究对象。3 种低碳合金钢的主要化学成分列于表 8.1[319-321]中。由表 8.1 可见，22SiMnTi 中 C、Si 和 Mn 含量均最高，Si 和 Mn 元素可对钢板起到固溶强化作用，在提高钢强度的同时，降低了其延伸率；10CrNiMo 中含有较多的 Cr 和 Ni 元素，不仅可以提高铁素体的强度和硬度，还能提高钢的韧性，使其具有优异的综合力学性能。

表 8.1 三种低碳合金钢的主要化学组成　　　　　　　%

合金钢	C	Si	Mn	Cr	Ni	S	P
Q235A	0.14~0.22	≤0.30	0.30~0.65	—	—	≤0.05	≤0.045
10CrNiMo	0.07~0.14	0.17~0.37	0.30~0.60	0.90~1.20	2.60~3.00	≤0.015	≤0.020
22SiMnTi	0.19~0.25	0.70~1.00	1.50~1.85	—	—	≤0.025	≤0.020

3 种低碳合金钢的原始微观组织形貌如图 8.1 所示。如图 8.1（a）所示，未经热处理强化，Q235A 钢由铁素体和珠光体组成，晶粒粗大，晶界面积较小，位错在晶界处堆积的数量较多，相邻晶体间较易发生相对滑移，因此，Q235A 钢具有较好的塑性。如图 8.1（b）所示，经过 860 ℃ 淬火 + 670 ℃ 高温回火的热处理过程[320]，10CrNiMo 由回火索氏体组成，晶粒度较 Q235A 钢明显减小，晶界面积增加，使相邻晶体间发生位错运动的阻力增大，在保持良好韧性的同时，材料强度增加。如图 8.1（c）所示，经过 920 ℃ 水淬 + 180 ℃ 回火的热处理过程[321]，超高强度合金钢 22SiMnTi 由板条马氏体组成。一方面，板条马氏体具有较高的强度和硬度；另一方面，由于板条马氏体排列紧密，塑性变形能力较差，导致 22SiMnTi 具有较高的脆性。

图 8.1　3 种低碳合金钢的原始金相组织
(a) Q235A；(b) 10CrNiMo；(c) 22SiMnTi

8.2.2　准静态力学性能

为定量表征 3 种低碳合金钢的强度和韧性，从侵彻试验用钢板上切取试件，进行材料准静态拉伸和压缩性能试验测试。准静态拉伸试验使用板状拉伸件，如图 8.2 所示，准静态压缩试件尺寸为 $\phi 5 \text{ mm} \times 5 \text{ mm}$，应变率为 0.001 s^{-1}。实测准静态拉伸、压缩应力-应变曲线如图 8.3 所示。35CrMnSiA 钢和 3 种低碳合金钢准静态力学性能列于表 8.2 中。由于超高强度合金钢 35CrMnSiA 和 22SiMnTi 没有明显的屈服阶段，依据国标 GB/T 228.1—2010《金属材料 拉伸试验》[297]和 GB/T 7314—2005《金属材料 室温压缩试验方法》[298]，取规定塑性延伸率为 0.2% 时的应力为屈服强度。

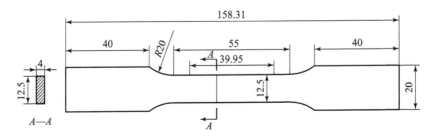

图 8.2　准静态拉伸试件尺寸图

由图 8.3 和表 8.2 可见，弹体钢 35CrMnSiA 的强度高于 3 种低碳合金钢，3 种低碳合金钢的强度由大到小依次为 22SiMnTi > 10CrNiMo > Q235A，塑性由大到小依次为 Q235A > 10CrNiMo > 22SiMnTi，材料强度和塑性的关系示于图 8.4 中。3 种低碳合金钢试件在准静态压缩过程中均仅发生均匀墩粗变形，未发生断裂失效，表明 3 种低碳合金钢具有优异的抗静态压缩力学性能。

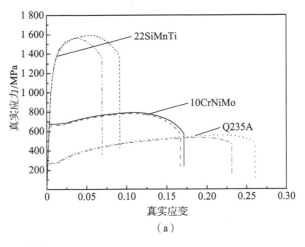

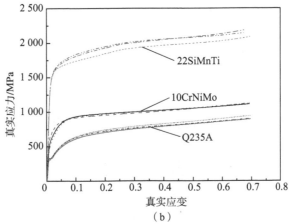

图 8.3 3 种低碳合金钢的准静态拉伸/压缩应力 – 应变曲线

(a) 准静态拉伸；(b) 准静态压缩

表 8.2 35CrMnSiA 钢和 3 种低碳合金钢的力学性能

合金钢种类		拉伸屈服强度/MPa	抗拉强度/MPa	拉伸屈强比	拉伸断裂应变	弹性模量/GPa	断后伸长率/%	压缩屈服强度/MPa	硬度（HBW）
靶体钢	Q235A	274	546	0.50	0.24	196	31.75	321	121
	10CrNiMo	665	787	0.84	0.17	204	22.20	526	235
	22SiMnTi	1 211*	1 579	0.77	0.08	192	9.00	1 387*	400
弹体钢	35CrMnSiA	1 387*	1 770	0.78	0.11	187	9.08	1 696*	422
*规定塑性延伸率为 0.2% 时的应力。									

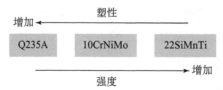

图 8.4 3 种低碳合金钢板的强度和塑性关系

8.2.3 动态压缩性能

为表征 3 种低碳合金钢的动态力学性能,通过分离式 Hopkinson 压杆(Split Hopkinson Pressure Bar,SHPB)试验研究 500~5 500 s^{-1} 应变率范围内材料的动态力学行为。采用 ϕ14.5 mm 分离式 Hopkinson 压杆试验系统进行加载和测试,试件尺寸为 ϕ5 mm×4 mm。不同应变率下 3 种低碳合金钢的应力 – 应变曲线和回收受损试件如图 8.5 所示。

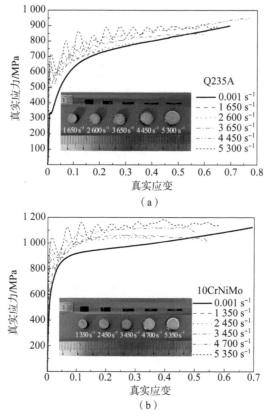

图 8.5 不同应变率下 3 种低碳合金钢板动态压缩应力 – 应变曲线
(a) Q235A;(b) 10CrNiMo

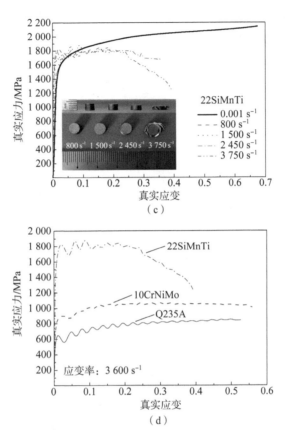

图 8.5 不同应变率下 3 种低碳合金钢板动态压缩应力 – 应变曲线（续）

(c) 22SiMnTi；(d) 3 种低碳合金钢板动态压缩特性对比

由图 8.5（a）和图 8.5（b）可见，在 500 ~ 5 500 s^{-1} 应变率范围内，Q235A 和 10CrNiMo 试件仅发生均匀墩粗变形，未出现断裂，表现出较好的塑性和抗动态压缩性能；22SiMnTi 试件在 3 750 s^{-1} 应变率下沿 45°方向发生剪切断裂。当材料屈服进入塑性流动阶段后，存在应变强化机制与损伤演化引起的软化机制共存又相互竞争的过程。如图 8.5（d）所示，通过对比相同应变率下 3 种低碳合金钢的切线模量，可以得到 Q235A 具有明显的应变硬化特性，10CrNiMo 次之，22SiMnTi 在热软化作用下出现了剪切失稳。

由图 8.6 所示，3 种低碳合金钢的动态压缩屈服强度均随应变率的增加而增大，表现出明显的应变率增强效应。Q235A 对应变率的变化最为敏感，5 300 s^{-1} 应变率下其动态压缩屈服强度较准静态压缩屈服强度提高了 104.67%；10CrNiMo 次之，5 350 s^{-1} 应变率下其动态压缩屈服强度较准静态压缩屈服强度提高了 82.89%；22SiMnTi 最次，3 750 s^{-1} 应变率下其动态压缩屈服强度较准静态压缩屈服强度提高了 21.49%。采用 Cowper – Symonds[322]（1957）应变率强化模型对 3 种低碳合金钢中低应变率下的本构行为进行定量表征：

$$\frac{\sigma_0^d}{\sigma_0} = 1 + \left(\frac{\dot{\varepsilon}}{D}\right)^{1/q} \qquad (8.1)$$

式中，σ_0 为静载荷条件下材料的初始屈服应力；σ_0^d 为单轴应变率 $\dot{\varepsilon}$ 下的动态初始屈服应力；$\dot{\varepsilon}$ 为应变率；q、D 为经验系数，可通过材料的拉、压测试获取。通过最小二乘法拟合得到的本构模型参数见表 8.3，用 Cowper – Symonds 本构模型表征的弹体钢 35CrMnSiA 和 3 种低碳合金钢动态压缩屈服强度随应变率的变化关系如图 8.6 所示。

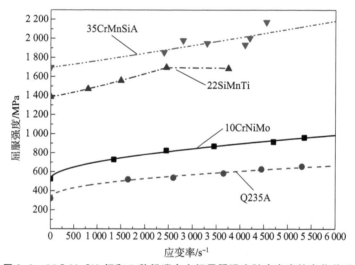

图 8.6　35CrMnSiA 钢和 3 种低碳合金钢屈服强度随应变率的变化关系

表 8.3　Cowper – Symonds 模型参数拟合结果

参数	Q235A	10CrNiMo	22SiMnTi	35CrMnSiA
q	2.170	1.871	0.850	0.930
D	5 155	7 692	8 787	19 170

由表 8.3 可见，Cowper – Symonds 模型参数 q 近似随材料强度的增加而减小，对于超高强度合金钢，q 值基本达到饱和，稳定在 0.9 左右，不再随材料强度的增加而继续减小，具体表现为 Q235A 参数最大，22SiMnTi 参数最小；参数 D 呈现相反的变化规律：随材料强度的增大而增大，表现为 Q235A 参数最小，35CrMnSiA 参数最大。

8.3 35CrMnSiA 钢对低碳合金钢侵彻试验结果及分析

战场装备所防护的自然破片均为不规则结构，难以进行弹道枪加载，并且其不规则结构导致的空中翻滚也使试验具有不确定性。通常的解决方法是采用标准结构弹体进行试验，获得标准试验数据，再通过对比不规则破片撞击试验数据与标准试验数据以获得计算系数。本书综合考虑 $\phi 14.5$ mm 弹道枪的试验条件与破片质量要求，选用平头圆柱形弹体进行标准试验，以获得标准试验数据。

8.3.1 试验原理与装置

试验在中国兵器第 53 研究所地下靶道进行，通过 $\phi 14.5$ mm 弹道枪加载 $\phi 12.8$ mm × 40 mm 40 g 平头圆柱形弹体，对名义厚度为 15 mm，尺寸为 500 mm × 500 mm 的 Q235A、10CrNiMo 和 22SiMnTi 合金钢板进行高速撞击试验。试验用弹体材料为超高强度合金钢 35CrMnSiA。弹体和弹托尺寸如图 8.7 所示。为保证大长径比破片的飞行稳定性，以满足正着靶要求，设计尼龙弹托护套长度等于破片长度。利用红外激光测速靶及六通道计时仪获得弹体的着靶速度，试验中靶板与枪口距离为 6 m，光幕靶靶距为 1.5 m。试验装置布局如图 8.8 所示。

图 8.7 弹体和弹托结构示意图
(a) 35CrMnSiA 钢弹体；(b) 尼龙弹托

8.3.2 试验结果与分析

(750 ± 5) m/s 撞击速度下，40 g 平头圆柱形弹体对 3 种低碳合金钢板的侵彻试验结果列于表 8.4 中。3 种低碳合金钢板迎弹面和背弹面的破坏形貌如图 8.9 所示。

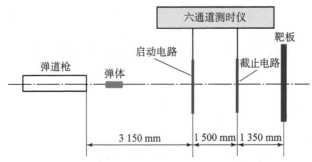

图 8.8 弹体对低碳合金钢板侵彻试验示意图

表 8.4 侵彻试验结果

靶体种类	靶板厚度 /mm	撞击速度 /(m·s^{-1})	侵彻效果	侵彻深度 /mm	弹孔直径 /mm	弹体剩余质量 /g	弹体剩余长度 /mm
Q235A	16	753.8	贯穿	16	20	28.402	29
10CrNiMo	16.4	751.1	未穿	13	20	23.999	27
22SiMnTi	15.3	749.3	未穿	3	14	17.118	19

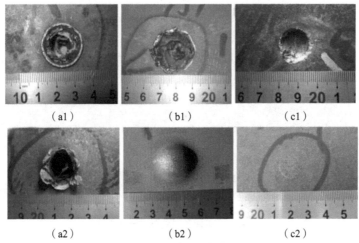

图 8.9 3 种低碳合金钢破坏形貌

由表 8.4 可知,在(750±5)m/s 撞击速度下,35CrMnSiA 钢弹体对 3 种防弹钢板的侵彻效果为:Q235A 贯穿,10CrNiMo 和 22SiMnTi 未穿。由图 8.9(c2)所示,22SiMnTi 钢板背弹面出现 1/4 周环向裂纹,表明该撞击速度已十分接近 22SiMnTi 钢板的弹道极限速度。为进一步研究 35CrMnSiA 钢弹体对 3 种低碳合金钢板的侵彻过程,对图 8.10 所示的弹孔纵剖视图进行分析。

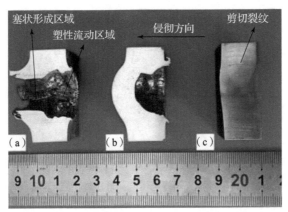

图 8.10 3 种低碳合金钢破坏区域剖面图

如图 8.9（a1）所示，Q235A 钢板的迎弹面呈塑性卷边破坏特征，伴随有明显的扩孔现象，弹孔直径为 20 mm，为弹体直径的 1.56 倍；如图 8.9（a2）所示，Q235A 钢板背弹面呈花瓣形破坏特征。如图 8.10（a）所示，平头圆柱形弹体对 Q235A 钢板的侵彻过程可分为塑性扩孔和剪切冲塞两个阶段。沿钢板冲击方向，塑性流动区域的宽度为 10 mm，剪切冲塞区域的宽度为 14 mm，孔径 13.5 mm 与弹体直径相当。迎弹面卷边破坏区域的曲率半径较背弹面隆起破坏区域大。

如图 8.9（b1）、图 8.9（b2）和图 8.10（b）所示，10CrNiMo 钢板迎弹面的弹孔直径同样扩大到 20 mm，但与 Q235A 钢板不同，沿弹体冲击方向，10CrNiMo 钢板的流动方向呈倒圆锥形。超高强度合金钢弹体对 10CrNiMo 钢板的侵彻深度为 13 mm，背弹面隆起高度为 7 mm。

如图 8.9（c1）、图 8.9（c2）和图 8.10（c）所示，高强度钢板 22SiMnTi 的失效模式与高塑性钢板 Q235A 和 10CrNiMo 的明显不同：22SiMnTi 钢板的失效破坏区域高度局部化，仅有轻微的径向流动和沿冲击方向的隆起变形。如图 8.10（c）所示，在离弹轴 6.5 mm 位置处（与弹体半径相当）可见一条宏观裂纹，裂纹中部凸起，呈上凸状，推测在更高的撞击速度下高强度钢板 22SiMnTi 将形成鼓形剪切冲塞块。

在弹靶作用过程中，靶体一方面通过自身变形和冲塞吸收弹体动能，另一方面通过使弹体变形和断裂削弱其侵彻能力。由图 8.11 原始与回收 35CrMnSiA 钢弹体对比图可见，35CrMnSiA 钢弹体在强冲击载荷作用下发生拉伸劈裂和剪切断裂[323]。由表 8.4 可见，弹体剩余质量和长度与防弹钢板的强度及硬度相关，根据 Recht（1978）[324]提出的弹体断裂理论，靶体强度和硬度越高，回收弹体的剩余质量和长度越小。

图 8.11　原始与回收 35CrMnSiA 钢弹体

|8.4　3 种低碳合金钢失效行为与判据|

8.4.1　3 种低碳合金钢金相组织分析

为进一步分析平头圆柱弹体高速撞击下 3 种低碳合金钢板的微观组织损伤演化规律与失效机理，通过光学显微镜对回收弹孔及附近区域组织进行金相观察。如图 8.12 所示，与图 8.1（a）所示的原始微观组织形貌相比，Q235A 钢中珠光体由不规则多边形状变为细长的蝌蚪状，组织变得更加致密。如图 8.12（a）所示，微观组织的流动方向与宏观变形破坏方向一致。图 8.12（b）和图 8.12（c）展现了距离弹孔不同位置处 Q235A 钢微观组织的空间分布规律。根据珠光体的变形程度，将弹孔附近区域划分为剧烈变形区（图 8.12（b1））、轻微变形区（图 8.12（c1））和无变形区（图 8.12（b2））。在如图 8.12（b）所示的材料以塑性流动为主要破坏模式的区域中，剧烈变形区、轻微变形区宽度分别为 217 μm 和 507 μm。在图 8.12（c）所示的材料以剪切冲塞为主要破坏模式的区域中，剧烈变形区、轻微变形区宽度分别为 419 μm 和 600 μm，表明剪切冲塞段铁素体和珠光体的塑性变形程度较塑性流动段更加剧烈。Q235A 钢变形和失效特性的定量分析详见表 8.5。

与图 8.1（b）所示的 10CrNiMo 钢原始微观组织形貌相比，在图 8.13 中可见冲击后回火索氏体发生了明显的晶粒细化。由图 8.13（a）、图 8.13（b）和图 8.13（c）可见，与 c 所在的受阻区域相比，a 所在的贯穿区域回火索氏体排列更加紧密和规则。如图 8.13（b）所示，塑性变形区域的宽度为 1.41 mm。此外，在图 8.13（b）和图 8.13（d）中可见一条长 5.40 mm、宽

16 μm 的塑性间断裂纹，距离弹孔边缘约 800 μm。在静水拉应力和剪应力作用下，微孔洞不断生长聚集，最终发展为宏观裂纹[6]。

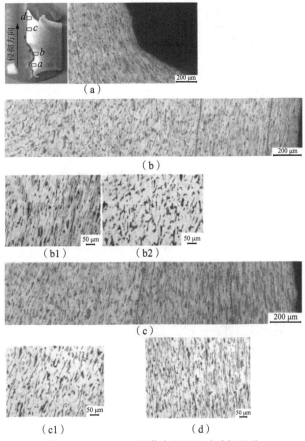

图 8.12 Q235A 钢弹孔附近区域破坏形貌

如图 8.14 和表 8.5 所示，22SiMnTi 钢板变形区域的范围远小于 Q235A 和 10CrNiMo 钢板。在图 8.14（a）所示的弹靶碰撞区域未观察到马氏体发生明显的塑性变形。由于靶体高速碰撞产生的热量在短时间内无法传导出去，靶体内碰撞区域温度迅速升高。当靶体内局部区域热软化速率超过工作硬化速率时，材料出现剪切失稳，在狭长软化区域内形成绝热剪切带[325]。与高塑性钢 10CrNiMo 不同，22SiMnTi 钢板中的脆性绝热剪切裂纹是连续的，且沿钢板厚度方向扩展。22SiMnTi 钢板中的脆性绝热剪切裂纹宽 41 μm，是 10CrNiMo 钢板中塑性剪切裂纹宽度的 2.56 倍。绝热剪切带附近变形区域宽度约为 231 μm。如图 8.14（c）所示，绝热剪切带内分布有白色氧化物夹杂，是绝热过程高温作用的产物。

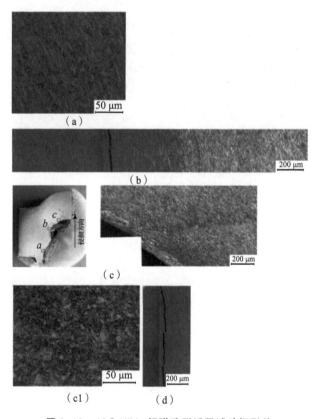

图 8.13 10CrNiMo 钢弹孔附近区域破坏形貌

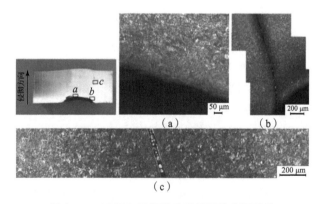

图 8.14 22SiMnTi 钢弹孔附近区域破坏形貌

表8.5 3种低碳合金钢的变形和失效分析

靶板种类		变形区宽度		裂纹尺寸	
		剧烈变形区	轻微变形区	宽度	长度
Q235A	塑性流动区	217 μm	507 μm	未出现裂纹	
	剪切冲塞区	419 μm	600 μm		
10CrNiMo		1 410 μm		16 μm	5.40 mm
22SiMnTi		231 μm		41 μm	15.3 mm

8.4.2 35CrMnSiA钢弹体高速撞击下3种低碳合金钢的失效判据

基于上述从宏观和微观层面对3种低碳合金钢失效模式和机理的讨论推断：低碳合金钢的失效破坏与其动态压缩屈服强度及剪切强度有关。对于以22SiMnTi为代表的高强度和高硬度钢，当内应力超过其动态剪切强度时，绝热剪切带在极短的时间内形成，材料发生绝热剪切破坏；对于以Q235A和10CrNiMo为代表的高塑性钢，在弹体侵彻的初始阶段，当内应力超过材料的动态压缩屈服强度时，材料将进入塑性流动阶段；随着钢板塑性变形量的增加，钢板的厚度不断减小，当内应力增大到材料的动态剪切强度时，材料发生塑性剪切破坏。

从8.3节中35CrMnSiA钢平头圆柱弹体对低碳合金钢板侵彻试验结果可以看出，10CrNiMo钢展现出最优的抗35CrMnSiA钢弹体高速侵彻性能，22SiMnTi和Q235A钢次之。为进一步验证上述结论，通过补充试验计算弹道极限速度与极限比吸收能来定量表征3种低碳合金钢板的抗35CrMnSiA钢弹体高速侵彻性能。验证试验结果列于表8.6中，采用文献［326］中提供的弹道极限速度公式进行计算：

$$v_{50} = \begin{cases} v_A + \dfrac{N_P - N_C}{N_P + N_C}(v_{HP} - v_A), N_P > N_C \\ v_A - \dfrac{N_P - N_C}{N_P + N_C}(v_A - v_{LC}), N_P < N_C \end{cases} \quad (8.2)$$

式中，v_{50}为弹体贯穿靶板的弹道极限速度；v_A为混合区内全部测试速度的平均值；N_P为局部贯穿数；N_C为完全贯穿数；v_{HP}为局部贯穿时的最高速度；v_{LC}为完全贯穿时的最低速度。因试验用防弹钢板的实际厚度稍有差别，在此采用极限比吸收能表征钢板的抗弹体撞击性能。钢板的极限比吸收能可以通过下式计算：

$$I_{\text{SEA}} = \frac{0.5mv_{50}^2}{\rho d} \tag{8.3}$$

式中，I_{SEA} 为靶板的极限比吸收能，$\text{J} \cdot \text{m}^2/\text{kg}$；$m$ 为弹体质量，kg；ρ 为靶板的密度，kg/m^3；d 为靶板的厚度，m。3 种低碳合金钢板的弹道极限速度和极限比吸收能计算结果见表 8.6。

表 8.6 验证试验结果

靶板种类	靶板厚度 /mm	弹体质量 /g	撞击速度 /(m·s⁻¹)	侵彻效果	弹道极限速度 /(m·s⁻¹)	极限比吸收能 /(J·m²·kg⁻¹)
Q235A	16	39.314	753.8	贯穿	706.0	78.125
		39.377	696.1	贯穿		
		39.347	684.6	未穿		
		39.558	708.2	贯穿		
		39.271	679.0	未穿		
10CrNiMo	16.40	39.020	751.1	未穿	780.2	92.873
		39.338	785.8	未穿		
		39.459	794.1	贯穿		
		39.301	778.8	贯穿		
		39.305	784.5	未穿		
22SiMnTi	15.30	38.387	749.3	未穿	734.3	86.917
		38.143	756.0	贯穿		
		38.593	729.9	贯穿		
22SiMnTi	15.30	38.778	716.0	贯穿	734.3	86.917
		38.472	705.2	未穿		

由表 8.6 可见，3 种低碳合金钢板的弹道极限速度和极限比吸收能由高到低排列为 10CrNiMo > 22SiMnTi > Q235A，与 8.3 节中的推测结果一致。从上述试验和分析可以得到，在 35CrMnSiA 钢弹体高速撞击下，具有最高强度与最高硬度的 22SiMnTi 钢板和具有最优异塑性的 Q235A 钢板均未表现出最佳的抗弹性能，10CrNiMo 钢板强度和塑性介于 22SiMnTi 和 Q235A 钢之间，由于其具有优异的综合力学性能，在弹道冲击试验中表现出了最佳的抗高速侵彻性能。这与文献［34－37］中结论并不完全一致的原因在于平头弹高速撞击下防弹钢板的响应特性和失效机制与锥形、卵形弹高速撞击下不同。因此，在平头弹体

高速侵彻防弹钢板问题中,防弹钢板的抗侵彻性能与材料强度无确定关系,材料塑性对其防护性能的影响同样重要。所以,在进行防护材料和结构设计与优化过程中,应考虑具体防护对象及防弹钢板在复合结构中的作用,对防弹钢板的强度和塑性进行综合优化设计。

8.5 高速撞击下超高强度合金钢平头圆柱弹体损伤演化规律

8.5.1 回收35CrMnSiA钢弹体剩余质量变化规律

从8.3.2节中的讨论可知,回收35CrMnSiA钢弹体的剩余质量与防弹钢板的强度及硬度相关。为进一步讨论35CrMnSiA钢弹体侵彻防弹钢板问题中回收弹体剩余质量变化规律,采用20~40 g超高强度合金钢平头圆柱形弹体对5~35 mm厚10CrNiMo低碳合金钢板进行侵彻试验。弹体材料选用超高强度合金钢35CrMnSiA,20 g、30 g和40 g平头圆柱形弹体长度均为40 mm,直径分别为9.2 mm、11.2 mm和12.8 mm;10CrNiMo低碳合金钢防弹板的厚度分别为5 mm、10 mm、15 mm、20 mm、25 mm和35 mm,尺寸为500 mm×500 mm,侵彻试验结果列于表8.7中。回收35CrMnSiA钢弹体剩余质量分数随速度及弹靶相对厚度的变化关系如图8.15所示。

表8.7 35CrMnSiA钢弹体对不同厚度10CrNiMo低碳合金钢板侵彻试验结果

弹靶相对厚度	弹体质量 /g	撞击速度 /(m·s^{-1})	回收弹体剩余质量分数/%	侵彻效果
8	20.37	79	100	贯穿
	20.35	182	100	未穿
	20.42	238	100	贯穿
	20.05	444	100	贯穿
	20.24	571	99.80	贯穿
	30.33	722	83.98	贯穿
	30.36	844	76.61	贯穿
	30.30	1 442	64.82	贯穿

续表

弹靶相对厚度	弹体质量 /g	撞击速度 /(m·s^{-1})	回收弹体剩余质量分数/%	侵彻效果
4	20.17	601	81.66	未穿
	20.37	638	78.45	未穿
	20.3	658	67.54	未穿
	20.24	710	78.41	贯穿
	20.56	717	76.90	贯穿
	20.22	784	78.98	贯穿
	30.19	469	99.93	贯穿
	30.37	506	89.17	未穿
	30.37	575	81.17	未穿
	30.43	670	75.81	贯穿
	30.48	720	69.42	贯穿
	30.15	761	75.02	贯穿
2.67	19.95	782	62.91	贯穿
	39.02	751	61.50	未穿
	39.30	779	58.69	贯穿
	39.46	794	61.14	贯穿
	38.53	857	60.98	贯穿
2	20.57	808	75.89	未穿
	20.31	893	69.23	未穿
	38.56	986	63.06	贯穿
	38.50	1 032	60.91	贯穿
	38.34	1 034	63.54	贯穿
	38.61	1 058	51.05	贯穿
1.6	39.43	1 283	59.82	贯穿

续表

弹靶相对厚度	弹体质量 /g	撞击速度 /(m·s⁻¹)	回收弹体剩余质量分数/%	侵彻效果
1.14	30.43	852	40.26	未穿
	30.36	1 421	38.87	未穿
	30.31	1 740	0	未穿
	30.76	2 010	0	未穿
	39.32	823	43.26	未穿
	39.59	907	42.38	未穿
	39.33	982	47.80	未穿
	39.47	1 122	48.72	未穿
	38.47	1 464	30.06	贯穿
	38.16	1 482	30.84	贯穿
	39.82	1 760	0	贯穿

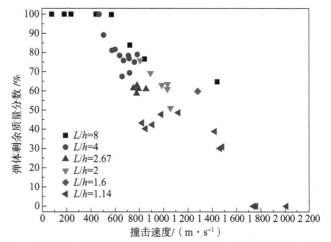

图 8.15　回收 35CrMnSiA 钢弹体剩余质量分数随着撞击速度及弹靶相对厚度的变化关系

由表 8.7 和图 8.15 可见，在靶体材料和弹体材料、形状一定的条件下，回收靶体剩余质量是以弹靶相对厚度和着靶速度为自变量的二元函数，具体从以下几个方面进行讨论：

(1) 弹体临界断裂速度阈值与弹靶相对厚度的关系

如图 8.15 所示，对弹靶相对厚度为 8 的防弹钢板，当撞击速度大于 571 m/s 时，35CrMnSiA 钢弹体发生断裂；对弹靶相对厚度为 4 的防弹钢板,当撞击速度大于 469 m/s 时,35CrMnSiA 钢弹体发生断裂。受靶板背面反射拉伸卸载波的影响,弹体临界断裂速度阈值随弹靶相对厚度的增大而增大。

(2) 弹体剩余质量分数与弹靶相对厚度的关系

如图 8.15 和图 8.16 所示,在 750~850 m/s 撞击速度范围内分布有不同弹靶相对厚度下的多组试验数据,为定量分析弹体剩余质量分数与弹靶相对厚度的关系提供了数据基础。通过比较该速度范围内弹靶相对厚度分别为 4、2.67、1.14 时的弹体剩余质量分数,可以得到在撞击速度一定的条件下,对于中厚靶($1 < L/h \leqslant 4$),弹体剩余质量分数随弹靶相对厚度的增大而线性增大。

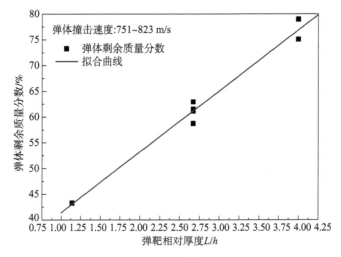

图 8.16 回收 35CrMnSiA 钢弹体剩余质量分数与弹靶相对厚度的关系

(3) 弹体剩余质量分数与撞击速度的关系

由于本试验中弹体撞击速度随靶体厚度的增加而增大,撞击速度和弹靶相对厚度对弹体剩余质量分数的影响出现耦合,故在此针对弹靶相对厚度为 8、4、2、1.14 的试验工况,逐一讨论当弹靶相对厚度一定时,弹体剩余质量分数随撞击速度的变化规律。如图 8.17(a) 和图 8.17(b) 所示,当 $L/h \geqslant 4$ 时,弹体剩余质量分数近似与撞击速度呈指数函数关系,随撞击速度的增加,弹体剩余质量分数减小,速率变缓;如图 8.17(c) 和图 8.17(d) 所示,当 $1 < L/h < 4$ 时,弹体剩余质量分数近似与撞击速度呈二次函数关系,随撞击速度的增加,弹体剩余质量分数减小速率加快。一定撞击速度范围内,不同弹靶相对厚度下的拟合结果见表 8.8。

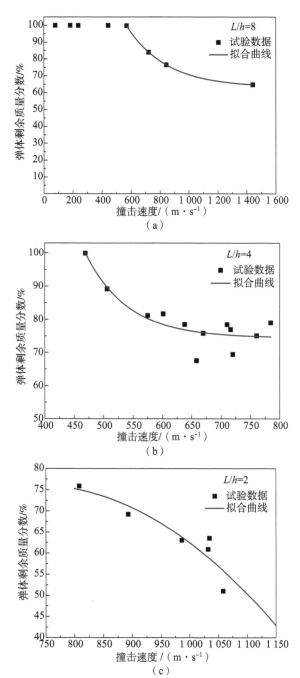

图 8.17 不同弹靶相对厚度下回收 35CrMnSiA 钢弹体剩余质量分数与撞击速度的关系
（a）弹靶相对厚度 $L/h=8$；（b）弹靶相对厚度 $L/h=4$；
（c）弹靶相对厚度 $L/h=2$

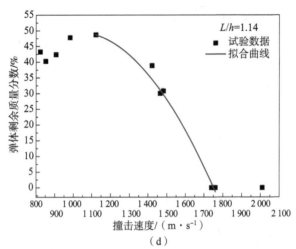

图 8.17 不同弹靶相对厚度下回收 35CrMnSiA 钢弹体剩余质量分数与撞击速度的关系（续）

(d) 弹靶相对厚度 $L/h=1.14$

表 8.8 不同弹靶相对厚度下回收 35CrMnSiA 钢弹体剩余
质量分数与撞击速度的拟合关系式

弹靶相对厚度	撞击速度范围/(m·s^{-1})	拟合关系式
8	550~1 500	$m_r = 63.44 + 307.75e^{-0.003\,74v}$
4	450~800	$m_r = 74.41 + 17\,981.71e^{-0.013\,98v}$
2	800~1 100	$m_r = -1.89 \times 10^{-4}v^2 + 0.28v$
1.14	1 100~1 800	$m_r = -9.07 \times 10^{-5}v^2 + 0.18v$

8.5.2 超高强度合金钢弹体损伤演化规律

不同试验工况下回收得到的部分 35CrMnSiA 钢弹体示于图 8.18 中。由图 8.18 可见，根据回收弹体头部形状推断，在不同弹靶相对厚度和撞击速度下，弹体呈现以下几种破坏模式：剪切断裂（图 8.18（a）），拉、剪联合断裂（图 8.18（b）），断裂破碎（图 8.18（c））。

下面利用应力波理论对弹靶作用过程进行分析，以讨论与上述 3 种断裂模式相对应的超高强度合金钢弹体断裂机理。如图 8.19 所示，超高强度合金钢平头圆柱弹体对防弹钢板的侵彻问题，可以简化为有限长杆对有限厚板的撞击作用过程，弹体的受力状态简化为一维应力状态，靶体的受力状态简化为一维应变状态。当弹体和靶体发生撞击后，在两者中将分别传播弹性和塑性加载压缩波，由于弹性波速大于塑形波速且弹体长度大于靶体厚度，靶体中先行到达

第 8 章 大质量超高强度弹体钢破片对低碳合金钢的侵彻效应

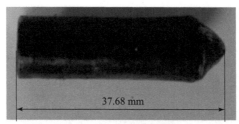

弹体质量：30 g；撞击速度：506 m/s；$L/h=4$

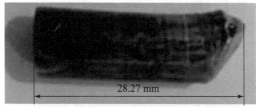

弹体质量：20 g；撞击速度：782 m/s；$L/h=1.6$

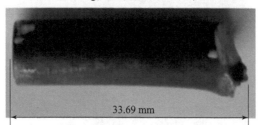

弹体质量：20 g；撞击速度：808 m/s；$L/h=2$

（a）

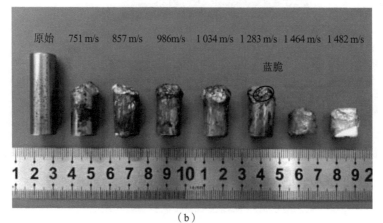

（b）

图 8.18　回收 35CrMnSiA 钢弹体

（a）剪切断裂弹体；

（b）弹体发生拉伸、剪切联合破坏（初始质量：40 g）

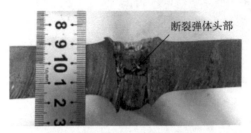

弹体质量：40 g；撞击速度：1 159 m/s；L/h=1.6

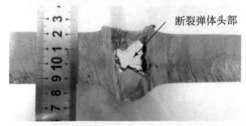

弹体质量：40 g；撞击速度：1 414 m/s；L/h=1.14

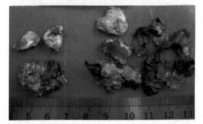

弹体质量：30 g；撞击速度：1 740 m/s；L/h=1.14

弹体质量：30 g；撞击速度：2 010 m/s；L/h=1.14　　弹体质量：40 g；撞击速度：1 760 m/s；L/h=1.14

(c)

图 8.18　回收 35CrMnSiA 钢弹体（续）

(c) 弹体断裂破碎（L/h = 1.14）

靶体后自由面的弹性波 E_t 反射形成卸载拉伸波,传入弹体后,会对撞击端形成的弹塑性加载波进行追赶卸载(在图 8.19 中所示的 L_2 位置处)。与此同时,弹体内由撞击端向弹体自由端传播的弹性加载波 E_{p0} 也将在弹体自由端反射,形成卸载拉伸波,在 L_1 位置处与塑性加载波 P_p 发生内撞击,对塑性加载波进行迎面卸载。追赶卸载波 E_{p1} 和迎面卸载波 E_{p2} 将在与塑性加载波 P_p 发生内撞击的界面上再次反射,如此往复,直至将塑性加载波卸载为零。此外,两束相向传播的拉伸卸载波在 L_3 位置处相遇,会形成局部拉应力区,如果此拉伸应力超过材料的层裂强度,弹体就会发生层裂破坏。

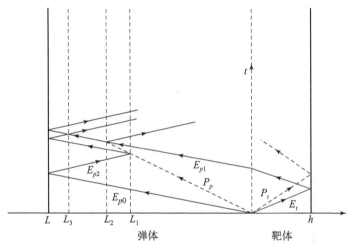

图 8.19　弹靶作用过程波系图

结合第 7 章中所讨论的 SHPB 试验结果,由上述讨论可知,当弹体内加载压缩波强度大于超高强度合金钢的动态压缩强度时,材料即发生剪切断裂,但由于弹体和靶体自由端反射形成的拉伸波会对加载压缩波进行迎面卸载和追赶卸载,弹体内加载压缩波强度小于依据冲击波基本关系式和 Hugoniot 关系式计算得到的弹靶撞击压力。此外,在弹体撞击速度一定的条件下,弹靶相对厚度越大,即靶体厚度越小,靶体自由面反射回来的追赶卸载波将越早对加载压缩波进行卸载,因此,超高强度合金钢弹体的临界断裂速度阈值随弹靶相对厚度的增大而增大。在弹体发生初始剪切断裂后,若卸载拉伸波在弹体内相遇发生内撞击,弹体将同时发生拉伸断裂。由于卸载拉伸波与加载压缩波发生内撞击的次数和位置与撞击速度、弹靶相对厚度等因素有关,并且弹体发生初始剪切断裂的长度随加载波传播距离的增加而增大,弹体边破碎边侵彻,弹靶相对厚度随时间的变化而变化,故很难定量建立以撞击速度/压力和弹靶相对厚度为自变量的弹体剩余质量分数数值分析模型,故本研究仅从理论上定性分析撞击速度和弹靶相对厚度对弹体剩余质量分数的影响规律，基于侵彻试验结果拟合得到弹体剩余质量分数经验公式。

由图 8.15 和图 8.18 可见，在 40 g 超高强度合金钢平头圆柱弹体撞击中厚靶体时，当撞击速度大于 1 283 m/s 时，对应撞击压力高于 21.25 GPa 时，弹体剩余质量分数和剩余长度显著下降，发生了严重的质量侵蚀；当撞击速度大于 1 740 m/s 时，弹体彻底发生断裂破碎，同时，回收弹体头部和靶孔中可见蓝脆区域，表明弹靶作用过程中产生了较高的温升。结合第 3 章中讨论得到的超高强度合金钢可逆 α→ε 相变临界压力阈值和特性，推测相变伴随的显著的热效应和体积收缩效应导致弹体出现了质量侵蚀，塑性下降，更容易发生脆性断裂。

由表 8.7 和图 8.20 可见，由于高速撞击下超高强度合金钢发生严重的质量侵蚀，30 g 弹体以 2 010 m/s 的速度无法贯穿 35 mm 厚靶体；当弹体质量增加到 40 g 时，在 1 760 m/s 的撞击速度下，弹体即可贯穿靶体。上述发现表明，当弹体撞击压力小于临界相变压力时，可通过增加弹体撞击速度来增强弹体的侵彻能力；当弹体撞击压力高于临界相变压力时，由于相变过程中的急剧温升，使弹体出现严重的质量侵蚀，除增加弹体撞击速度外，同时需要增加弹体质量以提高其侵彻能力。

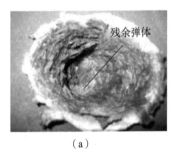
(a)

(b1)
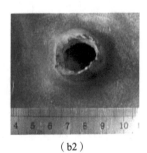
(b2)

图 8.20　35CrMnSiA 钢弹体对弹靶相对厚度为 1.14 靶体的高速侵彻试验结果
(a) 撞击速度：2 010 m/s；(b1) 撞击速度：1 760 m/s 正面；(b2) 撞击速度：1 760 m/s 背面

8.6　小结

通过经过热处理的超高强度合金钢 35CrMnSiA 弹体对典型低碳合金钢防弹板 10CrNiMo、22SiMnTi 及 Q235A 的侵彻试验，研究了低碳合金钢力学性能与抗弹性能之间的联系及失效主控参量；并通过对回收 35CrMnSiA 钢弹体进行分析，归纳得到了其损伤演化规律，获得的主要研究结论如下：

①由铁素体和珠光体组成的 Q235A 和由回火索氏体组成的 10CrNiMo 钢具有良好的塑性，在弹体高速冲击作用下，Q235A 和 10CrNiMo 钢板的破坏分为塑性流动和剪切冲塞两个阶段，其失效主控参量为材料的动态压缩屈服强度和动态剪切强度；由板条马氏体组成的高强度、高硬度 22SiMnTi 钢在弹体高速冲击下发生绝热剪切破坏，其失效主控参量为材料的动态剪切强度；10CrNiMo 钢由于具有优异的综合力学性能（塑性+强度），表现出最佳的抗 35CrMnSiA 钢平头圆柱弹体高速侵彻性能。

②针对低碳合金钢 10CrNiMo 靶体，通过对回收 35CrMnSiA 钢弹体剩余质量进行分析计算，掌握了 35CrMnSiA 钢弹体剩余质量分数随撞击速度和弹靶相对厚度的变化规律，确立了以撞击速度和弹靶相对厚度为自变量的弹体剩余质量分数计算公式。

③应用应力波理论对弹靶作用过程进行分析，揭示了与超高强度合金钢弹体剪切断裂，拉、剪联合断裂，侵蚀断裂破碎 3 种失效模式相对应的失效机理，掌握了超高强度合金钢弹体损伤演化规律：考虑追赶卸载波和迎面卸载波对加载压缩波的影响，当弹体局部内应力超过材料的动态剪切屈服强度时，弹体发生绝热剪切破坏，宏观表现为剪切断裂；当卸载波在弹体内发生内撞击时，弹体发生层裂破坏，宏观表现为拉、剪联合断裂；当弹体撞击压力高于临界相变压力时，弹体发生严重的质量侵蚀，宏观表现为剩余弹体质量和长度显著减小及更高撞击压力作用下的彻底断裂破碎。

④当超高强度合金钢弹体撞击压力小于临界相变压力时，可通过增加弹体撞击速度来增强弹体的侵彻能力；当弹体撞击压力高于临界相变压力时，由于相变过程中的急剧温升，使弹体出现严重的质量侵蚀，除增加弹体撞击速度外，同时需要增加弹体质量，以提高其侵彻能力。

第 9 章
破片对柱面薄壳装药的引爆/引燃

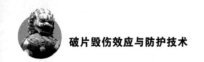

9.1 引言

通过破片撞击引爆/引燃战斗部致使导弹整体结构解体是反导武器的理想方法和手段。因此，通过柱面带壳装药破片撞击响应特征研究，获得特定弹、靶作用条件下装药快速响应规律和引爆/引燃判据是长期以来国内外研究的热点问题[327-332]，研究结果可为反导毁伤元的设计与优化提供技术支撑，具有广泛的应用价值和重要的现实意义。另外，带壳装药的破片撞击引爆/引燃过程中蕴含了多种物理效应、化学反应及相互之间的耦合，问题的深入具有重要的理论意义。

带壳装药的撞击引爆/引燃研究源于20世纪60年代，皮克汀尼兵工厂[330]出于反导弹药研究的需要，根据试验拟合了带壳装药撞击引爆的解析表达式，该式的物理含义虽不是十分清楚，但现今仍具有一定的应用价值。不久后，Walker和Wasley[333]（1969、1970）提出的冲击能量引爆判据成为该问题研究的理论基础。此后的若干年内，冲击波强度及结构、壳体力学性能及厚度、装药类型及结构等因素对带壳装药冲击引爆/引燃影响规律的试验研究结果被大量报道；Roslund等[101]（1975）通过试验发现，带壳装药的引爆速度阈值随盖板厚度变化近似呈线性分布；据此，Jacobs[102]（1979）考虑撞击体头部形状影响提出了沿用至今的Jacob公式。同年，Frey[103]（1979）发现带壳装药的引爆速度阈值可能低于冲击波理论计算的预期，提出了带壳装药剪切引爆理论；此后，Howe[104]（1985）、Cook[105]（1989）、Chou[106-108]（1990、1991）及方青[109]（1997）等对壳体塞块的剪切引爆效应进行了研究，揭示出塞块撞击下装药中剪切带的形成及起爆机理，发展了带壳装药剪切起爆理论。同一时期，L. Green[334]（1982）考虑到壳体内冲击波波阵面侧向稀疏波的影响，提出小直径柱形弹丸撞击引爆带壳装药速度阈值的计算方法，推动了带壳装药冲击波起爆理论的进一步深化。

20世纪90年代后期报道的大量试验及理论研究仍围绕不同撞击条件下平面厚钢板屏蔽装药反应成长机制及影响因素进行；此时，撞击条件下装药的XDT或迟滞爆轰行为因重要的现实意义引起了研究者的浓厚兴趣和广泛关注，但以隔板试验和拉氏计算法[335]为主的试验方法和分析技术已难以支撑问题研究的继续深入，有待于革命性的发展，数值模拟虽为问题的研究注入了新的活力，但总是受制于理论分析方法层面的发展，只能作为辅助手段揭示弹靶作用过程的细节。

进入21世纪后，轻量化、小型化高效毁伤弹药的军事需求带动了薄壳装药战斗部的广泛应用，高速破片对薄壳装药的冲击引爆/引燃判据研究的报道开始出现，但主要以数值模拟为主[336]，缺少必要的试验验证，柱面薄壳装药在高速破片撞击下爆炸/燃烧响应特征的详尽描述也未见报道，破片引爆/引燃柱面薄壳装药的针对性理论分析缺乏必要的试验数据支持。

本章通过试验，研究了薄铝壳、钢壳装药在钢破片撞击下的响应特征，分析了柱面薄壳装药撞击引爆/引燃机制及相关性，揭示出装药响应特征与弹靶作用条件的因果关系，建立了柱面薄壳装药破片撞击引爆/引燃判据的表征方法。

9.2 柱面薄壳装药的破片撞击试验

屏蔽装药的弹体/破片撞击引爆试验研究多年来一直未停止过。方青[109]（1997）、D. Malcolm[337]（2001）、洪建华[338]（2003）、黄静[339]（2004）和黄风雷[340]（2004）等均针对平面盖板装药进行了冲击起爆的机理研究。但实际战斗条件下，导弹战斗部为柱面结构，纯机理研究获得的起爆判据形式难以在工程上进行运用。因此，本节首先进行柱面薄壳装药的破片撞击的系统试验研究。

9.2.1 试验系统及方法

9.2.1.1 弹、靶结构

1. 破片结构

反导用杀伤弹药通常采用方形预制/半预制破片结构,对于反坦克导弹类薄壳装药结构,参考马晓飞[341,342](2009,2010)的试验方法,设计等截面积圆柱形破片结构进行试验。选用 45 钢为破片材料,破片具体结构参数列于表 9.1 中。

表 9.1 试验用破片结构

材料类型	牌号	密度/(kg·m^{-3})	形状	结构尺寸/(mm×mm)	理想质量/g
钢	45	7.83	圆柱形	$\phi 5.6 \times 5.3$	1.00

2. 靶标结构

装药量的多少及周围约束条件对装药起爆/起燃成长过程具有不可忽视影响。圆柱形战斗部结构沿径向不同位置处装药厚度不同,破片高速冲击下化学反应初期成长过程也有所差别。虽然多数情况下装药的化学反应最终仍可发展为定常爆轰行为,但因装药厚度有限,致使装药化学反应减弱或终止的情况也多有发生。因此,突出装药燃烧、爆炸等响应的初期现象,兼顾试验的可操作性和安全性,选用小当量柱面结构模拟战斗部装药,进行试验用靶标结构设计。

试验用装药靶标结构形状为:$\phi 80 \text{ mm} \times 80 \text{ mm}$ 圆柱体 1/4,圆柱曲面为靶标正面,装药外为 3 mm 厚壳体,壳体材料为 2024-T4 铝和 35CrMnSi 钢(未热处理);装药背面为 4 mm 厚验证板,验证板材料为 45 钢,在装药和验证板之间夹一层厚衬纸,以检验装药是否发生燃烧反应,装药两端为 5 mm 厚端盖,端盖材料为 2024-T4 铝,整个靶标共分为 5 个部分,通过 $\phi 6$ mm 螺栓螺母将其连为一体,具体结构如图 9.1 所示。因撞击条件下炸药的快速反应与否和撞击感度相关,为了增加试验结果的适用范围,模拟战斗部靶标装药材料选用冲击感度相对较低的 Comp. B(RDX/TNT=60/40)炸药[343],装药方式选为注装。所设计试验靶标的具体结构及装药参数列于表 9.2 中。

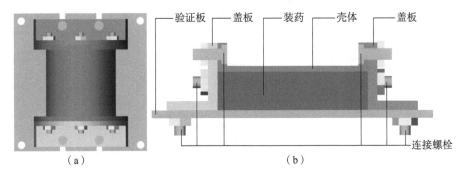

图 9.1 模拟战斗部靶标结构

(a) 靶标结构正视图;(b) 靶标结构剖面图

表 9.2 靶标装药及结构参数

装药形状	轴向 1/4 圆柱冠端	壳体材料	2A12-T4 铝/35CrMnSi 钢
装药尺寸/(mm×mm)	$\phi 80 \times 80$ (1/4)	壳体厚度/mm	3
装药材料	B 炸药(RDX/TNT:60/40)	验证板厚度/mm	4
装药密度/(g·cm^{-3})	1.68	验证板材料	45 钢
装药质量/g	132.0	端盖厚度/mm	5
装填方式	注装	端盖材料	45 钢

9.2.1.2 试验布置

破片撞击柱面薄壳装药靶标的试验布置与 6.3.1.1 节的相似。试验中因圆柱形破片空中飞行过程中易发生翻滚,在不影响测试的前提下,尽可能缩短弹道枪枪口距靶架中心的距离,本试验设置枪口距靶架距离为 3.0 m。在垂直于靶架一侧 10 m 外的掩体内放置高速录像仪(型号:FASTCAM SA4)一台,用于捕获靶标的爆炸/燃烧响应现象。试验布置示意如图 9.2 所示。试验用破片及悬挂靶标如图 9.3 所示。

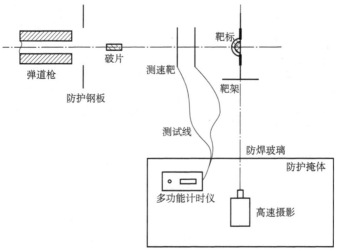

图9.2 试验布置示意

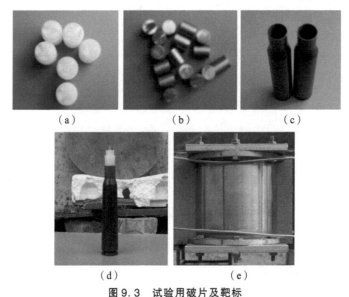

图9.3 试验用破片及靶标

(a) 弹托；(b) 破片；(c) 12.7 mm 药筒；(d) 全弹整装；(e) 靶标

9.2.1.3 试验方法

进行圆柱形钢质破片对（2024 - T4 铝、35CrMnSi 钢（未热处理））两种材质壳体靶标的撞击试验。试验中，破片的着靶速度分（1 000 ± 25） m/s、（1 250 ± 25） m/s 和（1 500 ± 25） m/s 这3组。每种壳体材料靶标、每组着靶速度各获得5发有效试验数据，共需 2 × 3 × 5 = 30 发有效试验数据。通过观察破片撞击过程高速录像图片及破片撞击后的靶标状态、装药残渣和验证板破坏情况，综合判定壳内装药是否发生反应和反应形式。参考马晓飞[343]（2009）和于宪峰[344]（1997）试验研究中装药响应分类方法，采用以下3种形式描述靶标的响应现象：

1. 机械响应（未燃/未爆）

①破片撞击过程中有少量白烟，无大量（黑色）烟雾，火光较弱且时间较短，无爆炸声响。

②破片撞击后，壳体发生机械性穿孔破坏，钢质壳体和验证板均无整体性变形弯曲或断裂破坏，铝质壳体无整体性破碎。

③炸药整体破碎，沿着壳体开裂，缝隙有喷溅现象，但均成淡黄色，未发生任何燃烧反应迹象。

2. 燃烧/局部爆炸响应

①破片撞击过程中，可观测到大量（黑色）烟雾，伴随大范围的（红色）火光和一定的爆炸声响。

②破片撞击后，壳体被穿透，仍表现为机械性穿孔破坏，壳体或验证板散落在靶标附近的地面上，有整体性变形弯曲或断裂破坏。

③炸药破碎，在某些炸药碎块上可观察到发生过燃烧反应的灰褐色痕迹，衬纸有烧蚀痕迹，壳体有被熏黑迹象。

3. 整体爆炸响应

①破片撞击过程中，伴随（白炙色）剧烈火光的大量（黑色）浓烟，能听到巨大的爆炸声响。

②破片撞击后，壳体及验证板整体破碎，靶标附近地面无任何壳体残体，靶标上螺丝等部件散落在很远处。

③地面上无任何散落的炸药残渣。

9.2.2 试验及结果

试验针对 $\phi 5.6 \text{ mm} \times 5.3 \text{ mm}$ 圆柱形45钢破片；2A12-T4铝壳和35CrMnSi钢壳两种靶标；$(1\,000 \pm 25)$ m/s、$(1\,250 \pm 25)$ m/s 和 $(1\,500 \pm 25)$ m/s 3组着靶速度，共进行试验42发，获得有效数据30发。逐发试验、测试，记录试验结果，列于表9.3中，靶标在破片撞击下典型破坏现象列于表9.4中。

表9.3 钢破片冲击靶标试验结果

破片材料	壳体材料	着靶速度 /(m·s^{-1})	装药响应状态发数/总试验发数		
			机械响应	燃烧或局部爆炸	整体爆炸响应
45钢	2A12-T4铝	1 000±25	5/5	0/5	0/5
		1 250±25	5/5	0/5	0/5
		1 500±25	1/5	3/5	1/5
	35CrMnSi钢	1 000±25	5/5	0/5	0/5
		1 250±25	5/5	0/5	0/5
		1 500±25	3/5	2/5	0/5

表9.4 靶标典型破坏现象

破片材质	壳体材质	着靶速度 /(m·s^{-1})	状态描述	靶标破坏情况
45钢	2024-T4	1 021.32	机械响应	
		1 248.65	机械响应	
		1 512.31	整体爆炸	

续表

破片材质	壳体材质	着靶速度/(m·s⁻¹)	状态描述	靶标破坏情况
45钢	35CrMnSi	997.47	机械响应	
		1 267.13	燃烧/局部爆炸	
		1 486.53	燃烧/局部爆炸	

9.2.3 靶标内受损炸药的微观观察

本试验中,无论何种材质壳体靶标,破片以(1 000 ± 25) m/s 的着靶速度撞击时,均不能引爆/引燃靶标。此条件下,靶标的柱面上出现明显机械穿孔特征,靶标内装药在破片的撞击作用下发生破碎,并沿穿孔和靶标破裂处喷溅而出,弥散在空气中形成大范围的白色烟雾。继续提高破片着靶速度,柱面靶标的机械穿孔特征更加明显,2A12-T4 铝材质壳体发生破裂,壳体内装药严重破碎并喷溅而出;35CrMnSi 钢材质壳体只有穿孔,并未破裂,壳体内装药严重破碎,穿孔周围炸药呈黑褐色已燃烧特征。

取壳体穿孔周围发生破碎、燃烧过的炸药和未受损炸药一并进行扫描电镜(SEM)微观观察,结果列于表 9.5 中。未受损伤装药微结构表面分布有少量微孔洞和 1~20 μm 粒度的微颗粒,无微裂纹,平整光滑,熔融冷凝的注装特征明显。受撞击发生破碎的炸药表面分布有大量长短不一的微裂纹,断裂特征明显,局部有冲蚀痕迹。燃烧过的炸药表面有大量微颗粒和冲蚀痕迹,几微米至几十微米的气穴非均匀分布于表面,熔化再凝固特征明显。

表 9.5 损伤装药的微观观察结果

炸药来源	着靶速度 /(m·s^{-1})	装药形貌	微观观察结果 ×500	微观观察结果 ×1 000/×800
原炸药	0.0			
穿孔附近已破碎炸药（铝壳）				
穿孔附近已燃烧炸药（钢壳）				

破片对靶标的高速侵彻中,炸药发生熔化或燃烧均源于局部温度的升高。温升程度不同,产生的结果大相径庭。引起炸药温升的能量来自两个方面:

①撞击冲击波激发的炸药放热反应;
②破片及破碎壳体的机械效应。

无论哪个方面,均起源于破片的高速侵彻。另外,破片高速撞击的同时,在装药内部产生大量的微裂纹,更为严重的表现是装药的破碎,若壳体约束较弱,破碎的装药在边界反射生成的拉伸波作用下喷溅而出;若壳体约束较强,破碎装药在后续的高温氛围中发生熔化或燃烧,此时燃烧波在破碎的装药内传播。

9.2.4 讨论

破片撞击下,带壳装药响应特征试验研究早有报道,于宪峰[344](1997)通过试验后残存靶标的观察,将柱面钢壳装药的响应现象分为无反应、半爆和完全爆炸3种;马晓飞[343](2009)结合录像和试验后靶标的观察,将柱面薄铝壳装药的响应现象分为无快速反应、局部爆燃、爆燃和半爆、爆轰4种。高速录像可获得靶标在破片撞击下微秒尺度响应过程的连续图片,如图9.4和图9.5所示。

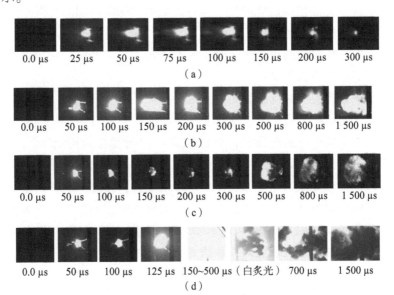

图9.4 柱面薄铝壳装药靶标的破片冲击响应特征
(a)机械撞击响应(45钢破片,2A12-T4铝壳体,着靶速度:1 012 m/s);
(b)燃烧响应(45钢破片,2A12-T4铝壳体,着靶速度:1 278 m/s);
(c)局部爆炸响应(45钢破片,2A12-T4铝壳体,着靶速度:1 314 m/s);
(d)整体爆炸响应(45钢破片,2A12-T4铝壳体,着靶速度:1 612 m/s)

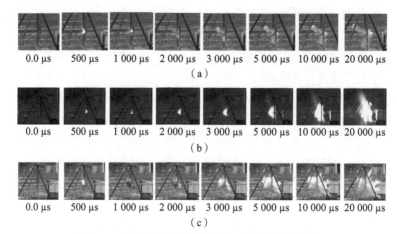

图 9.5 柱面薄钢壳装药靶标的破片冲击响应特征

(a) 机械撞击响应（45 钢破片，35CrMnSi 钢壳体，着靶速度：1 313 m/s）;
(b) 燃烧响应（45 钢破片，35CrMnSi 钢壳体，着靶速度：1 589 m/s）；
(c) 局部爆炸响应（45 钢破片，35CrMnSi 钢壳体，着靶速度：1 613 m/s）

图 9.4 中，柱面薄铝壳靶标在钢破片撞击下的响应现象可分为瞬间闪光的机械撞击响应、无黑烟的燃烧响应、伴有黑烟的局部爆炸和白炙火光的整体爆炸响应共 4 种，如图 9.4 所示。

图 9.5 中，柱面薄钢壳靶标在钢破片的撞击下，装药响应现象基本也为 4 种，但与铝壳略有不同的是：

① 薄钢壳装药的机械响应时间长于铝壳；

② 白炙火光的整体爆炸响应特征在试验中始终都未出现，如图 9.5 所示。

另外，无论是铝壳还是钢壳，燃烧和爆炸的出现总是随机的，并相互伴随，难以区分。试验中破片对柱面靶标的着靶位置是随机的，同样，弹靶作用条件下，破片撞击处装药厚度因柱面结构存在差异。因此，燃烧、爆炸两种化学反应形式中的只发生一种或两种同时发生均有可能。图 9.4 和图 9.5 中，图 9.4 (b) 和图 9.5 (b)、图 9.4 (c) 和图 9.5 (c) 的弹靶作用条件几乎相同，但装药的响应却分别表现为红色火光的燃烧特征和黑色烟雾的爆炸特征。导弹战斗部同样为柱面结构，破片随机着靶处装药厚度的情况也必然存在，装药的燃烧、爆炸反应形式总是随机发生或两者同时出现。

战斗部装药的破片撞击响应特征可分为机械响应和引爆/引燃响应两种，燃烧和爆炸在实战中彼此是难以区分的。当然，破片初始撞击动能的增加，必然提高装药内冲击波的强度或破片、壳体碎块等机械作用的强度，同约束条件下装药发生爆炸的概率也将提高。但无论发生燃烧还是爆炸反应，当反应的成长速率过慢时，破片撞击初期壳体内部装药结构破裂或破碎损伤的发生概率较大。试验中，表现为破片撞击后破碎的炸药粉末喷溅而出，在空气中形成弥漫的烟雾，或被引燃，形成大面积的瞬间火焰，如图 9.6 所示。

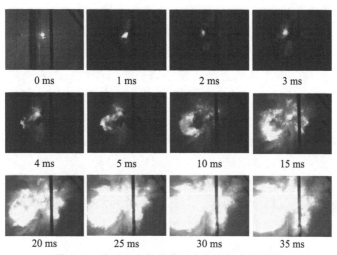

图 9.6　喷溅而出的炸药粉末在空气中被引燃

（45 钢破片，35CrMnSi 钢壳体，着靶速度：1 589 m/s）

综上所述，战斗部装药的破片撞击响应是一个结构破碎、材料反应等多事件构成的动态随机过程，过程中装药的响应特征同时受到壳体约束条件及温度、气压等环境氛围的影响。现阶段理想的理论模型难以对该过程进行描述，试验是获得破片引爆/引燃战斗部装药的有效途径，也只有试验结果才最具有说服力。而柱面结构装药在破片撞击下快速反应的发展过程是复杂的，燃烧或爆炸反应的出现是随机的，破片对导弹战斗部撞击引爆/引燃的战技指标可通过概率的形式予以表征。

9.3　柱面薄壳装药破片撞击引爆/引燃机制

9.3.1　壳体屏蔽装药的撞击引爆/引燃机制

破片撞击下，作用于壳体屏蔽炸药的载荷主要包括经壳体入射的初始冲击波载荷，贯穿壳体的破片及破碎壳体的撞击、摩擦等机械载荷。不论是冲击波载荷还是机械载荷作用于内含（气泡、空穴、杂质等）密度不连续的非均相炸药，炸药发生响应的本质均属于热点起爆机理[345-347]。热点起爆过程表现为：冲击波或机械载荷作用下，炸药内在空穴或气泡绝热压缩（气体的比热比炸药晶体的比热小，所以被压缩的气泡温度较晶体的高）出现温度高达数百度乃至千度量级的起爆中心，即所谓的热点，从而激发热点附近的炸药晶粒发生化学反应，更多的能量释放出来，以热点为中心迅速向外扩展，当系统内热产生大于表面散发的热量时，系统失去平衡，温度急剧上升，导致宏观上爆炸/燃烧现象发生。但因装药直径、装药破裂等结构特征因素使炸药反应过程或能量释放受阻，单位体积内释放能量小于表面散发热量时，系统内热平衡也将被破坏，温度下降导致熄爆/熄燃。

目前，凝聚炸药在撞击作用下局部形成高温热点，激发附近炸药发生化学反应，并向四周辐射发展成快速化学反应的过程是大家所公认的。但问题在于，热点的形成及发展成快速反应的条件总是难以获得的，已有判据（$p^2\tau = c$）的物理意义仍难以科学地解释。方青[109]（1997）就平头弹体对平面厚盖板装药的撞击引爆进行了试验和数值仿真研究，认为钢弹丸撞击带厚钢壳的Comp. B 炸药（TNT/RDX = 40/60）冲击波引爆是主控因素，但对于更厚的壳体，初始冲击波在金属盖板中传播过程中，由于侧向稀疏波的影响，最终初始冲击波变成了发散冲击波，发散冲击波在壳体内衰减很快，厚壳屏蔽装药引爆能力显著下降，若弹体能贯穿壳体，壳体的冲塞效应明显，宏观剪切对炸药的引爆同样会起重要的作用，也验证了 P. C. Chou[351]（1991）的数值模拟研究。对于薄壳屏蔽装药，冲击波在壳体内传播距离有限，侧向稀疏的影响不再显著，冲击波效应主控引发装药快速反应总是易于得到研究者[348,349]的认同。但壳体厚度的减小令冲击波强度受侧向稀疏影响变小的同时，破片对壳体的贯穿也必然更加容易和快速，剪切、摩擦等机械效应也同样是不可忽视的。破片着靶速度很高时，破片撞击壳体后在炸药中形成的冲击波具有足够高的峰值压力和足够宽的时间脉冲，且炸药结构特征具备了起爆深度所需的厚度，足以引起炸药的快速反应；若破片着靶速度或炸药厚度（起爆深度）有限，冲击波不足以完全引发装药快速反应，破片贯穿壳体后，与炸药摩擦、剪切等机械作用也极易引起炸药发生化学反应。通常试验中，引爆/引燃薄壳装药所需的破片速度要低于冲击波引爆的理论计算值[338]也可以通过破片摩擦等机械效应的存在而获得合理的解释。

综上所述，壳体屏蔽装药在破片撞击下发生爆炸/燃烧反应受控于冲击波和机械效应两种机制，但哪种机制起主控作用与弹靶作用条件及破片着靶位置的装药厚度相关，装药的快速反应以燃烧或爆炸何种形式进行是与热点形成处的约束条件和环境氛围相关的，实际战斗中是一随机事件。但破片着速越高、壳体越薄、着靶处装药越厚、距边界越远，破片撞靶产生的前驱冲击波效应引发装药快速反应的概率越高，装药发生爆炸反应形式的概率也将越高；反之，装药发生燃烧反应形式的概率势必较高。

9.3.2 柱面薄壳装药破片撞击引爆数值模拟

破片撞击引爆/引燃柱面薄壳装药的试验研究虽可获得装药快速反应阈值和宏观响应特征。但对于高温、高压、高速、多相的冲击引爆/引燃，瞬间反应过程的实时捕获是困难的，即使采用高速扫描照相、拉氏探针或 VISAR、电磁粒子速度计等先进的试验技术[350]，直接观察或测试带壳装药撞击引爆/引燃成长过程及过程中各物理量的变化规律也是有难度的。长期以来，带壳装药冲击起爆问题的研究者总是在不断地寻求新的方法来探索物理现象，辅助于理论分析。

9.3.2.1 炸药冲击起爆数值模拟研究概况

基于有限元、有限差分等计算方法的冲击反应动力学数值模拟技术，一方面使复杂数学模型的求解成为可能；另一方面，又可以观察到试验中无法观察的细节，弥补理论和试验研究的不足，是获得炸药冲击起爆判据的一种研究手段，是研究炸药冲击起爆过程中必不可少的工具，也是进行冲击起爆研究的一个重要方面。P. C. Chou[351]（1991）、李卫星[352]（1994）、David[327,353]（1992，1997）、F. Peugeot[354]（1998）、郑平刚[355]（2002）、Gu Zhuowei[356]（2004）、李芳[357]（2006）、陈海利[336]（2006）、D. Touati[358]（2007）、李会敏[359]（2008）、江增荣[349]（2009）、李小笠[360]（2009）、崔凯华[361]（2010）、刘学[362]（2010）、贾宪振[363,364]（2010、2011）、M. Lueck[365]（2011）等针对屏蔽装药的冲击起爆及影响规律进行了数值模拟研究，可见：数值模拟技术是破片撞击引爆装药过程描述和影响规律分析的有效手段，越来越被重视，并获得广泛应用。

但从已有数值模拟研究中也不难看出，因屏蔽炸药冲击点火及反应动力学机制尚未完全清楚，现阶段所采用的炸药点火和反应动力学模型均有缺陷，只停留在唯象模拟阶段，机械效应及与冲击波效应的共同作用在模拟中难以完全体现，且装药的冲击损伤无法有效表征，数值模拟尚难以实现装药快速反应阈值的精准预测，不过可对破片撞击产生冲击效应的引爆/引燃机制及判据的研究提供细节数据。

9.3.2.2 柱面薄壳装药破片撞击引爆数值模拟模型

常用于求解冲击、爆炸问题的数值模拟方法有两种，分别是有限差分法和有限元法。有限差分是精确问题的近似解，而有限元是近似问题的精确解，两种方法没有基本的数学差别，在某些情况下，有限元运动方程的离散形式等价于有限差分法的运动方法。因有限差分计算软件 AutoDyn 较有限元计算软件 Ls-Dyna 内含有多种材料的本构模型和物态方程，因此，本节采用有限差分计算程序 AutoDyn 进行柱面薄壳装药破片撞击引爆的数值模拟研究。

1. 数值模拟算法

通常，数值模拟分析中针对不同的问题和所关心的内容需要采用不同的算法进行分析求解。AutoDyn 软件提供了拉格朗日、欧拉、ALE（Arbitrary Lagrange-Euler）和 SPH（Smoothed Particle Hydrodynamics）4 种算法进行爆炸、冲击问题的数值模拟。拉格朗日算法以物质坐标为基础，多用于固体结构的应力/应变分析，能够非常精确地描述结构边界的运动。但当处理大变形问题时，由于算法本身的特点，将出现严重的网格畸变现象，使计算难以进行下去。欧拉算法以空间坐标为基础，将网格和所分析的物质结构相互独立，有效解决了网格畸变的问题，但难以准确描述物质界面。ALE 算法兼顾了拉格朗日算法和欧拉算法二者的特长，材料边界是拉格朗日，内部单元可以是拉格朗日、欧拉或者其他指定的运动方式来自动重分网格，等同于拉格朗日加内部节点重新分布，与拉格朗日算法一样，变形材料会发生网格畸变。SPH 算法用相互作用的粒子（插值点）离散求解域，是一项求解连续介质动力学问题相对较新的技术，通过用于高速和超高速碰撞分析，彻底解决了拉格朗日算法中的网格畸变问题，但求解代价比拉格朗日算法高，通常与拉格朗日算法结合使用[366]。

针对上述常用数值模拟算法，李会敏[359]（2008）通过研究指出，数值模拟采用的算法不同，对计算结果中的引爆速度阈值的影响较小，但对压力峰值的影响较大，采用拉格朗日算法和 ALE 算法的计算结果非常接近，引爆速度阈值与试验值的误差均为 5% 左右，模拟获得的炸药反应压力峰值接近于 C-J 爆轰压力。本节进行柱面薄壳装药破片冲击引爆数值模拟的目的是获得破片撞击冲击波效应引爆过程中屏蔽装药内热点形成及压力传播规律，为相关柱面薄壳装药破片撞击引爆/引燃判据分析方法的研究提供支持。因此，采用能够精确描述破片、壳体、炸药等介质边界运动的拉格朗日算法进行数值模拟工作，但因炸药起爆后网格畸变较大，模拟分析时间通常不超过 10 μs，这对于基于冲击波效应的装药引爆已足够了。

2. 几何模型及离散化

根据上述试验中靶标和破片的结构，选用 "cm-μs-g-Mbar" 单位制，

第9章 破片对柱面薄壳装药的引爆/引燃

通过 TrueGrid 建立数值模拟所需的几何模型并离散化后导入 AutoDyn 程序中，模拟模型在能客观反映问题本质的基础上采用垂直于中心轴截面对称的 1/2 结构，以减少网格单元数量，节省计算时间。整个模拟模型由破片、壳体、炸药、验证板、端盖五部分组成，如图 9.7 所示。离散化模型共 304 611 个节点，294 000 个单元，如图 9.8 所示。

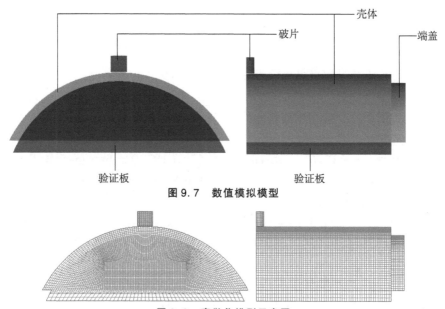

图 9.7　数值模拟模型

图 9.8　离散化模型示意图

另外，在炸药有限元模型中，沿破片侵入方向，从炸药与壳体接触面开始，每隔 25 mm 设置一个测试点，共设置 9 个观测点，用于记录炸药压力、反应度随时间的变化历程，如图 9.9 所示。

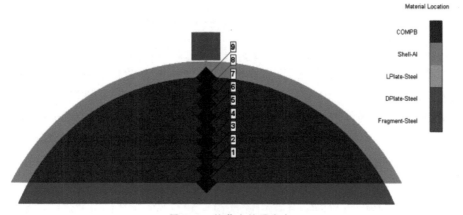

图 9.9　炸药中的观察点

345

3. 材料本构模型及物态方程

根据研究所关心的破片撞击产生冲击波效应引爆过程中屏蔽装药内热点形成及压力传播问题，选择合适的本构模型和物态方程来描述炸药、壳体、破片、验证板、端盖这五部分。材料如下：

（1）炸药及爆轰产物的本构关系

炸药和爆轰产物的本构关系主要包括两方面的内容：一是反应率方程，一是炸药及产物的状态方程。

凝聚炸药的冲击波起爆和爆轰形成是快速、复杂的化学反应过程，而化学反应率方程是表征这一过程的数学函数，是冲击波起爆数学模型中的核心问题。直到目前，对于非均相炸药内热点形成及传播的宏观数学描述仍采用唯象的半经验形式。如考虑压力作用的 Arrhenius 模型[367]（1970）和双 Arrhenius 形式的模型[368]（1976）、Dremin 模型[369]（1977）、Батадова М В 模型（1980）、Forest - Fire 模型[370,371]（1976）、DAGMAR（Direct Analysis Generated - Modified Arrhenius Rate）模型[372]（1978）、Ignition and Growth 模型[373-375]（1980，1981，1985）、JTF 模型[376,377]（1985）、HVRB[378,379]（1992，1998）以及近年来的 Howe 模型[380]（2001）和 CREST 模型[381,382]（2006）等。上述反应速率函数中，Forest - Fire 模型和 Ignition and Growth 模型是现今最为常用的两种。Forest - Fire 模型是基于方波假定和唯一曲线形成原理建立的，即带化学反应的冲击波发展成为爆轰波是沿着距离、时间和状态空间中唯一的曲线进行的，反应浓度的一阶假定下，该反应速率只与冲击波压力有关。Ignition and Growth 模型是基于局部热点开始点火并以此向外增长的假设，最先是由 Lee 和 Tarver 在 Cochran 方程[383]（1979）的基础上提出的，因此又称为 Lee - Tarver 模型，它的最初形式由点火和成长两项组成，见式（9.1）。

$$\frac{d\lambda}{dt} = I(1-\lambda)^x \eta^y + G(1-\lambda)^x \lambda^y p^z \qquad (9.1)$$

式（9.1）中，第一项为点火项，引入了未反应炸药受冲击后的相对压缩度；第二项为生长项，通过燃烧表面积和燃烧压力效应控制反应的生长过程。利用此反应速率函数，对 PBX - 9404、TATB、PETN 和铸装 TNT 的冲击起爆问题进行模拟，结果与持续冲击脉冲的试验结果符合得很好，但是和短脉冲冲击起爆则偏差比较大。因此，Tarver 等人[375]（1985）又认为：炸药的冲击起爆至少要用三个阶段来描述，即热点的成核、生长、汇合过程，并将点火增长模型修改为三项，见式（9.2）。

$$\frac{d\lambda}{dt} = I(1-\lambda)^b\left(\frac{\rho}{\rho_0}-1-a\right)^x + G_1(1-\lambda)^c \lambda^d p^y + G_2(1-\lambda)^e \lambda^g p^z \qquad (9.2)$$

式（9.2）中，三项依次表示点火、成长和热点的连接。式中，λ 为炸药反应率，取值为 $0\sim1$；t 为时间；ρ 为密度；ρ_0 为初始密度；p 为压力；I、b、a、x、G_1、c、d、y、G_2、e、g 和 z 为 12 个未知参数，其中，a 为临界压缩度，用来限定点火界限；y 为燃烧项压力指数，反映爆燃过程；b、c 为点火和燃烧项的燃耗阶数，表示向内的球形颗粒燃烧；I 和 x 控制了点火热点的数量，点火项是冲击波强度和压力持续时间的函数；G_1 和 d 控制了点火后热点早期的反应生长；G_2 和 z 确定了高压下反应速率；p^z 项代表层流燃烧率对压力的依赖；λ_{igmax}、λ_{G1max}、λ_{G2min} 为计算时 λ 的三个设定值，使三项中的每一项在合适的 λ 时开始或截断。当 $\lambda>\lambda_{igmax}$ 时，点火项取为零；当 $\lambda>\lambda_{G1max}$ 时，燃烧项取为零；当 $\lambda<\lambda_{G2min}$ 时，热点的连接项取为零。

本节针对破片撞击柱面带壳装药产生冲击波效应引爆壳内装药过程中，装药内热点形成及压力传播进行数值模拟。因此，选用可反映炸药点火和成长过程的 Lee-Tarver 三项反应速率模型描述屏蔽 Comp.B 炸药在破片冲击下的反应成长过程。炸药的 Lee-Tarver 三项反应速率模型参数列于表 9.6 中。

表 9.6 Lee-Tarver 三项反应速率模型参数

$\rho_0/(\text{g}\cdot\text{cm}^{-3})$	$I/\mu\text{s}^{-1}$	b	a	x	G_1	c	d
1.68	44	0.222	0.01	4.0	414	0.222	0.667
y	G_2	e	g	z	λ_{igmax}	λ_{G1max}	λ_{G2min}
2.0	0.0	0.0	0.0	0.0	0.3	1.0	1.0

另外，对于未反应炸药和反应炸药气体产物的状态，用 JWL 状态方程来描述，其在任一状态下的压力可表示为：

$$p = A\left(1-\frac{\omega}{R_1 V}\right)e^{-R_1 V} + B\left(1-\frac{\omega}{R_2 V}\right)e^{-R_2 V} + \frac{\omega E}{V} \tag{9.3}$$

式中，p 为压力；V 为压力达到 p 时材料的体积除以未反应炸药的初始体积；E 为内能；A、B、R_1、R_2、ω 为常数，具体参数值见表 9.7。

表 9.7 炸药 JWL 状态模型参数

炸药状态	ω	A/Mbar	B/Mbar	R_1	R_2
未反应	0.8938	778.10	-0.0503	11.3	1.13
反应	0.34	5.242	0.07578	4.2	1.1

（2）壳体的本构关系

对于 35CrMnSi 钢，选用与第 3 章数值模拟中相同的材料模型参数予以描述，设置的材料模型参数见表 3.9。

2A12-T4 铝壳体在钢破片的高速撞击下会发生破碎、熔化膨胀等现象，因此，选用 Tillotson 状态方程[384]（1962）描述材料的凝聚态和膨胀态，选用 Steinberg 方程（1980）[170]描述材料强度，选用塑性应变值表征材料的失效（Failure）与侵蚀（Erosion）。设置的材料模型参数列于表 9.8 中。

表 9.8 2A12-T4 铝的材料模型及参数设置

状态方程（EOS）	Tillotson					
参数	B/Mbar	0.75	a	0.5	α	5.0
	A/Mbar	0.65	b	1.63	β	5.0
	$E_0/(\text{Terg}\cdot\text{g}^{-1})$	0.05	$E'_s/(\text{Terg}\cdot\text{g}^{-1})$	0.15	T_m/K	300
	$E_s/(\text{Terg}\cdot\text{g}^{-1})$	0.03	$c_p/[\text{Terg}\cdot(\text{g}\cdot\text{K})^{-1}]$	9.0×10^{-6}	—	—
强度模型	Steinberg					
参数	剪切模量/Mbar	0.276	硬化指数	0.12	dG/dP	1.864 7
	屈服应力/Mbar	0.003 05	硬化常数	125	dY/dP	0.016 95
	最大屈服应力/Mbar	0.004 7	融化温度/K	1 220	dG/dT /Mbar	-1.762×10^{-4}
失效模型	塑性应变：0.95		侵蚀模型		塑性应变：0.95	

（3）破片、验证板和端盖的本构关系

9.2.2 节的试验研究中，破片、验证板和端盖均采用 45 钢材料。对于该材料，仍选用 Linear 方程描述壳体材料的状态变化，选用强动载下常用的 Johnson Cook 方程[170]（1983）描述材料的强度，选用塑性应变值表征材料的失效（Failure）与侵蚀（Erosion）。设置的材料模型参数列于表 9.9 中。

9.3.2.3 柱面薄壳装药破片冲击起爆数值结果及分析

针对柱面薄钢壳和铝壳装药进行破片撞击引爆过程的数值模拟分析。模拟中，破片冲击速度按"低—高"次序，从 1 200 m/s 开始递增，每次递增 10 m/s。通过装药内能变化判断装药是否发生了快速自持反应[342]，如图 9.10 所示。当着靶速度提高到装药被引发快速自持反应时，将该速度记为引爆速度阈值，列于表 9.10 中。

表9.9 45钢的材料模型及参数设置

状态方程（EOS）	Linear			
参数	体积模量/Mbar	参考温度/K	$c_p/[\text{Terg}\cdot(\text{g}\cdot\text{K})^{-1}]$	—
	1.59	300	4.771×10^{-6}	—
强度模型	Johnson Cook			
参数	剪切模量/Mbar	0.77	硬化常数	0.004 340
	屈服应力/Mbar	0.004 96	热软化指数	0.804
	硬化常数	0.307	应变率常数	0.047
失效模型	塑性应变：1.3	侵蚀模型	塑性应变：1.30	

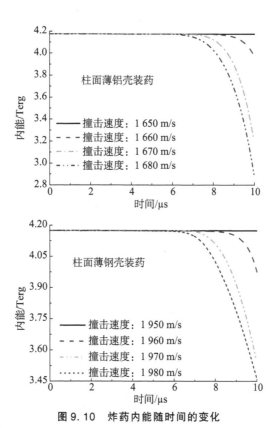

图9.10 炸药内能随时间的变化

表9.10 试验用靶标的破片撞击引爆模拟结果

破片材料	破片尺寸 /(mm × mm)	装药类型	壳体材料	壳体厚度 /mm	引爆速度阈值 /(m·s^{-1})
45 钢	ϕ5.6 × 5.3	Comp. B	2A12 - T4	3	1 650 ~ 1 660
	ϕ5.6 × 5.3	Comp. B	35CrMnSi	3	1 950 ~ 1 960

通过数值模拟获得炸药内各观察点压力随时间的变化规律示于图9.11中，不同时刻装药内压力及反应度分布特征列于表9.11中。

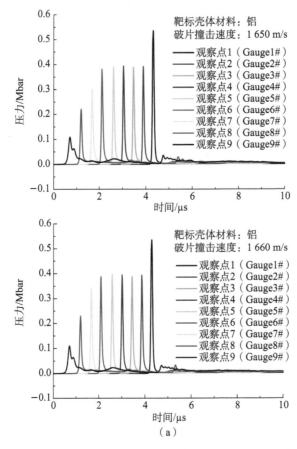

图 9.11 破片引爆速度阈值撞击下炸药内各观察点压力的变化
（a）铝壳装药（上：1 650 m/s，下 1 660 m/s）

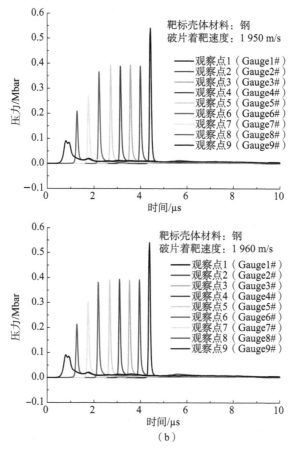

图 9.11　破片引爆速度阈值撞击下炸药内各观察点压力的变化（续）

（b）钢壳装药（上：1 950 m/s，下：1 960 m/s）

表 9.10 中，数值模拟获得引爆速度阈值均大于试验中装药引爆/引燃所需的破片着靶速度。可以判断：破片撞击产生的冲击波效应只有在较高的着靶速度下才是引发装药快速反应的主控机制。破片在低速着靶条件下，冲击波效应难以引发装药的快速反应，但壳体内炸药在冲击波效应产生的高压作用下内部应力很大，远远大于其断裂损伤的许用应力，如图 9.12 所示。表 9.5 中对未完全反应炸药的微观观察也验证了装药在破片高速撞击下损伤响应的存在。另外，初始冲击波压缩作用下，受冲击装药的局部区域内温度瞬间升高。

表 9.11 破片引爆速度阈值撞击下装药内压力及反应度分布特征

续表

壳体材料	撞击时间/μs	压力分布特征		反应度分布特征	
		未反应(1 950 m·s⁻¹)	反应(1 960 m·s⁻¹)	未反应(1 950 m·s⁻¹)	反应(1 960 m·s⁻¹)
35CrMnSi 钢	1.0				
	2.0				
	3.0				
	5.0				
	7.0				
	10.0				

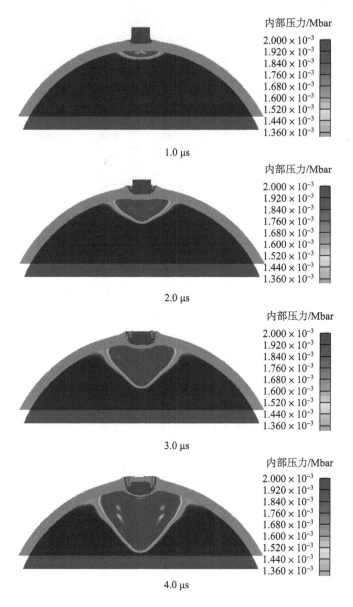

图 9.12　炸药在冲击波作用下的内部应力

（破片：φ5.6 mm×5.3 mm 钢，靶标：铝壳屏蔽装药，着靶速度：1 650 m/s，未引爆）

因此，贯穿壳体后的破片及壳体破碎块对装药的后续撞击、摩擦等作用，实质上是对温升后受损装药的机械作用，整个作用过程中，装药的动态断裂及温升特征对炸药的引爆敏感性具有重要影响，且摩擦、撞击形成热点及热点的成长与汇合异常复杂。目前尚无精确的理论模型予以描述，精确的数值模拟更无从谈起，是一个值得深入的研究课题。

图 9.11 和表 9.11 中，破片以引爆速度阈值为着靶速度撞击下，钢壳和铝壳装药内各观察点压力随时间的变化规律及不同时刻装药内压力及反应度分布特征基本一致。可见：对于冲击波效应的引爆过程，具有不同波阻抗属性的壳体材质影响了弹靶作用过程中的界面压力强度及冲击波在壳体内传播中的衰减，当到达炸药表面的冲击波强度及结构特征达到激发装药内热点形成及成长的条件时，炸药内形成热点，并不断成长。在模拟中，炸药本构关系的一致性也决定了热点产生、成长与汇合规律的一致性。这是图 9.11 和表 9.11 中破片着靶速度和壳体材料均不相同条件下，壳内装药内压力及反应度分布特征仍基本一致的原因所在。

因此，对于非均相炸药的冲击波效应起爆过程中，冲击波对装药的能量转化机制决定了起爆的着靶速度阈值，这也是非均质凝聚炸药冲击波效应起爆机理研究的核心问题。但炸药的冲击起爆是一个高速、高压、高应变率、微观尺度的能量转化过程，且瞬间产生的宏观响应具有大的破坏性。目前，热点的形成机理只能借助于简单的试验结果进行合理的推测，以发展相应的物理数学模型，已经形成了晶体形变形成热点模型[385]（1971）、空穴表面能转化模型[386]（1971）、气泡绝热压缩起爆模型[387]（1976）、空穴弹塑性坍塌模型[388]（1979）、气泡压缩炸药反应模型[389]（1982）和空穴剪切摩擦模型[390]（1982）等若干理论。

表 9.11 中，对于铝壳和钢壳装药，当破片着靶速度分别为 1 650 m/s 和 1 950 m/s 时，炸药的内能未发生明显的降低，观测点压力衰减至几个 GPa，甚至更低。当破片着靶速度分别为 1 660 m/s 和 1 960 m/s 时，装药发生稳定爆轰。

非均相炸药的起爆过程不仅仅是一个热点形成的过程，而且还包括热点的发展过程，直至形成稳定爆轰。Moulard H[390]（1979）提出从初始冲击波进入被发炸药到被发炸药发生稳定爆轰之间的距离叫作起爆深度（非稳定爆轰区域）。在起爆深度范围内，被引爆炸药的爆轰处于成长阶段，药柱内各点的冲击波压力和速度都是逐渐增长的，而装药的起爆深度值与入射冲击波强度结构及装药的冲击感度相关。在此，通过数值模拟获得了破片不同着靶速度下屏蔽装药内各观察点处压力和内能密度的变化史，示于图 9.13 和图 9.14 中。

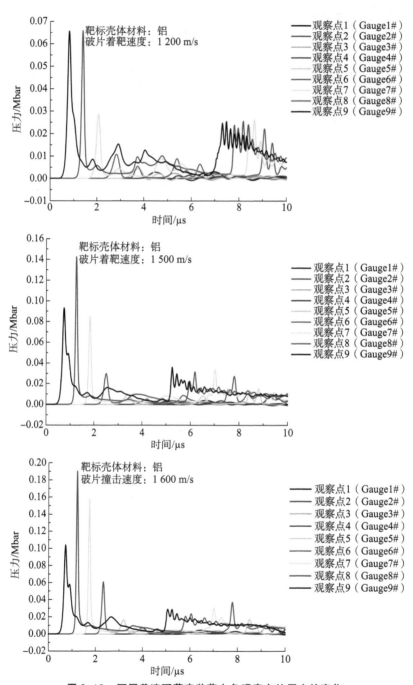

图 9.13 不同着速下薄壳装药内各观察点处压力的变化

(a) 铝壳屏蔽装药

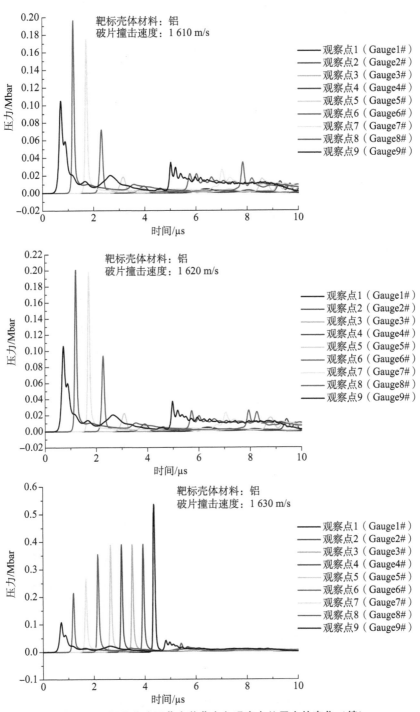

图 9.13　不同着速下薄壳装药内各观察点处压力的变化（续）

(a) 铝壳屏蔽装药（续）

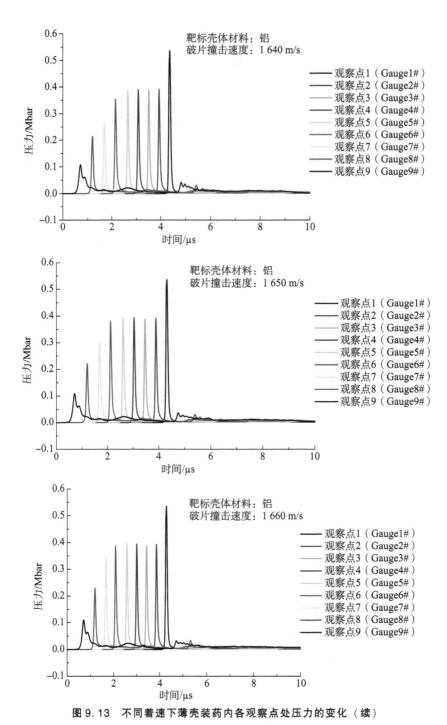

图 9.13　不同着速下薄壳装药内各观察点处压力的变化（续）

(a) 铝壳屏蔽装药（续）

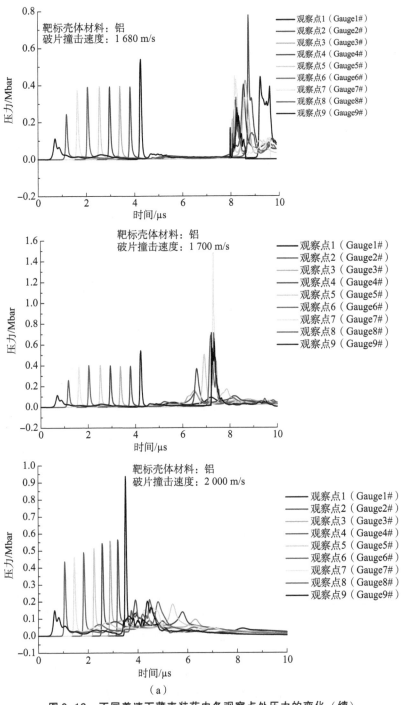

(a)

图 9.13 不同着速下薄壳装药内各观察点处压力的变化（续）

(a) 铝壳屏蔽装药（续）

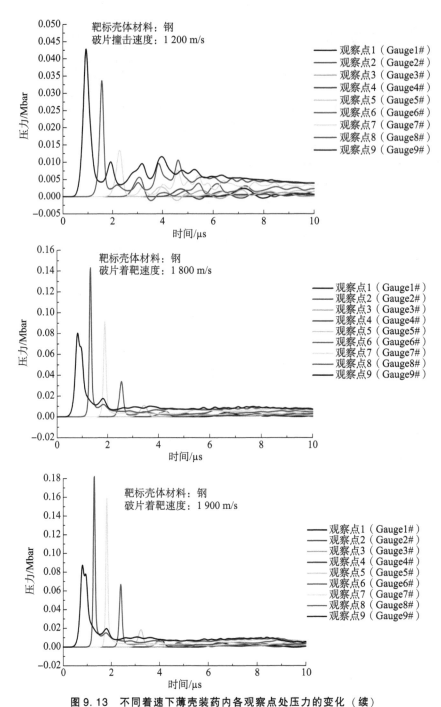

图 9.13 不同着速下薄壳装药内各观察点处压力的变化（续）

(b) 钢壳屏蔽装药

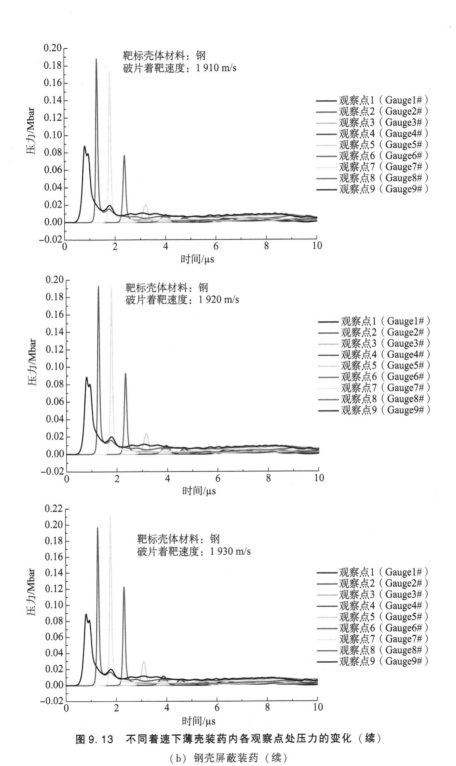

图 9.13　不同着速下薄壳装药内各观察点处压力的变化（续）

(b) 钢壳屏蔽装药（续）

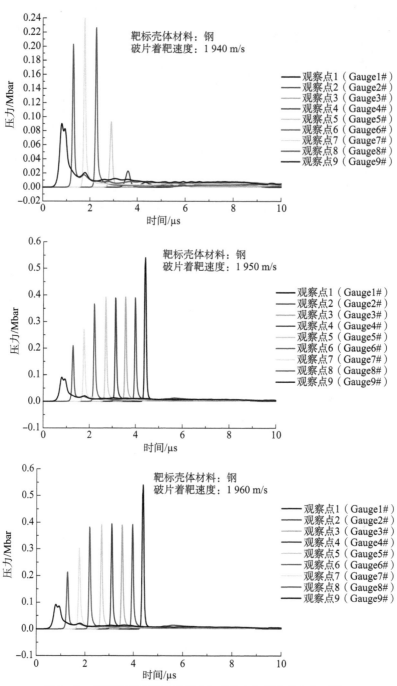

图 9.13 不同着速下薄壳装药内各观察点处压力的变化（续）

(b) 钢壳屏蔽装药（续）

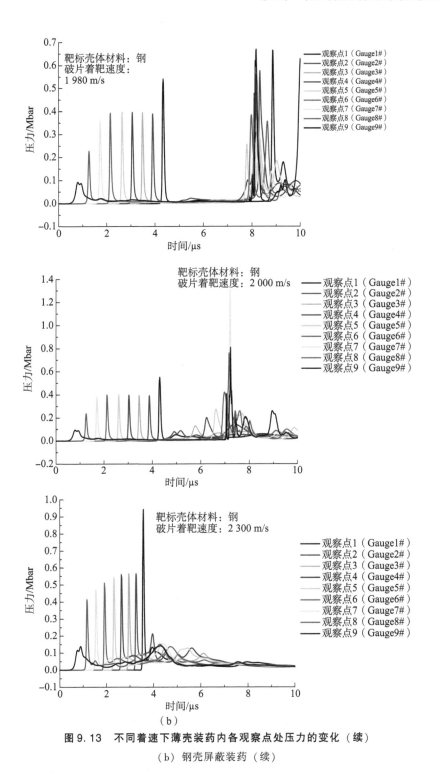

图 9.13　不同着速下薄壳装药内各观察点处压力的变化（续）
(b) 钢壳屏蔽装药（续）

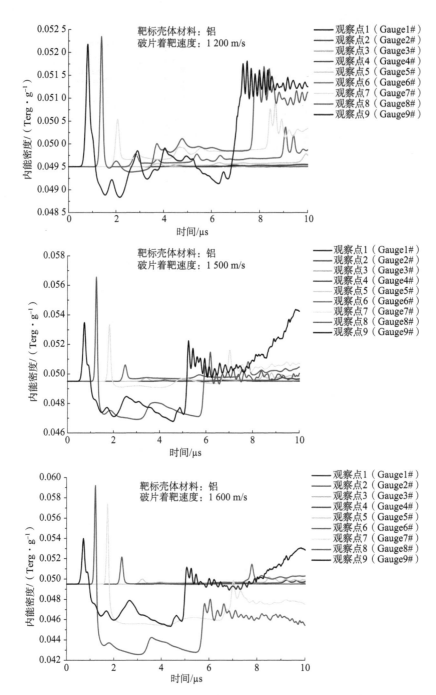

图 9.14 不同着速下薄壳装药内各观察点处内能密度的变化

(a) 铝壳屏蔽装药

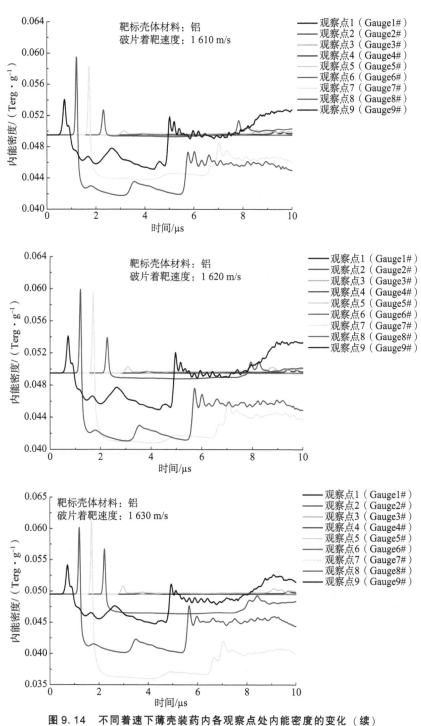

图 9.14 不同着速下薄壳装药内各观察点处内能密度的变化（续）

(a) 铝壳屏蔽装药（续）

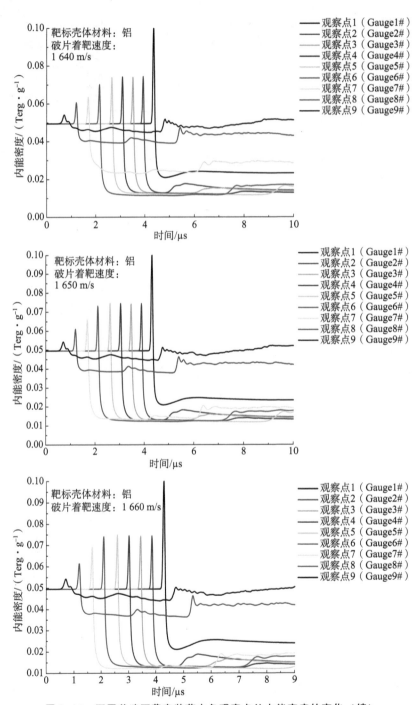

图9.14 不同着速下薄壳装药内各观察点处内能密度的变化（续）

(a) 铝壳屏蔽装药（续）

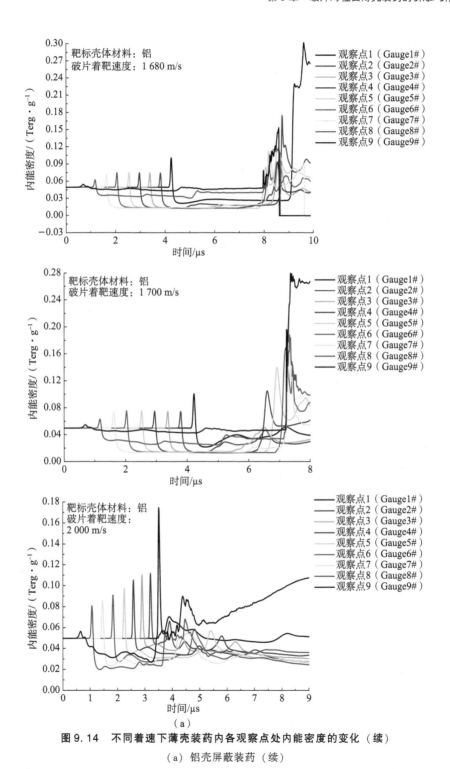

图 9.14 不同着速下薄壳装药内各观察点处内能密度的变化（续）

(a) 铝壳屏蔽装药（续）

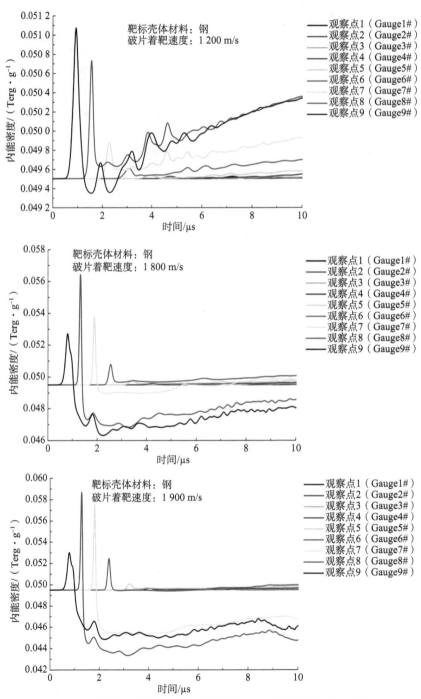

图 9.14 不同着速下薄壳装药内各观察点处内能密度的变化（续）

(b) 钢壳屏蔽装药

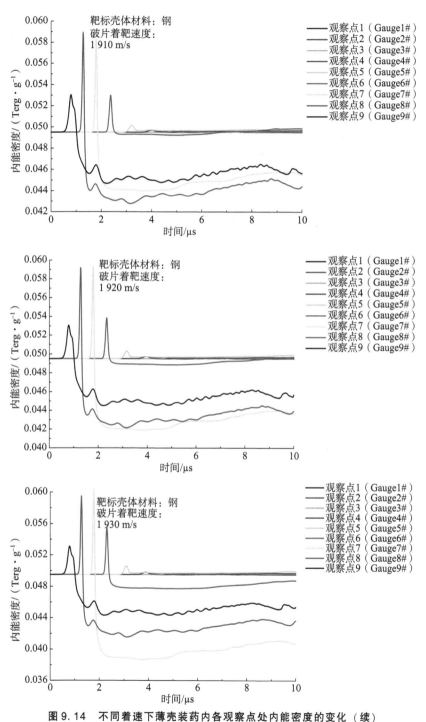

图 9.14　不同着速下薄壳装药内各观察点处内能密度的变化（续）
(b) 钢壳屏蔽装药（续）

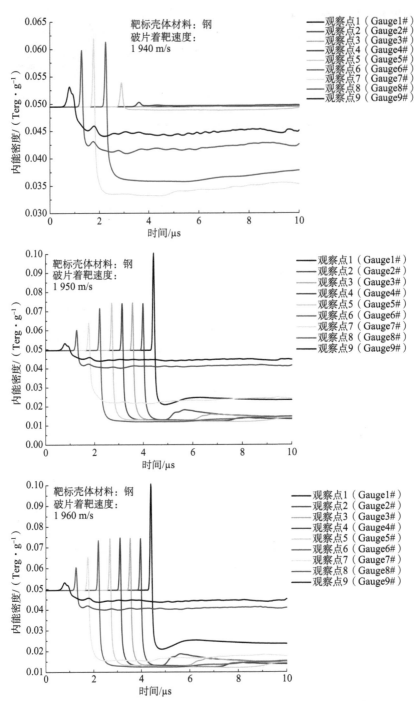

图9.14 不同着速下薄壳装药内各观察点处内能密度的变化（续）

(b) 钢壳屏蔽装药（续）

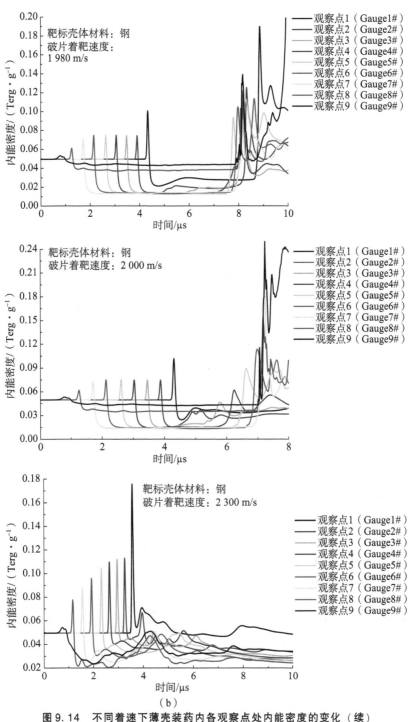

图 9.14 不同着速下薄壳装药内各观察点处内能密度的变化（续）

(b) 钢壳屏蔽装药（续）

根据图 9.13 和图 9.14 进行分析如下：

（1）铝壳装药

破片着靶速度为 1 200 m/s 时，炸药内压力脉冲在传播 50 mm 后开始明显衰减，破片着靶 6 μs 后贯穿壳体，在炸药内产生二次压力脉冲，但二次压力脉冲峰值小于初始压力脉冲，脉宽却明显增加。随着破片着靶速度的不断提高，射入装药内的初始冲击波（观察点 9#的）强度不断提高，当强度提高到某一值后，冲击波在传播过程中激发炸药反应，形成热点，释放能量，产生压力波，与初始冲击波耦合，增加了压力脉冲强度，激发出更多的热点。但激发出的热点密度有限，释放出的能量无法弥补压力脉冲传播过程中的能量衰减，压力脉冲强度随着传播距离的增加开始减少，难以发展成稳定传播的爆轰波。

破片着靶速度在 1 500 ~ 1 630 m/s 范围内时，炸药内压力脉冲传播过程中先增强后衰减的特征明显，炸药局部能量密度在冲击波经过后大幅度降低，其随传播过程降低幅度也呈现先增加后减少的特征，表明炸药反应释放出的能量逐渐减少。随着破片着靶速度的继续提高，初始冲击波形成的热点反应度提高，必然带来热点密度的增加，热点反应释放能量的增多，弥补了压力传播过程中的能量衰减，压力脉冲传播过程的衰减幅度也越来越小。

着靶速度提高到 1 640 m/s 时，压力脉冲随传播距离的增加不再衰减，但此时局部热点密度仍然有限，热点反应释放能量只能维持压力波的短距离传播，还不足以形成一个逐步增长的向前传播的压力波，稳定的爆轰反应仍难以形成。

继续提高破片的着靶速度至 1 660 m/s 时，冲击能量的增加使冲击接触面附近形成了更多的热点，热点热反应能量增加，压力增高迅速，热点形成的压力波传播速度增加，赶上初始冲击波并与其耦合，转化成稳定传播的爆轰波。

继续提高破片的着靶速度，初始冲击波接触面附近形成的热点仍将增多，压力增高更快，爆轰成长距离开始减少，形成稳定爆轰波所需的时间同步减短。在破片撞击后 10 μs 内，观察点出现两次压力脉冲和能量密度突升特征，并随着着靶速度的提高，因爆炸气体产生的二次压力脉冲与初始冲击波压力脉冲间的距离（时间）间距不断减少，表明反应程度更加激烈。

着靶速度提高至 2 000 m/s 时，二次压力脉冲几乎仅跟在一次压力脉冲之后，压力波也不再杂乱，热点的发展过程已十分短暂，爆轰反应瞬间成长完成。表 9.13 中列出了着靶速度为 2 000 m/s 时，铝壳装药内热点形成及发展过程，可以看出，初始冲击波传播后没多远，激发形成热点的化学反应便足以维持冲击波的稳定传播，稳定爆轰波形成距离远远小于 1 660 m/s 的着靶速度条件。

(2) 钢壳装药

同样炸药本构条件下，装药的热点起爆机制并不会因壳体材料的改变而发生改变，但钢材质的波阻抗和强度远高于铝壳体。因此，在 1 200 m/s 的着靶速度下，初始冲击波形成的脉冲强度（4.3 GPa）远低于铝壳装药的 6.7 GPa，且破片难以贯彻壳体，不能形成二次压力脉冲。着靶速度提高至 1 800 m/s 时，压力脉冲先增大后减小的特征已十分明显。在 1 800 ~ 1 940 m/s 的着靶速度范围内，压力脉冲增大至恒定值后的持续距离（时间）不断增加，但最终仍会衰减。着靶速度提高至 1 950 m/s 时，压力脉冲传播距离的增加不再衰减。继续提高破片的着靶速度至 1 960 m/s，稳定传播的爆轰波开始出现，但从热点形成到稳定的爆轰成长形成仍需经历较长的距离（时间）。破片着靶速度继续提高后，初始冲击波的激发能量增强，爆轰成长所需的距离（时间）随冲击波的增加而不断缩短。当破片着靶速度提高到 2 300 m/s 时，二次压力脉冲紧跟于一次压力脉冲之后，压力脉冲也不再杂乱，表明此条件下，热点的发展过程已十分短暂。表 9.12 中列出了着靶速度为 2 300 m/s 条件下，钢壳装药内热点形成及发展过程，稳定爆轰波形成距离远远小于表 9.11 中 1 960 m/s 的着靶速度条件。这些均与铝壳装药的冲击波引爆是相似的。

综上所述，带壳装药的冲击波引爆是一个非常复杂的过程。冲击波在炸药内传播过程中，在波阵面后形成了热点。以热点为中心，能量以高速热反应的形式向外传播，当热反应释放的能量大于表面热散失的能量时，形成一个逐步增长的向前传播的压力波，当压力波赶上前导冲击波时，发生低速爆轰，并逐渐发展成高速爆轰。在整个过程中，炸药单位面积上的初始冲击波入射能量和炸药的冲击反应感度是影响引爆过程的主要因素。对于壳体屏蔽的特定炸药，入射炸药单位面积上的初始冲击波能量是关系到能否激发装药反应的关键；对于等结构、等材料破片撞击，炸药单位面积上入射的初始冲击波能量与壳体波阻抗及破片着靶速度相关。本节数值模拟中，虽然 35CrMnSi 钢和 2A12 - T4 铝壳屏蔽装药在破片撞击下出现响应所需的着靶速度不同，但冲击波效应引爆规律基本一致，随着靶速度的提高，均表现为：不反应—局部缓慢热反应—局部剧烈热反应—爆轰反应的发展过程，在着靶速度达到引爆装药的阈值后，若继续提高，从初始冲击波进入被发炸药到被发炸药发生稳定爆轰之间的距离（时间）不断缩短，冲击转爆轰（SDT）现象的出现更为直观。

表 9.12 破片高速（>2 000 m/s）撞击下装药内压力及反应度分布特征

装药的冲击起爆研究中，通常采用炸药柱间爆轰传递的判据[391]（1990）。当装药厚度小于起爆深度时，自然无法形成稳定传播的爆轰波。在此，采用相同材料的本构模型，进行同结构尺寸圆柱带壳装药的破片冲击起爆模拟，获得冲击波效应引爆速度阈值与临界起爆时的最大起爆深度，列于表 9.13 中。装药在破片撞击下不同时刻的压力和反应度分布特征如图 9.15 和图 9.16 所示。

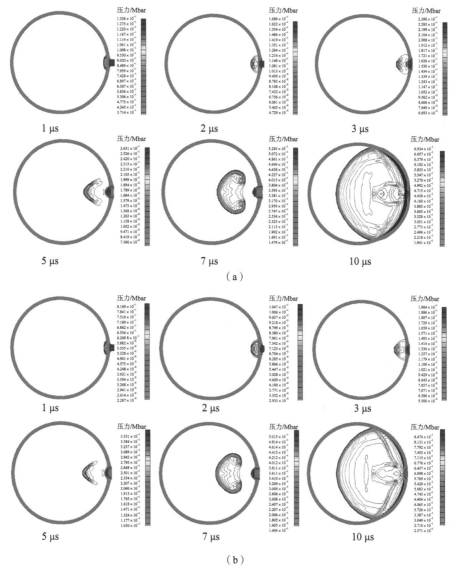

图 9.15　圆柱带壳装药在破片撞击下不同时刻的压力分布特征
（a）铝壳装药（破片着靶速度：1 680 m/s）；
（b）钢壳装药（破片着靶速度：1 940 m/s）

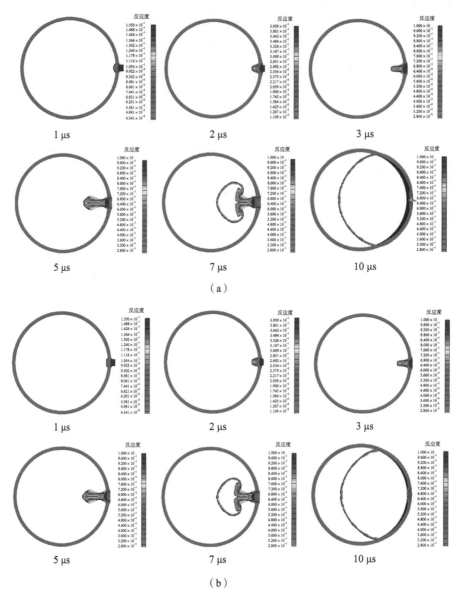

图 9.16 圆柱带壳装药在破片撞击下不同时刻的反应度分布特征
(a) 铝壳装药 (破片着靶速度：1 680 m/s);
(b) 钢壳装药 (破片着靶速度：1 940 m/s)

表9.13 破片对圆柱形薄壳装药的撞击引爆计算结果

破片材料	破片结构/(mm×mm)	装药类型	壳体材料	壳体厚度/mm	引爆速度阈值/(m·s^{-1})	最大起爆深度/mm
45	ϕ5.6×5.3	Comp. B	2024-T4	3	1 660～1 670	18.9
	ϕ5.6×5.3	Comp. B	35CrMnSi	3	1930～1940	20.5

表9.13中圆柱形屏蔽装药的破片引爆速度阈值与表9.10中试验用靶标结构的数值模拟结果基本一致，相差1%左右。铝壳装药的最大起爆深度小于靶标结构的最大装药厚度（20 mm），盖板的存在使热点反应能量获得了反射增强，试验用靶标结构引爆速度阈值略小于整体圆柱结构。钢壳装药的最大起爆深度略大于靶标结构的最大装药厚度（20 mm），在有限距离条件下，起爆需要更高的起爆压力，试验用靶标结构引爆速度阈值略大于整体圆柱结构。表明基于冲击波效应的引爆速度阈值与装药厚度相关，当装药厚度小于最大起爆深度时，装药也有可能被引爆，但与约束条件相关。

图9.4和图9.5中，无论是铝壳装药还是钢壳装药，均在破片撞击5 μs后发生了稳定的爆轰响应，响应特征与表9.11中基本一致。可见，冲击波效应对带壳装药的引爆过程中，只要装药厚度大于起爆深度，装药的引爆过程是相似的。此外，当破片以低于冲击波效应引爆速度阈值撞击靶标最厚装药处时，仍可激发壳后局部炸药发生放热反应，如图9.13和图9.14所示。装药局部的放热反应虽因初始激发能量或装药厚度等限制难以发展为稳定的爆轰，但破片贯彻壳体后，机械作用的是已升温、受损的炸药，在剪切和机械冲击作用下仍可出现爆轰/燃烧特征，但破裂/破碎特征影响下，炸药反应释放出的能量大打折扣，难以出现（白炙色）剧烈火光和大量（黑色）浓烟等整体爆炸响应特征，壳体也因爆炸力小而没有整体破碎现象发生，局部爆炸/燃烧响应特征明显。上述带壳装药的响应特征多发生于薄壳装药的破片低速撞击情况，是一个炸药的化学反应与力学响应耦合发生的过程，成熟的理论分析方法尚未建立，数值模拟尚难获得精确的结果。

9.3.3 柱面薄壳装药破片撞击后冲击波效应引爆阈值

非均相凝聚炸药冲击波效应引爆的动力学研究始于20世纪60年代初，五十多年来，一直是爆轰领域中一个重要的研究方面。非均相凝聚炸药的冲击波效应引爆过程经历了从低压到高压，从低温到高温，从炸药到产物的复杂力学作用和化学变化过程后，最终发展成稳定爆轰。整个过程的复杂性及它所具有的高温、高压和高速特征给研究的不断深入带来困难。本构关系、炸药反应率等是半经验性地刻画冲击起爆的宏观过程的有效办法。

对于有限尺寸装药,无论何种方式(热、光及压力等)实现初始冲击能量输入,在初始能量的影响区域之外,稳态爆轰的形成过程均可归结为冲击波起爆过程。因稳定的爆轰波总是二维的,基于冲击波起爆判据的试验与理论分析也自然多以二维平面结构进行。Gittings[83](1965)通过对 PBX9404 炸药起爆行为的研究,发现炸药起爆同冲击压力 p 和冲击波宽度 τ 两个因素有关。Walker 和 Wasley[333](1970)在 Gittings 研究基础上,通过平板撞击试验发现炸药起爆与否和炸药单位面积上的入射能量有关,提出了沿用至今的能量冲击起爆判据:

$$E_c = pu\tau \tag{9.4}$$

式中,p 为压力;u 为粒子速度;τ 为冲击压力持续时间。虽然式(9.4)所表达的物理意义仍不十分清晰,但关于临界起爆能量的概念已被普遍接受,并不断演变出新的判据形式。

已报道的试验数据证明,对于同一种结构与状态的屏蔽炸药,引爆的临界能量是个常数。那么,基于冲击波效应的柱面带壳装药破片引爆判据分析与众多判据研究[350,392-394]一样,是基于临界能量理论的应用研究。但有两个问题是需要考虑的:

①$pu\tau$ 的判据形式适用于飞片冲击起爆这样一类矩形脉冲的情况,柱面装药为一个三维结构,破片撞击后产生的冲击脉冲并非矩形结构,且冲击脉冲在壳体内传播时,因波阵面旁侧稀疏波的影响,脉冲结构必然发生改变,冲击压力持续时间 τ 也会因此而改变。

②根据 J. B. Ramsay 和 A. Popolate[395](1965)进行的一维飞弹撞击试验可见,任何炸药都存在一个临界起爆压力 p_c,低于这个压力,无论脉冲作用时间多长,都不能引爆被发装药。也就是说,对炸药的起爆真正有贡献的是高于 p_c 的脉冲压力部分,而低于 p_c 的脉冲部分对引爆是不起决定作用的,如果压力脉冲在传播过程中衰减至 p_c 以下,则炸药不能起爆。对于 Comp. B 炸药,由试验获得的一维短脉冲临界起爆压力为 5.63 GPa,对于非一维结构冲击波,临界起爆压力是否仍继续存在?若存在,值是多少?

通过数值模拟获得破片撞击壳体瞬间端面结构响应及冲击波传播特征,如图 9.17 所示。图 9.17 中,壳体的柱面结构造成破片着靶后破片端面与壳体完全接触有一过程,在此过程中,冲击波伴随破片的侵彻过程逐渐形成,初始冲击波到达炸药界面的直径并非圆柱状破片的实际直径,而是与壳体发生塑性变形区域的直径基本相当。同时,由于冲击波在形成与传播过程中存在侧向稀疏效应,并非所有冲击波区域都能达到理论冲击强度,存在一个小于初始冲击波直径的有效冲击区域,在有效冲击区域内,冲击波强度近似一致,且波阵面为一个近似球面。若考虑破片作用局部相对于柱面装药整体较小,在作用局部炸药与壳体接触面可近似为平面,则有效冲击区域内波阵面以球面结构传入近平面结构的炸药,是一个二维冲击波起爆问题。

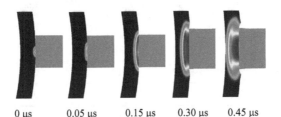

图 9.17 初始冲击波在壳体内的传播特征(铝壳,着靶速度:1 660 m/s)

显而易见,柱面壳体的存在减小了炸药样品的受载强度,改变了受载面积,相当于把破片能量传递给壳体塑性变形区域,由壳体塑性变形区域撞击裸露炸药。因此,以上述作用过程分析为依据,在临界能量冲击引爆判据基础上,通过适当简化分析,便可获得基于冲击波效应的柱面带壳装药破片引爆判据,具体方法如下。

式(9.4)中,炸药内的冲击压力可按一维冲击理论进行计算。破片冲击装药壳体前,破片内质点速度等于破片运动速度,即 $\mu_F = V_F$。此刻壳体内质点速度 $\mu_C = 0$,碰撞后瞬间,冲击波以速度 μ_{SC} 进入装药壳体,以速度 μ_{SF} 反射回撞击体。在碰撞处,存在一个压缩区,该区内撞击体和壳体的压力及质点速度相等,即 $p_F = p_C$。弹靶界面运动速度为:

$$\mu_{PC} = V_F - \mu_{PF} \tag{9.5}$$

式中,μ_{PC} 和 μ_{PF} 分别为壳体和撞击体上质点运动速度。撞击体速度由 V_F 降到了 $V_F - \mu_{PF}$。压缩区的压力可由式(9.6)或式(9.7)计算获得。

$$p_F = p_C = \rho_F (a_F + b_F \mu_{PF}) \mu_{PF} \tag{9.6}$$

$$p_C = p_F = \rho_C (a_C + b_C \mu_{PC}) \mu_{PC} \tag{9.7}$$

式中,ρ_C 和 ρ_F 分别为壳体和撞击体密度;a_C、b_C 及 a_F、b_F 分别为壳体材料和撞击体材料的冲击 Hugoniot 参数,由文献[396]获得近似数值列于表 9.14 中。根据式(9.5)、式(9.6)及式(9.7)可获得壳体内质点速度 μ_{PC} 为:

$$\mu_{PC} = \frac{-B + \sqrt{B^2 - 4AC}}{2A} \tag{9.8}$$

式中,$A = \rho_C b_C - \rho_F b_F$;$B = \rho_C a_C + \rho_F a_F + 2\rho_F b_F V_F$;$C = -\rho_F (a_F V_F + b_F V_F^2)$。根

据式 (9.6) 或式 (9.7), 可计算得出壳体内的压力 p_C。则壳体内冲击波的传播速度为:

$$V_{PC} = a_C + b_C \mu_{PC} \tag{9.9}$$

表 9.14　几种材料的密度和 Hugoniot 参数

类型	符号	材料	密度/(g·cm^{-3})	a/(km·s^{-1})	b
撞击体	F	45	7.83	3.60	1.69
壳体	C	Al	2.785	5.33	1.343
壳体	C	35CrMnSi	7.85	3.57	1.92
装药	E	Comp. B	1.68	2.71	1.86

冲击波在壳体内传播的同时,破片对壳体的侵彻行为仍未终止,当冲击波波阵面到达装药界面时,破片对壳体的侵彻时间为:

$$t_{PC} = T_C / V_{PC} \tag{9.10}$$

式中, T_C 为壳体厚度。因初始冲击波传播时间短,在此冲击波传到壳体与炸药接触面的时间内,破片为刚体,在撞击靶体后,端面没有塑性变形,与原直径相同,则根据牛顿第二定律,获得破片的运动方程如下:

$$m_F \frac{dv}{dt} = -\frac{\pi}{8} d_F^2 f_n \rho_F v^2 \tag{9.11}$$

其中, m_F 为撞击体质量; d_F 为撞击体直径; f_n 为破片弹形系数,对于圆柱形撞击体, $f_n = 1$。对式 (9.11) 进行积分,初始条件为 $t = 0$, $v = V_F$。

$$v(\tau) = \frac{m_F}{\dfrac{m_F}{V_F} + \dfrac{f_n \pi d_F^2 \rho_F \tau}{8}} \tag{9.12}$$

分离变量 $dv/dt = v dv/dt$, 再进行积分 ($t = 0$, $x = 0$), 得

$$x(\tau) = \frac{m_F [Ln(V_F) - Ln(v(\tau))]}{\dfrac{\pi d_F^2 \rho_F f_n}{8}} \tag{9.13}$$

式 (9.12) 和式 (9.13) 就是初始冲击波到达壳体－炸药界面时,破片的运动速度及侵彻距离,此时,壳体塑性变形后,直径为 d_s,则根据破片侵彻距离,得

$$d_s = \begin{cases} d_F' - 4\left[x(\tau)\dfrac{d_F'}{2}\right] \Big/ (R_C - x(\tau)), & x(\tau) \leq (R_C - \sqrt{R_C^2 - d_F'^2}) \\ d_F' + 4\left[x(\tau)\dfrac{d_F'}{2}\right] \Big/ (R_C - x(\tau)), & x(\tau) > (R_C - \sqrt{R_C^2 - d_F'^2}) \end{cases} \tag{9.14}$$

式中，R_C 为装药的半径；d'_F 为撞击体冲击靶体端面发生塑性变形后的直径，与着靶速度和弹、靶材料相关。

冲击波在壳体传播过程中因壳体中的波阻抗部分能量发生损失，在衰减后到达壳体 – 炸药界面的压力强度可通过式（9.15）计算获得。

$$P'_{PC} = p_{PC}\exp(-\alpha x) \qquad (9.15)$$

式中，α 为压力波的衰减系数，通常钢材料取 0.056 mm^{-1}，铝合金为钢的 1/3，可取 0.018 mm^{-1}。根据壳体与炸药界面冲击波的强度，由式（9.8）可解出炸药内质点速度 μ_{PE}，并可获得冲击波传入炸药内的压力 p_{PE} 值。考虑冲击波传播过程中的侧面稀疏效应，冲击波到达壳体 – 炸药界面的半径 R'_{PC} 为：

$$R'_{PC} = \frac{d_s}{2} - [C_C^2 - (V_{PC} - \mu_{PC})^2]^{1/2} \cdot T_C/V_{PC} \qquad (9.16)$$

式中，C_C 为壳体中的声速，可通过下式获得：

$$C_C = (V_{PC} - \mu_{PC})(V_{PC} + b_C\mu_{PC})/V_{PC} \qquad (9.17)$$

对于二维情况，冲击加载作用在壳体内炸药单位面积上的能量为：

$$E = p_C u_C \frac{R'_{PC}}{D_{SF}} \qquad (9.18)$$

式中，u_C 为冲击界面炸药内粒子的运动速度；D_{SF} 为撞击靶板后撞击体内冲击波速度。对于 Comp. B 炸药，当作用于炸药单位面积上的能量大于 $122 \times 10^{10} \text{ J/m}^2$ 时，足以引发炸药起爆。根据式（9.18）及 Comp. B 炸药的冲击能量判据，可以获得不同弹靶系统条件下，基于冲击波效应的柱面带壳装药破片引爆阈值，列于表 9.15 中。

表 9.15 柱面薄壳装药破片引爆阈值理论分析结果

破片材料	破片结构/(mm×mm)	装药类型	壳体材料	壳体厚度/mm	引爆速度阈值/(m·s⁻¹)	与数值模拟误差/%
45 钢	φ5.6×5.3	Comp. B	2024 – T4	3	1 550	– 6.627
	φ5.6×5.3	Comp. B	35CrMnSi	3	1 830	– 6.633

表 9.15 中，基于临界起爆能量的理论分析与数值模拟结果基本一致，相差在 – 6.6% 左右。造成两者差异的主要原因在于：理论分析中，材料的 Hugoniot 参数为近似值，直接影响了冲击波强度的分析结果，会造成一定的误差。

通过上述分析方法获得破片不同着靶速度条件下射入炸药内部的初始压力，列于表 9.16 中。表 9.16 中，无论是钢壳装药还是铝壳装药，在达到起爆速度阈值时,壳体内部的(Comp. B)炸药初始压力均未达到短脉冲临界起爆压力(5.63 GPa),且远远小于图9.13中同条件数值模拟获得的装药内初始压力值。王树山[397](2001)通过试验获得了Comp. B炸药的一维冲击起爆特征参数,50%起爆的压力为6.32 GPa,0%和100%起爆的压力分别为5.38 GPa和7.43 GPa,十分接近5.63 GPa。胡湘渝[398](1999)通过(二维)隔板试验获得了50 mm直径Comp. B炸药的临界起爆压力为2.63 GPa。孙元虎(2005)[399]通过二维轴对称加载条件下凝聚炸药的冲击起爆试验,分别获得了20 mm装药直径的TNT($\rho = 1.58$ g/cm^3)、8701($\rho = 1.68$ g/cm^3)及钝化太安($\rho = 1.65$ g/cm^3)的临界起爆压力为3.4 GPa、2.9 GPa和2.5 GPa。李芳[357](2006)通过数值模拟获得了PBX-9404的临界起爆压力为3.63~3.76 GPa,十分接近于试验获得的3.9 GPa。上述二维结构冲击波起爆炸药临界压力均远远小于一维结构冲击波。因此,以临界压力判断装药的起爆是有条件的,多适用于一维结构冲击波。对于二维结构冲击波,只要入射冲击波强度高于热点反应所需的最高压力,且冲击波阵面激发出热点的反应释放热大于局部散热,冲击波压力和热点释放的热量耦合,可不断增加未反应炸药的冲击能量,引发装药发生稳定的爆轰反应成为可能。

表9.16 不同着速下传入炸药内部的初始压力

2024-T4 铝壳	着靶速度/(m·s^{-1})	1 560	1 660	1 700	1 800
	炸药内部初始压力/GPa	4.66	5.04	5.19	5.58
35CrMnSi 钢壳	着靶速度/(m·s^{-1})	1 830	1 960	2 000	2 100
	炸药内部初始压力/GPa	4.88	5.33	5.47	5.83

综上所述,对于非一维结构冲击波,在热量积累过程中,有效冲击波脉冲宽度起了重要作用,临界起爆压力存在,但与装药结构密切相关。

9.3.4 讨论

表9.15中,基于临界起爆能量的理论分析结果与数值模拟结果基本一致,获得的破片引爆速度阈值均高于试验中装药发生反应的破片着靶速度值。尤其是钢壳装药,数值模拟与理论分析结果较试验的差距更为明显,间接验证了破片贯穿壳体后剪切、撞击等机械作用对装药的引爆起了不可忽视的作用。

破片以1 560 m/s的速度撞击铝壳装药,冲击波入射壳体前强度与结构宽度分别为18.90 GPa、5.70 mm;冲击波入射炸药前强度与结构宽度分别为

4.66 GPa、3.05 mm。破片以 1 830 m/s 的速度撞击钢壳装药，冲击波入射壳体前强度与结构宽度分别为 37.55 GPa、5.74 mm；冲击波入射炸药前，强度与结构宽度分别为 4.88 GPa、2.83 mm。显然，冲击波经过铝壳体后，强度和结构宽度分别下降了 75.3% 和 46.5%，冲击波经过钢壳体后，强度和结构宽度却分别下降了 87.0% 和 50.7%。钢材料的波阻抗远大于铝材料的波阻抗是冲击衰减的主要原因，在冲击波的衰减过程，不只是强度上的衰减，还包括结构宽度（脉冲作用时间）上的减小。因此，欲实现冲击波引爆装药，钢壳装药需更高的破片能量，而铝壳装药所需的能量较低。

当破片通过冲击波效应与机械效应引爆装药所需的能量相差不大时，主控机制的区分就变得困难。在厚钢壳装药中，因冲击波传播的能量消耗过大，总是可以区分不同速度段的引爆机制。但对于小质量破片撞击薄铝壳装药，这似乎很难实现。

另外，冲击波经壳体入射到装药内部后，因并未完全发散，仍具有一定的强度和结构脉宽，即使装药未能由热点形成稳定的爆轰，但装药的温升和破裂/破碎损伤总是存在的。

因此，薄壳装药的临界引爆总可认为是冲击波效应和机械效应共同作用的结果，哪种效应起主控机制，与冲击速度有关，还与弹靶作用条件相关。

9.4 薄壳装药破片撞击后机械效应引爆/引燃相关性

9.4.1 壳体材料对装药引爆/引燃响应特征的影响

9.4.1.1 破片撞击薄铝板、薄钢板试验

1. 试验系统及方法

采用 12.7 mm 滑膛弹道枪、破片速度测试装置与高速录像构成试验系统进行破片对薄铝板、薄钢板的垂直冲击试验。离枪口 3.0 m 处垂直地面竖立靶架，靶架上与枪口等高位置处固定薄金属板，板正前方 1.0 m 处正对枪口竖立激光测速系统，靶架后方 1 m 处竖立木制回收板，侧向垂直于金属板 5.0 m 外架设高速录像机（型号：FASTCAM SA4），录像频率设定为 40 000 帧/s，具体试验布置示意如图 9.18 所示。

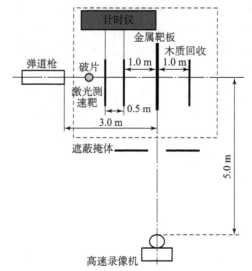

图 9.18　破片撞击薄铝板、薄钢板试验布置示意

试验用破片为圆柱形，破片尺寸为 $\phi 5.6\ \text{mm} \times 5.3\ \text{mm}$，材料为 45 钢，质量为 1.0 g，薄金属板尺寸为 500 mm × 500 mm × 3 mm，材料分别为 2A12-T4 铝和 35CrMnSi 钢。

2. 试验结果

破片对薄铝板、薄钢板的撞击试验中，选用上述装药发生快速反应的着速，分为 $(1\,250 \pm 25)$ m/s 和 $(1\,500 \pm 25)$ m/s 两组，每组各进行试验 3 发。试验中，无论何种着靶速度破片均能完全贯穿两种金属板，通过高速录像获得的靶板响应特征图片，如图 9.19 所示。

图 9.19 中，破片以 $(1\,250 \pm 25)$ m/s 的速度撞击薄铝板初始（0 μs），破片作用区域呈现明亮的白色闪光，随后闪光弱化并最终消失，在铝板后无闪光现象；破片以 $(1\,500 \pm 25)$ m/s 的速度撞击薄铝板初始时刻（0 μs），破片作用区域仍呈现明亮的白色闪光，随后白色闪光特征逐渐减弱，黄色闪光特征逐渐突出，在破片撞靶 100 μs 后，铝板后出现偏白色闪光，并逐步发展成一条泛黄色的明亮火龙，闪光辐射区域及强度远大于低速冲击情况。

图 9.19 中，破片以 $(1\,250 \pm 25)$ m/s 的速度撞击薄钢板初始（0 μs），破片作用区域呈现橘黄色闪光，闪光强度远不及冲击薄铝板，随着破片的侵彻，闪光弱化并最终消失，在钢板后无闪光现象；破片以 $(1\,500 \pm 25)$ m/s 速度撞击薄钢板初始（0 μs），破片作用区域仍呈现橘黄色闪光，在破片撞靶 200 μs 后，钢板后出现小区域的弱橘黄色火光，火光范围远不及铝板。

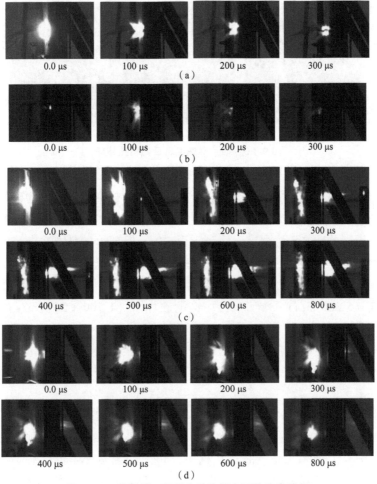

图 9.19 薄铝板、钢板在破片撞击下的响应特征
(a) 破片冲击薄铝板（着靶速度：1 243 m/s）；(b) 破片冲击薄钢板（着靶速度：1 232 m/s）；
(c) 破片冲击薄铝板（着靶速度：1 538 m/s）；(d) 破片冲击薄钢板（着靶速度：1 541 m/s）

另外，薄金属板在破片撞击下，穿孔周围出现花瓣形翻边，薄铝板破碎飞溅出的小碎片嵌入金属板后的木质回收板上，如图 9.20 所示，薄钢板被破片撞击后难以在回收板上发现细小碎片。

综上所述，破片高速撞击下，两种薄金属板上的光辐射强度及区域特征差异较大，薄铝板在破片撞击下光辐射强度及区域远大于薄钢板，且 2A12 - T4 铝板的破碎程度也要比 35CrMnSi 钢板的剧烈。

9.4.1.2 讨论

弹靶高速、超高速碰撞过程中，往往会产生机械、声、光、热及形变等物

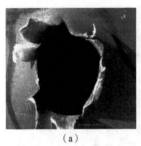 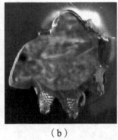 

(a)　　　　　　　　　　(b)　　　　　　　　　　(c)

图 9.20　破片高速撞击后的靶孔特征

(a) 薄钢板；(b) 薄铝板；(c) 嵌入回收板的铝碎片

理效应。出于空间活动的向往，铝合金靶板在碎片超高速碰撞下的破碎行为及发生的光、热和等离子体特征一直是空间研究者关注的对象[400-402]。高速碰撞中，材料界面的冲击压力虽难以达到上百 GPa，但靶体材料被冲击波压缩激发内能产生温升依然存在，温升的幅度依赖于弹靶碰撞条件和材料的性质。张庆明[403]（2000）通过试验和理论分析获得了 2A12-T4 铝合金冲击熔化的临界着靶速度（5 000 m/s）。本节试验中，钢破片以（1 500±25）m/s 的速度分别撞击铝壳和钢壳，弹靶界面压力分别为 17.8～18.5 GPa 和 28.4～29.6 GPa，远未达到铝合金相变的压力，更谈不上合金钢的结构相变。但在破片撞击产生的冲击波压缩和塑性功作用下，材料比内能增加，撞击周围区域温升迅速是不争的事实。

通常黑体辐射产生的都是连续波长的光，只是各波长的比例随温度变化而变化，颜色也相应而变；大致规律是：温度越低，短波长的光（蓝光、紫光）越少，长波长的光（红光、橙光）越多，即火焰会偏黄偏暖；温度越高，短波长的光越多，长波长的光越少，即火焰会偏蓝偏冷[404]。图 9.19 中，同等撞击条件下，薄铝板闪光区域虽大于薄钢板，但闪光颜色与薄钢板的基本相同，两者在钢破片撞击下的局部温升相差不大。但靶后闪光特征却差别较大，铝板后闪光偏白，且范围很大；钢板后闪光仍是偏黄色，且范围很小。由图 9.19 和图 9.20 可推断高速钢破片冲击薄铝板时，形成了若干炙热的微小破碎块，局部高温区域及高温区域的持续时间均大于薄钢板。

对于薄壳装药，因壳体后有炸药约束存在，破片撞击后的壳后效应并不完全等同于薄金属板的穿甲，能否形成大量微小的破碎块在前面的试验中难以考证。但同着靶速度条件下，撞击瞬间白色的闪光特征是一致的，穿靶过程中温升幅度及范围也应具有相似性。因此，对同一状态炸药，同机械作用条件下，铝壳因破片贯穿后产生大范围和持续时间的温升，会提高热点形成的概率，较钢壳装药更易起爆/起燃。另外，在图 9.19 中，破片以不同的速度撞击薄铝板,靶后的闪光特征相差较大。可以推断同弹靶条件下,着靶速度是激发壳后大范围温升的主要因素,通过提高破片着靶速度来增加铝壳的比内能,提高靶后温升区域和持续时间可以有效提高对铝壳装药的冲击引爆/引燃概率。

9.4.2 破片材料对装药引爆/引燃响应特征的影响

通常,杀爆战斗部用破片材料有钢、钨及钛三种。钛合金因密度低、价格高,并不常见,偶用于杆条式破片。钨合金破片因密度大,对装甲目标穿甲能力强,已成为工程师们关注的对象。陈卫东[405](2009)通过数值模拟和理论分析认为,同结构条件下,钨合金较铜和钢具有更强的引爆能力。黄来法[406](2011)通过试验研究和理论分析认为,同质量条件下,钢较钨具有更强的引爆能力。何种破片材料对屏蔽装药具有更强的引爆能力是值得深入研究的。

若基于破片撞击冲击波能量引爆屏蔽装药的理论分析,不难发现:同结构钨合金破片较钢具有更大的密度,以较低速度撞击金属壳体时,便可产生与钢破片高速撞击相同的冲击压力,引爆能力更强,见表 9.17;同质量钨合金破片较钢破片产生的撞击面积小,高出的冲击压力仍无法弥补因脉冲宽度减小带来单位面积上冲击能量的减少,引爆能力自然不如钢破片。但冲击波效应并非引爆/引燃带壳装药的唯一因素。对于薄壳装药的破片冲击引爆/引燃,破片撞击壳体过程中的光、热及形变、破碎等物理效应对装药的引爆/引燃过程具有难以忽略的影响。

表 9.17 破片对薄壳装药的撞击引爆计算结果

破片材料	破片结构 /(mm × mm)	装药类型	壳体材料	撞击初始冲击压力/GPa	引爆速度阈值 /(m·s^{-1})
45 钢	φ5.6 × 5.3	Comp. B	2024 – T4	18.9	1 550
	φ5.6 × 5.3	Comp. B	35CrMnSi	37.5	1 830
93W 合金	φ5.6 × 5.3	Comp. B	2024 – T4	19.7	1 298
	φ5.6 × 5.3	Comp. B	35CrMnSi	41.7	1 470

9.4.2.1 钨合金破片撞击薄铝板、薄钢板试验

根据第 2 章的研究结果,钨合金破片以 1 400 m/s 以上的着靶速度撞击钢靶将发生靶后破碎行为。在此,采用(1 500 ± 25)m/s 着靶速度进行 93W 钨合金破片对薄铝板、薄钢板的撞击试验。试验用钨合金破片结构为 φ5.6 mm × 5.3 mm,质量为 2.3 g,每种薄金属靶各进行试验 3 发,获得破片撞击下金属

板局部的响应特征,如图 9.21 所示。

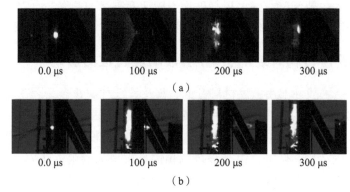

图 9.21 钨合金破片撞击薄铝板、薄钢板响应特征
(a) 钨合金撞击体冲击薄钢板(着靶速度:1 512.5 m/s);
(b) 钨合金撞击体冲击薄铝板(着靶速度:1 549.7 m/s)

图 9.21 中,无论是薄钢板还是薄铝板,破片撞板瞬间,靶前均有大范围闪光,但闪光特征与钢破片撞击并不完全一致。钨合金破片撞击薄钢板初始阶段,靶前出现倒锥形飞散闪光特征,闪光强度弱,范围有限,靶后有弱的闪光;随后,靶前闪光逐步发展成大面积火光,并伴有少许黑烟。靶后闪光区域逐步扩展成半椭圆形,但强度仍较弱,呈暗黄色。钨合金破片撞击薄铝板初始阶段,靶前出现大范围明亮偏白色火光,火光亮度不及高于钢破片撞击薄铝板;靶后闪光出现时间与钨破片撞击钢板基本相同,但要早于钢破片对铝靶的撞击。

综上所述,钨合金破片撞击薄钢靶、薄铝靶,靶后闪光响应范围和持续时间均小于钢破片。

9.4.2.2 钨合金破片撞击薄壳装药靶标试验

在钨破片撞击薄铝板、薄钢板试验基础上,进行 93W 合金破片对薄壳装药的撞击引爆/引燃试验。试验用钨合金破片结构为 $\phi 5.6 \text{ mm} \times 5.3 \text{ mm}$,质量为 2.3 g,破片着靶速度为 $(1\ 500 \pm 25)$ m/s,每种靶标各进行试验 5 发。试验结果列于表 9.18 中,获得破片撞击下金属板局部的响应特征,如图 9.21 所示。

表 9.18 钨合金破片对薄壳装药靶标的撞击引爆/引燃试验结果

破片材料	壳体材料	着靶速度 /(m·s^{-1})	装药响应状态发数/总试验发数		
			机械响应	燃烧或局部爆炸	整体爆炸响应
93W 钨	2A12 - T4 铝	1 500 ± 25	0/5	3/5	2/5
	35CrMnSi 钢	1 500 ± 25	0/5	4/5	1/5

钨合金破片对薄壳装药靶标撞击引爆/引燃试验中，破片以高于表 9.17 中的速度阈值撞击靶标均能引爆/引燃靶标壳内装药，但图 9.4（d）中的（白炙色）剧烈火光和大量（黑色）浓烟的剧烈爆炸响应特征却未出现 1 例。另外，对于铝壳装药，出现火光响应时，总是伴有黑色浓烟，5 发试验中，未出现 1 发明显的燃烧响应特征；对于钢壳装药，有 1 发出现明显的燃烧响应特征，如图 9.22（d）所示，且有 2 发出现了撞击后闪光由小到大后，逐渐减小至近乎要熄灭状，又逐渐增大，形成大面积火焰的响应现象。其中的 1 发如图 9.22（d）所示。

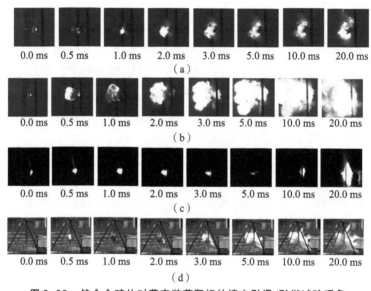

图 9.22　钨合金破片对薄壳装药靶标的撞击引爆/引燃试验现象
（a）局部爆炸响应（93W 破片，2A12 - T4 铝壳体，着靶速度：1 511 m/s）；
（b）整体爆炸响应（93W 破片，2A12 - T4 铝壳体，着靶速度：1 523 m/s）；
（c）燃烧响应（93W 破片，35CrMnSi 钢壳体，着靶速度：1 471 m/s）；
（d）整体爆炸响应（93W 破片，35CrMnSi 钢壳体，着靶速度：1 509 m/s）

9.4.2.3　讨论

钨合金破片较钢破片具有更大密度，以相同速度撞击金属壳体，在撞击界面可形成高于钢破片的冲击压力。但对薄金属板的撞击试验中，同着靶速度条件下，靶后闪光强度及持续时间均小于钢破片，对薄壳装药的撞击试验中，装药虽多表现为爆炸响应特征，但多数为局部爆炸，难以出现剧烈的整体爆炸响应特征。据此，经分析可见：

①同着靶速度条件下，活性强的薄铝板在钨合金破片撞击下，板前的火光

区域及持续时间均大于薄钢板，与钢破片撞击具有相似性；薄金属板在钨合金破片撞击下，板后的光、热等物理效应不及钢破片剧烈。

②以低于基于冲击波引爆理论分析出的速度阈值撞击带壳装药，可引发装药发生剧烈化学反应，但剧烈化学反应以何种形式发生，除了与破片撞击位置处的装药约束条件有关外，还与弹体及屏蔽壳体的材料相关。

9.4.3 小结

工程实际中，炸药多数情况下紧贴于屏蔽壳体后表面，破片贯穿壳体后的物理效应是机械作用激发炸药反应的初始条件，与约束条件及炸药自身物态共同决定了后续反应的历程与特征。本节进行了若干试验，但所采用的试验方法仅能获取带壳装药响应特征的宏观响应现象，难以深入揭示弹体、壳体材料与壳体内炸药燃烧、爆炸响应的内在规律。不过，宏观上的响应特征至少可以说明：相同着靶速度下，弹、靶材料的机械、热力学性能对高速碰撞过程中的物理效应具有重要影响，不同弹靶材料在高速碰撞过程中的破碎形态及形成的温度场特征并不相同，影响了装药反应的起始状态。

破片的机械作用总发生于初始冲击波作用之后，不同强度与结构的初始冲击波作用后，炸药的局部温升和损伤状态会有所差别的，初始冲击波的强度和结构特征取决于弹体、壳体材料及结构，在同结构下，仍然由弹体、壳体材料的物理特征决定。也就是说，对于同一状态带壳炸药，机械效应引爆/引燃取决于着靶速度及弹、靶材料与结构特征，这与冲击波效应引爆是相同的。不同的是，该方面研究还停留在试验测试阶段，根据试验现象概括、总结与提炼的唯象理论尚未建立。

9.5 薄壳装药破片撞击引爆/引燃判据

9.5.1 薄壳装药破片撞击引爆/引燃判据表征

在带壳装药破片撞击引爆/引燃判据的研究中，由于问题的复杂性，明确的因果联系或物理实质难以一下揭示。将复杂的冲击、点火、起爆过程分解成若干简单的阶段或步骤进行物理内涵的分析，运用物理学中的基本规律，明确哪些参数对现象或问题起控制作用，确定函数关系表征每一阶段或步骤的规律后，建立系统模型，导出结论，获得完整物理过程发生中各物理量之间必然联系，建立起表征带壳装药破片撞击引爆/引燃判据的函数表达式。

在此，将带壳装药的破片冲击引爆/引燃过程分成破片冲击、壳内炸药点火与（燃烧或爆炸）快速反应三个阶段，则破片冲击是一个物质间能量转换阶段，炸药点火是一个内在能量激发阶段，炸药（燃烧或爆炸）快速反应是一个内在能量释放阶段。在这个三个阶段中，遵循以下客观规律：

①破片撞击贯穿壳体过程遵循能量守恒；

②同一状态炸药的点火（或热点形成）只与表面单位面积输入能量相关；

③炸药的（燃烧或爆炸）快速反应过程（或能量释放方程）与炸药物性及环境氛围相关，若反应释放热持续大于表面散失热，反应可成长为稳定的爆轰。

对于破片撞击贯穿壳体阶段，高速运动破片与壳体之间的宏观撞击是一种形式机械能（动能）向另一种形式机械能（动能）和热能的转化过程，伴随着产生冲击波及高压、高温等物理效应。在这个过程中，无论是初始冲击波加热，还是机械作用的塑性功加热，都对壳内炸药局部比内能增加做出了贡献。炸药局部比内能的增加是个过程量。若破片撞击过程中，初始冲击波加热与机械作用的塑性功加热存在明显的时间间隔，便将带弹体冲击下的屏蔽装药定义为厚壳装药，则相关问题的研究分成了两个部分；若两种加热效应间无明显的时间间隔，相互叠加、耦合，则将带弹体撞击下的屏蔽装药定义为薄壳装药，该情况比厚壳装药的弹体撞击引爆复杂。根据上述定义可见，薄壳和厚壳是相对于弹靶系统作用特征而言的，不同的弹、靶作用系统，同结构装药的壳体表现出不同的厚、薄特征。本试验中，弹靶系统作用下靶标的引爆/引燃过程是难以完全区分冲击波效应与机械效应的，因此，属于薄壳装药冲击引爆/引燃的研究范畴。

根据前面的数值模拟及理论分析，对于以初始冲击波为介质的能量转化过程，作用于炸药表面单位面积的初始冲击波能取决于冲击波加载强度与时间，即初始冲击波的强度和结构。而冲击波脉冲的强度和结构宽度取决于破片直径（d_F），长度（l_F），冲击速度（V_F），着角（φ），弹头系数（f_n），壳体厚度（T_C），壳体中波衰减系数（α），破片、壳体、炸药的材料 Hugoniot 参数（a_F、b_F、a_C、b_C、a_E、b_E），破片、壳体、炸药密度（ρ_F、ρ_C、ρ_E），装药半径（R_C），装药内声速（C_C）。可见因冲击波效应引起的炸药表面比能量增加（E_{Shock}）是上述参数的函数，故有：

$$E_{\text{Shock}} = f(S_p, S_\tau) = f\begin{pmatrix} d_F, l_F, V_F, \varphi, f_n, T_C, \alpha, a_F, b_F, \\ a_C, b_C, a_E, b_E, \rho_F, \rho_C, \rho_E, R_C, C_C \end{pmatrix} \quad (9.19)$$

可取 d_F、V_F 和 ρ_F 为基本量，于是得到下面的量纲为 1 的函数关系：

$$\frac{E_{\text{Shock}}}{d_F \rho_F V_F^2} = f\left(\frac{l_F}{d_F}, \varphi, f_n, \frac{T_C}{d_F}, \alpha, \frac{a_F}{V_F}, b_F, \frac{a_C}{V_F}, b_C, \frac{a_E}{V_F}, b_E, \frac{\rho_C}{\rho_C}, \frac{\rho_E}{\rho_F}, \frac{R_C}{d_F}, \frac{C_C}{V_F}\right)$$
(9.20)

如果模型试验采用与原型试验相同状态的破片、壳体和炸药材料,以及着角、着速撞击条件,上式可简化为:

$$\frac{E_{\text{Shock}}}{d_F \rho_F V_F^2} = f\left(\frac{l_F}{d_F}, \frac{T_C}{d_F}, \frac{R_C}{d_F}\right)$$
(9.21)

式中,除了几何相似参数以外,唯一的物理参数是 $E_{\text{Shock}}/(d_F \rho_F V_F^2)$。

另外,通过塑性变形进行能量转化的过程中,根据前面的试验研究可见,作用于炸药表面单位面积的内能与着靶速度,弹、靶材料与结构特征,以及能量转换系数相关。即炸药因机械作用点火与否取决于破片直径(d_F)、长度(l_F)、冲击速度(V_F)、着角(φ)、弹头系数(f_n)、壳体厚度(T_C)、装药半径(R_C)、破片、壳体、炸药密度(ρ_F、ρ_C、ρ_E)、弹性模型(E_F、E_C、E_E)、屈服极限(Y_F、Y_C、Y_E)、功热转化系数(β)。可见因机械效应作用于炸药表面的比能量(E_{Shock})是上述参数的函数,故有:

$$E_{\text{Shock}} = f\begin{pmatrix} d_F, l_F, V_F, \varphi, f_n, T_C, R_C, \rho_F, \rho_C, \\ \rho_E, E_F, E_C, E_E, Y_F, Y_C, Y_E, \beta \end{pmatrix}$$
(9.22)

同样,可取 d_F、V_F 和 ρ_F 为基本量,于是得到下面的量纲为1的函数关系:

$$\frac{E_{\text{Shock}}}{d_F \rho_F V_F^2} = f\begin{pmatrix} \dfrac{l_F}{d_F}, \varphi, f_n, \dfrac{T_C}{d_F}, \dfrac{R_C}{d_F}, \dfrac{\rho_C}{\rho_F}, \dfrac{\rho_E}{\rho_F}, \dfrac{E_F}{V_P^2 \rho_F}, \dfrac{E_C}{V_P^2 \rho_F}, \\ \dfrac{E_E}{V_P^2 \rho_F}, \dfrac{Y_F}{V_P^2 \rho_F}, \dfrac{Y_C}{V_P^2 \rho_F}, \dfrac{Y_E}{V_P^2 \rho_F}, \beta \end{pmatrix}$$
(9.23)

如果模型试验采用与原型试验相同状态的破片、壳体和炸药材料和着角、着速撞击条件,上式可简化为:

$$\frac{E_{\text{Shock}}}{d_F \rho_F V_F^2} = f\left(\frac{l_F}{d_F}, \frac{T_C}{d_F}, \frac{R_C}{d_F}\right)$$
(9.24)

上式与式(9.21)相同,除了几何相似参数以外,唯一的物理参数是 $E_{\text{Shock}}/(d_F \rho_F V_F^2)$。

上述分析中,相同弹靶作用条件下,冲击波效应和机械效应的点火方式虽然并不相同,但传递给壳体内炸药的比内能的唯一控制物理参数形式是一致的。

对于量纲为1的物理参数 $E_{\text{Shock}}/(d_F \rho_F V_F^2)$,在厚壳装药和薄壳装药的冲击起爆问题中却有着不同的内涵。对于厚壳装药,冲击波效应与机械效应有着明显的先后顺序,冲击波作用后,若装药未能起爆,装药的物理状态也将发生改变，后续机械作用于已受损和温升的炸药表面，炸药的弹性模型、屈服极限等参数并不等同于原始状态，式（9.23）到式（9.24）的简化过程需根据受损装药冲击起爆理论分析重新进行，建立相关函数关系。对于薄壳装药，难以明确区分冲击波效应与机械效应的先后顺序，假设两者共同耦合作用，则对于整个的能量转化过程，可采用以 $E_{Shock}/(d_F\rho_F V_F^2)$ 为基础的模型律进行分析。

对于炸药的点火和快速反应两个阶段，在实际中，因难以区分，通常将两者看作成一个连续的过程。炸药的点火与否受控于所获得的比内能，而快速反应受控于装药条件和环境氛围。实际中装药条件和环境氛围往往大相径庭，也不可预见。因此，破片冲击下反应响应特征表现为燃烧或爆炸的随机出现。但只要壳内炸药获得了点火所需的比内能，就具备了发生燃烧或爆炸的可能，且这种可能的发生具有相当大的概率，因为实际中装药的厚度和直径绝大多数大于炸药起爆临界能量获取试验中的条件。根据炸药点火的客观规律，以炸药获得的比内能作为临界点火条件，故有：

$$E_{Shock} = E_c \tag{9.25}$$

则对于薄壳装药，破片冲击下壳内炸药发生点火及引爆/引燃行为的条件为：

$$d_F\rho_F V_F^2 = KE_c \tag{9.26}$$

式中，K 为试验系数。对于特定状态炸药和弹体材料，式（9.26）经变化可得：$V_F\sqrt{d_F}$ = 常数 或 $\rho V_F^2 d$ = 常数，即 Rosland 等[407]（1973）、Mader[408,409]（1983）等通过试验所获得的装药在破片或射流冲击下的二维起爆判据形式。据此，进行如下变化：

$$\frac{d_F S_F \rho_F V_F^2}{S_F} = \frac{m_F V_F^2}{S_F} = KE_c \tag{9.27}$$

式中，S_F 为破片的截面积；m_F 为破片质量，进一步变化为：

$$\frac{0.5 m_F V_F^2}{S_F} \times \varepsilon = E_c \tag{9.28}$$

式中，ε 为比动能转化系数，对于特定弹靶系统，为一恒定值，可通过试验获得。

通过上述分析获得的装药冲击起爆判据式（9.28），从冲击起爆问题所蕴含的物理关系上解释了现有二维冲击起爆判据式（9.4）的意义，且反映了侵彻体密度和撞击方向长度对装药引爆/引燃的影响，具有更广的应用范围。

9.5.2　薄壳装药破片冲击引爆/引燃判据验证

根据马晓飞[343]（2009）的试验研究结果（列于表 9.19 中），获得铝壳内 Comp. B 炸药点火临界比内能（E_c）与钢破片冲击起爆临界比动能（$0.5 m_F V_F^2/$

S_F) 之比随冲击破片质量的变化关系，如图9.23所示。

表9.19　破片对柱面薄铝壳装药撞击引爆/引燃的着速阈值[319]

破片质量/g	1.03	1.275	1.55	1.85	2.05
冲击速度/(m·s^{-1})	1 578	1 426	1 317	1 205	1 143

表9.19中，1.03 g破片对柱面薄壳靶标冲击引爆/引燃的速度阈值（1 578 m/s）比本节试验结果（1 500±25）m/s偏高，推测原因如下：

①马晓飞通过试验方法获得的是连续10发（近似99%）均引爆/引燃装药条件下的破片冲击速度阈值，本试验仅有5发，且并非连续引爆/引燃条件下的破片着靶速度阈值。

②靶标引爆/引燃的判别方法不同，马晓飞采用的是靶标破坏形态宏观观察与普通摄像记录相结合的判别方法，本节采用的是高速录像辅以试验后宏观观察的判别方法，对装药点火临界状态的辨析更为清楚。

以上说明，通过肉眼宏观判别获得的装药引爆/引燃速度判据可能大于装药点火的实际值。

图9.23中，随着冲击破片质量的增加，铝壳内Comp. B炸药点火临界比内能（E_c）与钢破片冲击起爆临界比动能（$0.5 m_F V_F^2 / S_F$）之比并未有大幅度的增加或减少，而是在某一恒定值附近随机分布，拟合获得该恒定值为0.022 3，验证了式（9.28）的正确性。

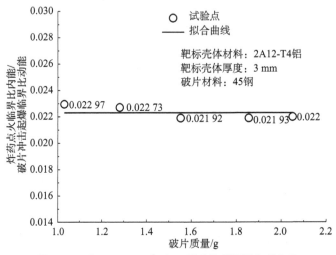

图9.23　$E_c / (0.5 m_F V_F^2 / S_F)$ 随破片质量增加的变化

根据上述分析可见，采用钢破片撞击下的铝壳装药比动能转化系数为

0.022 3。在式（9.28）的基础上，可获得柱面薄铝壳装药的破片撞击引爆/引燃阈值计算式如下：

$$V_F = 9.47\sqrt{\frac{E_c S_F}{m_F}} \tag{9.29}$$

通过式（9.29）可获得1.0 g等高圆柱形破片（ϕ5.50 mm×5.50 mm）撞击引爆/引燃柱面薄铝壳屏蔽RDX炸药的速度阈值为1 305.6 m/s。对比李园[410]（2005）的试验结果：1.0 g等高圆柱形破片以1 279.8 m/s速度撞击2 mm厚2A12－T4铝板屏蔽8701（含95% RDX）炸药的引爆概率为70%，可推断：

① 通过式（9.29）获得的计算结果与基本相似的试验值吻合，采用的计算方法能够较好地反映工程实际。

② 对于薄壳装药的破片撞击引爆/引燃，临界撞击起爆情况下，冲击波效应并非主控机制，因装药的形状主要影响冲击波结构，所以柱面结构对破片撞击引爆/引燃速度阈值的影响不大。

此外，本试验中，同结构破片以相同速度撞击35CrMnSi钢壳装药靶标的引爆/引燃靶标的概率略低于2A12－T4铝壳装药。因此，推断若采用式（9.29）的形式获取柱面薄钢壳装药的破片冲击引爆/引燃速度阈值，系数值应比9.47略大。

9.6　小结

本章进行了柱面薄壳装药破片撞击引爆/引燃响应特征及判据的研究，获得的主要研究结果如下：

① 通过试验揭示出钢破片高速着靶下柱面薄铝壳、薄钢壳装药的响应特征，结合破片撞击后靶标内受损炸药的微观观察与分析，提出破片低速撞击带壳装药引爆/引燃机制的理论推断，即装药先受冲击波作用，导致损伤和温升，破片及壳体碎块接着对受损和温升后装药的撞击、摩擦等机械作用造成引爆/引燃。

② 通过数值模拟和理论分析，研究了破片撞击产生的冲击波效应对柱面薄壳装药的起爆过程，揭示出破片着靶后，产生球面冲击波通过壳体传入近平面结构的炸药，柱面壳体的存在减小了炸药样品的受载强度，改变了受载面积，相当于把破片能量传递给壳体塑性变形区域，由壳体塑性变形区域传入裸露炸

药；建立了破片撞击产生冲击波效应引爆柱面带壳装药着速阈值的计算模型。

③通过理论分析推断出对于二维结构冲击波，只要入射冲击波强度高于热点反应所需的压力，且因冲击波激发出热点的反应释放热大于局部散热，即可引发装药的引爆/引燃。在该过程中，有效冲击波脉冲宽度起了重要作用，临界起爆压力存在，值与装药结构相关。

④通过试验揭示出钨、钢两种破片高速着靶下薄铝板、薄钢板的响应特征，发现钨合金破片撞击薄钢靶、薄铝靶，靶后闪光响应范围和持续时间均小于钢破片；钢破片撞击下，薄铝板光辐射范围远大于薄钢板。推断出铝壳装药较钢壳装药更易因破片撞击产生的机械效应引爆/引燃。

⑤通过量纲分析，获得了破片撞击引爆/引燃薄壳装药的量纲为1的控制参数 $E_{\text{Shock}}/(d_F \rho_F V_F^2)$，提出了薄壳装药撞击引爆/引燃判据的表征方法。

参 考 文 献

[1] 王树山. 终点效应学（第二版）[M]. 北京：科学出版社, 2019.

[2] Dennis W Baum, Robert K Garrett. Ballistics Tools for the 21st Century [C]. 23rd International Symposium on Ballistics. Tarragona, Spain 16 – 20 April 2007: 929 – 936.

[3] 谭显祥. 高速扫描相机时间测量不确定度分析 [J]. 光子学报, 2002: 31 (4), 1387 – 1390.

[4] 三土, 明光. 烽火记忆——二战盟国军用手榴弹全接触. 英国（上）[J]. 轻兵器, 2008, 31 (9): 30 – 34.

[5] Mott N F, Linfoot E H. A Theory of Fragment [R]. Advisory Council on Scientific Research and Development, Ministry of Supply, London, AC3348, January 1943.

[6] Mott N F. Fragmentation of H. E. Shells: A Theoretical Formula for the Distribution of Fragments [R]. Advisory Council on Scientific Research and Development, Ministry of Supply, London, AC3642, March 1943.

[7] Mott N F. A theory of the fragmentation of shells and bombs [R]. Advisory Council on Scientific Research and Development, Ministry of Supply, London, AC4035, August 1943.

[8] Gurney. The Initial Velocities of Fragments from Bombs, Shell and Grenades [R]. Ballistic Research Laboratory, Aberdeen Proving Ground, Report No. 405, September 1943.

[9] Walters A G, Rosenhead L. The Penetrating and Perforating of Targets by Bombs, Shells, and Irregular Fragments [R]. Report 4994, Advisory Council on Scientific Research and Technical Development, Ministry of Supply, London, October, 1943.

[10] Gurney, Sarmousakis. The Mass Distribution of Fragments from Bombs, Shell, and Grenades [R]. Ballistic Research Laboratory, Aberdeen Proving Ground, Report No. 448, February 1944.

[11] Langhaar H L. Dimensional Analysis and Theory of Models [M]. John Wiley & Sons, Inc., New York, 1951.

[12] Johns Hopkin University. A Study of Residual Velocity Data for Steel Fragments Impacting on Four Materials [R]. Empirical Relationships (U), Project Thor Technical Report No. 36, Ballisitic. Analysis Laboratory, Institute for Cooperative Research, April 1958.

[13] Taylor G I. Fragmentation of tubular bombs, science papers of Sir G I Taylor [M]. London: Cambridge University Press, 1963: 387 – 390.

[14] Held M. Initiation of Explosives: A Multiple Problem of the Physics of Detonation [J]. Explosive Stoffe, 1968, 1968 (5): 98 – 113.

[15] Emory E HackMan. Focused Blast – Fragment Warhead [P]. US: 3978796, 1976.

[16] Sam Waggener. The Evolution of Air Target Warheads [C]. 23rd International Symposium on Ballistics. Tarragona, Spain 16—20 April 2007: 67 – 75.

[17] 卢永刚, 杨世全. 基于 THOR 方程的杆条复杂姿态穿甲分析模型 [J]. 弹箭与制导学报, 2005, 29 (1): 27 – 30.

[18] 王齐鲁, 洪建华. 高速破片穿靶过程的数值仿真研究 (CCTAM2005) [C]. 中国力学学会学术大会, 2005.

[19] Greenspon J E. Damage to Structures by Fragments and Blast [R]. Maryland: Ballistic Research Laboratories, 1971.

[20] 高修柱, 蒋浩征. 弹丸、战斗部的破片威力参数计算模型 [C]. 中国兵工学会火箭导弹学会学术会议论文集. 中国兵工学会火箭导弹学会, 1985: 15.

[21] Hallquist J. LS – DYNA Keyword User's Manual, Version: 970 [M]. California: Livermore Software Technology Corporation, 2003.

[22] Held M. Initiation of Explosives: A Multiple Problem of the Physics of Detonation [J]. Explosive Stoffe, 1968 (5): 98 – 113.

[23] Javanbakht Z, Öchsner A. Advanced Finite Element Simulation with MSC Marc [M]. Berlin: Springer International Publishing, 2017.

[24] 马晓青, 韩峰. 高速碰撞动力学 [M]. 北京: 国防工业出版社, 1998.

[25] 午新民. 钨合金球体对有限厚靶板侵彻的理论与试验研究 [D]. 北京: 北京理工大学, 1996.

[26] 钱伟长. 穿甲力学 [M]. 北京: 国防工业出版社, 1984.

[27] Egres R G, Carbajal L A, Deakyne C K. Non – Orthogonal Kevlar Fabric Ar-

chitectures for Body Armor Applications [C]. 26th International Symposium on Ballistics, MIAMI, FL, September 12 – 16, 2011.

[28] 陈竞, 高雁翎. 国外防空反导系统新进展 [J]. 战术导弹技术, 2015, 174 (06): 3 – 10.

[29] 姚佳. 科学发展观指导下我军武器装备建设研究 [D]. 国防科学技术大学, 2008.

[30] 周培毅, 胡双启. 非均质炸药冲击起爆的临界 [J]. 华北工学院学报, 1996, 17 (4): 308 – 312.

[31] Walker F E, Wasley R J. Critical energy for shock initiation of heterogeneous explosives [J]. Explosive Stofe, 1969, 17 (1): 9.

[32] Held M. Initiation phenomena with shaped charge jets [C]. Proc. of 9th (Int) Symp. on Detonation, 1989: 1416 – 1426.

[33] Pedersen B, Bless S. Behind – armor debris from the impact of hypervelocity tungsten penetrators [J]. International Journal of Impact Engineering, 2006 (33): 605 – 610.

[34] Jenaro G, Rey F, Rosado G, Garcia P. Penetration of Fragments into Aircraft Composite Structures [C]. 23rd International Symposium on Ballistics, Tarragona, Spain 16—20 April 2007: 1527 – 1534.

[35] J. V. Poncelet. Cours de mécaniqueIndustrielle [M], professé de 1828 à 1829, par M [J]. Poncelet, 2e partie. Leconsrédigées par M. le capitaine du genie Gosselin. Lithographie de Clouet, Paris (sd), 1827, 14.

[36] Engineering Design Handbook. Elements of Terminal Ballistics [R]. Part One, Collection and Analysis of Data Concerning Targets. AD – 389220, 1962.

[37] Bethe H A. An Attempt at a Theory of Armor Penetration [R]. Philadelphia, Pa: Frankford Arsenal, 1941.

[38] Taylor G I. The formation and enlargement of a circular hole in a thin plate sheet [J]. Quart J. Mech. Appl. Math. 1948 (1): 103 – 124.

[39] Taylor G I. The use of flat – ended projectiles for determining dynamic yield stress I. Theoretical consideration [J]. Proc. R. Soc. Lond. A, 1948, 194 (1038): 289 – 299.

[40] Freiberger W. A problem in Dynamic Plasticity: the Enlargement of a Circular Hole in a Flat sheet [J]. Proc. of the Cambridge Philosophical Society, 1952 (48): 135 – 148.

[41] Recht R F, Ipson T W. Ballistic Perforation Dynamics [J]. Journal of

Applied Mechanics, 1963, 30 (3): 384 - 390.

[42] Spells K E. Velocities of Steel Fragments after Perforation of Steel Plates [J]. Proceedings of the Physical Society of London, 1951, 64 (3): 212 - 218.

[43] Florence A L. Interaction of projectiles and composite armour, Part II [R], Standford Research Institute, Menlo Part, California, AMMRC - CR - 69 - 15, August 1969.

[44] Herrmann W, Jones A H. Correlation of hypervelocity impact data [C]. Proc. 5th Symp. on Hypervelocity Impact, 1961: 389 - 438.

[45] Bjork R L. Review of Physical Processes in Hypervelocity Impact and Penetration [R]. Santa Monica, CA: RAND Corporation, 1963.

[46] Kinslow R. High Velocity Impact Phenomena [M]. New York: Academic Press 1970.

[47] 宁建国, 马天宝, 王成. 国内外爆炸力学仿真软件研究现状及发展趋势 [C]. 中国科学院技术科学论坛第二十三次学术报告会议论文集, 上海: 中国科学院中国机械工程学会, 2006: 129 - 139.

[48] Duffey T A, Key S W. Experimental - theoretical correlations of impulsively loaded clamped circular plates [J]. Experimental Mechanics, 1969, 9 (6): 241 - 249.

[49] Marvin E Backman, Werner Goldsmith. The Mechanics of penetration of projectiles into targets [J]. Int J Enging Sci, 1978 (16): 1 - 99.

[50] 钱伟长. 柱形弹体撞击塑性变形的泰勒理论的分析解及其改进 [C]. 理论物理和力学文集, 北京: 科学出版社, 1982: 73 - 90.

[51] Silsby G F. Penetration of Semi - Infinite Steel Targets [C]. Army Ballistic Research Lab, Aberdeen Proving Ground, MD, ADA2390946, 1984.

[52] Sils G F. Penetration of Semi - Infinite Steel Targets by Tungsten Rods at 1.3 to 4.5 km/s [C]. Proc 3rd Int Symp Ballistics, Karlsruhe, 1977.

[53] Hohler V, Stilp A J. A Penetration Mechanics Database [R]. San Antonio, TX: Southwest Research Institute, 1992.

[54] Wilkins M L. Mechanics of penetration and perforation [J]. Int J Eng Sci, 16, 1978: 793 - 807.

[55] Rosenberg Z, Bless S J, Yeshurun Y, et al. A new definition of the ballisitic efficiency of brittle materials based on the use of thick backing plates [C]. Proceeding of Impact 87 Conference in Bremen, FRG, 1987: 491.

[56] Rosenberg Z, Yeshurun Y. The relation between ballistic efficiency and com-

pressive strength of ceramic tiles [J]. Int J Impact Engineering, 1988, 7 (3): 357 - 362.

[57] Jonas A Zukas. High Velocity Impact Dynamics [M]. New York: John Wiley&Sons, Inc, 1990.

[58] Jonas A Zukas. Impact Dynamics [M]. New York: John Wiley&Sons, Inc, 1982.

[59] 马玉媛. 小型预制破片的速度衰减和侵彻深度的研究 [J]. 兵工学报, 1981, 2 (1): 50 - 58.

[60] 沈志刚, 于骐. 球形破片碰撞金属靶板的试验研究 [J]. 兵工学报弹箭分册, 1988, 8 (1): 62 - 70.

[61] 黄长强. 球形破片对靶板极限穿透速度公式的建立 [J]. 弹箭与制导, 1993, 13 (2): 58 - 61.

[62] 陈志斌, 陈有悟. 反导预制破片弹弹丸威力设计方法初探 [C]. 榴弹技术文集, 北京: 兵器工业出版社, 1994: 93 - 96.

[63] 陈志斌. 钨合金预制破片对靶板侵彻机理研究 [D]. 北京: 北京理工大学, 2007.

[64] 张国伟. 钨球对装甲钢板的侵彻研究 [D]. 太原: 华北工学院, 1996.

[65] 张庆明, 黄风雷, 周兰庭. 破片贯穿目标等效靶的极限速度 [J]. 兵工学报, 1996, 17 (1): 21 - 25.

[66] 朱文和, 赵有守, 李向东. 球形破片侵彻有限厚靶板的模型建立与计算 [J]. 弹道学报, 1997, 9 (3): 20 - 23.

[67] 贾光辉, 张国伟, 裴思行. 钨球对装甲钢板极限贯穿时能耗研究 [J]. 弹箭与制导学报, 1997, 17 (4): 49 - 53.

[68] 贾光辉, 张国伟, 裴思行. 钨块对软钢板侵彻试验研究 [J]. 弹箭与制导学报, 1998, 18 (3): 49 - 53.

[69] 贾光辉, 孙学清, 裴思行. 极限穿透速度与靶板材料动态屈服强度 [J]. 弹道学报, 1998, 10 (4): 46 - 49.

[70] Karl Weber. Fragmentation Behavior of Tungsten Alloy Cubes on Normal Aluminum Plate Targets [C]. 22ed Int Symp on Ballistics, Vancouver, BC Canada, 14th - 18th Nov. 2005: 2 - 1147 - 2 - 1154.

[71] Frank K, Schafer. An engineering fragment model for the impact of spherical peojectiles on thin metallic plates [J], 2006 (33): 745 - 762.

[72] Hassan Mahfuz, Yuehui Zhu, Anwarul Haque, et al. Investigation of high - velocity impact on integral armor using finite element method [J]. Internation-

al Journal of Impact Engineering, 2000 (24): 203 – 217.

[73] Bazle A Gama, Travis A Bogetti, Bruce K Fink, et al. Aluminum foam integral armor: a new dimension in armor design [J]. Composite Structures, 2001 (52): 381 – 395.

[74] William Gooch, Matthew Burkins, David Mackenzie, et al. Ballistic Analysis of Bulgarian Electroslag Renelted Dual Hard Steel Armor Plate [C]. 22ed Int. Symp. on Ballistics, Vancouver, BC Canada, 14th – 18th Nov. 2005: 2 – 709 – 2 – 716.

[75] Riedel W, Weber K, Wicklein M, et al. Reduction of Fragment Effects behind Layered Armour Experimental and Numerical Analysis [C]. 21st International Symposium on Ballistics, Adelaide, Australia, 19th – 23rd, Apr 2004: 279 – 281.

[76] Francesconi A, Pavarin D, Bettella A, et al. Generation of transient vibrations on aluminum sandwich panels subjected to hypervelocity impacts honeycomb sandwich panels subjected to hypervelocity impacts [J]. International Journal of Impact Engineering, 2008 (35): 1503 – 1509.

[77] Joseph B Jordan, Clay J Naito. Calculating fragment impact velocity from penetra – tion data [J]. International Journal of Impact Engineering, 2009: 1 – 7.

[78] William Schonberg, Frank Schafer, Robin Putzar. Hypervelocity impact response of honeycomb sandwich panels [J]. Acta Astronautica, 2010 (66): 455 – 466.

[79] Bowden P P, Yaffe A D. Initiation and Growth of Explosion in Liquids and Solids [M]. Cambridge University Press, 1952.

[80] Campbell A W, Davis W G, Travis J R. Shock of Detonation in Liquid Explosives [J]. Physics of Fluids, 1961, 4 (4): 498 – 521.

[81] 德列明. 凝聚介质中的爆轰波 [M]. 北京: 原子能出版社, 1976.

[82] Liddiard T P. The Initiation of solid High Explosives by a short – duration shock [C]. Proceedings of 4th Symposium (Int) on Detonation, 1965: 373 – 380.

[83] Gittings E F. Initiation of solid high explosive by short – duration shock [C]. Proceedings of 4th Symposium (Int) on Detonation, 1965: 373 – 380.

[84] Karo A M, Hardy J R, Walker F E. Theoretical studies of shock – initiated detonations [J]. Acta Astronautica, 1978, 5 (11 – 12): 1041 – 1050.

[85] Kroh M, Thoma K, Arnold W, Wollenweber V. Shock Sensitivity and Perform-

ance of Several High Explosives [C]. Proceedings of 8th Symposium (International) on Detonation, 1985: 502.

[86] 浣石. 非均质炸药冲击波起爆和二维稳态爆轰的研究 [D]. 北京: 北京理工大学, 1988.

[87] Hyunho Shin, Woong Lee. Interactions of Impact Shock Waves in a Thin – Walled Explosive Container. I. Impact by a Flat – Ended Projectiles [J]. Combustion, Explosion and Shock Waves, 2003, 39 (4): 470 – 478.

[88] Howe F. Shock Initiation and the Critical Energy Concept [C]. Proceedings of 6th Symposium (International) on Detonation, 1976.

[89] Mader C L. Invited Discussion of Shock Initiation Mechanism [C]. Proceedings of 6th Symposium (International) on Detonation, San Diego, CA, USA, 1976: 1 – 5.

[90] 章冠人, 陈大年. 凝聚炸药起爆动力学 [M]. 北京: 国防工业出版社, 1991.

[91] Keefe R L. Delayed detonation in card cap test [C]. Proceedings 7th Symposium (International) on Detonation, Annapolis: US Naval Academy, 1981: 265 – 272.

[92] Richter H P, et al. Shock sensitive of damaged energetic material [C]. Proceedings of the 9th Symposium (International) on Detonation, 1981: 435 – 447.

[93] 黄风雷. 固体推进剂冲击特性研究 [D]. 北京: 北京理工大学, 1992.

[94] Borne L, Beaucamp A. Effects of Explosive Crystal Internal Defects on Projectile Impact Initiation [C]. Proceedings of the 12th International Symposium on Detonation, San Diego, CA: Office of Naval Research, 2002: 35 – 44.

[95] 陈朗, 柯加山, 方青, 等. 低冲击下固体炸药延迟起爆 (XDT) 现象 [J]. 爆炸与冲击, 2003, 23 (3): 214 – 217.

[96] 梁增友. PBX 炸药冲击损伤及其起爆特性研究 [D]. 北京: 北京理工大学, 2006.

[97] 周栋. PBX 炸药损伤本构模型研究 [D]. 北京: 北京理工大学, 2007.

[98] 姚惠生. PBX 炸药冲击损伤及冲击起爆性能研究 [D]. 北京: 北京理工大学, 2007.

[99] 梁增友. 炸药冲击损伤与起爆特性 [M]. 北京: 电子工业出版社, 2009.

[100] Roberson Z, Crowe C. Engineering Fluid Mechanics [C]. Houghton –

Mifflin, New York, 1965.

[101] Roslund L A, Watt J M, Coleburn N L. Initiation of Warhead Explosive by the impact of controlled Fragment in Normal Impacts [R]. Report No. NOLTR 73 - 124, Naval Ordnance Laboratory, White Oak, MA, USA, 1975.

[102] Jacobs S J. The basis for a warhead design [R]. Naval Ordnance Laboratory Informal Memorandum. Silver Spring, MD, 1979.

[103] Frey R, Trimble J, Howe P, Melani G. Initiation of explosive charges by projectile impact [R]. Ballistic Res Lab, Rept ARBRL - TR - 02176, 1979.

[104] Howe P M. On the role of shock and shear mechanism in the initiation of detonation by fragment impact [C]. Proceedings of 8th Symposium (International) on Detonation, Albuquerque, NM: Naval Surface Weapons Center, 1985: 1150 - 1159.

[105] Cook M D, Haskins P J, James H R. Projectile impact initiation of explosive charges [C]. Proc. 9th Symposium (International) on Detonation, Arlington, VA: Office of Naval Research, 1989: 1441 - 1450.

[106] Chou P C, Flis W J, Konopatski K L. Adiabatic shear band formation in explosives due to impact [C]. Int Conf on Shock Wave and High - Strain - Rate Phenomena in Material, 1990.

[107] Chou P C, Hashemi J, Chou A, et al. Experimentation and finite element simulation of adiabatic shear bands in controlled penetration impact [J]. International Journal of Impact Engineering, 1991, 11 (3): 305 - 321.

[108] Pei Chi Chou, et al. The effect of cover plate on the impact initiation of explosives [C]. 17th Symposium (International) Pyrotechnics Seminar, Beijing, China, 1991: 570 - 576.

[109] 方青, 卫玉章, 张克明, 等. 射弹撞击带厚盖板炸药引发爆轰的机制 [J]. 弹道学报, 1997, 9 (1): 12 - 16.

[110] Baicy E O. A Fundamental Model Of the Fuel Fire Problem [R]. BRL Report No. 873, BRL, Aberdeen Proving Ground, Maryland, July 1953.

[111] 徐豫新, 韩旭光, 赵晓旭, 王树山. 钨合金高速侵彻低碳钢板失效行为试验研究 [J]. 稀有金属材料与工程, 2016, 45 (1): 122 - 126.

[112] 赵国志. 穿甲工程力学 [M]. 北京: 国防工业出版社, 1992.

[113] Johnson W. Impact Strength of Materials [M]. New York: Crane, Russak & Company, Inc., 1972.

[114] 蒋浩征, 周兰庭, 蔡汉文. 火箭战斗部设计原理 [M]. 北京: 国防工

业出版社，1982.

[115] 崔秉贵. 弹药战斗部工程设计 [M]. 北京：北京理工大学，1995.

[116] 午新民. 国外机载战斗部手册 [M]. 北京：兵器工业出版社，2005.

[117] 马运柱，黄伯云，刘文胜. 钨基合金材料的研究现状及其发展趋势 [J]. 粉末冶金工业，2005，15（5）：46-54.

[118] 赵文杰. 反辐射导弹战斗部毁伤效应研究 [D]. 北京：北京理工大学，1999.

[119] 翟晓丽. 装甲车辆易损性研究 [D]. 北京：北京理工大学，1997.

[120] 余文力，蒋浩征. 破片式战斗部对轻型装甲车辆的易损性分析方法及计算模型 [J]. 弹箭与制导学报，1999，19（4）：13-18.

[121] 高世泽. 武装直升机等效靶板的研究 [D]. 南京：南京理工大学，1991.

[122] 寇英信. 直九武装直升机抗弹击能力研究 [D]. 南京：南京理工大学，1996.

[123] 梁红梅. 变压器结构与工艺 [M]. 天津：天津大学出版社，2012.

[124] 谈庆明. 量纲分析 [M]. 合肥：中国科学技术大学出版社，2007.

[125] Hopkins H G. Dynamic Expansion of Spherical Cavities in Metals [M]. New York：North-Holland Publishing Company，1960.

[126] Whiffin A C. The Use of Flat-Ended Projectiles for Determining Dynamic Yield Stress. II. Tests on Various Metallic Materials [J]. Proceedings of the Royal Society of London，1948，194（1038）：300-322.

[127] 黄晨光，董永香，段祝平. 钨合金的冲击动力学性质及细微观结构的影响 [J]. 力学进展，2003，33（4）：433-445.

[128] 杨超，张宝平，李灿波，田时雨. 侵彻过程中穿甲弹温升机制的研究 [J]. 兵器材料科学与工程，2003，26（1）：29-31.

[129] 王迎春，王富耻，李树奎. 钨含量对钨合金动态剪切性能的影响 [J]. 稀有金属材料与工程，2006，35（7）：1132-1134.

[130] 王涵. 93钨合金组织和性能参量的研究 [D]. 北京：北京理工大学，2003.

[131] 丛美华，黄德武，段占强，李守新. 小口径穿甲试验靶板弹孔和残余弹体显微组织研究 [J]. 北京理工大学学报，2002，22（5）：594-598.

[132] 李金泉. 穿甲侵彻机理及绝热剪切带特性研究 [D]. 南京：南京理工大学，2005.

[133] 黄继华, 曹智威, 周国安, 陈浩. 高密度钨合金性能的计算机数值模拟研究—钨含量对合金性能的影响 [J]. 稀有金属材料与工程, 1998, 27 (6): 344 - 347.

[134] 焦彤, 张宝钎, 张海涛, 刘长林. 90W 和 93W 钨合金动加载下微 (细) 观响应分析 [J]. 中国有色金属学报, 2001, 11 (1): 92 - 97.

[135] 吴爱华. W - Ni - Fe 系高密度合金力学性能的研究 [D]. 长沙: 中南大学, 2004.

[136] E. H. Lee, S. J. Tupper, Analysis of Plastic Deformation in a Steel Cylinder Striking a Rigid Target [J], Journal of Applied Mechanics, 21, 1954: 63 - 70.

[137] Gerlach U. Microstructural analysis of residual projectiles—a new method to explain penetration mechanisms [J]. Metallurgical Transaction, 1986, 17 (3): 435 - 442.

[138] 宋卫东, 刘海燕, 宁建国. W - Ni - Fe 合金静动态力学性能及数值模拟研究 [J]. 力学学报, 2010, 42 (6): 1149 - 1155.

[139] 黄长强, 朱鹤松. 球性破片对靶板极限穿透速度公式的建立 [J]. 弹箭与制导学报, 1993, 13 (2): 58 - 61.

[140] 北京工业学院八系. 爆炸及其作用 [M]. 北京: 国防工业出版社, 1979.

[141] 赵晓旭, 王树山, 徐豫新, 赵晓宁. 钨球高速侵彻低碳钢板成坑直径的计算模型 [J]. 北京理工大学学报, 2015, 35 (12): 1217 - 1221.

[142] Summers J L, Charters A C. High speed impact of metal projectiles in targets of various materials [C]. 3rd Symp. On Hypervelocity Impact, Chicago, IL, Oct. 1958.

[143] Westine P S, Mullin S A. Scale modeling of hypervelocity impact [J]. International Journal of Impact Engineering, 1987, 5 (1 - 4): 693 - 701.

[144] 孙庚辰, 谈庆明, 赵成修, 葛学真. 金属厚靶的超高速碰撞开坑试验 [J]. 兵工学报, 1994, 15 (1): 27 - 31.

[145] Szendrei T. Analytical model of crater formation by jet impact and its application to calculation penetration curves and hole profiles [C]. Proceedings of 7th International Symposium an Ballistics, Hague: IBC, 1983: 575 - 583.

[146] Held M. Verification of the equation for radial crater growth by shaped charge jet penetration [J]. International Journal of Impact Engineering, 1995, 17 (1 - 3): 387 - 398.

[147] Held M. Radial Crater Growing Process in Different Materials with Shaped Charge Jets [J]. Propellants, Explosives, Pyrotechnics, 1999, 24 (6): 339-342.

[148] Recht R F. Taylor Ballistic Impact Modeling Applied to Deformation and Mass Loss Deformations [J]. International Journal of Engineering Sciences, 1978 (16): 809-827.

[149] Cowper G R, Symonds P S. Strain hardening and strain-rate effects in the impact loading of cantilever beams [R]. Providence, Rhode Island: Brown University Division of Applied Mathematics, 1957.

[150] Dikshit S N, Kutumbarao V V, Sundararajan G. The influence of plate hardness on the ballistic penetration of thick steel plates [J]. Int J Impact Eng, 1995, 16 (2): 293-320.

[151] 张江跃, 谭华, 虞吉林. 双屈服法测定93W合金的屈服强度 [J]. 高压物理学报, 1997, 11 (4): 254-259.

[152] Rosenberg Z, Dekel E A. A Computational Study of the Influence of Projectile Strength on the Performance of Long Rod Penetrators [J]. Int J Impact Eng, 1996, 18 (6): 671-677.

[153] Rosenberg Z, Dekel E A. A Computational Study of the Relations between Material Properties of Long Rod Penetrators and Their Ballistic Performance [J]. Int J Impact Eng, 1998, 21 (4): 283-296.

[154] 许瑞准, 胡秀章, 胡时胜. 预扭钨弹侵彻厚钢靶的三维数值模拟 [J]. 弹道学报, 2002, 14 (1): 32-36.

[155] 龚若来. 穿甲弹侵彻金属靶板的数值模拟 [D]. 南京: 南京理工大学, 2003.

[156] 荣吉利, 于心健, 刘宾, 胡更开. 钨合金易碎动能穿甲弹穿甲有限元模拟与分析 [J]. 北京理工大学学报, 2004, 24 (3): 193-196.

[157] 兰彬, 文鹤鸣. 钨合金长杆弹侵彻半无限钢靶的数值模拟及分析 [J]. 高压物理学报, 2008, 22 (3): 245-251.

[158] 楼建锋, 王政, 洪滔, 朱建士. 钨合金杆侵彻半无限厚铝合金靶的数值研究 [J]. 高压物理学报, 2009, 23 (1): 65-70.

[159] 楼建锋, 王政, 洪滔, 朱建士. 钨合金杆材料属性与侵彻性能的关系 [J]. 计算力学学报, 2009, 26 (3): 433-436.

[160] 许瑞准, 聂国华, 黄志强. 尖头刚性钨弹贯穿铝合金靶的数值模拟分析 [J]. 兵工学报, 2010, 31 (Suppl 1): 140-143.

[161] 郎林,陈小伟,雷劲松. 长杆和分段杆侵彻的数值模拟 [J]. 爆炸与冲击, 2011, 31 (2): 127-134.

[162] 董平,刘婷婷,张鹏程,李强. 钨合金性能对侵彻影响的数值模拟 [J]. 稀有金属材料与工程, 2011, 40 (10): 1748-1751.

[163] 李树涛,钟涛,陈晓军,等. 穿甲模拟弹侵彻不同厚度钛合金靶板的数值分析 [J]. 兵器材料科学与工程, 2012, 35 (1): 57-61.

[164] 董永香. 钨球打钢靶数值仿真研究 [J]. 弹道学报, 2002, 14 (3): 69-74.

[165] Wallace E Johnson, Charies E Anderson. History and application of hydrocodes in hypervelocity impact [J]. Int J Impact Engrg, 1987, 5 (1-4): 423-439.

[166] Jonas A Zukas. Survey of Computer for Impact Simulation, in High Velocity Dynamics [M]. USA: John Wiley & Sons. Inc, 1990.

[167] 徐豫新,王树山,伯雪飞,梁勇. 钨合金球形破片对低碳钢的穿甲极限 [J]. 振动与冲击, 2011, 30 (5): 192-195.

[168] 徐豫新. 破片毁伤效应若干问题研究 [D]. 北京: 北京理工大学, 2012.

[169] Niblett D H, Gardner D J, Mackay N G, et al. Application of hydrocode modelling to the study of hypervelocity impact crater morphology [J]. Advances in Space Research, 1996, 17 (12): 211-217.

[170] Johnson G R, Cook W H. A constitutive model and data for metals subjected to large strains, high strain rates and high temperature [C]. Proceeding of the 7th International Symposium on Ballistics. Hague, Netherlands: International Ballistics Committee, 1983: 541-547.

[171] Steinberg D J, Cochran S G, Guinan M W. A constitutive model for metals applicable at high strain rate [J]. J Appl Phys, 1980, 51 (3): 1498-1503.

[172] 彭建祥. Johnson-Cook 本构模型和 Steinberg 本构模型的比较研究 [D]. 绵阳: 中国工程物理研究院, 2006.

[173] Westerling L, Lundberg P, Lundberg B. Tungsten Long-rod penetration into conbined cylinders of boron carbide at and above ordnance velocities [J]. International Journal of Impact Engineering, 2001 (25): 703-714.

[174] 胡建波,俞宇颖,戴诚达,谭华. 冲击加载下铝的剪切模量 [J]. 2005, 54 (12): 5750-5753.

[175] 陈刚, 陈小伟, 陈忠富, 屈明. A3 钢钝头弹撞击 45 钢板破坏模式的数值分析 [J]. 爆炸与冲击, 2007, 27 (5): 390-397.

[176] Grüneisen E. Theorie des festen Zustandes einatomiger Element [J]. Ann. Physik, 1912 (12): 257-306.

[177] Yadav S S, Repetto E A, Ravichandran G, et al. A computational study of the influence of thermal softening on ballistic penetration in metals [J]. International Journal of Impact Engineering, 2001, 25 (8): 787-803.

[178] Wu Y. Axisymmetric Penetration of RHA steel targets by cylindrical tubes [C]. Proceeding of the 1995 International Conference on Metallurgical and Materials Applications of Shock - Wave and High - Stain - Rate Phenomena, 1995: 337-344.

[179] 徐豫新, 任杰, 王树山. 钨球正撞击下低碳钢板的极限贯穿厚度研究 [J]. 北京理工大学学报, 2017, 37 (6): 551-556.

[180] 梅志远, 朱锡, 张振中. 舰船装甲防护的研究与进展 [J]. 武汉造船, 2000, 5: 5-12.

[181] 戴耀, 孙琦, 刘凯. 不同夹层结构复合装甲的抗弹性能研究 [J]. 装甲兵工程学院学报, 2007, 21 (6): 33-36.

[182] 张晓钢. 近年来低合金高强度钢的进展 [J]. 钢铁, 2011, 46 (11): 1-9.

[183] 翁宇庆, 杨才福, 尚成嘉. 低合金钢在中国的发展现状与趋势 [J]. 钢铁, 2010, 46 (9): 1-10.

[184] 程新安. 国外舰船用钢的回顾与展望 [J]. 材料开发与应用, 1997, 12 (2): 46-48.

[185] 胡伯航, 魏书修. 舰艇用钢的研制与发展 [J]. 舰船科学技术, 2001 (2): 16-18.

[186] 张炯, 刘家驹. 水面舰艇主船体选材、用材及其相关问题 [J]. 舰船科学技术, 2001 (2): 2-8.

[187] 王晓强, 朱锡. 舰船用钢的抗弹道冲击性能研究进展 [J]. 中国造船, 2010, 51 (1): 189-234.

[188] 邵军. 舰船用钢研究现状与发展 [J]. 鞍钢技术, 2013 (4): 1-4.

[189] 周丹. 新一代 440 MPa 级水面舰船用钢的成分设计与性能研究 [D]. 辽宁: 辽宁科技大学, 2007.

[190] Kolsky H. An investigation of the mechanical properties of materials at very high rates of loading [J]. Proceedings of Physics Society, 1949 (B62): 676.

[191] 陶俊林. SHPB 试验技术若干问题研究 [D]. 绵阳：中国工程物理研究院, 2005.

[192] 孙善飞, 巫绪涛, 李和平, 等. SHPB 试验中试样形状和尺寸效应的数值模拟 [J]. 合肥工业大学学报, 2008, 31 (9)：1509－1512.

[193] 冯明德, 彭艳菊, 刘永强, 等. SHPB 试验技术研究 [J]. 地球物理学进展, 2006, 21 (1)：273－278.

[194] 宁建国, 王成, 马天宝. 爆炸与冲击动力学 [M]. 北京：国防工业出版社, 2010.

[195] 董菲, Guenael Germain, Jean Lou Lebrun, 等. 有限元分析法确定 Johson－Cook 本构方程材料参数 [J]. 上海交通大学学报, 2011, 045 (011)：1657－1660.

[196] 姚伟. 30CrMnSiNi2A 及 F175 材料一维加载条件下力学参数测试研究 [D]. 北京：北京理工大学, 2008.

[197] 胡时胜, 王礼立, 宋力, 等. SHPB 压杆技术在中国的发展回顾 [J]. 爆炸与冲击, 2014, 34 (6)：641－652.

[198] 刘盼萍, 尹燕, 常列珍, 等. 正火态 50SiMnVB 钢 Johnson－Cook 本构方程的建立 [J]. 兵器材料科学与技术, 2009, 32 (1)：45－49.

[199] 李营, 李晓彬, 吴卫国, 等. 基于修正 CS 模型的船用低碳钢动态力学性能研究 [J]. 船舶力学, 2015, 19 (8)：944－949.

[200] 王晓强, 朱锡, 梅志远. 陶瓷/船用钢抗破片模拟弹侵彻的试验研究 [J]. 哈尔滨工程大学学报, 2011, 32 (5)：555－558.

[201] GA 950－2011, 防弹材料及产品 V50 试验方法 [S]. 北京：中国标准出版社, 2011.

[202] MIL－STD－662F, V50 Ballistic test for armor [S]. USA：Department of Defense Test Method Standard, 1987.

[203] (俄) Л. П. 奥尔连科. 材料的动力学行为 [M]. 北京：科学出版社, 2011.

[204] (美) 迈耶斯. 爆炸物理学 [M]. 北京：国防工业出版社, 2006.

[205] 赵晓旭, 王树山, 徐豫新. 弹道极限试验值异常性检验方法研究 [J]. 北京理工大学学报, 2016, 36 (2)：144－147.

[206] 王文周. 小样本检验法 [J]. 西华大学学报·自然科学版, 2005, 24 (1)：80－82.

[207] 李硕, 王志军, 孙璐璐, 等. 35CrMnSi 钢弹体对钢板侵彻失效行为的试验研究 [J]. 兵器材料科学与工程, 2015, 38 (1)：18－21.

[208] 徐双喜. 大型水面舰船舷侧复合多层防护结构研究 [D]. 武汉：武汉理工大学，2010.

[209] 姜风春，刘瑞堂，张晓欣. 船用945钢的动态力学性能研究 [J]. 兵工学报，2000，21 (3)：257 - 260.

[210] 王琳，王富耻，王鲁，等. 空心弹体侵彻金属靶板的数值模拟和试验研究 [J]. 兵器材料科学与工程，2001，24 (6)：13 - 17.

[211] Rodríguez - Martínez J A, Rusinek J A, Pesci R, Zaera R. Experimental and numerical analysis of the martensitic transformation in AISI 304 steel sheets subjected to perforation by conical and hemispherical projectiles [J]. International Journal of Solids and Structures, 2013, 50 (2): 339 - 351.

[212] 靳佳波，王树山，司红利. 高速杆条小着角侵彻靶板的三维数值模拟 [J]. 弹箭与制导学报，2003，23 (1)：160 - 164.

[213] 徐豫新，王树山，翟喆，等. 高速钨合金破片对中厚钢靶的穿甲效应研究 [J]. 兵工学报，2009，30 (2)：259 - 262.

[214] 张自强，赵宝荣，张锐生，等. 装甲防护技术基础 [M]. 北京：兵器工业出版社，2005.

[215] 叶列平，冯鹏. FRP在工程结构中的应用与发展 [J]. 土木工程学报，2006，39 (3)：24 - 36.

[216] 陶杰，李华冠，潘蕾，等. 纤维金属层板的研究与发展趋势 [J]. 南京航空航天大学学报，2015，47 (5)：626 - 634.

[217] 段建军，杨珍菊，张世杰，等. 纤维复合材料在装甲防护上的应用 [J]. 纤维复合材料，2012，3 (12)：12 - 16.

[218] 杜善义. 先进复合材料与航空航天 [J]. 复合材料学报，2007，24 (1)：1 - 12.

[219] 蒋里锋，郑化安，马建华，等. 玻璃纤维增强PVC复合材料研究进展 [J]. 聚氯乙烯，2015，43 (9)：7 - 10.

[220] 沈军，谢怀勤. 先进复合材料在航空航天领域的研发与应用 [J]. 材料科学与工艺，2008，16 (5)：737 - 740.

[221] Abrate S. Impact on composite structures [M]. Cambridge, UK: Cambridge University Press, 1998.

[222] 杨坤，朱波，曹伟伟，等. 高性能纤维在防弹复合材料中的应用 [J]. 材料导报A，2015，29 (7)：24 - 28.

[223] 张振龙，李冬梅，于洋. PBO纤维基本力学性能试验研究 [J]. 纤维复合材料，2009，4 (9)：9 - 11.

[224] 郭玲, 赵亮, 胡娟, 等. 国产 PBO 纤维研究现状及发展趋势 [J]. 高科技纤维与应用, 2014, 39 (2): 11 – 15.

[225] 张鹏, 金子明, 宫平, 等. PBO 纤维及复合材料研究进展 [J]. 工程塑料应用, 2011, 39 (10): 107 – 110.

[226] 过超强, 赵桂平. 复合装甲抗侵彻性能的数值分析 [J]. 应用力学学报, 2013, 30 (1): 96 – 99.

[227] 迟润强, 范峰. 弹靶尺寸对陶瓷/金属复合装甲防护性能的影响 [J]. 爆炸与冲击, 2014, 34 (5): 594 – 601.

[228] 赵晓旭, 徐豫新, 田非, 等. 钢/纤维复合板对破片弹速侵彻吸能机制及分析方法 [J]. 兵工学报, 2014, 35 (Z2): 309 – 315.

[229] 徐锐, 戴文喜, 徐豫新, 马峰, 王树山. 钢/芳纶/钢三明治板抗高速破片侵彻性能研究 [J]. 弹箭与制导学报, 2014, 34 (1): 90 – 94.

[230] 赵晓旭. 破片对钢/纤维复合结构的高速侵彻效应研究 [D]. 北京: 北京理工大学, 2016.

[231] 曾毅, 赵宝荣. 装甲防护材料技术 [M]. 北京: 国防工业出版社, 2014.

[232] 科技创新必须坚持"三个面向" [N]. 科技日报, 2016 – 06 – 03 (8).

[233] 曹贺全, 赵宝荣, 徐龙堂. 装甲防护技术 [M]. 兵器工业出版社, 2012.

[234] 梁文娟, 王凤英. 新型装甲的发展 [J]. 四川兵工学报, 2004, 25 (3): 6 – 7.

[235] 陈建桥. 复合材料力学概论 [M]. 北京: 科学出版社, 2006.

[236] 陈烈民, 杨宝宁. 复合材料的力学分析 [M]. 北京: 中国科学技术出版社, 2006.

[237] 陈强. 芳纶/酚醛复合材料防弹性能研究 [D]. 武汉: 武汉理工大学, 2001.

[238] Hu Heng, Belouettar Salim, Potier – Ferry Michel, Daya EI Mostafa. Review and assessment of various theories for modeling sandwich composites [J]. Composite Structures, 2008, 84 (3): 282 – 292.

[239] 朱锡, 张振中, 刘润泉, 等. 混杂纤维增强复合材料抗弹丸穿甲的试验研究 [J]. 兵器材料科学与工程, 2000, 23 (1): 3 – 7.

[240] 王小强, 虢忠仁, 宫平, 等. 抗弹复合材料在舰船防护上的应用研究 [J]. 工程塑料应用, 2014, 42 (11): 143 – 146.

[241] Karahan M. Comparison of ballistic performance and energy absorption capa-

bilities of woven and unidirectional aramid fabrics [J]. Textile Research Journal, 2008, 78 (8): 718 – 730.

[242] 沈峰, 钟蔚华, 金子明, 等. 芳纶防弹板的研制 [J]. 工程塑料应用, 1998, 26 (5): 1 – 3.

[243] 吴乔国. 不同材料靶板的抗弹性能研究 [D]. 合肥: 中国科学技术大学, 2012.

[244] 杨小兵, 姜文娟, 程晓农. 芳纶纤维复合材料抗弹性能研究 [J]. 化工新型材料, 2007, 35 (2): 35 – 37.

[245] 彭刚, 刘原栋, 冯家臣, 等. 树脂基纤维增强复合材料超高应变率拉伸研究 [J]. 热固性树脂, 2006, 21 (4): 37 – 40.

[246] 刘原栋, 彭刚, 李永池, 等. 玻璃纤维增强复合材料高应变率拉伸试验研究 [J]. 试验力学, 2011, 26 (3): 337 – 341.

[247] 虢忠仁, 杜文泽, 钟蔚华, 等. 芳纶复合材料对球形弹丸的抗贯穿性能研究 [J]. 兵工学报, 2010, 31 (4): 458 – 463.

[248] 候海量, 朱锡, 谷美邦, 等. 破片模拟弹侵彻钢板的有限元分析 [J]. 海军工程大学学报, 2006, 18 (3): 78 – 83.

[249] 覃悦. 弹丸正撞击下纤维增强树脂基层合板破坏模式的理论和数值研究 [D]. 合肥: 中国科学技术大学, 2009.

[250] Lim C T, Tan V B C, Cheong C H. Perforation of high – strength double – ply fabric system by varying shaped projectiles [J]. International Journal of Impact Engineering, 2002, 27 (6): 577 – 591.

[251] 金子明, 沈峰, 曲志敏, 钟蔚华. 纤维增强复合材料抗弹性能研究 [J]. 纤维复合材料, 1999 (3): 5 – 9.

[252] Preece D S, Berg V S, Risenmay M A. Bullet Impact on Steel and Kevlar/Steel Armor – Experimental Data and Hydrocode Modeling with Eulerian and Lagrangian Method [C]. 22ed Int Symp on Ballistics, Vancourver, BC Canada, 14th – 18th Nov. 2005: 971 – 979.

[253] 张晓晴, 杨桂通, 黄小清. 弹体侵彻陶瓷/金属复合装甲问题的研究 [J]. 工程力学, 2006, 23 (4): 155 – 159.

[254] 彭刚, 冯家臣, 曲英章, 等. 组合间隙对纤维/陶瓷复合板抗弹性能的影响 [J]. 弹道学报, 2004, 16 (1): 60 – 64.

[255] Moriniere F D, Alderliesten R C, Benedictus R. Modelling of impact damage and dynamics in fibre – metal laminates – A review [J]. International Journal of Impact Engineering, 2014 (67): 27 – 38.

[256] Grujicic M, Sun Y P, Koudela K L. The effect of covalent functionalization of carbon nanotube reinforcements on the atomic – level mechanical properties of polyvinylestereposxy [J]. Applied Surface Science, 2007 (253): 3009 – 3021.

[257] Grujicic M, Bell W C, Thompson L L, et al. Ballistic – protection performance of carbon – nanotube – doped poly – vinyl – ester – epoxy matrix composite armor reinforces with E – glass fiber mats [J]. Materials Science&Engineering, 2008, 479 (1 – 2): 10 – 22.

[258] Grujicic M, Glomski P S, He T, et al. Material Modeling and Ballistic – Resistance Analysis of Armor – Grade Composites Reinforced with High – Performance Fibers [J]. Journal of Materials Engineering and Performance, 2009, 18 (9): 1169 – 1182.

[259] Gama B A, John W, Gillespie J. Finite element model of impact, damage evolution and penetration of thick – section composites [J]. International Journal of Impact Engineering, 2011, 38 (4): 181 – 197.

[260] 韩永要. 破片侵彻陶瓷/芳纶复合装甲数值模拟 [J]. 弹箭与制导学报, 2009, 29 (6): 98 – 102.

[261] 邵磊, 余新泉, 于良. 防弹纤维复合材料在装甲防护上的应用 [J]. 高科技纤维与应用, 2007, 32 (2): 31 – 34.

[262] 徐豫新, 王树山, 严文康, 等. 纤维增强复合材料三明治板的破片穿甲试验 [J]. 复合材料学报, 2012, 29 (3): 72 – 77.

[263] 张雁思, 戴文喜, 王志军. 基于SPH算法的爆破战斗部壳体破碎数值仿真研究 [J]. 兵器材料科学与工程, 2015, 38 (5): 85 – 88.

[264] 赵晓旭, 王树山, 徐豫新. 抗破片侵彻钢/纤维叠层复合结构优化设计方法 [J]. 振动与冲击. 2017, 36 (8): 179 – 183.

[265] 张自强, 赵宝荣, 张锐生, 等. 装甲防护技术基础 [M]. 北京: 兵器工业出版社, 2005.

[266] 罗米. 复合装甲——"钢铁三明治" [J]. 兵器知识, 2005 (08): 66 – 68.

[267] Michel Lambert, Frank K. Schafer, Tobias Geyer. Impact Damage on Sandwich Panels and Multi – Layer Insulation [J]. International Journal of Impact Engineering, 2001 (26): 369 – 380.

[268] Feng Zhu, Longmao Zhao, Guoxing Lu, Emad Gad. A numerical simulation of the blast impact of square metallic sandwich panels [J]. International

Journal of Impact Engineering, 2009 (36): 687-699.

[269] 沈真, 杨胜春, 陈普会. 复合材料抗冲击性能和结构压缩设计许用值 [J]. 航空学报, 2007, 28 (003): 561-566.

[270] Bazle A Gama, Travis A Bogetti, Bruce K. Fink, et al. Aluminum foam integral armor: a new dimension in armor design [J]. Composite Structures, 2001 (52): 381-395.

[271] Patrick M Schubel, Jyi-Jiin Luo, Isaac M Daniel. Low velocity impact behavior of composite sandwich panels [J]. Composites, 2005 (36): 1389-1396.

[272] Paul Wambua, Bart Vangrimde, Stepan Lomov, Ignaas Verpoest. The response of natural fibre composites to ballistic impact by fragment simulating projectiles. Composite Structures, 2007 (77): 232-240.

[273] Zhao H, Elnasri I, Girard Y. Perforation of aluminium foam core sandwich panels under impact loading - An experimental study [J]. International Journal of Impact Engineering, 2007 (34): 1246-1257.

[274] Kwang Bok Shin, Jae Youl Lee, Se Hyun Cho. An experimental study of low-velocity impact responses of sandwich panels for Korean low floor bus [J]. Composite Structures, 2008 (84): 228-240.

[275] Ryan S, Schaefer F, Destefanis R, M. Lambert. A ballistic limit equation for hypervelocity impacts on composite honeycomb sandwich panel satellite structures [J]. Advances in Space Research, 2008 (41): 1152-1166.

[276] Srinivasan Arjun Tekalur, Alexander E Bogdanovich, Arun Shukla. Shock loading response of sandwich panels with 3D woven E-glass composite skins and stitched foam core [J]. Composites Science and Technology, 2009 (69): 736-753.

[277] Zeng H B, Pattofatto S, Zhao H, Girard Y, Fascio V. Perforation of sandwich plates with graded hollow sphere cores under impact loading [J]. International Journal of Impact Engineering, 2010 (37): 1083-1091.

[278] Dean J, Fallah A S, Brown M, Louca L A, Clyne T W. Energy absorption during projectile perforation of lightweight sandwich panels with metallic fibre cores [J]. Composite Structures, 2011 (93): 1089-1095.

[279] Navarro P, Aubry J, Marguet S, Ferrero J F, Lemaire S, Rauch P. Experimental and numerical study of oblique impact on woven composite sandwich

structure: influence of the firing axis orientation [J]. Composite Structure, 2012, 94 (6): 1967-1972.

[280] Iremonger M J, Went A C. Ballistic impact of fibre composite armours by fragment-simulating projectiles [J]. Composites Part A Applied Science and Manufacturing, 1996, 27 (7): 575-581.

[281] Rondot F, Nussbaum J. Experimental and Computational Study on High Velocity Fragment Impact [C]. 26th International Symposium on Ballistics, MIAMI, Fl, September, 2011: 12-16.

[282] 张雁思, 徐豫新, 任杰, 等. 陶瓷/玻璃纤维复合防护结构层间位置对抗破片侵彻性能的影响规律研究 [J]. 弹箭与制导学报, 2017, 36 (6): 61-66.

[283] 王晓强, 朱锡, 梅志远. 纤维增强复合材料抗侵彻研究综述 [J]. 玻璃钢/复合材料, 2008, 35 (5): 47-56.

[284] 顾伯洪, 孙宝忠. 纺织结构复合材料冲击动力学 [M]. 北京: 科学出版社, 2012.

[285] Newlander C D. Peacekeeper Stage II NH&S Material Resp [C]. Modelling McDonnell Douglas. MDC H1011 1983.

[286] 倪长也, 金峰, 卢天健, 李裕春. 3 种点阵金属三明治板的抗侵彻性能模拟分析 [J]. 力学学报, 2010, 42 (6): 1125-1136.

[287] Prytz A K, Odegardstuen G. Fragmentation of 155mm Artillery Grenade, Simulations and Experiment [C]. 26 International Symposium on Ballistics, Miami, Florida, United States, 2011.

[288] 黄经伟, 李文彬, 郑宇, 等. 大口径榴弹自然破片形成过程 [J]. 兵工自动化, 2013 (11): 20-23.

[289] Xu Yongjie, Wang Zhijun, Pan Shouli, et al. Research on Failure Behavior of 35CrMnSi based on Ballistic Experiment [C]. 2015 International Conference on Materials Engineering and Information Technology Applications (MEITA 2015). 中国广西, 519-525.

[290] 王琳, 王富耻, 王鲁, 等. 贝氏体钢和 35CrMnSi 空心弹体侵彻金属靶板的比较研究 [J]. 兵工学报, 2003, 24 (3): 419-423.

[291] 李金泉, 袁黎明, 段占强, 等. 35CrMnSi 穿甲弹侵彻 45 钢靶板的微观组织观察 [J]. 兵器材料科学与工程, 2004, 27 (5): 20-23.

[292] 孙宇新, 李永池, 于少娟, 等. 长杆弹侵彻受约束 A95 陶瓷靶的试验研

究[J]. 弹道学报, 2005, 17 (2): 38-41.

[293] 赵晓宁, 何勇, 张先锋, 等. A3 钢抗高速杆弹侵彻的数值模拟与试验研究[J]. 南京理工大学学报(自然科学版), 2011, 35 (2): 164-167.

[294] 赵晓宁. 高速弹体对混凝土侵彻效应研究[D]. 南京: 南京理工大学, 2011.

[295] 任杰. 35CrMnSiA 钢对低碳合金钢的侵彻效应[D]. 北京: 北京理工大学, 2018.

[296] 张绪平, 任强, 蔡钢. 两次淬火对 35CrMnSi 钢抗拉强度的影响[J]. 热处理, 2011, 26 (5): 45-48.

[297] GB/T 228.1—2010, 金属材料 拉伸试验[S]. 北京: 中国标准出版社, 2011.

[298] GB/T 7314—2005, 金属材料 室温压缩试验方法[S]. 北京: 中国标准出版社, 2005.

[299] 王礼立. 应力波基础[M]. 北京: 国防工业出版社, 2005.

[300] 余同希, 邱信明. 冲击动力学[M]. 北京: 清华大学出版社, 2011.

[301] 许帅, 郭超, 武海军, 等. AerMet100 超高强度钢动态压缩剪切性能试验研究[C]. 全国强动载效应及防护学术会议暨复杂介质/结构的动态力学行为创新研究群体学术研讨会, 内蒙古, 2013.

[302] Nemat-Nasser S, Guo W G. Thermomechanical response of DH-36 structural steel over a wide range of strain rates and temperatures [J]. Mechanics of Materials, 2003, 35 (11): 1023-1047.

[303] Xu Z J, Huang F L. Plastic behavior and constitutive modeling of armor steel over wide temperature and strain rate ranges [J]. Acta Mechanica Solida Sinic, 2012, 25 (6): 598-608.

[304] 经福谦. 试验物态方程导引[M]. 北京: 科学出版社, 1986.

[305] Seaman L. Lagrangian analysis for multiple stress or velocity gages in attenuating waves [J]. Journal of Applied Physics, 1974, 45 (10): 4303-4314.

[306] 王刚. 细化钨合金在冲击载荷下力学性能研究[D]. 北京: 北京理工大学, 2003.

[307] 刘海燕. 钨合金动、静态力学性能研究[D]. 北京: 北京理工大学, 2007.

[308] 商霖. 钢筋混凝土材料动态本构特性及其破坏行为的研究[D]. 北京:

北京理工大学, 2005.

[309] 张宝平, 张庆明, 黄风雷. 爆轰物理学 [M]. 北京: 兵器工业出版社, 2009.

[310] Barker L M, Hollenbach R E. Shock wave study of the α·ε phase transition in iron [J]. Journal of Applied Physics, 1974, 45 (11): 4872 – 4887.

[311] 隋树元, 王树山. 终点效应学 [M]. 北京: 国防工业出版社, 2000.

[312] Walsh J M, Rice M H, Mcqueen R G, et al. Shock – Wave Compressions of Twenty – Seven Metals. Equations of State of Metals [J]. Physical Review, 1957, 108 (2): 196 – 216.

[313] Meyers M A. Dynamic Behavior of Materials [M]. New York: John Wiley & Sons, Inc., 1994.

[314] 朱黎江. 金属材料与热处理 [M]. 北京: 北京理工大学出版社, 2011.

[315] Boehler R, Bargen N V, Chopelas A. Melting, thermal expansion, and phase transitions of iron at high pressures [J]. Journal of Geophysical Research: Solid Earth, 1990, 95 (B13): 21731 – 21736.

[316] Takahashi T, Bassett W A. High – Pressure Polymorph of Iron [J]. Science, 1964, 145 (3631): 483 – 486.

[317] Wang S J, Sui M L, Chen Y T, Lu Q H, Ma E, Pei X Y, Li Q Z, Hu H B. Microstructural fingerprints of phase transitions in shock – loaded iron [J]. Scientific Reports, 2013, 3 (3): 1086.

[318] 马鸣图, 黎明, 黄镇如. 金属防弹材料的研究进展 [J]. 材料导报, 2005, 19 (增刊2): 423 – 424.

[319] 吕广庶, 张远明. 工程材料及成型技术基础 [M]. 北京: 高等教育出版社, 2001.

[320] 王彩焕. 合金成分和轧制工艺对10CrNi3MoV钢性能的影响研究 [J]. 山西冶金, 2014, 37 (1): 19 – 21.

[321] 杜晨阳, 丛长斌, 张斯博. 22SiMn2TiB 特种钢板热处理工艺研究 [J]. 金属加工 (热加工) 热加工, 2011 (19): 58 – 59.

[322] Cowper G R, Symonds P S. Strain – hardening and strain – rate effects in the impact loading of cantilever beams [R]. Brown University Division of Applied Mathematics, Brown University, Report no 28 September, 1957.

[323] Rakvǎg K G, Bϕrvik T, Hopperstad O S. A numerical study on the deformation and fracture modes of steel projectiles during Taylor bar impact tests

[J]. International Journal of Solids & Structures, 2014, 51 (3 - 4): 808 - 821.

[324] Recht R F. Taylor ballistic impact modelling applied to deformation and mass loss determinations [J]. International Journal of Engineering Science, 1978, 16 (11): 809 - 827.

[325] Tomita Y. Improved lower temperature fracture toughness of ultrahigh strength 4340 steel through Modified Heat treatment [J]. Metallurgical Transactions A, 1987, 18 (8): 1495 - 1501.

[326] 曹柏桢, 凌玉崑, 蒋浩征, 等. 飞航导弹战斗部与引信 [M]. 北京: 中国宇航出版社, 1995.

[327] David Davison. Three - Dimensional Analysis of the Explosive Initiation Threshold for Side Impact on a Shaped Charge Warhead [C]. Insensitive Munitions and Energetics Technology Symposium, Tampa, Florida, USA, October 1997: 1 - 4.

[328] Bahl K L, Vantine H C, Weingart R C. The shock initiation of bare and covered explosives by projectile impact [C]. Proceedings of the seventh symposium (international) on detonation, Annapolis, Maryland, 16 - 19 Jun 1981, Arlington, Virginia, USA: Office of Naval Research, NSWC MP 82 - 334, 325 - 335.

[329] Richard Lloyd. Conventional warhead systems physics and engineering design [M]. American Institute of Aeronautics and Astronautics, Inc. 1998.

[330] Lynch N J. The influence of a steel rear barrier on the detonation response of a steel covered explosive struck by a steel projectile [J]. International Journal of Impact Engineering, 2008 (35): 1648 - 1653.

[331] Held M. Initiation of covered high explosives has many facettes [C]. Third European Armoured Fighting Vehicle Symp., Shrivenham, UK, 1998.

[332] 唐勇, 吴腾芳, 顾文彬, 等. EFP 冲击起爆带盖板装药的可行性分析 [J]. 解放军理工大学学报 (自然科学版), 2004, 5 (1): 73 - 75.

[333] Walker F E, Wasley R J. Initiation of Nitromethane with Relatively Long Duration, Low Amplitude Shock Waves [J]. Combustion and Flame, 1970, 15 (1): 233.

[334] Green L. Shock Initiation of Explosives by the Impact of Small Diameter Cylindrical Projectiles [C]. Proc. 7th Symposium (International) on Detona-

tion, Annapolis, Maryland: Naval Surface Weapons Center, 16th – 19th Jun. 1981: 273 – 277.

[335] 姚惠生, 黄风雷, 张宝平. 炸药冲击损伤及损伤炸药冲击起爆试验研究 [J]. 北京理工大学学报, 2007, 27 (6): 487 – 490.

[336] 陈海利, 蒋建伟, 门建兵. 破片对带铝壳炸药的冲击起爆数值模拟研究 [J]. 高压物理学报, 2006, 20 (1): 109 – 112.

[337] Malcolm D Cook, Peter J Haskins, Richaard I. Briggs, Chris Stennett. Fragment Impact Characterization of Melt – Cast and PBX Explosives [J]. Shock Compression of Condensed Matter, 2001: 1047 – 1050.

[338] 洪建华, 刘彤. 杀伤破片侵彻击穿和引爆靶弹的分析与研究 [J]. 兵工学报, 24 (3), 2003: 316 – 321.

[339] 黄静, 肖川, 李晋庆. 钨合金破片撞击复合靶后装药的试验研究 [J]. 2004, 27 (2): 28 – 30.

[340] Huang Feng lei, Hu Xiang yu. Experimental Investigation of Two – Dimensional Shock Initiation Process of Cast Composition B [J]. Journal of Beijing Institute of Technology, 2004, 13 (3): 305 – 307.

[341] 马晓飞, 李园, 徐豫新, 王树山. 破片对薄盖板装药的冲击起爆研究 [J]. 弹箭与制导学报, 2009, 29 (4): 133 – 134.

[342] 马晓飞, 徐豫新, 李园, 王树山. 破片对模拟聚能战斗部装药冲击起爆研究 [J]. 战术导弹技术, 2010, 31 (2): 29 – 32.

[343] 马晓飞. 装甲车辆主动防护系统拦截弹药毁伤效应研究 [D]. 北京: 北京理工大学, 2009.

[344] 于宪峰. 预制破片弹对导弹的毁伤研究 [D]. 南京, 南京理工大学, 1997.

[345] 张举华. 固体含能材料冲击起爆——计算方法、冲击能量向分子内部流动模型、抄袭多孔材料中冲击波能量耗散机制 [D]. 北京: 北京理工大学, 1995.

[346] 李银成. 均匀炸药冲击起爆和起爆后的行为 [J]. 高压物理学报, 2005, 19 (3): 247 – 256.

[347] 李银成. 非均匀炸药冲击起爆和起爆后的行为 [J]. 高压物理学报, 2006, 20 (1): 102 – 108.

[348] 张先峰. 聚能侵彻体对带壳炸药引爆研究 [D]. 南京: 南京理工大学, 2005.

[349] 江增荣,李向荣,李世才,王海福. 预制破片对战斗部冲击起爆数值模拟 [J]. 2009, 21 (1): 9-13.

[350] 文尚刚,卫玉章. 炸药起爆研究的若干问题 [J]. 含能材料,2004, 12 (Z1): 467-471.

[351] Chou P C, Liang D, Flis W J. Shock and shear initiation of explosive [J]. Shock Waves, 1991 (1): 285-292.

[352] 李卫星. 破片对战斗部作用过程的数值模拟与试验研究 [D]. 北京: 北京理工大学, 1994.

[353] Davison D K. Predicting the Initiation of High Explosive in Components Subjected to High-Velocity Fragment Impact/Part I - Computer Model of Initiation of Octol Explosive [C]. Proceedings of the Symposium on Insensitive Munitions, ADPA, June 1992, 423.

[354] Peugeot F. An Analytical Extension of the Critical Energy Criterion Used to Predict Bare Explosive Response to Jet Attack [J]. Propellants, Explosives, Pyrotechnics, 1998 (23): 117-122.

[355] 郑平刚,赵锋,张振宇. 圆头钢弹对 PBX-9404 炸药撞击起爆的数值模拟 [J]. 高压物理学报, 2003, 16 (1): 29-33.

[356] Gu Zhuowei, Sun Chengwei, Zhao Jianheng, Zhang Ning. Experimental and numerical research on shock initiation of pentaerythritol tetranitrate by laser driven flyer plates [J]. Journal of Applied Physics, 2004, 96 (1): 344-347.

[357] 李芳. 非均质炸药冲击起爆的数值模拟研究 [D]. 北京: 北京理工大学, 2006.

[358] Touati D, Tivon G, Peles S, Alfo A, et al. Numerical Prediction of The Initiation of Confined Heterogeneous Explosives by Fragment Penetration [C]. 23rd International Symposium on Ballistics, Tarragona, Spin, 16-20, April, 2007: 145-151.

[359] 李会敏,刘彤. 破片冲击引爆带盖板装药的数值模拟方法研究 [J]. 弹道学报, 2008, 20 (1): 35-38.

[360] 李小笠,屈明,路中华. 三种破片对带壳炸药冲击起爆能力的数值分析 [J]. 弹道学报, 2009, 21 (4): 72-75.

[361] 崔凯华,洪滔,曹结东. 射弹冲击带盖板 Comp. B 装药起爆过程数值模拟 [J]. 含能材料, 2010, 18 (3): 286-289.

[362] 刘学，张庆明，何远航，翟喆. 高速弹丸对带壳装药冲击爆燃与爆轰问题研究 [C]. 中国计算力学大会2010（CCCM2010）暨第八届南方计算力学学术会议（SCCM8），四川，绵阳，2010.

[363] 贾宪振，杨建，陈松，等. 带壳B炸药在钨珠撞击下冲击起爆的数值模拟 [J]. 火炸药学报，2010, 33 (5): 43-47.

[364] 贾宪振，陈松，杨建，王健灵. 双破片同时撞击对B炸药冲击起爆的数值模拟研究 [J]. 高压物理学报，2011, 25 (5): 469-473.

[365] Lueck M, Heine A, Wickerk M. Numerical Analysis of Initiation of High Explosives by Interacting Shock Waves due to Multiple Fragment Impact [C]. 26th International Symposium on Ballistics, MIAMI, FL, September, 12-16: 2011, 73-81.

[366] 张鹏，任杰，王绪财，徐豫新. 高强度钢壳体战斗部爆炸破碎无网格法数值仿真 [J]. 兵器材料科学与工程，2016, 39 (04): 47-52.

[367] Mader, Charers L. Numerical modeling of detonations [M]. Berkeley: University of Califomia Press, 1979.

[368] Taki S, Fujiwara T. Numerical Analysis of Two-Dimensional Nonsteady Detonations [J]. Aiaa Journal, 1976, 16 (1): 454-66.

[369] A. N. Mikhailov, A. N. Dremin. Determination of the parameters of shock compression with the explosion pressing of metallic powders [J]. combustion, explosion and shock waves, 13 (1), 1977: 97-99.

[370] Mader C L, Forest C A. Two Dimensional Homogeneous and Heterogeneous Detonation Wave Propagation [R]. Los Alamos Scientific Laboratory Report LA-6259, 1976.

[371] Forest C A. Burning and detonation: Technical report of Los Alamos Scientific Lab [R]. LA-7245, New Mexico: Los Alamos Scientific Lab, 1978.

[372] Wackerle J B, et al. Behavior of Dense Media under High Dynamic Pressure [C]. Proceedings of Symposium on High Dense Physics, 1978: 127.

[373] Lee E L, Tarver C M. Phenomenological model of shock initiation in heterogeneous explosives [J]. Physics of Fluids, 1980, 23 (12): 2362-2372.

[374] Tarver C M, Hallquist J O. Modeling Two-Dimensional Shock Initiation and Detonation Wave Phenomena in PBX-9404 and LX-17 [C]. Proceedings of the 7th Symposium (International) on detonation, 1981: 488-497.

[375] Tarver C M. Hallquist J O, Erickson L M. Modeling Short Pulse Duration

Shock Initiation of Solid Explosives [C]. Proceedings of the 8th Symposium (International) on detonation, 1985: 951 - 961.

[376] Tang P K, Johnson J N, Forest C A. Modeling Heterogeneous High Explosive Burn with an Explicit Hot - Spot Process [C]. Proceedings of the 8th Symposium (International) on detonation, Albuquerque, NM, 1985: 52 - 61.

[377] Johnson J N, Tang P K, Forest C A. Shock Wave Initiation of Heterogeneous Reactive Solids [J]. Jounal of Applied Physics, 1985, 57 (9): 4323 - 4334.

[378] Kerley G I. CTH Equation of State Package: Porosity and Reactive Burn Models [R]. SAND92 - 0553, Sandia National Laboratories, NM, 1992.

[379] Starkenberg J, Dorsey T M. An Assessment of the Performance of the History Variable Reactive Burn Explosive Initiation Model in the CTH Code [C]. Proceedings of 11th International Detonation Symposium, Snowmass, CO, 1998: 621 - 631.

[380] Howe P M, Benson D C. Exploitation of Some Micro - Mechanical Concepts to Develop an Engineering Model of Shock Initiation [C]. Proceedings of 12th International Detonation Symposium, San Diego, CA, 2002.

[381] Handley C A. The CREST Reactive Burn Model [C]. Proceedings of 13th International Detonation Symposium, 2006.

[382] Whitworth N J. Some Issues Regarding the Hydrocode Implementation of the CREST Reactive Burn Model [C]. Proceedings of 13th International Detonation Symposium, 2006.

[383] Cochran S G, Chan J. Shock initiation and detonation in one and two dimensions: UCID - 18024 [R]. Livermore: Livermore National Laboratory, 1979.

[384] Tillotson J H. Metallic Equations of State for Hypervelocity Impact [R]. San Diego, CA: General Atomic, 1962.

[385] Дубнов Л В, Сужих В А, ТомаШевиг И И. К Вопросу О Природе Локалъных Микроогагов Разложения в Конденсированных В В Ири Механических Воздеиствиях [J]. ФГВ, 1971 (1): 147.

[386] Frey R B. The Initiation of Explosive Charges by Rapid Shear [C]. 7th Symposium (International) on Detonation. White Oak, Sliver Spring, Maryland. Naval Surface Weapons Center, 1982, 36.

[387] Randolph A D, Simpson K O. Rapid Heating - to - Ignition of High Explo-

sives. II. Heating by Gas Compression [J]. Industrial & Engineering Chemistry Fundamentals, 1976, 15 (1): 7-15.

[388] Дунин С З, Сужих В В. Сруктура Фронта Ударнои Волны в Твердои Пористои Среде [J]. ПМТФ, 1979 (1): 106.

[389] Partcm Y. A Void Collapse Model for Shock Initiation [C]. 7th Symposium (International) on Detonation. White Oak, Silver Spring, Marg Land: Naval Surface Weapons Center, 1982: 506.

[390] Moulard H. A Critical Area Concept for the Initiation of a Solid High Explosive by the Impact of Small Projectiles [C]. Proc 7th International Coll. Gas Dynamics, Gottingen, August 1979.

[391] 蔡瑞娇, 苏青, 毛金生. 起爆深度——炸药柱间爆轰传递的判据 [J]. 北京理工大学学报, 1990.

[392] 胡双启. 传爆药——主装药间冲击起博若干问题的研究 [D]. 北京: 北京理工大学, 1997.

[393] 董小瑞, 隋树元, 马晓青. 破片对屏蔽炸药的撞击起爆研究 [J]. 弹箭与制导学报, 1997, 17 (2): 1-4.

[394] 宋浦, 梁安定. 破片对柱壳装药的撞击毁伤试验研究 [J]. 弹箭与制导学报, 2006, 26 (1): 87-92.

[395] Ramsay J B, Popolate A. Analysis of shock wave and initiation data for solid explosives [C]. Proc. 4th Symposium (International) on Detonation, Arlington, VA: Office of Naval Research, 1965: 233-238.

[396] 张宝坪, 张庆明, 黄风雷. 爆轰物理学 [M]. 北京: 兵器工业出版社, 2001.

[397] 王树山, 隋树元. 注装 B 炸药冲击起爆特性试验 [J]. 火工品, 23 (2), 2001: 18-20.

[398] 胡湘渝. 凝聚炸药二维冲击波起爆研究 [D]. 北京: 北京理工大学, 1999.

[399] 孙元虎. 二维轴对称加载条件下凝聚炸药的冲击起爆研究 [D]. 北京: 北京理工大学, 2005.

[400] Chawla M S, Frey R B. A Numerical Study of Explosive Heating due to Projectile Impact [J]. Propellants and Explosives, 1978 (3): 119-126.

[401] 唐恩凌. 超高速碰撞 LY12 铝靶产生等离子体试验研究 [D]. 北京: 北京理工大学, 2007.

[402] 唐恩凌,张庆明,张健. 铝-铝超高速碰撞闪光现象的初步试验测量 [J]. 航空学报, 2009, 30 (10): 1895-1900.

[403] 张庆明. LY-12铝合金熔化的临界碰撞速度 [J]. 北京理工大学学报, 2000, 20 (4): 427-430.

[404] 孙崐. 爆炸火焰真温测量技术研究 [D]. 哈尔滨: 哈尔滨工业大学, 2012.

[405] 陈卫东, 张忠, 刘家良. 破片对屏蔽炸药冲击起爆的数值模拟和分析 [J]. 兵工学报, 2009, 30 (9): 1187-1191.

[406] 黄来法, 谢志敏. 钢质与钨合金破片对屏蔽装药毁伤能力研究 [C]. 2011中国宇航学会无人飞行器分会战斗部与毁伤技术专业委员会第十二届学术交流会论文集, 广东, 广州, 2011: 644-648.

[407] Roslund L A. Initiation of Warhead Fragments (I. Normal Impacts) [R]. White Oak, MD: Naval Surface Weapons Center, 1973.

[408] Mader C L, Pimbley G H. Jet Initiation and Penetration of Explosives [J]. J Energetic Matericals, 1983 (1): 3-44.

[409] Mader C L. Recent Advances in Numerical Modelling of Detonation [J]. Propellants, Explos, Pyrotech, 1986 (11): 163-166.

[410] 李园. 坦克主动防护系统防护弹药毁伤效应研究 [D]. 北京: 北京理工大学, 2006.

索 引

0~9（数字）

2A12-T4 铝（表） 30、60、348
 本构模型参数（表） 60
 材料模型及参数设置（表） 348
 动态屈服强度（表） 30
 壳体 348
4 种工况数值仿真弹道极限和试验结果对比（表） 165
7.5 g 破片 156、165、166、168、184、188、208
 采用式计算结果与仿真弹道极限速度对比（表） 208
 穿甲效应仿真 184
 对不同组合方式复合结构侵彻数值仿真（表） 166
 对不同组合方式钢/纤维复合结构弹道极限速度（表） 168
 侵彻效应仿真 165
 完全理想条件下穿有间隔复合结构的比吸收能（表） 188
 以不同速度贯穿 4 mm 和 5 mm 合金钢靶板剩余速度（表） 156
10.0 g 破片 173、175、189、212
 采用式计算结果与仿真弹道极限速度对比（表） 212
 穿甲效应仿真 189
 对不同组合方式复合结构弹道极限速度（表） 175
 对采用不同厚度纤维材料复合结构侵彻数值仿真（表） 173
 侵彻效应仿真 173
 完全理想条件下贯穿有间隔复合结构的比吸收能（表） 194
10CrNiMo 钢 312~314、317
 弹孔附近区域破坏形貌（图） 314
 钢板 313
 钢板侵彻试验结果（表） 317
 原始微观组织形貌 312
12.7 mm 弹道枪 19、20、80
 枪架（图） 19
 加载 20
 加载方式 80
 加载试验系统 20
22SiMnTi 钢 313、314
 钢板 313
 弹孔附近区域破坏形貌（图） 314
35CrMnSiA 钢 103、104、259~261、265、268、270、271、285、286、290~295、298、304、315、348
 HEL 和等效屈服应力 292
 Hugoniot 关系曲线（图） 290
 XRD 检测结果（图） 295
 本构模型参数（表） 103
 动态响应特性（表） 292
 可逆 α→ε 相变 294
 平头圆柱弹体对低碳合金钢板侵彻试验 315

强度　304
　　屈服应力和应变率敏感性因子（表）
　　　292
　　微观组织形貌（图）　270、271
　　物态变化规律　298
　　状态方程模型参数（表）　104
　　自由面粒子速度历史曲线（图）　286
35CrMnSiA 钢 SHPB 动态压缩测试　264、
　　265
　　分析　265
　　试验结果　265
　　试验原理　264
　　装置　264
35CrMnSiA 钢 SHPB 试验（表）　269、271
　　结果（表）　269
　　数据能量法计算结果（表）　271
35CrMnSiA 钢弹体（图）　310、312、315、
　　317、326
　　对 3 种防弹钢板侵彻效果　310
　　对不同厚度 10CrNiMo 低碳合金钢板侵
　　彻试验结果（表）　317
　　对弹靶相对厚度为 1.14 靶体高速侵彻
　　试验结果（图）　326
　　高速撞击下 3 种低碳合金钢失效判据
　　　315
35CrMnSiA 钢断口　263
　　组织分析　263
35CrMnSiA 钢对低碳合金钢侵彻试验结果及
　　分析　309
　　分析　309
　　试验结果　309
　　试验原理　309
　　装置　309
35CrMnSiA 钢和 3 种低碳合金钢　305、308
　　力学性能（表）　305
　　屈服强度随应变率变化关系（图）
　　　308

35CrMnSiA 钢平板撞击试验研究　272 ~
　　274、280
　　分析　280
　　试验结果　280
　　试验原理　272
　　试验装置　274
35CrMnSiA 钢失效　269
　　判据　269
　　行为分析　269
35CrMnSiA 钢塑性应变能密度　271、272
　　增加率（图）　272
35CrMnSiA 钢准静态拉伸　261
　　应力 – 应变曲线（图）　261
35CrMnSiA 钢准静态拉伸试件断口（图）
　　263
　　微观形貌（图）　263
35CrMnSiA 钢准静态力学性能　260 ~ 263、
　　261（表）
　　压缩力学性能（表）　263
　　压缩应力 – 应变曲线（图）　262
45 钢材料模型及参数设置（表）　349
57.5 mm/14.5 mm 二级轻气炮（图）　19 ~ 21
　　加载试验系统　21
90% 置信水平　89
93W 合金破片　35、39
　　残体背表面　35
93W 和 95W 破片初始状态表面 SEM 观察
　　（图）　35
95% 置信水平　89、90（表）
95W 合金破片　36、39
　　残体背表面　36
95W 破片残存体背面裂缝处 SEM 观察
　　（图）　40
　　放大 2000 倍观察结果（图）　40
　　观察位置（图）　40
99% 置信水平　89、90（表）
99.9% 置信水平　91、91（表）

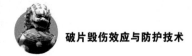

623 m/s 撞击速度下 35CrMnSiA 钢各力学量的时-空分布特性（图） 283～285
    比内能-时间曲线（图） 284
    粒子速度-时间曲线（图） 284
    平滑除噪后的应力-时间曲线（图） 283
    实测应力-时间曲线（图） 283
    应力-应变曲线（图） 285
    应变-时间曲线（图） 284

1 800 m/s 着靶速度下破片内的温度场分布（图） 63

1 910 m/s 着速下的靶后铝箔纸（图） 48

4 100～4 200 s^{-1} 应变率下 35CrMnSiA 钢微观组织形貌（图） 270、271
    4 100 s^{-1} 应变率下回收受损试件（图） 270
    4 200 s^{-1} 应变率下回收受损试件裂纹与绝热剪切带（图） 270
    高温氧化物夹杂（图） 271
    晶粒细化（图） 271
    原始试件 270

A～Z、ø

A_1 随着夹层厚度增加变化（图） 251

ALE 算法 344

AutoDyn 57、61、344
    程序 57、61
    软件 344

AutoDyn-2D 57、58
    程序 58
    数值模拟结果（图） 57

AutoDyn-3D 程序 58

Cowper-Symonds 模型参数拟合结果（表） 308

D8AdvanceX 射线衍射仪 295

DISAR 测试系统（图） 280
    测试装置 280

激光发射源与测速仪（图） 280
    探针布置（图） 280

E-玻璃和 Kevlar-129 芳纶纤维丝性能参数（表） 222

FSP 破片 220、223、235、236
    对不同结构靶板弹道极限（表） 223
    对钢/纤维/钢复合结构侵彻与贯穿模拟（图） 236
    结构尺寸（图） 220

FSP 破片对 8 种钢/纤维/钢复合结构靶弹道极限（表） 230、236
    速度（表） 236

Gurney 4、5
    比能 4
    公式 5

HSLA 70、71

HSLA65 钢 71

Hugoniot 286、290、380
    参数（表） 380
    关系 286
    关系式分段线性拟合结果（表） 290

Johnson-Cook 模型 75
    参数拟合 75

J-C 材料模型 76～78
    表达式 76
    拟合应力-应变曲线与试验曲线比较（图） 77、78

K_1 随夹层厚度变化（图） 249

K_2 随夹层厚度变化（图） 249

Kolsky 杆试验技术 74

Lee-Tarver 三项反应速率模型参数（表） 347

Ls-Dyna3D 数值模拟结果与试验对比（图） 57

Mie-Grüneisen 模型 103

Mott 公式 4

Poncelet 公式 9

索引

Q235A 钢　49、313
　　弹孔附近区域破坏形貌（图）　313
Q235A 钢、2A12－T4 铝动态屈服强度
　　（表）　30
SDDT 曲线（图）　11
SDT 阈值　13
Shapiro 公式　5
SHPB 试验　74、264、267
　　动态压缩测试　264
　　回收受损试件（图）　267
　　技术　74
　　装置示意（图）　264
SHPB 试验标定波形与实测三波信号（图）
　　266
　　标定波形（图）　266
　　实测三波信号（图）　266
SHPB 试验实测曲线（图）　267
　　应力－时间曲线（图）　267
　　应力－应变曲线（图）　267
SHPB 试验现场布置（图）　266
　　采集系统（图）　266
　　加载系统（图）　266
Spells 理论　9
SPH 算法　344
THOR 方程　5
　　参数　5
XRD 分析　295
$\phi 7\ mm$ 破片　32、64
对 20 mm 厚钢靶穿甲试验结果（表）　32
贯穿 10 mm 厚钢板临界能量转换（图）
　　64
$\phi 7.5\ mm$ 破片贯穿 Q235A 板后的破碎块
　　（图）　34

B

靶板　81、275、276
　　宽厚比计算示意（图）　276
靶板自由面粒子速度　273、286
　　历史曲线　286
　　剖面结构示意（图）　273
靶标　333、336、337、350
　　典型破坏现象（表）　336
　　破片撞击引爆模拟结果（表）　350
　　受损炸药微观观察　337
　　装药及结构参数（表）　333
靶后铝箔纸（图）　48
靶架（图）　21
靶界面温升及熔化现象　41
靶孔　25（图）、49、50、55
　　SEM 观察　49
　　出口孔径　55
　　入口处微观表面观察　49
　　入口计算关系式　55
　　周围翻边处 SEM 表面观察（表）　50
靶孔孔径　49~51
　　计算模型　51
　　计算研究　51
靶孔入口处孔径（图）　54、55
　　计算与试验结果对比（图）　54
　　相对于破片原直径增加量随着速变化
　　（图）　55
靶试试验结果　81
靶速度　17
靶体　22、23、28、59、225、277
　　安装与固定（图）　277
　　材料试验　23
　　材质尺寸与力学性能　22
　　单位面密度吸收能（表）　225
　　临界贯穿相关性　28
　　网格（图）　59
靶体钢　71、74、75
　　Johnson－Cook 模型参数拟合　75
　　动态力学性能测试　74
　　力学性能测试与分析　71

429

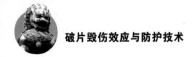

靶体厚度 27、116
    临界贯穿比动能 27
靶体结构 23、78、240
    等效 23
    吸能比率随夹层板厚度变化（图）240
靶体临界贯穿损伤数 30~32
    对比关系 30
    与厚度的关系（图）31
    与相对厚度的关系 31、32
靶体临界贯穿损伤数与弹靶相对厚度的关系 30、31
    破片类型区分显示（图）31
    整体显示（图）31
靶体内能（图）65、66
    随侵彻进程变化（图）65
    最终增加量与总能量之比随破片着速变化（图）66
靶体破坏（图）82、215、216
    情况（图）82
    现象（图）215、216
靶体破坏特征（图）141、142
    玻璃纤维复合材料（图）142
    玻璃纤维增强复合材料（图）141
    芳纶纤维复合材料（图）142
    芳纶纤维增强复合材料（图）141
薄金属板 385
薄壳装药 331、364~371、386、393
    各观察点处内能密度变化（图）364~371
    破片冲击引爆/引燃判据验证 393
    战斗部 331
薄壳装药内各观察点处压力变化（图）356~363
    铝壳屏蔽装药（图）357
薄壳装药破片撞击 383
    机械效应引爆/引燃相关性 383

薄壳装药破片撞击引爆/引燃判据 390
    表征 390
薄铝板、钢板在破片撞击下的响应特征（图）385
    冲击薄钢板（图）385
    冲击薄铝板（图）385
薄片球冠状塞块 157
爆炸条件下破片质量分布的分析方法 4
爆炸响应特征 389
背板 171、177、180
    为芳纶纤维材料板 171、177、180
    为复合纤维材料板 177、180
    为混杂纤维材料板 171
本构模型 59
苯橡胶 135
比吸收能（图）153、154
比吸收能随纤维材料板厚度变化（图）172、180
    合金钢+芳纶纤维板（图）172、180
    合金钢+复合纤维板（图）172、180
变形破坏 240
标准化残差值 97、99、111、115、116
    对比（图）99
    服从标准正态分布 99
    检验方法 97
玻璃纤维 139~141
    材料 139
玻璃纤维和芳纶纤维在不同加载条件下应力和应变率关系（图）140
    玻璃纤维复合材料（图）140
    芳纶纤维复合材料（图）140
不同工况下飞片与靶板尺寸设计（表）276
不同结构比吸收能（图）153、154
不同结构特征复合结构破片穿甲试验 227

索引

不同特征复合结构破片穿甲数值模拟 234
不同着速下靶孔（图） 25
不同着速下破片响应现象（表） 48
不同组合方式复合结构的比吸收能（表） 171、178

C

材料 59、102、103、258、286、380
 力学行为研究 258
 流变特性 286
 密度和 Hugoniot 参数（表） 380
 描述 59、102
 状态方程 59、103
材料本构 59、102、346
 方程 59、102
 模型 346
材料对撞击响应特性（表） 18
 与损伤数关联 18
参考文献 397
残差 97、99、111
 服从正态分布 99
 均值 111
残差标准化 97、106
 残差值（表） 106
残差值分布 113
残存破片表面观察 35
残余破片和塞块 182～192
 对 10 mm 和 12 mm 厚纤维板弹道极限（表） 182
 对不同厚度纤维材料板侵彻数值仿真（表） 184、189
 对不同种类纤维材料板弹道极限速度（表） 186、191
 对纤维板弹道极限速度随板厚度变化（图） 187、192
残余破片和塞块对 10 mm、12 mm 厚纤维板侵彻数值仿真（图） 182

7.5 g 破片侵彻 10 mm 厚芳纶纤维板（图） 182
7.5 g 破片侵彻 10 mm 厚复合纤维板（图） 182
7.5 g 破片侵彻 12 mm 厚芳纶纤维板（图） 182
7.5 g 破片侵彻 12 mm 厚复合纤维板（图） 182
侧向稀疏波影响 275
层合复合材料 132
层裂 325
 破坏 325
 强度 325
差分方程 282、283
超高强度弹体钢 257、317、322
 弹体损伤演化规律 322
 动力学行为 257
 动态压缩屈服点确定（图） 268
 平头圆柱弹体损伤演化规律 317
超高强度合金钢 35CrMnSiA 259、326
 弹体对典型低碳合金钢防弹板 10CrNiMo、22SMnTi 及 Q235A 侵彻试验 326
 化学组成（表） 259
第Ⅱ类阻抗匹配法 275
冲击波 342、380～383
冲击波速度 289、291
 与粒子速度关系（图） 289、291
冲击波效应 342、351、355、377、378
 引爆阈值 377
 柱面带壳装药破片引爆判据分析 378
冲击波压力在不同物质中传播过程（图） 12
 惰性物质（图） 12
 炸药（图） 12
冲击动力学程序 57
冲击反应动力学数值模拟技术 343

冲击加载作用　381
冲击破片质量　394
冲击起爆　11、343
　　研究　343
冲击吸能能力　303
冲击压力　379
冲击引爆研究　11
冲塞块　155
出口孔径计算模型　55
初始冲击波　379、391
　　在壳体内的传播特征（图）　379
初始屈服应力　308
初始压力　381
穿甲后破片终态及SEM观察（表）　36
穿甲后韧性钢破片残体（图）　223
穿甲能力　28、33
穿甲效应研究　8、9、18、34、56
　　领域　9
　　试验研究　8、18
　　数值模拟程序　9
穿孔特征　232
传入炸药内部初始压力（表）　382
磁测速靶（图）　21

D

大质量超高强度弹体钢破片对低碳合金钢侵
　　彻效应　301
代表性树脂基体性能参数（表）　133
代表性纤维轴向力学性能参数对比（表）
　　133
带壳装药　13、330、373、390
　　冲击波引爆　373
　　破片撞击引爆/引燃判据研究　390
　　撞击起爆研究　13
　　撞击引爆/引燃研究　330
单层和双层叠合夹层复合结构各部分吸能比
　　率（图）　241

玻璃纤维夹层复合结构（图）　241
芳纶纤维夹层复合结构（图）　241
单层和双层叠合夹层结构对破片侵彻中内能
　　增加影响（图）　242
单位靶体厚度临界贯穿比动能与弹道极限速
　　度的关系（图）　28
单位面积密度靶板临界吸收能　151
弹靶相对厚度下回收35CrMnSiA钢弹体剩余
　　质量分数与撞击速度　321、322
　　关系（图）　321、322
　　拟合关系式（表）　322
弹靶撞击　18
　　过程材料响应　18
　　响应分类不足　18
　　响应现象及分类　18
弹靶作用过程波系（图）　325
弹道极限　24、28、30、32、33、62、80、
　　104、109、116、165
　　极限值　30
　　试验结果（表）　24
　　试验结果对比（表）　165
　　数值模拟结果（表）　62
　　随破片质量变化规律（图）　116
弹道极限分析计算模型　83、84、109
　　修正与形式转换　109
弹道极限速度　32、84~86、91、94、95、
　　107、135、136、142、161、168、176、
　　177、206、246、247（表）
　　计算式　168
　　随弹靶相对厚度变化（图）　94
　　随弹靶相对厚度变化关系（图）
　　85、86
　　随纤维材料板厚度变化曲线　176
　　速度值　246
　　置信区间（表）　91
弹道极限速度随纤维材料板厚度变化（图）
　　169、176

索 引

　　合金钢＋芳纶纤维板（图） 169、176

　　合金钢＋复合纤维板（图） 169、176

弹道极限置信区间 88～90、89（表）、90（表）

　　检验方法 88

弹道枪加载试验布置示意及现场（图） 20

　　试验布置示意（图） 20

　　试验布置现场（图） 20

弹速侵彻 157

弹体/破片对有限厚度靶体贯穿能力 32

弹体 29、32、258、310、319、322

　　对低碳合金钢板侵彻试验示意（图） 310

　　高速冲击过程 258

　　临界断裂速度阈值与弹靶相对厚度关系 319

　　破坏模式 322

　　侵彻 29

　　侵蚀 42

弹体和弹托结构示意（图） 309

　　35CrMnSiA 钢弹体（图） 309

　　尼龙弹托（图） 309

弹体剩余质量分数 320

　　与弹靶相对厚度关系 320

　　与撞击速度关系 320

导弹整体结构解体 330

低合金高强度结构钢 71

低碳钢靶 48

低碳合金钢 302～307、312、315

　　变形和失效分析（表） 315

　　动态力学性能 306

　　动态压缩屈服强度 307

　　化学组分及静、动态力学性能 303

　　金相组织分析 312

　　力学性能（表） 305

　　原始微观组织 303

　　主要化学组成（表） 303

低碳合金钢板 306、316

　　弹道极限速度和极限比吸收能 316

　　强度和塑性关系（图） 306

低碳合金钢破坏 310、311

　　区域剖面（图） 311

　　形貌（图） 310

低碳合金钢侵彻 301、309

　　试验 309

　　效应 301

低碳合金钢失效 312、315

　　判据 315

　　行为与判据 312

低碳合金钢原始金相组织（图） 304

　　10CrNiMo（图） 304

　　22SiMnTi（图） 304

　　Q235A（图） 304

低碳合金钢准静态拉伸/压缩应力-应变曲线（图） 305

　　准静态拉伸 305

　　准静态压缩 305

低压低应变率 290

第Ⅱ类阻抗匹配法 275

电磁线圈测速系统（图） 275

　　典型测速信号（图） 275

　　电磁线圈靶（图） 275

动量守恒 58

动能消耗 245、248、250

动能消耗率 253、254

动态断裂 354

动态拉伸 228

动态屈服强度 53

动态响应特性 291

动态压缩加载 268

动态应力-应变关系 280

433

多组数据求平均值后拟合　86
多组数据直接拟合　85

E～F

二次杀伤　233、234
二级轻气炮　21、275
　　加载　21
二维冲击波起爆问题　379
芳纶、玻璃纤维板 Hopkinson 杆拉伸测试曲线（图）　228
芳纶复合材料　137
芳纶纤维　134、139～141、249
　　材料　139
　　夹层复合结构　249
芳纶纤维复合板　139、141
　　屈服强度　228
防弹钢板　302、303
防护特性分析　22
防御目标　207
仿真计算　109、164、181
　　结果检验　181
　　模型检验　104、164
仿真值　109、111、114、208
非均相炸药　355
　　冲击波效应　355
　　起爆过程　355
非均质凝聚炸药冲击波　12、377
　　起爆过程　12
　　引爆动力学研究　377
飞片　275、276
　　与靶板尺寸设计（表）　276
分离式霍普金森压杆参数（表）　265
分析方法获得的弹道极限速度（表）　247
分析计算模型　86、92、97
　　检验　92、97
分析模型与试验结果对比（表）　161
分析讨论　87、91

复合材料　134、136、141、163、226、240
　　本构行为合理描述　163
　　仿真模型及参数　163
　　结构　226、240
　　选型与力学性能测试　141
复合材料板　138、144
　　抗弹性能　138
复合结构　131、146、151～155、159、171、178、202～204、209、212
　　按比吸收能排序（表）　152
　　比吸收能　155、171（表）、178（表）
　　弹道极限速度　146
　　极限吸收能（表）　151
　　抗破片侵彻性能试验结果（表）　146
　　面密度　209、212
　　能量吸收分析模型　159
　　优化设计　203
　　在不同间隔距离下的比吸收能（图）　153
复合结构比吸收能对比　172、179、195
　　4 mm 合金钢（图）　172、179
　　5 mm 合金钢（图）　172、179
复合结构对 7.5 g 破片有无间隔条件下比吸收能对比（图）　195、196
　　4 mm 厚合金钢＋芳纶纤维板（图）　195
　　4 mm 厚合金钢＋复合纤维板（图）　196
　　5 mm 合金钢＋复合纤维板（图）　196
　　5 mm 厚合金钢＋芳纶纤维板（图）　196
复合结构对 10.0 g 破片有无间隔条件下比吸收能对比（图）　197、198
　　4 mm 厚低合金钢＋芳纶纤维板（图）　197

4 mm 厚合金钢 + 复合纤维板（图） 198

5 mm 厚合金钢 + 芳纶纤维板（图） 197

5 mm 厚合金钢 + 复合纤维板（图） 198

复合结构防护性能 203、206

    分析公式 206

    优化设计所关心问题 203

复合装甲 131

G

杆中一维应力波假定 264

钢/纤维/钢复合结构 218、221、222（图）、224、227、239

    靶标示意（图） 221

    板破片侵彻过程 239

    尺寸（表） 227

钢/纤维/钢复合结构前、后板破坏特征（图） 232

    后板迎弹面（芳纶夹层）（图） 232

    前板背弹面（图） 232

    嵌入后板的破片（纤维夹层）（图） 232

钢/纤维/钢结构及夹层板破坏特征（图） 224

    热固性玻璃纤维（图） 224

    热固性芳纶纤维（图） 224

    热塑性玻璃纤维（图） 224

    热塑性芳纶纤维（图） 224

钢/纤维复合结构 70、130、131、178、205、207

    靶体面密度 205

    尺寸设计 207

    比吸收能 178

    纤维增强复合材料 131

    特征 131

钢/纤维复合结构抗破片侵彻性能 131、198、214

    分析方法研究 198

    验证 214

钢/纤维复合结构抗破片侵彻优化设计 201、204、207

    方法 204

    实例与结果验证 207

    应用 201

钢/纤维复合结构优化设计 203、216

    方法研究 216

钢靶靶孔孔径计算 49

钢壳装药 373、377

钢破片 5、336

    冲击靶标试验结果（表） 336

    弹道极限速度公式 5

高强度玻璃纤维 134、141

高强度弹体钢对钢板高速侵彻断裂行为 7

高强度低合金钢 70~72、101、103、144

    Johnson – Cook 模型参数 101

    本构模型参数（表） 103

    化学组分（表） 72

    拉伸试件（图） 72

    状态方程模型参数（表） 103

高速冲击动力学研究成果 10

高速侵彻 7、100

    断裂行为 7

    试验 100

高速燃烧机制 12

高速撞击下超高强度合金钢平头圆柱弹体损伤演化规律 317

高温热点 342

高压高应变率 140、285、294、296

    35CrMnSiA 钢可逆 $\alpha \rightarrow \varepsilon$ 相变 294

    35CrMnSiA 钢应力 – 应变曲线（图） 285

高着速条件下钨合金破片侵彻 6

哥尼原理　203
光纤探针　278、279、287～289
　　布置实物（图）　279
　　布置示意（图）　279
　　测试　287
　　传感器测试试验结果（表）　289
　　试验测试信号（图）　288

H

合金钢　74～77、103
　　J-C 模型参数（表）　77
　　动态力学性能测试曲线（图）　75
　　静态拉伸曲线（图）　74
　　静态力学性能（表）　74
　　拉伸后的断裂试件（图）　74
　　在不同应变率下的动态力学性能测试结果（表）　75
合金钢靶板　107～109、207～213
　　弹道极限（表）　108
　　数值仿真　107（图）、109
　　与纤维材料板间无间隔层合　211
　　与纤维材料板无间隔层合　207
　　与纤维材料板有间隔层合　209、213
合金钢板　204、205
　　与纤维板无间隔层合复合结构　204
　　与纤维材料板有间隔层合复合结构　205
黑体辐射　386
恒压电桥测试电路（图）　279
宏观观察　33
宏观裂纹　34
后板厚度变化对夹层复合结构各部分吸能比率影响（图）　244
　　玻璃纤维夹层（图）　244
　　芳纶纤维夹层（图）　244
后板厚度增加　242、243
后板吸能比率随夹层板厚度变化（图）　239
后置板为芳纶纤维材料板　169
后置板为复合纤维材料板　169
后置芳纶纤维典型破坏形态（图）　158
　　背弹面（图）　158
　　侧面（图）　158
　　迎弹面（图）　158
化学反应　342
化学组成　303
环氧和乙烯基树脂性能参数（表）　221
回收 35CrMnSiA 钢弹体　317、323、324
　　弹体断裂破碎（图）　324
　　弹体发生拉伸、剪切联合破坏（图）　323
　　剪切断裂弹体（图）　323
　　剩余质量变化规律　317
回收 35CrMnSiA 钢弹体剩余质量分数（图）　319～322
　　与弹靶相对厚度关系（图）　320
　　与撞击速度关系（图）　321、322
　　与撞击速度拟合关系式（表）　322
回收破片（图）　25、82、150、157
　　铝板破坏特征（图）　25
　　塞块（图）　82
　　形貌　150（图）、157（表）
回收受损靶板　297、298
　　SEM 观察结果（图）　298
　　光学显微镜观察结果（图）　297
毁伤效能　3

J～K

基体　136、137、160
　　芳纶复合材料弹道性能（表）　137
　　含量及影响　137
　　与纤维布耦合力　160
　　种类及影响　136
基体材料　136、139

索 引

  防弹板弹道极限速度（表）　136
  种类与含量对芳纶复合材料抗弹性能影响（表）　139
机械响应　335、340
机械效应引爆/引燃相关性　383
机织物中的纱线　135
激波向爆震转变　13
激光干涉测速技术　280
极限贯穿厚度计算　66
极限速度　247、251、254
几何模型　58、344
计算残差值分布（图）　111、113
计算弹道极限（表）　108、110、112、114、117、169、177、187、193
  残差及标准化残差值（表）　108、110、112、114、117
  速度与仿真值对比（表）　169、177、187、193
计算结果　61、93、96~99、115
  不同置信水平的弹道极限速度置信区间（表）　93、96
  残差和标准化残差值（表）　98、99
  对比（表）　115
  分析　61
  在置信区间落入度随置信水平变化（图）　97
计算精确度提高　113
计算应用程序　56
计算值、仿真值及试验值对比（图）　113
计算值与相对统计误差（表）　86、87、94
加载速度下 35CrMnSiA 钢的 XRD 检测结果（图）　295
加载应变率　269
夹层板　237~241
  厚度影响　237
  结构影响　241

  内能增加量随厚度变化（图）　240
  吸能比率的线性回归（图）　238
夹层材料　229、248
  对面吸收能影响（图）　229
  厚度影响　248
夹层厚度对面吸收能影响（图）　229
夹层结构影响　229、250
  对面吸收能影响（图）　229
夹层纤维板　232
间距对比吸收能影响（表）　155
剪切断裂　325
间隔层合复合结构　205
接触算法　162
结构破碎　341
金属靶靶体临界贯穿损伤数（图）　30
金属靶板实测厚度和力学性能（表）　23
金属材料状态方程模型参数（表）　60
金属弹体高速侵彻　43
金属防弹钢板　302
径向扩孔　52
静力学性能测试　72
聚合物基体　136
绝热剪切破坏　272
均质钢板和夹层复合板结构　225
抗 7.5 g 破片　207、214
  复合结构设计　207
  侵彻复合结构验证　214
抗 10.0 g 破片复合结构　211、215
  设计　211
  试验数据（表）　215
抗 10.0 g 破片侵彻复合结构验证　215
  试验方案　215
  试验结果　215
抗弹性能　137、138、303
  测试　137、138
抗拉性能　252
抗破片侵彻　188、225

能力 188
优势 225
颗粒复合材料 132
壳体本构关系 348
壳体材料对装药引爆/引燃响应特征影响 383
壳体屏蔽装药 341、342
   撞击引爆/引燃机制 341
宽厚比 275

L～O

拉格朗日算法 344
拉伸应力准则 5
拉氏分析 281
拉应力 135
离散化 58、344
   模型示意（图） 345
理论计算获得钨合金破片对 Q235A 钢靶极限贯穿厚度（表） 67
力学量 281
力学性能测试 141、142
两射弹弹道极限速度法 104、165、168、175、185、191
量纲化1处理 252
临界贯穿 27、237
   比动能与靶体厚度的关系（图） 27
   动能与弹靶相对厚度的关系（图） 27
   能量转换 237
临界贯穿条件下复合材料结构各部分吸能比率（图） 238
   玻璃纤维夹层（图） 238
   芳纶纤维夹层（图） 238
路径线与量计线构成 $\sigma-h-t$ 空间波形示意（图） 281
螺旋型锰铜压阻计及封装（图） 278
铝板破坏特征（图） 25
铝铂测速靶（图） 21
铝壳装药 372、377、394

比动能转化系数 394
锰铜压阻传感器（图） 278、287
   封装示意（图） 278
   试验测试信号（图） 287
锰铜压阻传感器测试 287、288
   试验结果（表） 288
锰铜压阻计 277
面板厚度对面吸收能影响（图） 230
面密度 209、212
面吸收能 232、242
模拟战斗部靶标结构（图） 333
   靶标结构剖面（图） 333
   靶标结构正视（图） 333
模型 88、234、392
   材料本构参数 234
   检验与修正 88
   试验 392
内积分 282
内能 64、237
   增加比率 237
能量守恒 58
能量释放阶段客观规律 391
能量转化规律 56
能量转换 59、64、159、237
   规律 59
   过程分析假设 159
尼龙弹托（图） 20
拟合曲线 94
凝聚炸药 11、342、346
   冲击波 346
   冲击起爆研究 11
欧拉算法 344

P

喷溅而出的炸药粉末在空气中被引燃（图） 341
屏蔽装药弹体/破片撞击引爆试验研究 331

平板撞击试验 272、296
  回收受损飞片与靶板（图） 296
平面厚钢板屏蔽装药反应成长机制及影响因素 331
破坏机理 218
破坏模式 137、138
  冲塞侵彻型 137
  脆性分层剪切冲塞型 138
  分层变形凸起型 138
  侵彻+背板花瓣打开型 138
破坏现象 226
破坏形貌 309
破片 2、3、8、19、22、23、23（图）、25（图）、61、84、382~385
破片、验证板和端盖本构关系 348
破片靶后余速 118（表）、246
  随着速变化（图） 246
破片材料 235、387
  对装药引爆/引燃响应特征影响 387
  模型及参数 235
破片材质、尺寸与力学性能 22
破片冲击 83、219、348
  速度 348
破片初始状态表面 SEM 观察 34、35（图）
  93W 材料破片（图） 35
  95W 材料破片（图） 35
破片穿甲 18、23、46、227、228、234
  过程中所受压力最大值（表） 46
  试验 18、23、227、228
  数值模拟 234
破片穿甲效应 3、5、10、14
  研究 10、14
破片弹道 5
破片动能 248、250、252
  量纲化 250
  消耗与着速相关性 248
破片动能消耗率随着速与弹道极限速度之差变化（图） 250、252、254
  玻璃纤维夹层复合结构（图） 250、252
  芳纶纤维夹层复合结构（图） 250、252、254
破片动能消耗随着速与弹道极限速度之差变化（图） 248、251、253
  玻璃纤维夹层复合结构（图） 248、251、253
  芳纶纤维夹层复合结构（图） 248、251、253
破片对 4 mm 合金钢靶板侵彻数值仿真模型（图） 101
破片对 5 mm 合金钢靶板侵彻数值仿真模型（图） 102
破片对 6~8 mm 厚合金钢靶板侵彻仿真 106
破片对靶标高速侵彻 339
破片对靶体侵彻过程（图） 164
  4 mm 合金钢板 + 12 mm 芳纶纤维板（图） 164
  4 mm 合金钢板 + 12 mm 复合纤维板（图） 164
  5 mm 合金钢板 + 10 mm 芳纶纤维板（图） 164
  5 mm 合金钢板 + 10 mm 复合纤维板（图） 164
破片对薄壳装药撞击引爆计算结果（表） 387
破片对带壳装药引爆/引燃 7
破片对复合结构侵彻 145、164
  过程 164
  性能试验工况（表） 145
破片对复合结构侵彻试验研究 144~154
  分析讨论 154
  试验结果 146
  试验目的 144

试验内容 145
数据分析 150
无间隔情况 154
有间隔情况 154
破片对钢/纤维/钢复合结构 220、255
　穿甲试验布置示意（图） 220
　侵彻与贯穿 255
破片对钢/纤维复合结构侵彻 157、158、159、162
　过程 159
　阶段 158
　数值仿真研究 162
破片对钢靶穿甲后残存体质量（表） 43
破片对合金钢靶板 72、85、105
　贯穿过程（图） 105
　侵彻试验 72
　试验结果 85
破片对夹层复合结构侵彻 10、232
　过程中的物理效应 10
　贯穿 232
破片对金属靶侵彻 68
破片对铝板穿甲后残存体质量（表） 44
破片对无间隔复合结构侵彻效应数值仿真 164
破片对纤维、钢复合装甲侵彻 6
破片对有间隔复合结构侵彻效应数值仿真 181
破片对有限厚钢靶侵彻 45
破片对圆柱形薄壳装药撞击引爆计算结果（表） 377
破片对炸药装药撞击起爆 11
破片对柱面薄壳靶标冲击引爆/引燃速度阈值 394
破片对柱面薄壳装药引爆/引燃 329
破片对柱面薄铝壳装药撞击引爆/引燃着速阈值（表） 394
破片高速/超高速碰撞过程 10

破片高速侵彻合金钢靶板 68、104、116
　弹道极限随破片质量变化计算函数式 116
　破裂机制 68
　数值仿真模型 104
破片高速撞击后的靶孔特征（图） 386
　薄钢板（图） 386
　薄铝板（图） 386
　嵌入回收板铝碎片（图） 386
破片高速撞击下装药内压力及反应度分布特征（表） 374
破片贯穿10 mm厚钢板临界能量转换（图） 64
破片贯穿Q235A板后的破碎块（图） 34
破片贯穿合金钢靶板 118、124、125、155
　剩余速度工程计算模型 124
　剩余速度数值仿真 118
　与塞块运动形态（图） 155
破片和靶体网格（图） 59
破片和全装弹（图） 82
破片毁伤技术发展 3
破片毁伤效应 2~5
　问题 5
　研究 5
　与防护技术 2
破片机械作用 390
破片及靶标 78、334（图）
　结构 78
破片及复合结构（图） 147
破片挤入横向扩孔三个阶段（图） 52
　初始加载阶段（图） 52
　横向扩孔阶段（图） 52
　破片挤入阶段（图） 52
破片加载方式及试验系统 19
破片结构（表） 79、332
　尺寸（图） 79

索 引

破片临界贯穿比动能 26、26（图）
    因素 26
破片临界贯穿动能 26、26（图）
    与弹靶相对厚度的关系 26
破片内的温度场分布（图） 63
破片内能（图） 65、239
    随侵彻进程变化（图） 65
    增加比率随夹层板厚度变化（图） 239
破片破坏 33、45
    机理及判据 33
    判据 45
    响应现象及机理 33
破片侵彻 8、48、64、83、118、156、159、245
    复合结构研究 118
    钢/纤维复合结构理论分析模型 156
    贯穿钢靶 8、48
    机理分析 156
    量纲分析 83
    前置合金钢板至钢板背部开始盘凸变形阶段 159
    能量转换 64
    内能增加比率对比（图） 245
破片侵彻 6 mm、7 mm 和 8 mm 厚合金钢靶板 107、108
    弹道极限（表） 108
    数值仿真（图） 107
破片侵彻过程 158、159
    能量转换分析 159
    示意（图） 158
破片侵彻与贯穿钢/纤维/钢复合结构过程 233
    弹体贯穿后板阶段 233
    弹体贯穿夹层板阶段 233
    破片贯穿前板阶段 233
破片侵入过程独立阶段 52
    初始加载阶段 52
    横向扩孔阶段 52
    破片挤入阶段 52
破片侵蚀判据 42
破片剩余速度与着速相关性 245
破片响应现象（表） 48
破片效应 4
    研究简史 4
破片引爆速度阈值 352、382
    撞击下装药内压力及反应度分布特征（表） 352
破片引爆速度阈值撞击下炸药内各观察点压力变化（图） 350、351
    钢壳装药 351
    铝壳装药（图） 350
破片应用 2
破片与冲塞共同侵彻纤维板阶段 160
破片质量 4、44、48、116、394
    分布的分析方法 4
    工程计算模型 116
    开始损失速度阈值 44
    增加变化（图） 394
破片种类及实测质量（表） 22
破片撞击 331、341、343、347、350、378、387、391
    冲击波能量引爆屏蔽装药理论分析 387
    贯穿壳体阶段 391
    壳体瞬间端面结构响应及冲击波传播特征 378
    试验 331
    引爆/引燃柱面薄壳装药试验研究 343
    引爆模拟结果（表） 350
    柱面带壳装药产生冲击波效应 347
破片撞击薄铝板、薄钢板试验 383、384
    方法 383
    试验结果 384

试验系统 383
讨论 385、389
布置示意（图） 384
破片着靶前飞行姿态及着靶瞬间（图） 223
破片着靶速度 19、372
破片最常见毁伤作用模式 2
破碎判据 42

Q

前板厚度变化对夹层复合结构各部分吸能比率影响（图） 243
 玻璃纤维夹层（图） 243
 芳纶纤维夹层（图） 243
前板厚度增加 242、243
前、后板厚度影响 242、253
前、后板厚度之和对破片动能消耗 254
前人工作综述 8
前置合金钢靶板 210、213
前置合金钢靶板典型破坏形貌（图） 158
 背弹面（图） 158
 迎弹面（图） 158
前置合金钢板 160、204
 盘凸变形挤压纤维板至塞块形成阶段 160
嵌入靶孔内破损破片特征（图） 33
强度失效 104
侵彻 9、10、35、129、218、326
 靶体后残存破片表面观察 35
 过程 218
 机理研究成果 9
 模型 10
 能力 326
 性能分析方法 129
侵彻深度 10、16
 用比动能 10
侵彻试验 219、310

结果（表） 310
侵蚀 44、60
 速度阈值 44
 条件 60
轻气炮 21、274
 加载试验布置示意（图） 21
轻气炮加载系统实物（图） 274
 一级轻气炮加载系统（图） 274
 二级轻气炮加载系统（图） 274
球形破片 10、19
垂直侵彻有限厚靶板计算模型 10
屈服应力随对数应变率变化关系（图） 293

R

燃烧/局部爆炸响应 335
热处理工艺 303
热处理后35CrMnSiA钢光学显微组织（图） 259
热固性树脂 136
热塑性 136、138、228、231
 基体弹道极限速度（表） 138
 树脂 136
 纤维板 228
 纤维夹层复合结构的面吸收能（表） 231
韧性钢破片（图） 69、80、100、129、198、217、223~226、237
 对不同特征复合结构侵彻与贯穿 226
 对钢/纤维/钢复合结构侵彻与贯穿效应 217
 对钢/纤维复合结构高速侵彻试验研究 198
 对钢/纤维复合结构侵彻性能分析方法 129
 对高强度低合金钢侵彻试验研究 100
 高速侵彻高强度低合金钢 69

侵彻典型高强度低合金钢数值仿真计算
　　　结果验证　80
　　　　侵彻钢/纤维/钢复合结构板过程　237
　　　　侵彻过程　224、225
　　　　剩余速度、动能消耗与着速相关性　245
　　韧性钢破片对不同夹层材料复合结构侵彻试
　　　验　219～222
　　　　靶标结构与材质　221
　　　　布置　219、220
　　　　结果　222
　　　　破片质量结构与着速　220
　　　　试验系统及方法　219、222
　　　　讨论　224
　　入口孔径计算模型　51

S

三维模型　61
杀爆战斗部　387
杀伤　4、5
　　弹药/战斗部形式　5
　　技术　4
　　效应　4
杀伤型战斗部　2
闪光特征　388
设计钢/纤维/钢复合结构　221
设计目标　203
设计实例的防御目标　207
剩余速度　118、123～125、206、209、
　　213、245
　　工程计算模型　124
　　数值仿真　118
　　随撞击速度变化关系趋势　125
　　随撞击速度提高　123
　　与撞击速度关系　118
失效侵蚀模型　61、104
　　与参数设置　61（表）、104
失效准则　60

实际观察值　109、111、114
势能　64
试验布置示意（图）　81
试验弹、靶结构　227
试验点的弹道极限速度　92
试验后回收破片和塞块（图）　82
试验后试件尺寸（表）　73
试验结果　23、24、61、81、83（表）、
　　147～149（图）、228
　　4 mm 合金钢靶板＋100 mm 间距＋
　　12 mm 芳纶纤维（图）　149
　　4 mm 合金钢靶板＋100 mm 间距＋
　　12 mm 复合纤维（图）　149
　　4 mm 合金钢靶板＋12 mm 芳纶纤维
　　（图）　148
　　5 mm 合金钢靶板＋10 mm 复合纤维
　　（图）　147
　　5 mm 合金钢靶板＋50 mm 间距＋10 mm
　　芳纶纤维（图）　149
　　5 mm 合金钢靶板＋50 mm 间距＋10 mm
　　复合纤维（图）　148
　　对比　61
　　分析　23、228
试验目的　80
试验内容　23、81
试验破片结构尺寸（图）　79
试验前试件尺寸（表）　73
试验数据分析　26
试验数量（表）　81
试验所用的4种破片（图）　23
试验系统　19
试验现场　24、82
　　布置（图）　82
　　分析　24
试验研究用靶体钢　71、74、75
　　Johnson-Cook 模型参数拟合　75
　　动态力学性能测试　74

力学性能测试与分析　71
试验研究用合金钢　72～77
　　J-C模型参数（表）　77
　　典型高强度低合金钢化学组分（表）　72
　　动态力学性能测试曲线（图）　75
　　高强度低合金钢拉伸试件（图）　72
　　静态拉伸曲线（图）　74
　　静态力学性能（表）　74
　　静态力学性能测试　72
　　拉伸后的断裂试件（图）　74
　　在不同应变率下的动态力学性能测试结果（表）　75
试验研究用破片及靶体结构　78
试验研究用纤维材料（表）　143、144
　　基本数据（表）　143
　　静态力学性能（表）　144
试验用FSP破片结构尺寸（图）　220
试验用靶标破片撞击引爆模拟结果（表）　350
试验用材料　259
试验用钢/纤维/钢复合结构（图）　221、222、227
　　靶标示意（图）　221
　　尺寸（表）　227
试验用破片和全装弹　82
试验用破片及靶标（图）　334
　　12.7 mm药筒（图）　334
　　靶标（图）　334
　　弹托（图）　334
　　破片（图）　334
　　全弹整装（图）　334
试验用破片结构（表）　332
试验用韧性钢破片（图）　223
试验用纤维增强复合材料板（图）　222
　　热固性玻璃纤维（图）　222
　　热固性芳纶纤维（图）　222
　　热塑性玻璃纤维（图）　222

热塑性芳纶纤维（图）　222
试验原理与方法　80
试验中靶体破坏情况（图）　82
试验中破片及复合结构（图）　147
适用范围增加　109
受弹道冲击机织物纤维中的应力（图）　135
受载强度　379
数据处理方式　84
数据分析　24
数值仿真　100、162～164、168、173、175、183、184、189
　　模型　100
　　算法　184、189
数值仿真结果　104～106、183
　　残差和标准化残差值（表）　106
　　分析　104、183
　　相对统计误差（表）　105
数值仿真用纤维增强复合板材料模型及参数（表）　163
数值仿真中35CrMnSiA钢（表）　103、104
　　本构模型参数（表）　103
　　状态方程模型参数（表）　104
数值仿真中典型高强度低合金钢（表）　103
　　本构模型参数（表）　103
　　状态方程模型参数（表）　103
数值模拟　56～63、235、343、344、351、378、382
　　2A12-T4铝本构模型参数（表）　60
　　分析　344
　　获得钨合金破片对Q235A钢靶极限贯穿厚度（表）　63
　　金属材料状态方程模型参数（表）　60
　　结果　235

描述方法　56

　　算法　344

　　钨合金、Q235A 钢本构模型参数（表）
　　　60

　　研究　343

　　　与试验结果对比（图）　62

　　　遵循控制方程　58

数值模拟模型（图）　234、345

　　　几何模型（图）　234

　　　离散化模型（图）　234

数值模拟用纤维增强复合板材料模型及参数
　（表）　235

数值模拟中失效侵蚀模型　61、104

　　　与参数设置　104

　　　与参数设置（表）　61

树脂　133、136

　　　基体性能参数（表）　133

塑料弹托（图）　21

塑性变形　34、226、392

　　　能量转化　392

塑性应变能　271、272

　　　密度　272

速度测试系统（图）　20

损伤装药微观观察结果（表）　338

T ~ W

弹性段应力 – 应变　290

碳纤维　133

讨论　32、47、232、382

特定质量破片　205、206

　　　带塞块侵彻条件下对纤维材料弹道极限速
　　度　206

　　　贯穿合金钢靶板后的剩余速度　205

褪托装置（图）　21

外推值　246

万能试验机（图）　260、262

微观观察　34

　　表面观察　34

未燃/未爆　335

温升　293、354

　　特征　354

　　效应　293

问题提出与分析　5

钨/W – Ni – Fe 合金　16

钨合金、Q235A 钢本构模型参数（表）
　60

钨合金材料　17、22

钨合金弹体　41、56

　　穿甲效应数值模拟　56

　　高速侵彻　41

钨合金构成组分及微观组织结构对力学行为
　影响　40

钨合金破片　6、15、17、24、25、29、
　32、33、41、44 ~ 48、63 ~ 68、387 ~
　389

　　出靶破碎钢靶厚度阈值（表）　47

　　穿甲极限能力计算　64

　　对 Q235A 钢靶贯彻厚度随破片着速变化
　　（图）　67

　　对 Q235A 钢靶极限贯穿厚度（表）
　　63、67

　　对薄壳装药靶标撞击引爆/引燃试验结果
　　（表）　388

　　对低碳钢靶侵彻　47

　　对钢靶临界贯穿　46

　　对有限厚度金属靶贯穿极限　15

　　对有限厚钢靶高速侵彻　41

　　破坏响应现象　48

　　侵彻　6

　　侵蚀速度阈值（表）　44

　　撞击薄壳装药靶标试验　388

　　撞击薄铝板、薄钢板试验　387

钨合金破片对薄壳装药靶标撞击引爆/引燃
　试验现象（图）　389

局部爆炸响应（图）　389
　　燃烧响应（图）　389
　　整体爆炸响应（图）　389
钨合金破片高速侵彻　47、68
　　钢靶　47
　　铝靶低碳钢靶过程中的响应特征　68
钨合金破片撞击薄铝板、薄钢板响应特征（图）　388
　　钨合金撞击体冲击薄钢板（图）　388
　　钨合金撞击体冲击薄铝板（图）　388
钨合金球弹穿甲数值模拟　61
钨合金预制破片侵彻参量计算解析模型　10
钨合金组分及力学性能（表）　22
无间隔层合　211
无间隔复合结构　156、170
　　比吸收能对比　170
无偏修正　111
无纬布复合材料板抗弹性能　135
无纬织物　135
物态方程　59、346

X

吸能　230、231、237
　　比率　237
　　能力　230
　　特性　231
纤维板材料参数　161
纤维材料　132、143、144、206
　　弹道极限速度　206
　　基本数据（表）　143
　　静态力学性能（表）　144
　　性能相关性分析与选择　132
纤维材料板厚度　165、184
　　对破片穿甲效应影响规律　184
　　对破片侵彻效应的影响规律　165
纤维复合板材料模型及参数　235
纤维夹层复合结构的面吸收能（表）　231

纤维增强复合材料　132、133、139、143、222
　　材料板（图）　222
　　抗破片侵彻试验结果（表）　143
　　应变率效应　139
纤维增强复合材料或陶瓷　218
纤维织物物理性能　134
纤维轴向力学性能参数对比（表）　133
现象及数据分析　24
线性变化　123
相对仿真值　115
相对统计误差（表）　105
响应特征　218
小　结　40、67、126、198、216、255、298、326、390、395
小质量韧性钢破片高速侵彻典型高强度低合金钢试验研究和数值仿真研究　126
卸载拉伸波　325
新型防护结构　130
需要深化研究的主要问题　7、8
绪论　1
选型试验　141

Y

研究结果　67、126、198、216、255、395
　　总结　198、216
研究结论　298、327
研究意义　2
验证试验结果（表）　316
一级轻气　274
一维飞弹撞击试验　378
一维分离式 Hopkinson 杆拉伸测试　228
一维应力状态下 35CrMnSiA 钢失效判据　269
一维应变平板撞击波系结构示意（图）　273
一维应变平板撞击试验用飞片与弹托（图）

277
　　　一级轻气炮用飞片与弹托（图）　277
　　　二级轻气炮用飞片与弹托（图）　277
一维应变状态下35CrMnSiA钢动态响应特性（表）　292
一维装药结构　4
异常试验点　99
引爆　355、395
　　概率　395
　　过程　355
引爆/引燃响应　340
引言　16、70、130、202、218、258、302、330
应力　135
应力 - 应变关系总体呈滞徊型　285
应力 - 应变曲线　77、78、285
　　与试验曲线比较（图）　77、78
应力波理论　322
应力场和应变场沿试件长度方向均匀分布假定　265
应力塌陷　267
应力状态下35CrMnSiA钢的屈服应力和应变率敏感性因子（表）　292
应力状态下屈服应力随对数应变率变化关系（图）　293
应用程序理论　58
应变率　139、268、285
　　相关性　285
　　效应　139
　　增强效应　268
应变率下35CrMnSiA钢塑性应变能密度增加率（图）　272
应变率下3种低碳合金钢板动态压缩应力 - 应变曲线（图）　306、307
　　10CrNiMo（图）　306
　　22SiMnTi（图）　307
　　Q235A（图）　306

低碳合金钢板动态压缩特性对比（图）　307
有间隔层合　209、213
有间隔复合结构　161
有无间隔条件下复合结构比吸收能对比　195
有限差分法　343
有限尺寸装药　378
有限厚钢靶穿甲　24
有限厚金属靶破片穿甲　18、56
　　试验　18
　　数值模拟　56
有限厚铝靶穿甲　25
有限元法　344
阈值点　12
预制/预控破片技术　5
原始与回收35CrMnSiA钢弹体（图）　312
圆柱带壳装药在破片撞击下不同时刻反应度分布特征（图）　376
　　钢壳装药（图）　376
　　铝壳装药（图）　376
圆柱带壳装药在破片撞击下不同时刻压力分布特征（图）　375
　　钢壳装药（图）　375
　　铝壳装药（图）　375
圆柱形屏蔽装药破片引爆速度阈值　377

Z

早期比较经典研究成果　11
增强材料　132
增强材料板抗弹性能（表）　134
增强体种类及影响　134
炸药　339、343~349、354、391
　　JWL状态模型参数（表）　347
　　爆轰产物本构关系　346
　　冲击波作用下的内部应力（图）　354
　　冲击起爆数值模拟研究　343

观察点（图） 345

快速反应 391

内能随时间变化（图） 349

温升能量 339

有限元模型 345

炸药点火 391、393

快速反应 393

战场目标及防护特性分析 22

战斗部装药破片撞击响应 340、341

特征 340

整体爆炸响应 335

整体结构吸能比率增加对比（图） 244

织物结构复合材料板弹道极限速度（表） 135

织物纤维受横向力分析（图） 135

值得研究的主要问题 6

置信区间 88、92

置信区间长度 91、92

与标准差关系（图） 92

与弹道极限关系 91

与弹道极限速度关系（图） 92

置信水平 91、95

质量 58、326

守恒 58

侵蚀 326

中低应变率 258

中厚靶体 29

中应变率下35CrMnSiA钢失效行为分析 269

终点效应学定义 2

柱面薄钢壳装药靶标破片冲击响应特征（图） 340

机械撞击响应（图） 340

局部爆炸响应（图） 340

燃烧响应（图） 340

柱面薄壳装药破片 344、348、377、381

冲击起爆数值结果及分析 348

冲击引爆数值模拟目的 344

引爆阈值理论分析结果（表） 381

撞击后冲击波效应引爆阈值 377

柱面薄壳装药破片撞击试验 331~339

靶标结构 332

弹、靶结构 332

方法 332

结果 335

破片结构 332

试验布置 333、334（图）

试验方法 334

试验系统 332

讨论 339

柱面薄壳装药破片撞击引爆/引燃 341、395

机制 341

响应特征及判据研究 395

柱面薄壳装药破片撞击引爆数值模拟 343

模型 343

柱面薄铝壳装药靶标破片冲击响应特征（图） 339

机械撞击响应（图） 339

局部爆炸响应（图） 339

燃烧响应（图） 339

整体爆炸响应（图） 339

装药靶标结构 332

装药冲击起爆研究 375

装药量 332

装药响应现象 340

装药引爆/引燃速度判据 394

撞击初始瞬间弹靶界面压力（表） 45

撞击起爆研究 13

撞击速度（图） 121~125

与弹道极限速度之差随剩余速度变化关系（图） 125

与弹道极限之差与剩余速度拟合曲线（图） 125

索 引

与剩余速度关系（图） 121~123
撞击速度下35CrMnSiA钢的冲击温升（表） 294
撞击速度下破片的靶后余速（表） 118
撞击体质量 380
撞击引爆/引燃机制 341
状态方程 59
追赶比 276
追赶稀疏波影响 276
准静态加载下35CrMnSiA钢断口组织分析 263
准静态拉伸测试 260、261、304
  测试件（图） 261
  测试件尺寸（图） 304
  试样尺寸（图） 260
准静态力学性能 304
准静态压缩测试 261、262
  测试件（图） 262
着靶速度 17、33、63、372
  对破片垂直撞击 63
  分类 17
着靶速度侵彻 35、62
  低碳钢靶过程 62
着速 50、245~248、254、394
  小于2 000 m/s靶孔（图） 50
  与弹道极限速度之差随剩余速度变化（图） 247
  阈值（表） 394
着速下薄壳装药内各观察点处内能密度变化（图） 364~371
  钢壳屏蔽装药（图） 368~371
  铝壳屏蔽装药（图） 364~367
着速下薄壳装药内各观察点处压力变化（图） 356~363
  钢壳屏蔽装药（图） 360~363
  铝壳屏蔽装药（图） 356、358、359
着速下传入炸药内部初始压力（表） 382
着速与弹体侵彻深度关系（图） 16
  靶体为变量（图） 16
  弹体为变量（图） 16
自然破片 203、220、309
自由面粒子速度 291
  阶跃变化 291
  历史曲线 291
综合选择 211、214
组织损伤演化规律 296
阻滞法 275

（王彦祥、张若舒、刘子涵　编制）